parte **D**

La chimica organica
e la biochimica

Legenda degli strumenti multimediali

I seguenti simboli indicano la presenza di un'attività multimediale all'interno del libro digitale:

- Video
- Animazione
- Esercizi autocorrettivi
- Sintesi audio

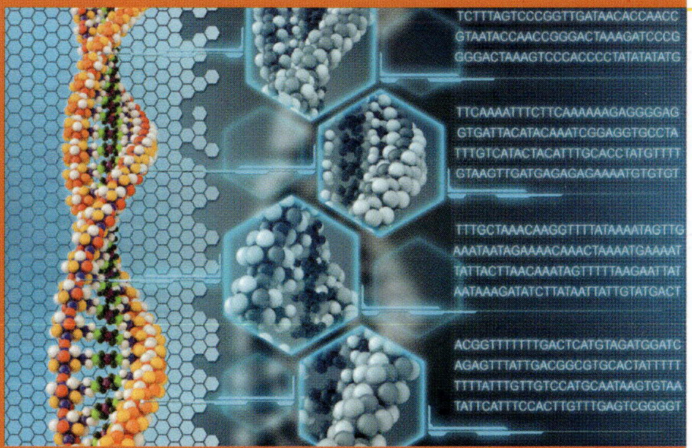

UNITÀ D3 Le biomolecole D66

parte **E**

Biotecnologie
ed ecologia applicata

Legenda degli strumenti multimediali

I seguenti simboli indicano la presenza di un'attività multimediale all'interno del libro digitale:

- Video
- Animazione
- Esercizi autocorrettivi
- Sintesi audio

Indice

Presentazione

In queste prime pagine ti illustriamo com'è fatto il tuo libro di Chimica e Biologia.

Scoprire e comprendere alcuni fenomeni e processi che legano la chimica alla biologia

Questo corso ti permetterà di capire come talvolta **la chimica e la biologia si intreccino in percorsi comuni**. Il caso per eccellenza è la **biochimica**, lo studio delle molecole di interesse biologico, che rappresenta una parte importante di questo volume. Approfondirai le tue conoscenze di chimica anche affrontando nel dettaglio lo studio della **chimica organica**. Vedrai inoltre come molti processi biologici/biochimici siano di grande interesse per le loro applicazioni, come avviene ad esempio per l'ampio settore delle **biotecnologie** e nell'**ecologia applicata**. Per facilitarti nello studio, il corso ti aiuterà in tre modi:

- fornendoti sempre una formalizzazione semplice e logica dei fenomeni, anche quelli più articolati (partendo sempre dall'osservazione per giungere in maniera deduttiva al modello);
- offrendoti una serie di attività, chiamate nel testo Strategie d'indagine scientifica, che vanno incontro a differenti attitudini e interessi (troverai attività per chi ama la lettura, per chi è portato per il calcolo e l'elaborazione, per chi ha il pallino dell'informatica, per chi ha capacità pratica ecc.);
- mettendoti a disposizione strumenti multimediali di diretto supporto alla comprensione del testo (animazioni, video, esercizi interattivi ecc.).

Grazie ai materiali del corso potrai costruire una solida conoscenza dei processi fondamentali della biologia, che ti permetterà di ampliare la **visione critica e globale dell'ambiente naturale e umano** in cui vivi.

COM'È FATTO QUESTO LIBRO

La struttura del testo è organizzata nel modo seguente:

Parte
Unità
Lezione

Le **parti** in cui è stato suddiviso questo libro sono due:

D. La chimica organica e la biochimica

E. Biotecnologie ed ecologia applicata

Libro digitale

Tutto il volume è consultabile anche in formato digitale sul cd-rom allegato al corso, che propone un'esperienza di lettura ipermediale, arricchita da video, animazioni e approfondimenti. Puoi inoltre esercitarti e valutare la tua preparazione per mezzo di verifiche interattive con autocorrezione, e produrre presentazioni interattive da proiettare in classe con il videoproiettore o la LIM. Le sintesi audio in inglese ti consentono di consolidare le tue competenze nel campo della comunicazione delle conoscenze scientifiche.

LIBRO DIGITALE

Nel libro digitale puoi accedere, con un semplice click, a interessanti video sui fenomeni della natura e a utili animazioni sui principali processi biologici. Puoi inoltre verificare la tua preparazione con gli esercizi interattivi presenti alla fine di ogni unità.

Ogni **lezione** è divisa in paragrafi.

Nelle lezioni sono presenti box lessicali (**BioParole** / **LessicoChimico**), che forniscono l'**etimologia** dei principali termini scientifici nonché la traduzione in **lingua inglese**.

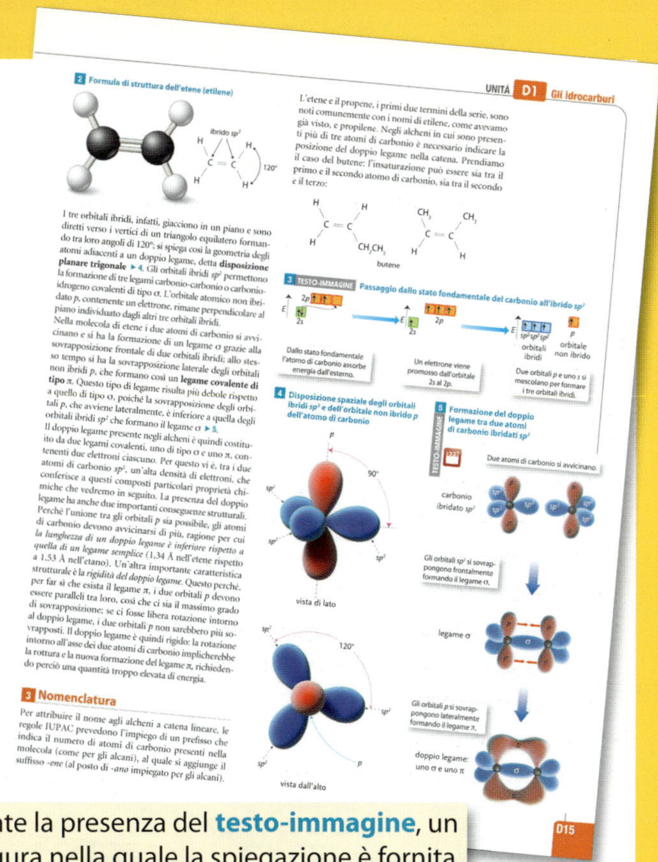

È frequente la presenza del **testo-immagine**, un tipo di figura nella quale la spiegazione è fornita direttamente sul modello o sulla fotografia del processo che viene illustrato.

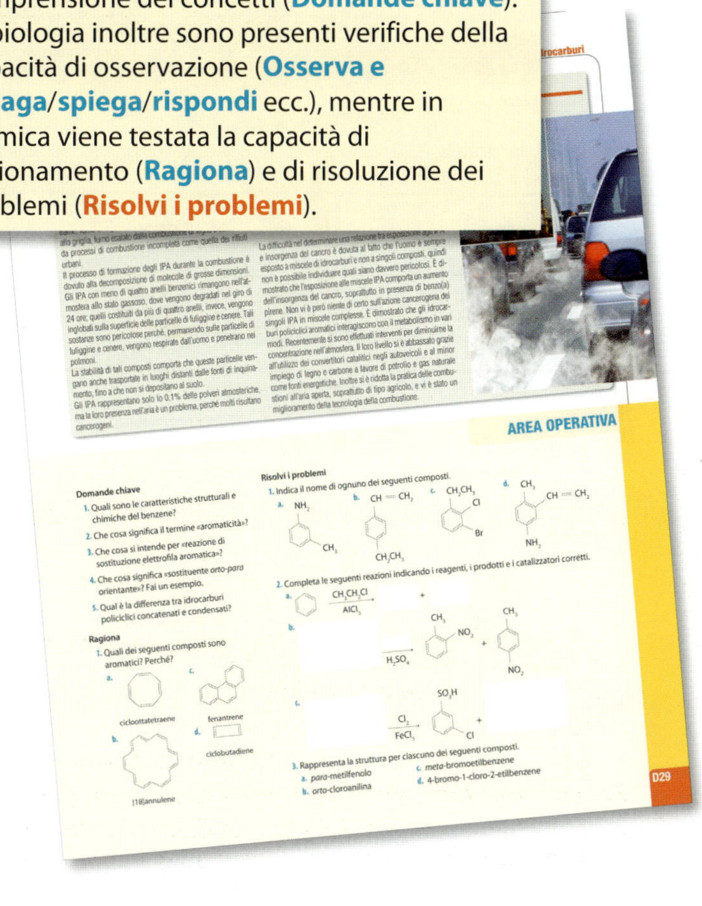

Ogni lezione si chiude con domande che permettono una prima verifica della comprensione dei concetti (**Domande chiave**). In biologia inoltre sono presenti verifiche della capacità di osservazione (**Osserva e indaga**/**spiega**/**rispondi** ecc.), mentre in chimica viene testata la capacità di ragionamento (**Ragiona**) e di risoluzione dei problemi (**Risolvi i problemi**).

In molte lezioni sono presenti box di approfondimento (**BioPlus** / **ChimicaPlus**), spesso focalizzati su problemi collegati alla salute e all'ambiente.

L'Area operativa per lo sviluppo delle competenze collocata alla fine di ogni unità si articola su sei pagine. Le prime tre sono formulate per consolidare le conoscenze disciplinari. Esse contengono: sintesi, mappe e prove d'interrogazione.

La prima pagina (**Le lezioni in sintesi**) permette di rivedere rapidamente il percorso dell'unità attraverso un riassunto delle lezioni.

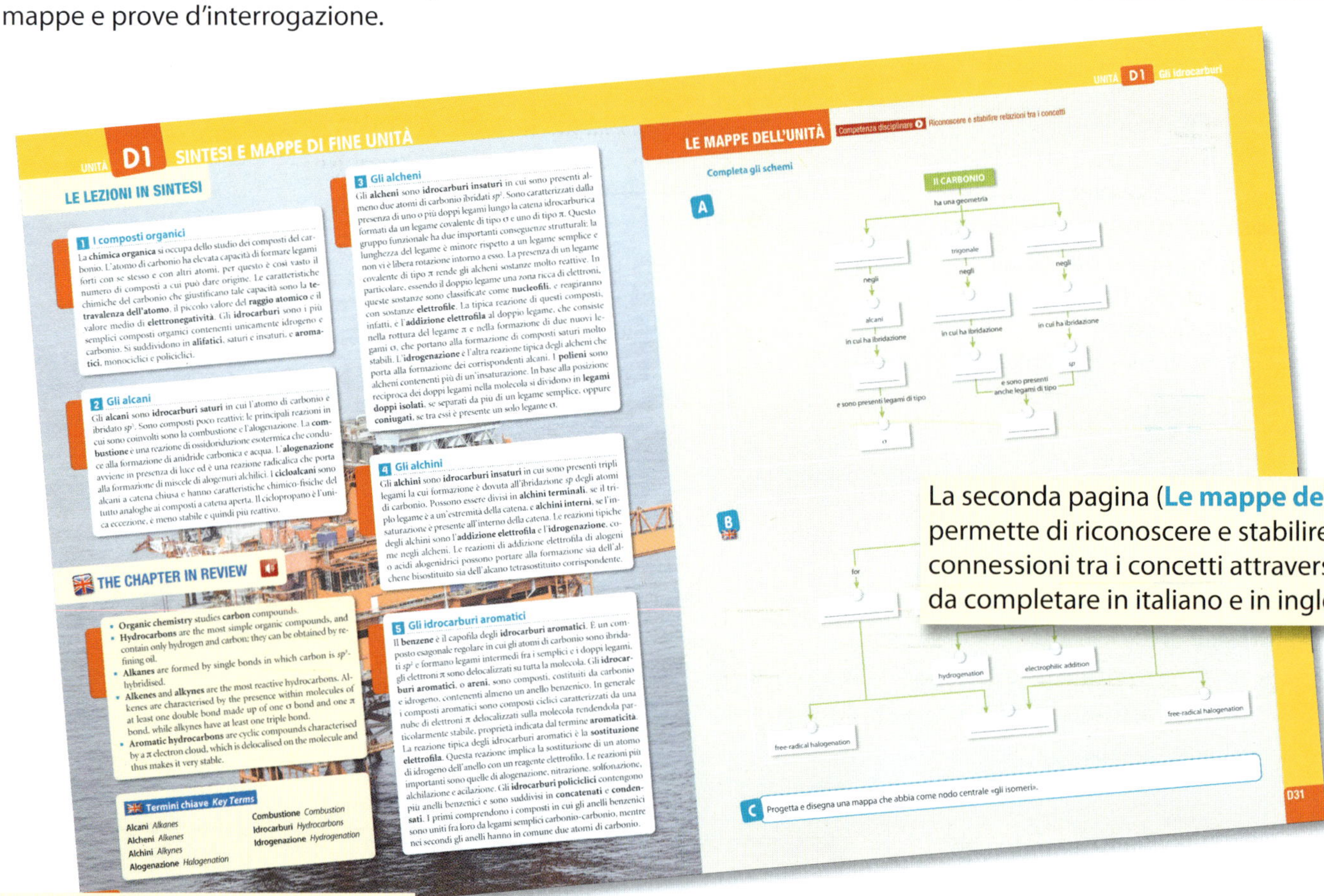

La seconda pagina (**Le mappe dell'unità**) permette di riconoscere e stabilire connessioni tra i concetti attraverso mappe da completare in italiano e in inglese.

In questa pagina si trovano anche un breve estratto dell'unità in lingua inglese (**The Chapter in Review**) e i termini chiave in versione bilingue (**Termini chiave *Key Terms***).

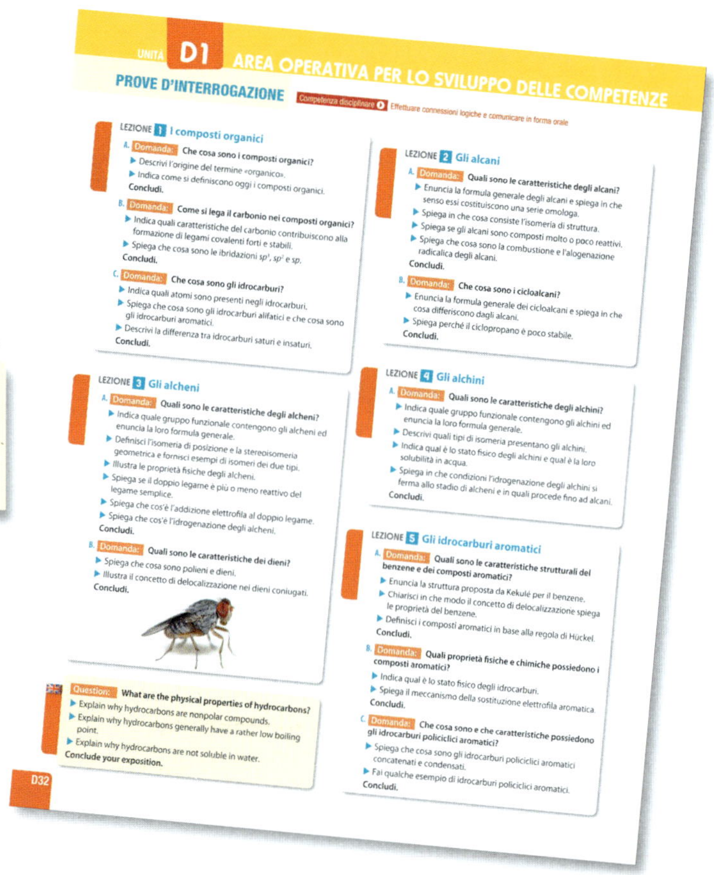

Con i percorsi di domande della terza pagina (**Prove d'interrogazione**) puoi esercitarti nell'esposizione in forma orale, preparandoti così all'interrogazione.

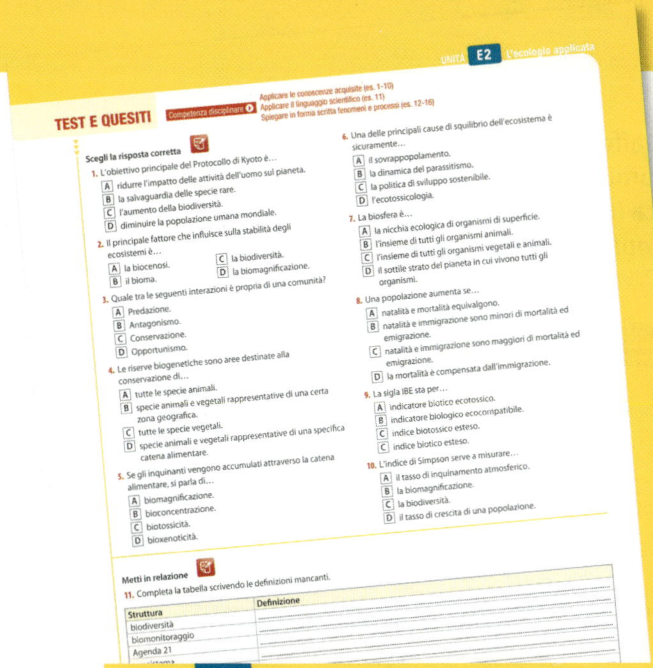

La quarta, la quinta e la sesta pagina dell'**Area operativa per lo sviluppo delle competenze** offrono una serie di esercizi a risposta chiusa o aperta, di varia tipologia e difficoltà.

Nella quarta e nella quinta pagina un set completo di **Test e quesiti** permette di applicare e verificare le conoscenze e il linguaggio scientifico acquisiti.

La quinta pagina offre anche esercizi in lingua inglese (***In English***) e attività per esercitarsi nei diversi tipi di prove previsti dall'esame di maturità (**Il mio esame di Stato**).

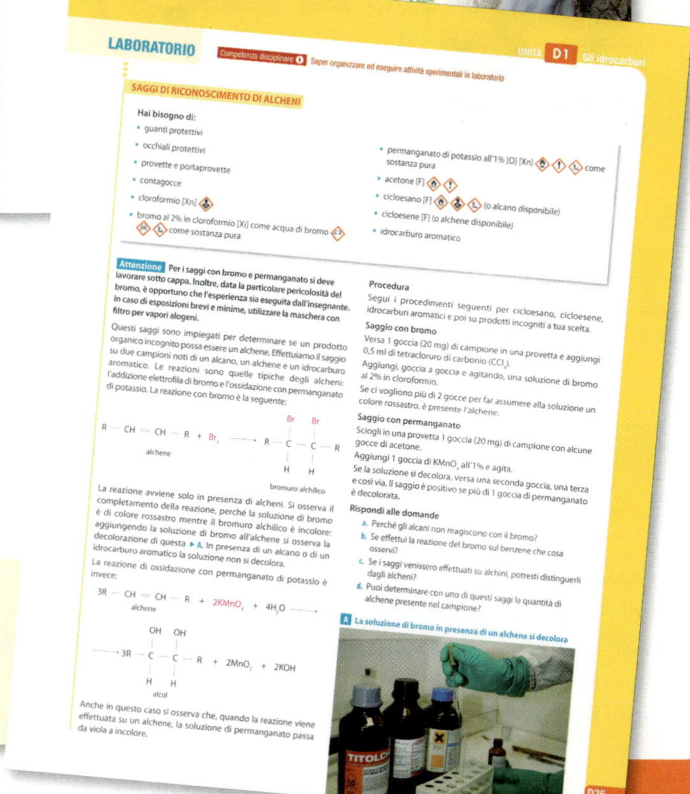

In biologia la sesta pagina (**Osservazione e analisi**) ti sottopone attività finalizzate a verificare la tua capacità di riconoscere fenomeni e formulare ipotesi. In chimica viene messa invece alla prova la tua capacità di organizzare ed eseguire attività sperimentali (**Laboratorio**).

L'area operativa di fine parte è stata pensata appositamente per rafforzare, attraverso attività diversificate, le tue **competenze** nei campi della ricerca e della comunicazione scientifica. Ti propone pertanto una serie di **Strategie d'indagine scientifica** (*La fucina delle idee*, *Professore per un giorno! / Be a teacher!*, *L'elaborazione dei dati scientifici*, *Il biologo sul campo*).

Nella **Fucina delle idee** vengono presentati brani originali di letteratura scientifica e non, che ti consentono di riflettere e discutere con i compagni su temi scientifici particolarmente attuali.

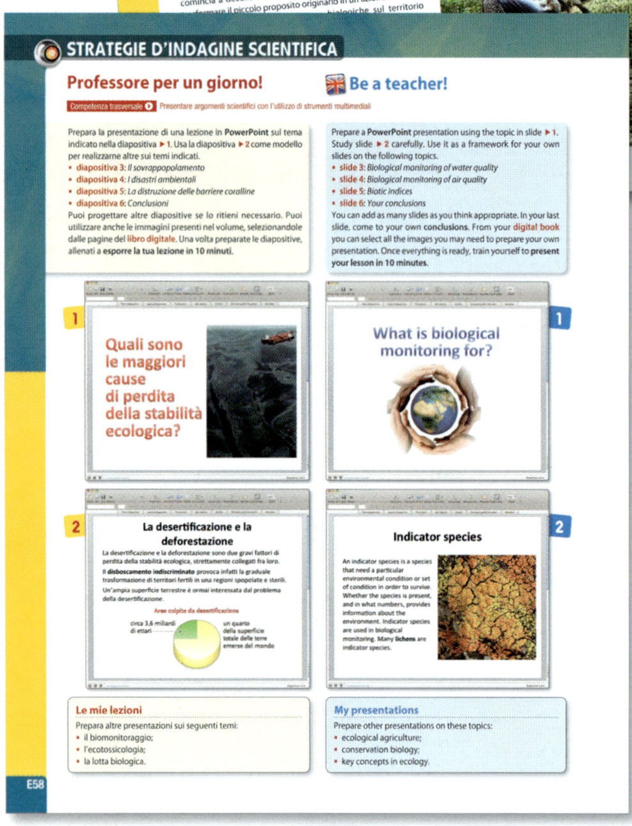

Professore per un giorno! ti permette di sviluppare la tua capacità di esposizione orale relativamente ad argomenti scientifici, attraverso l'uso di strumenti informatici. Con ***Be a teacher!*** puoi esercitarti anche in lingua inglese.

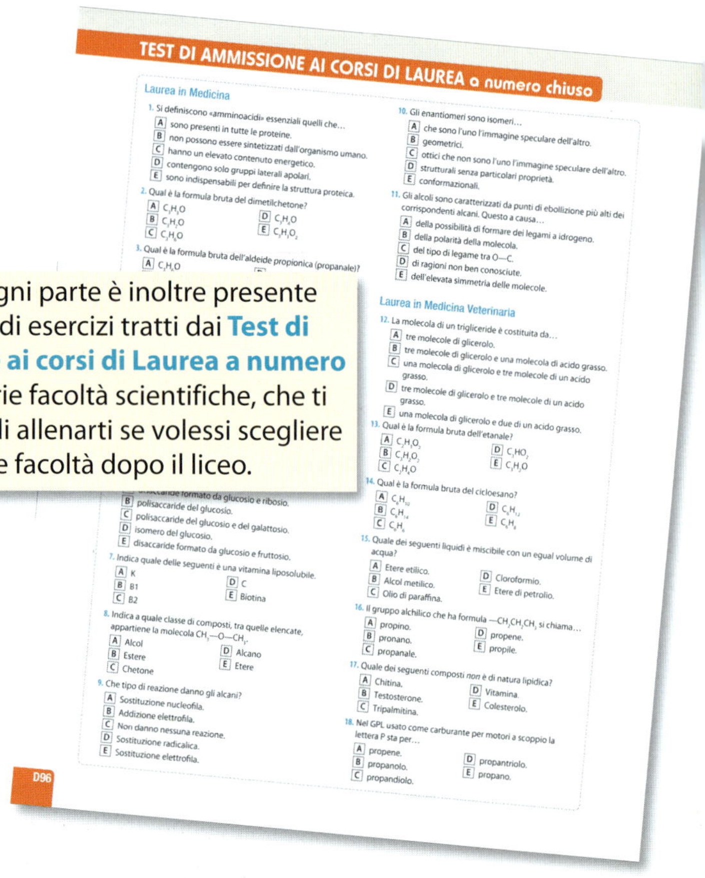

Alla fine di ogni parte è inoltre presente una raccolta di esercizi tratti dai **Test di ammissione ai corsi di Laurea a numero chiuso** di varie facoltà scientifiche, che ti permetterà di allenarti se volessi scegliere una di queste facoltà dopo il liceo.

La chimica organica
e la biochimica

PARTE D

UNITÀ D1
Gli idrocarburi

UNITÀ D2
Oltre gli idrocarburi

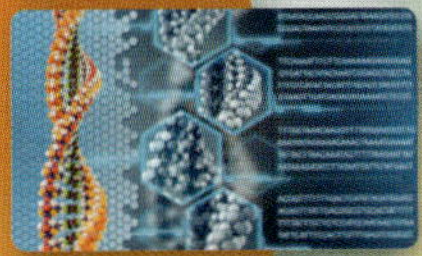

UNITÀ D3
Le biomolecole

UNITÀ

D1 Gli idrocarburi

Osserva... Il petrolio si forma negli strati superiori della crosta terrestre e si presenta come un liquido oleoso infiammabile di colore verdastro. Questo liquido è anche chiamato «oro nero» a causa del suo elevato valore a livello mondiale come combustibile per alimentare veicoli. Il petrolio ha un altro impiego molto importante: è una delle principali fonti di materie prime per l'industria chimica. È composto da una miscela di numerosissimi componenti gassosi, liquidi e solidi, di cui oltre il 99% è costituito da idrocarburi impiegati nell'industria chimica per produrre ad esempio materie plastiche e coloranti. Gli idrocarburi sono composti formati esclusivamente da *carbonio*, che forma catene e anelli, e *idrogeno*. Il carbonio è un elemento che ha caratteristiche chimiche del tutto particolari, tanto che è nata una branca della chimica, la *chimica organica*, che si occupa esclusivamente dei suoi composti. Il carbonio dà origine a molecole con strutture molto semplici, come il metano, ma anche molto complesse, come la clorofilla; si spiega così come esistano circa 4 000 000 di composti del carbonio e solo 70 000 composti di tutti gli altri elementi messi insieme.

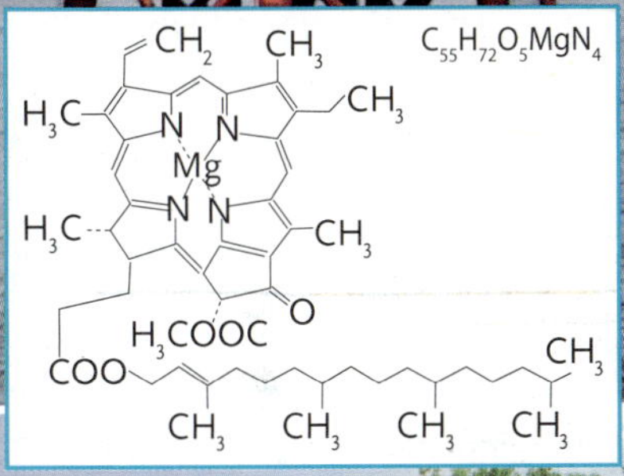

La molecola della clorofilla.

I composti organici

1 La chimica organica

L'espressione «chimica organica» fu impiegata per la prima volta nel 1808 dal chimico svedese **Jöns J. Berzelius** (1779-1848) per indicare la chimica del carbonio. Allora si pensava che i composti del carbonio potessero essere ottenuti solo dagli organismi viventi e non in laboratorio, ritenendo fosse necessaria, per la formazione di questi, una «forza vitale». Lo studio moderno della chimica organica prese avvio nel 1828 quando **Friedrich Wöhler** (1800-1882) sintetizzò per la prima volta in laboratorio l'urea, una sostanza contenuta nell'urina umana, per semplice riscaldamento di un sale inorganico ▶ 1.

La sua scoperta fu del tutto casuale, ma subito lo scienziato ne intuì l'importanza, tanto che scrisse così a un amico: «Devo dirti che posso preparare l'urea senza l'impiego di reni, né umani né canini». Tale scoperta diede avvio a una serie di esperimenti che confermarono che le sostanze chimiche, contenute in piante, animali, carbone e petrolio, avevano una caratteristica comune: la presenza di una quantità decisamente superiore di carbonio rispetto agli altri elementi presenti, che erano piuttosto pochi (idrogeno, ossigeno, azoto, alogeni e pochi altri). Per questa ragione la chimica del carbonio è stata associata in modo particolare alla vita, e le sostanze contenenti tale atomo sono state chiamate **composti organici**. In questo modo si richiama la loro origine dai sistemi viventi ed è possibile così distinguerli dai composti inorganici, derivanti dagli altri elementi del sistema periodico. La **chimica organica** si occupa, dunque, dello studio di tutte le sostanze contenenti il carbonio, con rare eccezioni.

1 Friedrich Wöhler

Friedrich Wöhler, chimico tedesco, è conosciuto per l'isolamento dell'alluminio e per la sintesi dell'urea.

Schema della sintesi dell'urea.

2 La configurazione del carbonio allo stato fondamentale

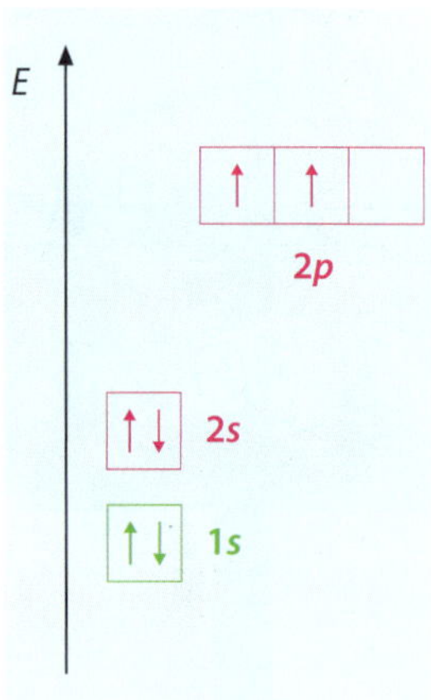

2 L'atomo di carbonio

Fra tutti gli elementi del sistema periodico, il carbonio è il solo i cui atomi hanno la capacità di legarsi sia tra loro, per formare lunghe catene e anelli, sia ad altri atomi, come l'idrogeno, l'ossigeno e l'azoto. La ragione di tale proprietà è riconducibile ad alcune peculiarità di questo elemento che contribuiscono tutte alla formazione di legami covalenti forti e stabili; infatti il carbonio ha:

- la capacità di formare quattro legami, ossia è *tetravalente*;
- un piccolo raggio atomico;
- un valore medio di elettronegatività (E_n = 2,5).

Vediamo adesso come può essere spiegata la tetravalenza del carbonio, la principale causa della varietà dei composti organici. Ricordiamo innanzitutto la struttura dell'atomo di carbonio nel suo stato fondamentale. L'elemento ha sei elettroni da sistemare negli orbitali, che si disporranno negli orbitali 1*s*, 2*s* e 2*p* secondo il principio dell'Aufbau e della regola di Hund. Quindi i primi due elettroni occuperanno l'orbitale 1*s* a energia minore, altri due si posizioneranno nell'orbitale 2*s* e infine i due rimanenti andranno a occupare ciascuno un orbitale 2*p* ▶ 2.

Da tale configurazione elettronica si nota come l'atomo di carbonio abbia solo due orbitali semipieni, contenenti cioè un solo elettrone, e quindi dovrebbe dare origine solo a due legami covalenti. In realtà, sperimentalmente, si osserva che il carbonio forma principalmente quattro legami. Questo fenomeno viene giustificato ammettendo che l'atomo di carbonio, al momento di legarsi con altri atomi, assorba energia dall'esterno e promuova un elettrone dall'orbitale 2*s* a quello 2*p*. Successivamente avviene il mescolamento di un orbitale *s* e tre orbitali *p* per formare quattro orbitali nuovi in forma, energia e disposizione spaziale chiamati orbitali ibridi sp^3 ▶ 3. In

3 TESTO-IMMAGINE Passaggio dallo stato fondamentale del carbonio all'ibrido sp^3

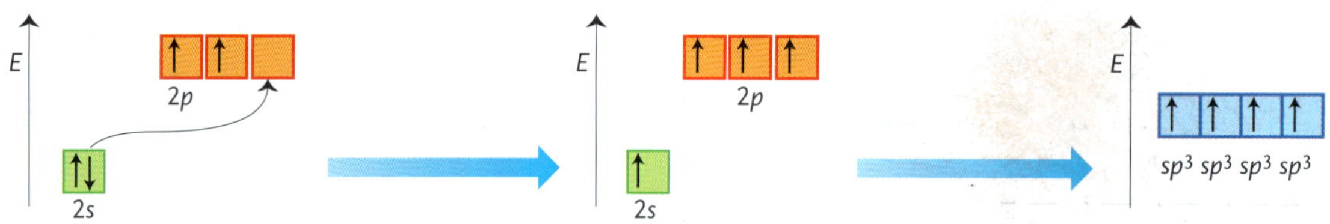

Dallo stato fondamentale l'atomo di carbonio assorbe energia dall'esterno.

Un elettrone viene promosso dall'orbitale 2*s* al 2*p*.

Si formano così quattro orbitali ibridi.

generale, questa combinazione di orbitali prende il nome di **ibridazione**.

L'**ibridazione** sp^3 non è un fenomeno che riguarda esclusivamente l'atomo di carbonio, ma è utilizzata anche per spiegare i legami e la geometria di composti contenenti, ad esempio, l'azoto e l'ossigeno, come l'ammoniaca e l'acqua.

Il carbonio non presenta però unicamente l'ibridazione sp^3. Per spiegare la possibilità di tale atomo di formare legami doppi e tripli, esistono altri due tipi di ibridazione. L'**ibridazione** sp^2 spiega la formazione, da parte del carbonio, di doppi legami e nasce dal mescolamento dell'orbitale $2s$ con due orbitali $2p$. Infine, l'**ibridazione** sp interpreta la struttura dei composti organici con triplo legame ed è dovuta all'incrocio degli orbitali puri $2s$ e $2p$.

Nelle lezioni successive riprenderemo nel dettaglio l'ibridazione del carbonio nelle varie classi di composti organici.

3 Rappresentazione delle molecole

In chimica organica è molto importante saper rappresentare in modo corretto le molecole e riconoscerne la formula.

Occupiamoci inizialmente della loro rappresentazione. Le molecole organiche possono essere descritte, come quelle inorganiche, semplicemente tramite la formula molecolare, indicando gli elementi che le costituiscono e il numero delle volte in cui ciascun atomo è presente nella molecola (ad esempio C_2H_6). In chimica organica le formule molecolari risultano meno significative, perché, in questo campo, è necessario descrivere in maniera dettagliata come gli atomi sono connessi tra loro all'interno della molecola stessa. Quindi si ricorre principalmente alle **formule di struttura**, che indicano come gli atomi sono legati in una molecola. Queste possono essere rappresentate in più modi ▶ 4:

- la **rappresentazione di Lewis**, in cui sono indicati tutti i legami chimici presenti nelle molecole, è la più dettagliata ma difficile da utilizzare nel caso di molecole molto complesse;
- le **formule razionali** mettono in evidenza solo i legami carbonio-carbonio;
- le **formule razionali condensate** indicano solo i gruppi atomici presenti nella molecola;
- le **formule topologiche** rappresentano solo lo scheletro della catena carboniosa mediante l'uso di segmenti, sono le più schematiche e mettono in evidenza che l'angolo di legame C — C — C non è pari a 180° ma a 109,5°.

4 I composti organici più semplici: gli idrocarburi

Il numero di composti organici di sintesi, cioè ottenuti in laboratorio, con cui veniamo a contatto ogni giorno è elevatissimo: cosmetici, farmaci, vernici, detersivi, profumi, materie plastiche, alcune fibre dei vestiti e molto altro. A tali composti sono da aggiungere tutte le sostanze organiche complesse presenti in natura e che ci circondano. Da questi esempi possiamo renderci conto di quanto sia vasto e complesso lo studio della chimica organica.

A causa della grande varietà di sostanze organiche, i chimici hanno raggruppato in grandi **classi** i composti che hanno caratteristiche simili: il tipo di elementi presenti, la natura dei legami, la geometria delle molecole e le proprietà fisiche e chimiche. In questo modo è stato possibile ordinare i composti in poche categorie facilmente identificabili.

Una prima classificazione può essere fatta in base alla loro composizione. Abbiamo visto come gli elementi più comuni che costituiscono le sostanze organiche siano

4 Le varie rappresentazioni di alcuni composti organici

	rappresentazione di Lewis	formula razionale	formula condensata	formula topologica
butano	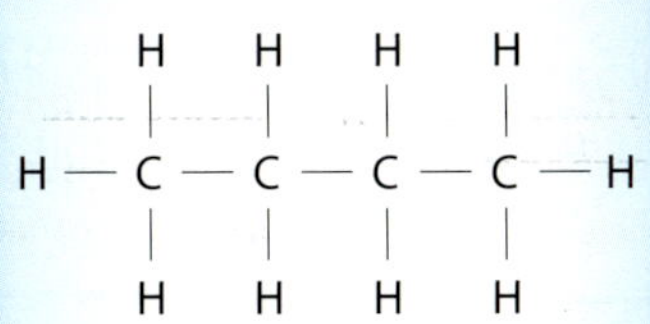	$CH_3 - CH_2 - CH_2 - CH_3$	$CH_3CH_2CH_2CH_3$	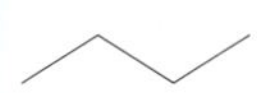
1-propanolo	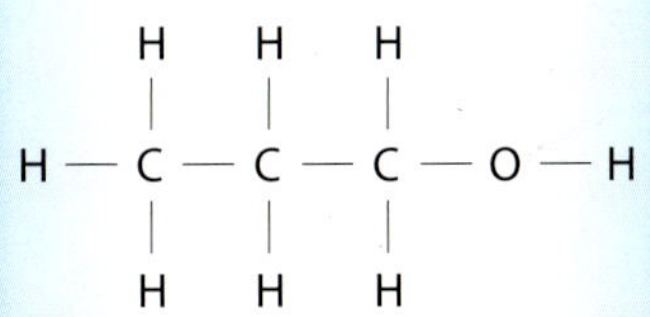	$CH_3 - CH_2 - CH_2 - OH$	$CH_3CH_2CH_2OH$	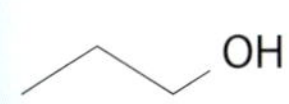
propanone	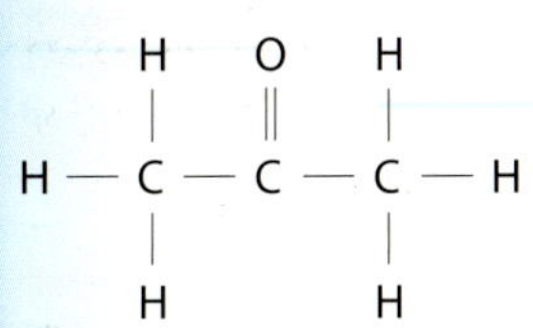	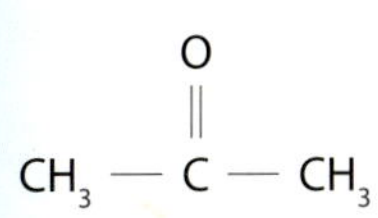	CH_3COCH_3	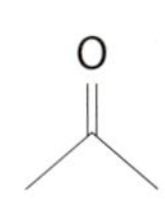

carbonio e idrogeno: la combinazione di questi due elementi dà origine a tutti gli **idrocarburi**. Tali sostanze si ottengono principalmente dalla distillazione frazionata del petrolio, processo che permette di separare i componenti idrocarburici in esso contenuti. Alternativamente gli idrocarburi possono essere ottenuti per via sintetica nei processi industriali.

Gli idrocarburi si dividono in **idrocarburi alifatici** e **idrocarburi aromatici**. Fanno parte della prima classe gli idrocarburi:

- *lineari*, in cui sono presenti atomi di carbonio *primari*, cioè legati a un solo altro carbonio, e *secondari*, ossia legati a due atomi di carbonio:

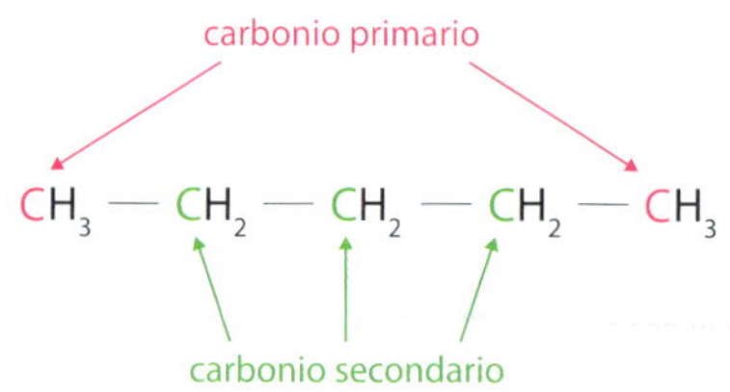

- *ramificati*, in cui sono presenti anche atomi di carbonio *terziari* e *quaternari*, cioè legati rispettivamente a tre e a quattro atomi di carbonio:

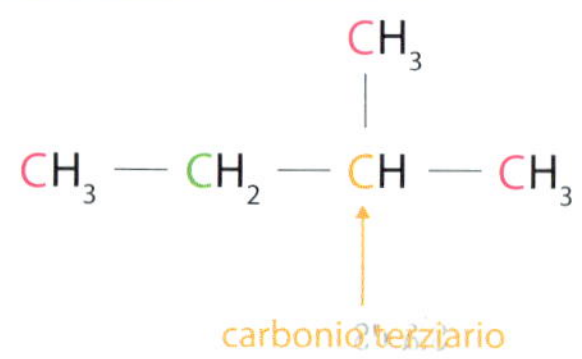

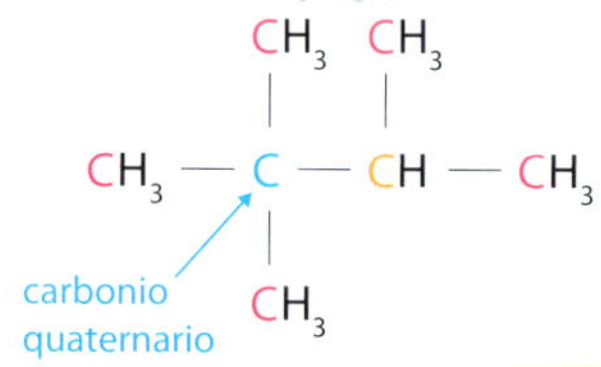

- *ciclici*, in cui gli atomi di carbonio formano un ciclo:

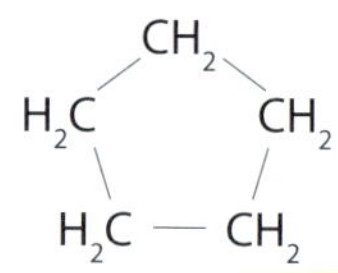

Gli idrocarburi aromatici differiscono dagli alifatici perché contengono la struttura tipica del benzene:

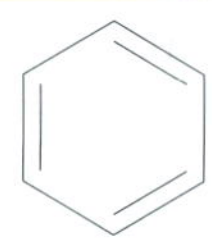

Nell'ambito degli idrocarburi alifatici distinguiamo a loro volta i composti *saturi*, che contengono solo legami semplici, da quelli *insaturi*, nei quali sono presenti anche legami doppi o tripli. Gli idrocarburi aromatici possono essere invece suddivisi in *monociclici*, in cui è presente un solo anello, e *policiclici*, nei quali sono presenti più anelli condensati tra loro ▶ 5.

5 Classificazione degli idrocarburi

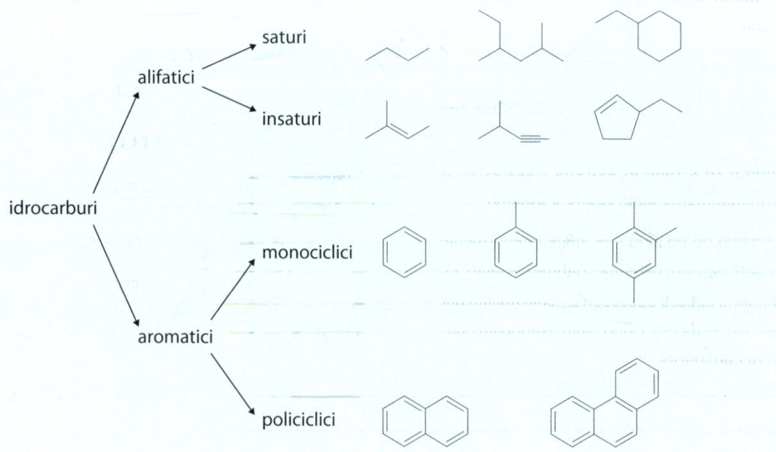

AREA OPERATIVA

Domande chiave

1. Che cos'è l'ibridazione?
2. Quante e quali sono le ibridazioni dell'atomo di carbonio?
3. Quali composti comprende la classe degli idrocarburi?
4. Quali sono i composti alifatici? Come possono essere classificati?
5. Quali sono i composti aromatici? Come possono essere classificati?

Ragiona

1. Indica l'ibridazione dell'atomo di carbonio evidenziato nei seguenti composti.

a. 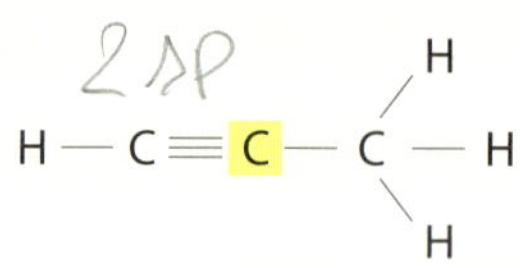

b. 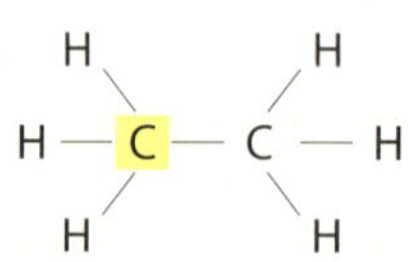

c. 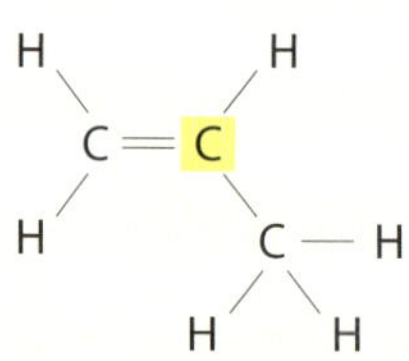

2. Quali tra i seguenti composti sono alifatici e quali aromatici? Giustifica la tua risposta.

a. 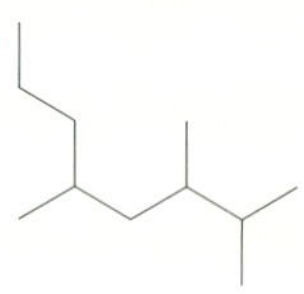

b. 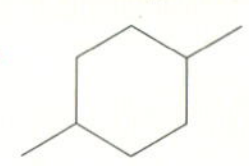

c. 

d. 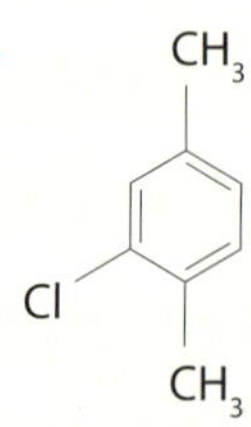

e. 

f. 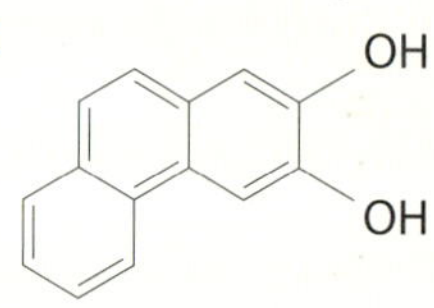

Chimica Plus

Il petrolio

Il petrolio è una fondamentale materia prima industriale perché fornisce i maggiori combustibili liquidi (benzene, kerosene, gasoli ecc.), le materie prime di certi importanti prodotti industriali (lubrificanti e solventi) e sostanze impiegate per la sintesi di altri prodotti di interesse industriale. Dal punto di vista fisico è un liquido più o meno denso e vischioso, di colore variabile da bruno a nero; chimicamente è una miscela di idrocarburi costituita principalmente da alcani, cicloalcani e idrocarburi aromatici. La composizione dei petroli varia molto al variare delle aree geografiche di ubicazione dei giacimenti, ma anche da giacimento a giacimento in una stessa regione. In base alla composizione possono essere classificati in:

- *paraffinici*, contenenti principalmente alcani (65-78%);
- *naftenici*, costituiti in gran parte da cicloalcani (68-89%);
- *paraffino-naftenici* , costituiti prevalentemente da alcani (30-50%) e cicloalcani (40-45%);
- *aromatici*, in cui sono presenti idrocarburi aromatici fra il 40 e il 50%.

Immediatamente dopo l'estrazione il petrolio subisce una serie di processi per eliminare i gas disciolti, l'eventuale acqua presente e i solidi sospesi; l'eliminazione dei gas è fondamentale perché questi possono provocare grossi inconvenienti durante il trasporto. Il petrolio così «stabilizzato» viene trasportato alle raffinerie, dove avviene la raffinazione, ovvero l'insieme dei processi di separazione dei vari componenti del petrolio in frazioni a peso molecolare simile e dei trattamenti necessari per rendere i prodotti commerciali. La separazione nelle varie frazioni avviene tramite la distillazione a pressione atmosferica o *topping*, dal termine inglese che indica il ruolo primario di questo processo. La distillazione, in generale, è una tecnica di separazione che sfrutta la differenza dei punti di ebollizione delle sostanze presenti in una miscela. Questa tecnica permette di separare varie frazioni di petrolio che hanno temperatura di ebollizione molto diverse tra loro ▶ **Tabella A**.

Nel topping il petrolio viene introdotto in un forno e portato alla temperatura di circa 400 °C in modo da essere trasformato in vapore. I vapori di petrolio vengono poi introdotti nella torre di raffinazione dove, salendo verso l'alto, attraversano una serie di piatti forati, si raffreddano e le varie frazioni vengono separate a temperature diverse ▶ **A**.

L'impianto del topping dal punto di vista strutturale varia al variare dalla composizione del petrolio. In generale nel basso della colonna si condensano gli oli combustibili che hanno una temperatura di ebollizione superiore a 350 °C. Le altre frazioni si separano nell'ordine:

- *gasolio*, impiegato come combustibile nei motori e per il riscaldamento domestico;
- *kerosene*, usato ad esempio come propellente degli aerei a reazione;
- *nafta*, usata come materia prima per produrre materie plastiche;
- *benzina*, usata principalmente come carburante per automobili;
- *metano*, *etano* e *GPL* (gas di petrolio liquefacibili), costituito principalmente da propano e butano.

Dal topping si ottiene un residuo che viene ulteriormente lavorato per ottenere gasolio, paraffine, bitume e asfalto. Le varie frazioni vengono spesso successivamente trattate per essere purificate ulteriormente. Sono state sviluppate specifiche tecniche di eliminazione di vari inquinanti dei derivati del petrolio sia per la loro utilizzazione finale sia per poterli impiegare in trattamenti che ne migliorino le prestazioni. Ad esempio vengono effettuati processi per eliminare composti contenenti lo zolfo, che sono maleodoranti e possono produrre prodotti di combustione aggressivi. Gli oli combustibili, rispetto alle altre frazioni, hanno un interesse commerciale minore e per questo vengono successivamente trattati e convertiti in benzine tramite processi, denominati *cracking*, che comportano la diminuzione dei pesi molecolari degli idrocarburi presenti.

Tabella A Temperature di ebollizione delle varie frazioni del petrolio separabili tramite distillazione

Sostanza	Temperatura di ebollizione (circa)
oli combustibili	>350 °C
gasolio	300 °C
kerosene	200 °C
nafta	100 °C
benzina	70 °C

A Schema del topping

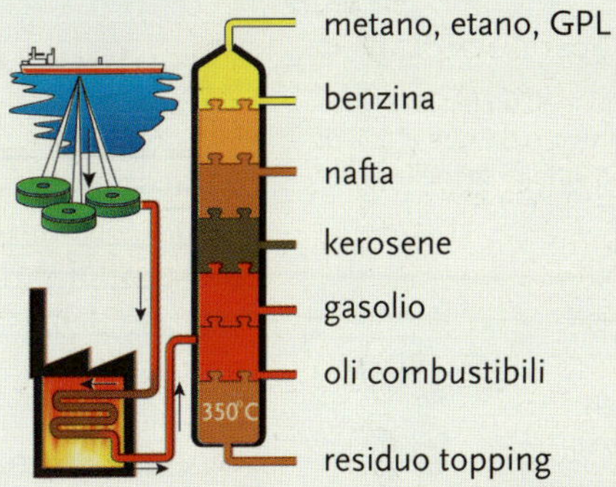

Risolvi i problemi

1. Completa la tabella con le rappresentazioni di Lewis e/o topologiche.

Lewis	Topologica
	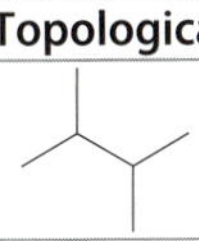
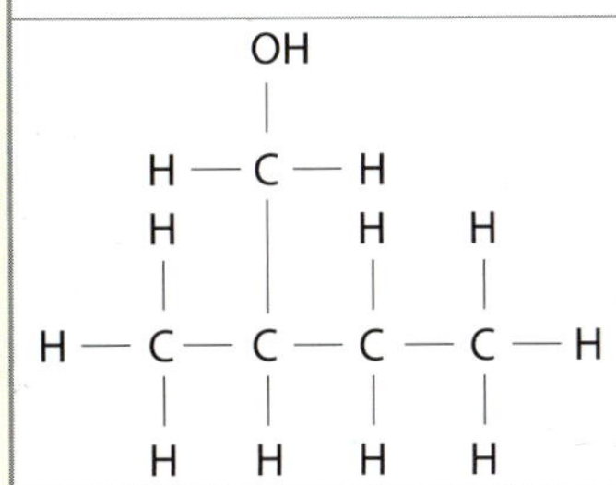	
	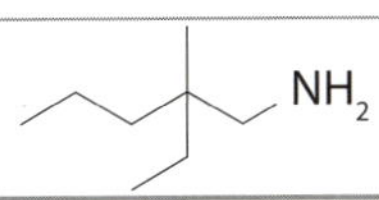

2. Indica se gli atomi di carbonio evidenziati nei seguenti composti sono primari, secondari o terziari.

a. 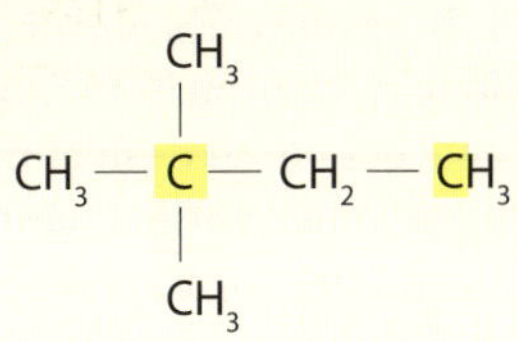

b. 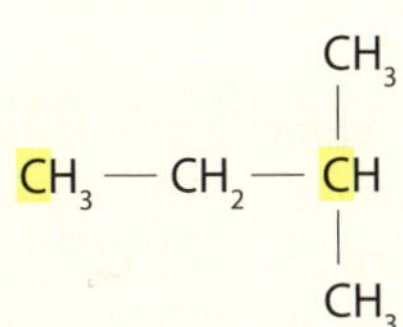

c. 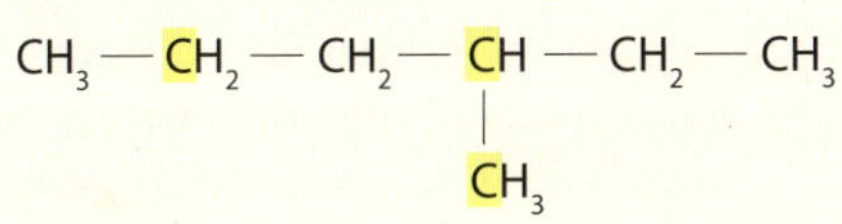

Gli alcani

1 Caratteristiche generali

Gli **alcani** sono gli idrocarburi più semplici: sono composti *saturi* in cui il carbonio è ibridato sp^3 e in cui sono quindi presenti solo legami singoli. La formula generale di tali composti è:

$$C_nH_{2n+2}$$

dove *n* indica il numero di atomi di carbonio della molecola ▶ Tabella 1; ad esempio l'esano è l'idrocarburo contenente sei atomi di carbonio, quindi la sua formula sarà:

$$C_6H_{2 \cdot 6+2} = C_6H_{14}$$

La classe degli alcani costituisce una **serie omologa** dove ogni composto differisce da quello che lo segue, o lo precede, per un gruppo CH_2. I composti appartenenti a una serie omologa presentano proprietà chimiche simili ma proprietà fisiche diverse, a seconda del peso molecolare.

Tabella 1 Formule di alcuni alcani ottenute a partire dal numero di atomi di carbonio della molecola

n	Formula	Nome
1	CH_4	metano
2	C_2H_6	etano
3	C_3H_8	propano
4	C_4H_{10}	butano

2 L'ibridazione sp^3 del carbonio

Gli atomi di carbonio degli alcani hanno struttura tetraedrica, spiegabile con l'ibridazione di tipo sp^3. Consideriamo il **metano**, il primo termine della serie omologa, che ha formula CH_4.

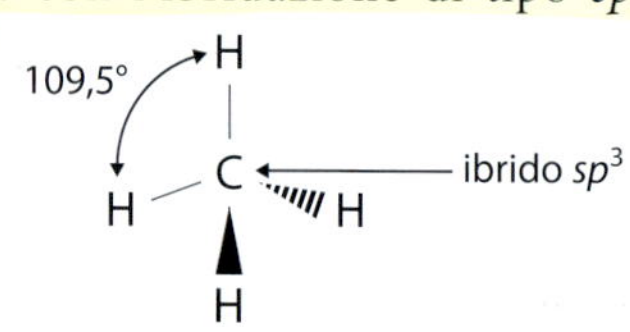

Gli atomi di idrogeno, legati all'atomo di carbonio centrale, si dispongono ai vertici di un tetraedro a causa della disposizione spaziale degli orbitali ibridi. L'angolo di legame, determinato sperimentalmente, è di 109,5° e quindi perfettamente concordante con questa geometria. I legami presenti nel metano sono tutti identici: covalenti di tipo σ. Ricordiamo che i legami covalenti sono quelli che implicano la condivisione degli elettroni di legame tra gli atomi, grazie a una sovrapposizione degli orbitali. Il *legame covalente di tipo* σ si forma per sovrapposizione degli orbitali in modo frontale, lungo la congiungente dei nuclei degli atomi, e quindi risulta essere un legame molto forte. Questo tipo di legame è quello che il carbonio forma sempre con l'idrogeno e con altri atomi di carbonio o altri elementi quali ossigeno e azoto.

Nella molecola di **etano**, il secondo composto della serie degli alcani (formula C_2H_6), ciascun carbonio forma quattro legami, tutti covalenti di tipo σ: uno con l'altro carbonio e tre con gli atomi di idrogeno. Nella figura ▶ 1 è descritta la formazione del legame σ carbonio-carbonio: gli orbitali ibridi sp^3 si sovrappongono frontalmente, lungo la linea che congiunge i due atomi.

Il legame che si forma ha un'energia che lo rende molto forte e stabile. Per tale ragione, come vedremo successivamente, questo legame non tenderà a rompersi facilmente per formarne di nuovi, quindi gli alcani risultano poco reattivi.

1 Legame covalente di tipo σ

TESTO-IMMAGINE

Formazione di un legame covalente di tipo σ tra due atomi di carbonio ibridati sp^3 nella molecola di etano.

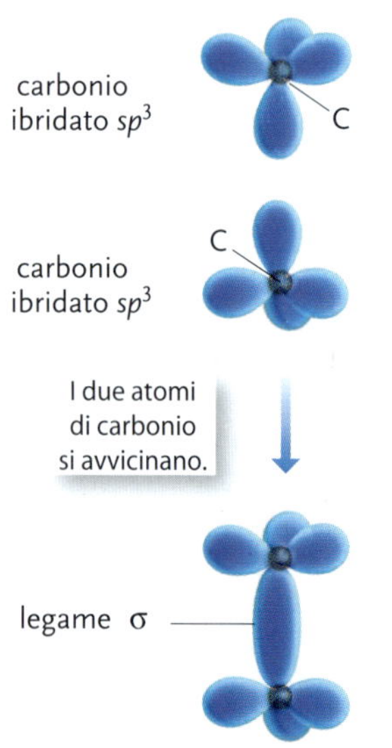

Gli orbitali sp^3 si sovrappongono formando il legame covalente σ.

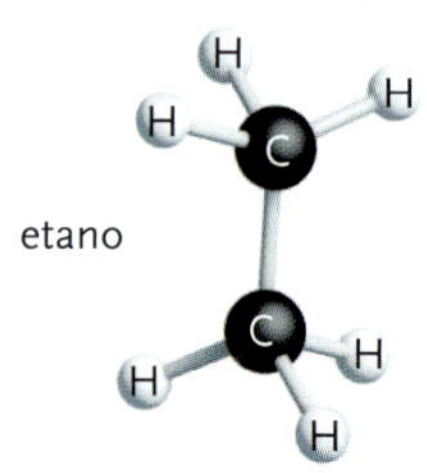

3 Nomenclatura

Storicamente, ai composti organici sono stati dati nomi che rispecchiano la loro origine e le loro proprietà. Ad esempio la morfina, potente antidolorifico, deve il suo nome a Morfeo, il dio greco dei sogni, mentre il colesterolo, componente dei calcoli biliari, prende il nome dai termini greci corrispondenti a bile e solido. Questo modo di assegnare i nomi non permette di collegare immediatamente la struttura al composto e non è un procedimento sistematico. Anche denominare nuovi composti sintetizzati, che magari presentano caratteristiche simili a prodotti già esistenti, risulterebbe estremamente difficile senza regole. Il problema divenne più evidente all'inizio del XIX secolo, quando il numero di nuovi composti organici scoperti e sintetizzati è cresciuto esponenzialmente. Per i chimici è diventato perciò impossibile imparare nomi assegnati senza una regola precisa e soprattutto senza diretta relazione con le strutture dei composti. Così i chimici di tutto il mondo, a partire dal 1892, si sono incontrati per fissare delle regole sistematiche per la nomenclatura dei composti organici. Queste sono denominate **regole IUPAC** (*International Union of Pure and Applied Chemistry*) e permettono di attribuire a ogni composto organico, con una determinata struttura, un nome univoco, riconoscibile da tutti i chimici. È necessario quindi studiare le regole IUPAC per le principali classi di composti organici in modo da poter comprendere il linguaggio universale dei chimici.

Iniziamo con lo studio della nomenclatura degli alcani. I composti a catena lineare vengono denominati con un prefisso che deriva dal numero greco corrispondente al numero di atomi di carbonio presenti nella molecola (*penta-*, *esa-*, *epta-*), seguito dal suffisso *-ano*. Fanno eccezione i primi quattro composti, che in *tutta* la nomenclatura organica hanno un prefisso diverso (*met-*, *et-*, *prop-*, *but-*):

CH_4	met-ano
CH_3-CH_3	et-ano
$CH_3-CH_2-CH_3$	prop-ano
$CH_3-CH_2-CH_2-CH_3$	but-ano
$CH_3-CH_2-CH_2-CH_2-CH_3$	pent-ano
$CH_3-CH_2-CH_2-CH_2-CH_2-CH_3$	es-ano
C_7H_{16}	ept-ano

Non esistono però unicamente idrocarburi a catena lineare, spesso si incontrano composti contenenti ramificazioni, come nel seguente caso:

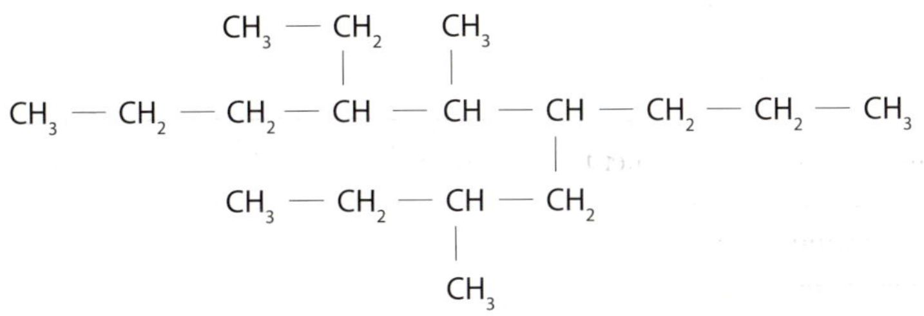

Una catena ramificata deve essere considerata come costituita da una catena principale alla quale sono state collegate una o più diramazioni. Queste diramazioni sono «frammenti» idrocarburici chiamati **gruppi alchilici** o **radicali alchilici**, indicati generalmente con *R*. Tali frammenti sono gruppi atomici ottenuti dall'eliminazione di un atomo di idrogeno dalla catena idrocarburica. Il nome di questi gruppi si ottiene semplicemente sostituendo il suffisso *-ano* con il suffisso *-ile*:

CH_3- met-ile

CH_3-CH_2- et-ile

$CH_3-CH_2-CH_2-$ prop-ile

$CH_3-CH_2-CH_2-CH_2-$ but-ile

$CH_3-CH_2-CH_2-CH_2-CH_2-$ pent-ile

I radicali sono collegati alla catena principale tramite un legame carbonio-carbonio. È quindi necessario che il carbonio della catena principale, a cui deve essere legato il frammento, perda un atomo di idrogeno che viene sostituito dal radicale. Per questa ragione i radicali alchilici sono chiamati *sostituenti*.

Per assegnare il nome a un idrocarburo ramificato si ricorre a semplici regole. Vediamo quali sono e applichiamole al composto riportato in precedenza.

1. Si determina la catena idrocarburica più lunga e le si assegna il nome dell'idrocarburo corrispondente. Se nel composto sono presenti due catene con lo stesso numero di atomi di carbonio, si sceglie quella con il maggior numero di ramificazioni.

Scelta errata:

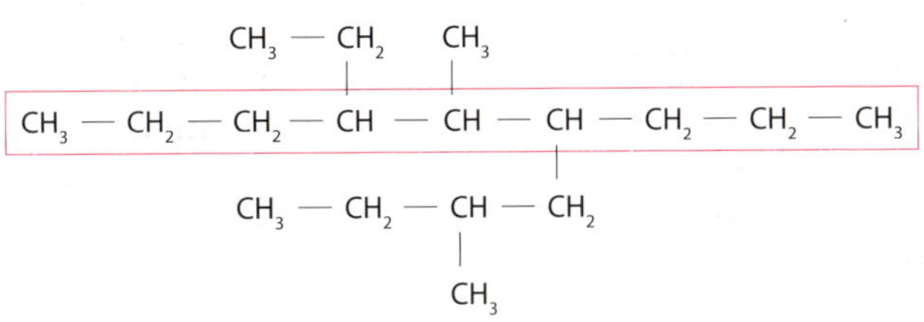

nonano

Scelta corretta:

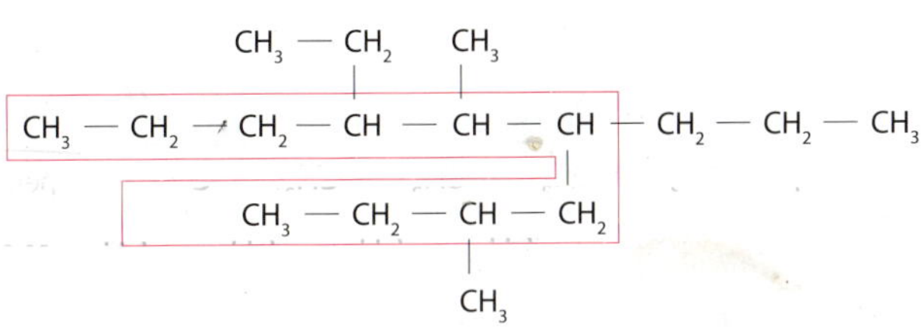

decano

2. Si numera la catena in modo che ai sostituenti (o alle ramificazioni) venga assegnato il numero più basso possibile, ossia si inizia la numerazione a partire dall'estremità più vicina alle ramificazioni.

Scelta errata:

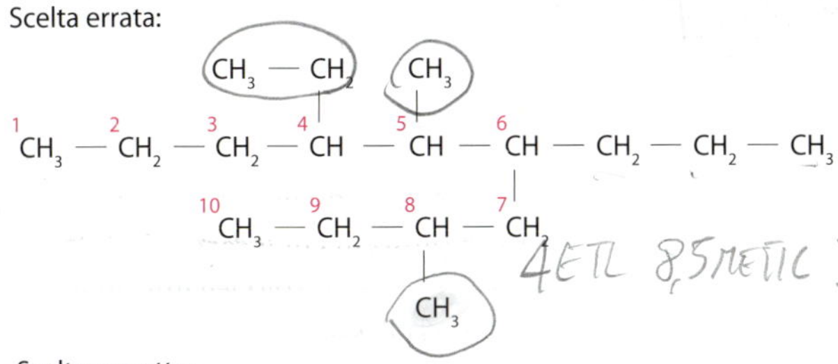

Scelta corretta:

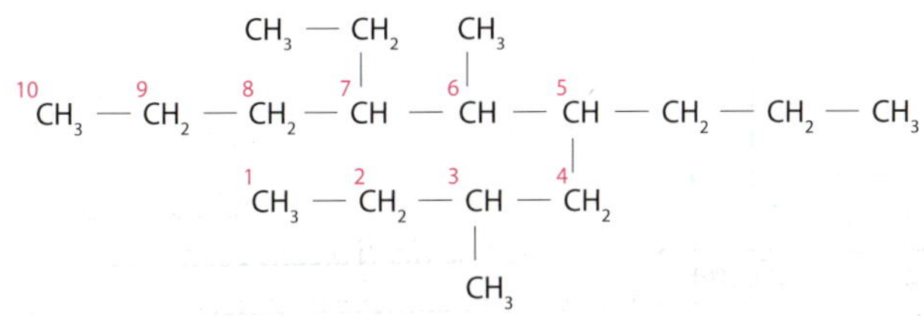

3. Si assegna il nome ai sostituenti (gruppi alchilici) presenti e ciascuno si fa precedere dal numero della posizione in cui si trova. Se nella catena sono presenti più ramificazioni uguali, si assegna il prefisso opportuno *di-*, *tri-*, *tetra-*, *penta-*; i numeri che ne indicano la posizione devono essere separati da una virgola.

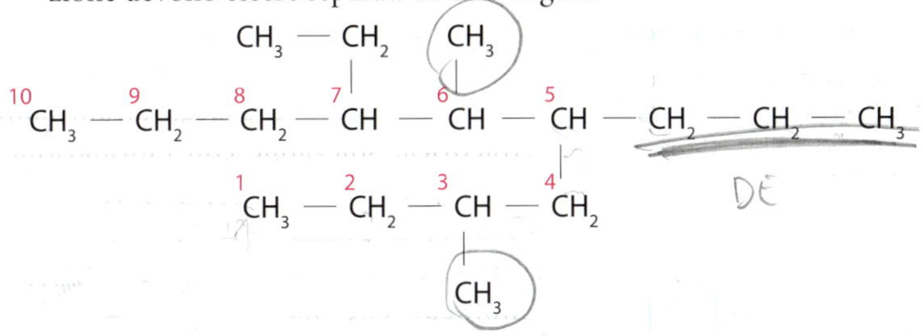

3-metile; 5-propile; 6-metile; 7-etile

3, 6-dimetile

4. I nomi dei sostituenti si scrivono in ordine alfabetico, senza però considerare i prefissi numerici (*di-*, *tri-*, *tetra-*), e si inseriscono prima del nome della catena idrocarburica più lunga.

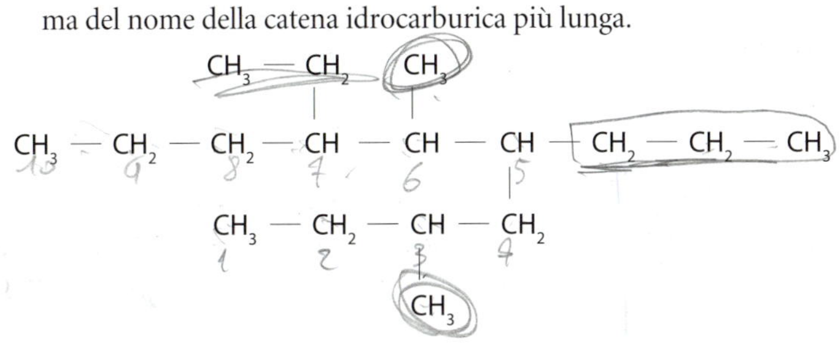

7-etil-3,6-dimetil-5-propildecano

Se in un composto è presente lo *stesso sostituente* nella *stessa posizione* il numero di questa deve essere ripetuto:

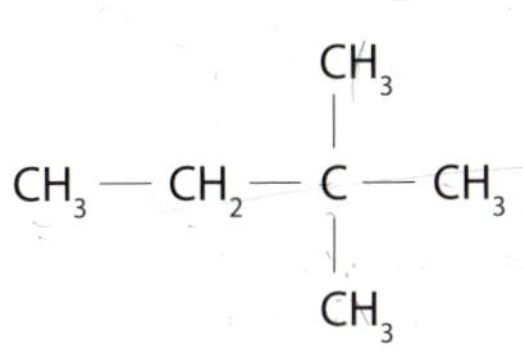

2,2-dimetilbutano

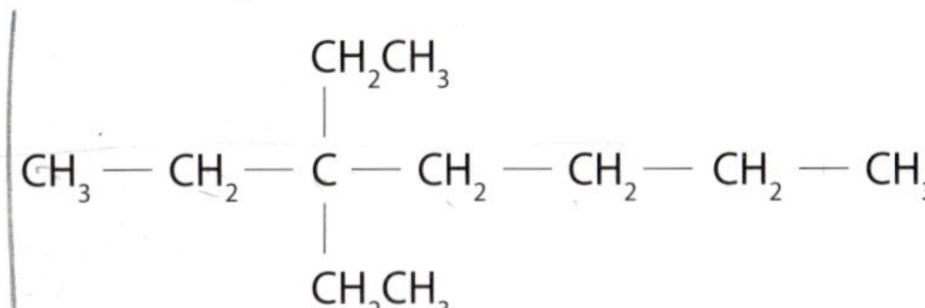

3,3-dietileptano

Il nome di una molecola organica è quindi composto dal numero della posizione del sostituente, dal nome del sostituente e dal nome della catena principale. Assegniamo, ad esempio, il nome al composto:

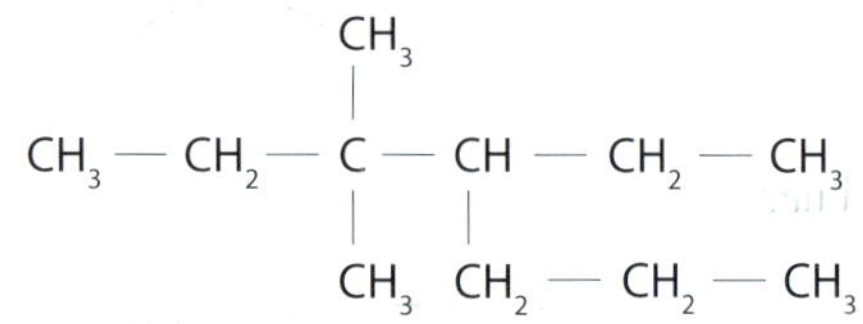

La catena più lunga possiede sette atomi di carbonio, per cui il nome della catena principale è eptano. La numerazione viene effettuata a partire da sinistra, così ai sostituenti viene assegnata la posizione più bassa possibile: i due gruppi metilici sono entrambi in posizione 3 e verranno indicati con 3,3-dimetil, mentre il gruppo etilico è in posizione 4. Dunque il nome del composto sarà 4-etil-3,3-dimetileptano:

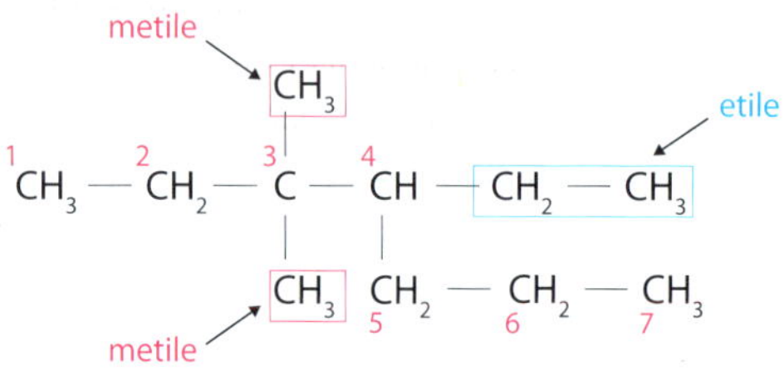

4-etil-3,3-dimetileptano

Spesso capita che sia conosciuto il nome del composto e sia necessario ricavarne la struttura. Vediamo la procedura da seguire in questo caso con un esempio. Consideriamo il composto 3-etil-2,4,5-trimetileptano.

1. Si rappresenta la struttura della catena carboniosa più lunga corrispondente al nome dell'idrocarburo, in questo caso eptano, e si numera.

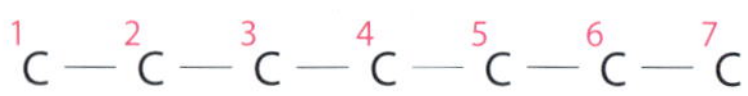

2. Si aggiungono, nelle posizioni indicate, i sostituenti richiesti (etile in posizione 3 e tre gruppi metili in posizioni 2, 4 e 5).

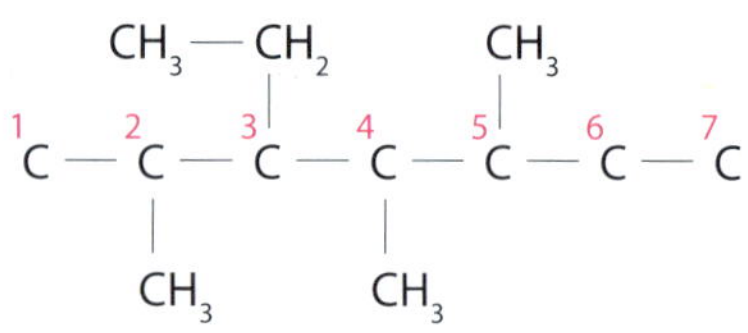

3. La struttura viene completata aggiungendo il numero adeguato di atomi di idrogeno a ogni atomo di carbonio, in modo che ciascun atomo formi quattro legami.

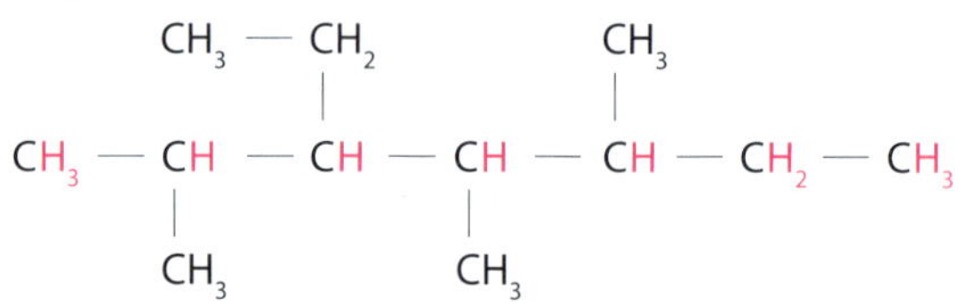

Determiniamo, ad esempio, la struttura del composto 4-etil-2-metil-5-propilottano. La catena principale è costituita da otto atomi di carbonio e la struttura viene completata mettendo i sostituenti in posizione 2, 4 e 5:

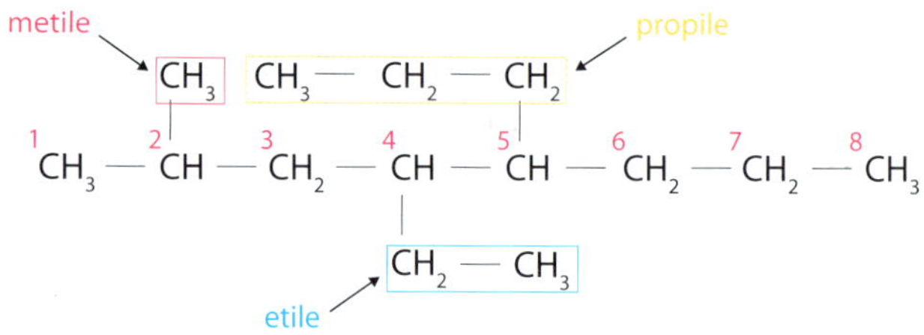

4 Isomeria di catena

Abbiamo visto come il carbonio sia capace di legarsi anche ad altri quattro atomi di carbonio per dare composti diversamente ramificati. Questo rende possibile l'esistenza di composti che hanno la medesima formula molecolare ma differiscono nella struttura; in generale questa caratteristica viene definita **isomeria di struttura**. Nelle varie classi di composti che studieremo troveremo diversi tipi di isomeria che dipendono dal tipo di atomi e di legami presenti in esse. Gli isomeri di struttura presentano proprietà fisiche diverse, come vedremo più avanti. Nel caso degli alcani, questi possono differire per la modalità con cui gli atomi si legano tra loro (diversa concatenazione) e sono chiamati **isomeri di catena**. Il primo isomero di catena è l'idrocarburo con quattro atomi di carbonio, il **butano**, C_4H_{10}. A questa formula molecolare può corrispondere sia l'isomero a catena lineare sia quello a catena ramificata:

butano

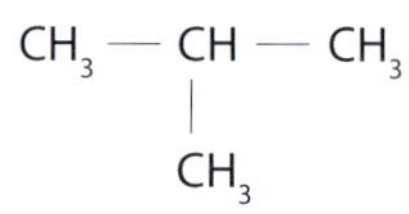

2-metilpropano

Tutti gli idrocarburi con numero di atomi di carbonio uguale o superiore a quattro possono avere isomeri di catena. Il pentano, il 2-metilbutano e il 2,2-dimetilpropano hanno tutti la medesima formula molecolare C_5H_{12}:

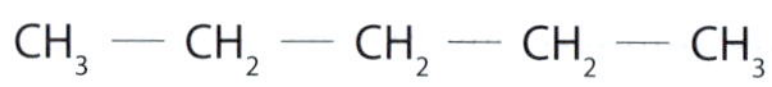

pentano

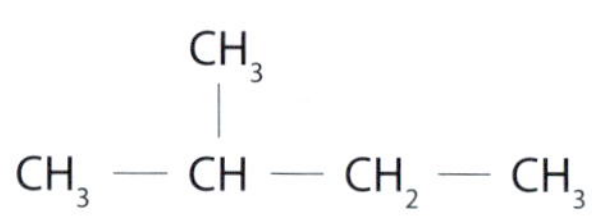

2-metilbutano

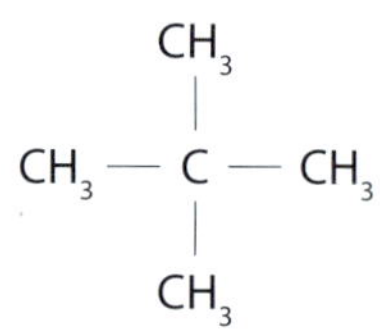

2,2-dimetilpropano

5 Le proprietà fisiche

Finora abbiamo descritto le principali caratteristiche strutturali degli alcani; vediamo ora quali sono quelle fisiche. Le caratteristiche fisiche di un composto organico comprendono lo *stato di aggregazione* (solido, liquido o aeriforme), i *punti di ebollizione e di fusione* e la *solubilità in acqua*. Tutte queste caratteristiche sono utili per i chimici per distinguere il composto stesso da altri, poiché sono proprietà tipiche di una certa sostanza.

Lo stato di aggregazione degli alcani, a temperatura ambiente e pressione ordinaria, dipende dal loro peso molecolare. I primi quattro alcani, metano, etano, propano e butano, sono gas, mentre quelli con un numero di atomi di carbonio compreso tra cinque e diciassette sono liquidi. Più aumenta il numero di atomi di carbonio, più aumentano il punto di ebollizione e quello di fusione, fino ad arrivare agli alcani con oltre 18 atomi che si trovano come *solidi cerosi*. Questi hanno un punto di fusione inferiore ai 100 °C e sono noti come *vaselline* e *paraffine*, miscele di idrocarburi ad alto peso molecolare.

Gli alcani sono composti **apolari**. La polarità di una sostanza dipende dalla distribuzione degli elettroni di legame rispetto agli atomi legati, influenzata dall'elettronegatività degli atomi stessi. In una molecola formata da atomi uguali la differenza di elettronegatività è nulla, quindi la coppia di elettroni è esattamente condivisa. Si ha quindi una distribuzione *simmetrica* degli elettroni di legame e la molecola è apolare (ad esempio la molecola di ossigeno, O_2). Se invece consideriamo due atomi diversi che formano un legame all'interno di una molecola, la coppia di elettroni sarà attratta dall'atomo più elettronegativo, comportando una distribuzione degli elettroni *asimmetrica*: l'atomo più elettronegativo assume una carica parzialmente negativa (δ^-) e l'altro una carica parzialmente positiva (δ^+). In questo caso, per stabilire se la molecola è polare, è necessario valutare la geometria stessa della molecola, poiché se questa è simmetrica le polarità dei vari legami si annullano tra loro (come nell'anidride carbonica, CO_2). Quindi una molecola è polare se c'è differenza di elettronegatività fra gli atomi e se non è simmetrica (come la molecola di acqua, H_2O).

Negli alcani sono presenti legami idrogeno-carbonio che hanno una differenza di elettronegatività di:

$$\Delta E_n = 2{,}5 \text{ (carbonio)} - 2{,}1 \text{ (idrogeno)} = 0{,}4$$

Pur piccolo, questo valore non è trascurabile. Tale differenza viene però annullata dalla simmetria strutturale degli alcani, che quindi risultano essere apolari.

Sperimentalmente si osserva come gli alcani siano sostanze insolubili in acqua, a conferma della loro apolarità. Per questa loro proprietà, e per la loro poca reattività, vengono spesso impiegati come solventi per composti organici non polari.

Il punto di ebollizione di questi composti è molto basso proprio perché, essendo molecole apolari, le forze intermolecolari sono deboli. Per i composti a catena lineare il punto di ebollizione aumenta con regolarità all'aumentare del peso molecolare. Per i composti con quattro o più atomi di carbonio abbiamo visto che esistono diversi isomeri di catena; in questo caso i punti di ebollizione e di fusione dipendono dalla diversa compattezza della molecola. In generale, i composti lineari hanno punti di ebollizione maggiori dei corrispondenti ramificati. Ciò perché i composti ramificati, proprio a causa delle ramificazioni, sono più distanti fra loro e formano legami intermolecolari più deboli, risultando così più volatili.

Il punto di fusione dei composti ramificati dipende dalla compattezza della molecola. Risulterà più elevato nel caso in cui le ramificazioni rendano la struttura molecolare simmetrica e compatta, quasi sferica, favorendo la formazione del reticolo cristallino. Nel caso in cui sia presente una sola ramificazione, questa ostacola l'impaccamento delle molecole e il punto di fusione risulta più basso del corrispondente composto lineare ▶ Tabella 2.

Tabella 2 **Punti di ebollizione e fusione del pentano lineare e degli isomeri ramificati**

Molecola	Struttura	Punto di ebollizione	Punto di fusione
pentano	$CH_3-CH_2-CH_2-CH_2-CH_3$	36,1 °C	–129,7 °C
2-metilbutano	$CH_3-CH(CH_3)-CH_2-CH_3$	29,7 °C	–160 °C
2,2-dimetilpropano	$CH_3-C(CH_3)_2-CH_3$	10 °C	–16 °C

Lessico Chimico

Paraffina
dal latino *parum affinis*, «poco affine»
Paraffin

6 Reattività

Gli atomi degli alcani sono uniti da legami covalenti di tipo σ, sia carbonio-carbonio sia carbonio-idrogeno, che, come abbiamo visto, sono molto forti e quindi molto stabili. Per questo motivo gli alcani non reagiscono facilmente con altre sostanze per formare nuovi composti, sono quindi sostanze poco reattive. Proprio a indicare la loro inerzia chimica a condizioni normali verso i più aggressivi agenti inorganici, come acidi e basi, nella vecchia nomenclatura gli alcani erano chiamati **paraffine**. Le principali reazioni in cui sono coinvolti sono la *combustione* e l'*alogenazione*.

La reazione di **combustione** è comune a tutti gli idrocarburi e avviene per reazione con l'ossigeno. La caratteristica principale è quella di essere una reazione fortemente esotermica, cioè di sviluppare molto calore. Per questo, tuttora gli alcani sono largamente impiegati come combustibili per il riscaldamento delle abitazioni o il funzionamento delle cucine a gas. Ricordiamo, inoltre, che i principali componenti della benzina sono proprio gli alcani.

Spieghiamo nel dettaglio che cosa succede nella combustione. È una reazione di ossidoriduzione cioè avviene con trasferimento di elettroni da una specie chimica a un'altra. La combustione porta sempre alla formazione di anidride carbonica e acqua. Ad esempio vediamo le reazioni del metano e del pentano:

$$CH_4 + 2O_2 \rightarrow CO_2 + 2H_2O$$
$$C_5H_{12} + 8O_2 \rightarrow 5CO_2 + 6H_2O$$

La reazione di **combustione degli alcani** può essere rappresentata in generale dalla seguente equazione:

$$C_nH_{2n+2} + \frac{3n+1}{2} O_2 \rightarrow nCO_2 + (n+1)\,H_2O$$

dove n è il numero di atomi di carbonio dell'alcano che reagisce. Per cui per il propano, C_3H_8, abbiamo $n = 3$ e la reazione di combustione sarà:

$$C_3H_8 + \frac{3 \cdot 3 + 1}{2}\, O_2 \rightarrow 3CO_2 + (3 + 1)\, H_2O$$

che diventa:

$$C_3H_8 + 5O_2 \rightarrow 3CO_2 + 4H_2O$$

REAZIONE DI SOSTITUZIONE DI UN H DA PARTE DEL CLORO FORMANDO CLOROMETANO — CH_3Cl

La reazione di **alogenazione** avviene principalmente con il cloro e il bromo. Gli alcani si combinano con questi reattivi solo in presenza di luce o di calore, conducendo alla formazione di un alogenuro alchilico e dell'alogenuro di idrogeno corrispondente (HCl, HBr). Gli **alogenuri alchilici** sono alcani in cui uno o più atomi di idrogeno sono stati sostituiti dall'alogeno. La reazione avviene per *via radicalica*, ossia inizia con la formazione di un *radicale*, una specie particolarmente reattiva a causa della presenza di un elettrone spaiato (o disaccoppiato). Nella reazione l'alogeno (molecola biatomica, Cl_2, Br_2), in presenza di luce o calore, subisce la rottura del legame covalente in maniera simmetrica (*omolitica*). La scissione omolitica del legame fa sì che ogni atomo mantenga uno dei due elettroni che costituivano il legame stesso, dando così origine a due specie radicaliche:

$$:\ddot{Cl}:\ddot{Cl}: \xrightarrow{\text{luce o calore}} 2\ :\ddot{Cl}\cdot$$

elettrone spaiato — specie radicalica

Le reazioni radicaliche procedono sempre secondo tre fasi: *inizio*, *propagazione* e *terminazione della catena*. Nella prima fase si ha la formazione di radicali liberi grazie alla luce o al calore, come descritto nello schema precedente. Nella seconda fase vengono formati altre specie radicaliche e i prodotti di reazione:

$$:\ddot{Cl}\cdot + H:CH_3 \longrightarrow H:\ddot{Cl} + \cdot CH_3$$

cloruro di idrogeno — specie radicalica

$$:\ddot{Cl}:\ddot{Cl}: + \cdot CH_3 \longrightarrow Cl:CH_3 + :\ddot{Cl}\cdot$$

clorometano

Infine durante la terminazione si ha l'accoppiamento di radicali e, quindi, la fine della reazione. Durante questa fase i radicali si possono accoppiare in più modi; riportiamo due esempi:

$$:\ddot{Cl}\cdot + :\ddot{Cl}\cdot \longrightarrow Cl_2 \qquad :\ddot{Cl}\cdot + \cdot CH_3 \longrightarrow Cl:CH_3$$

Essendo l'incontro tra specie radicaliche un evento casuale e non controllato, queste reazioni non danno un unico prodotto. Ad esempio nella reazione del metano con il cloro il prodotto principale, clorometano, può reagire a sua volta con altri radicali cloro e portare alla formazione di prodotti policlorurati, differenti per la quantità di cloro contenuta:

$$CH_4 + Cl_2 \xrightarrow{\text{luce}} CH_3Cl + CH_2Cl_2 + CHCl_3 + CCl_4 + HCl$$

clorometano, dicloro-metano, cloroformio, tetracloruro di carbonio

Le reazioni di alogenazione possono quindi procedere fino alla sostituzione completa degli atomi di idrogeno, presenti nella molecola, con l'alogeno. La formazione dei prodotti può essere controllata variando le quantità di alcano e alogeno impiegati nella reazione. In generale, quindi, le reazioni radicaliche risultano poco controllabili e quindi poco impiegate dai chimici per la sintesi di prodotti di interesse.

7 Cicloalcani

NO

Gli alcani, oltre a presentarsi in forma lineare o ramificata, si possono trovare in forma ciclica e sono chiamati **cicloalcani**. Si definiscono cicloalcani gli idrocarburi alifatici saturi a catena chiusa. La formula generale per questi idrocarburi è:

$$C_nH_{2n}$$

Rispetto agli alcani a catena aperta, che hanno formula C_nH_{2n+2}, in questi composti non sono presenti due atomi di idrogeno, a causa della chiusura della catena. I principali composti di questa serie sono:

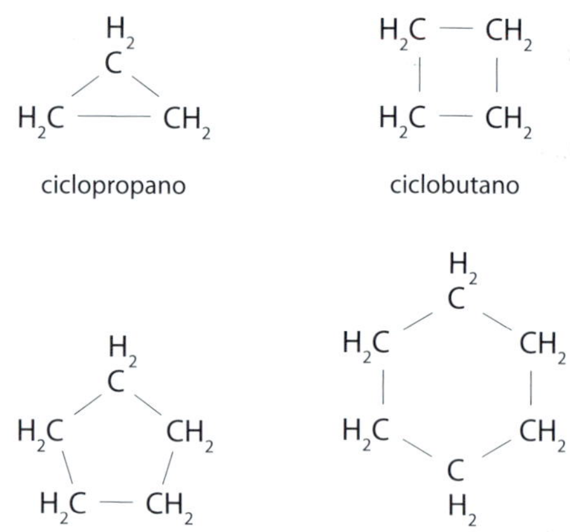

I cicloalcani sono spesso rappresentati semplicemente come poligoni regolari nei quali i vertici corrispondono a gruppi atomici CH_2:

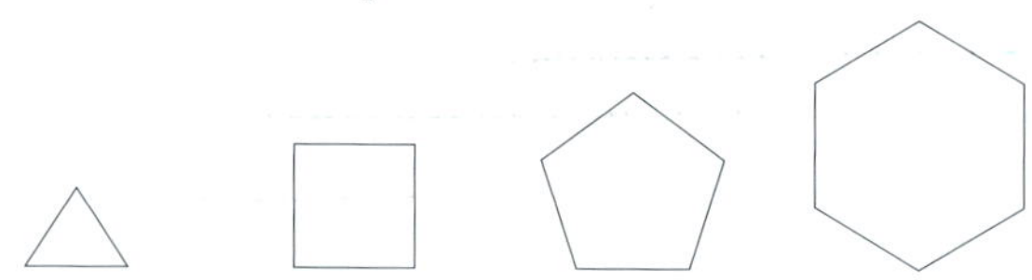

ciclopropano ciclobutano ciclopentano cicloesano

Per la nomenclatura l'anello rappresenta la catena più lunga e viene denominato mettendo il prefisso *ciclo-* al nome derivante dal numero di atomi di carbonio dell'anello. Le regole per la numerazione e per la nomenclatura in presenza di sostituenti sono le stesse di quelle descritte in precedenza per gli alcani a catena aperta.

Anche la reattività dei cicloalcani è del tutto analoga a quanto visto in precedenza per gli alcani: sono poco reattivi a causa della stabilità dei legami covalenti presenti.

Le reazioni principali sono la combustione e l'alogenazione. Per la reazione di **combustione** vale l'equazione generale:

$$C_nH_{2n} + \frac{3n}{2}O_2 \rightarrow nCO_2 + nH_2O$$

Nel caso del ciclobutano, C_4H_8, $n = 4$ e la reazione sarà:

$$C_4H_8 + \frac{3 \cdot 4}{2}O_2 \rightarrow 4CO_2 + 4H_2O$$

che diventa:

$$C_4H_8 + 6O_2 \rightarrow 4CO_2 + 4H_2O$$

Il **ciclopropano** è l'unico cicloalcano che presenta caratteristiche differenti, poiché l'anello risulta poco stabile. In questa molecola gli atomi di carbonio formano un triangolo equilatero (essendo i legami tutti uguali) con angoli di 60°. In questo modo, però, gli orbitali ibridi sp^3 non si sovrappongono in maniera precisa e quindi il legame carbonio-carbonio risulta più debole ▶ 2.

Per questo, se il ciclopropano viene fatto reagire ad esempio con bromo, si ha l'apertura dell'anello che porta alla formazione dell'1,3-dibromopropano:

$\xrightarrow{Br_2}$ Br — CH_2 — CH_2 — CH_2 — Br

ciclopropano   1,3-dibromopropano

L'angolo di legame dei cicloalcani influisce quindi sulla stabilità di questi composti; i più stabili sono quelli che hanno da cinque atomi di carbonio in poi.

2 Il ciclopropano

Struttura del ciclopropano.

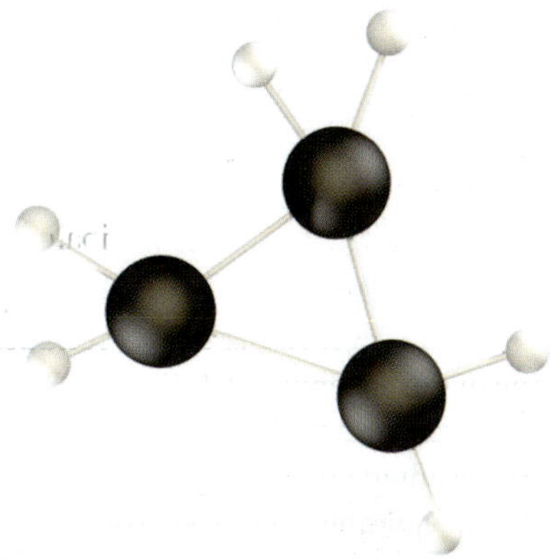

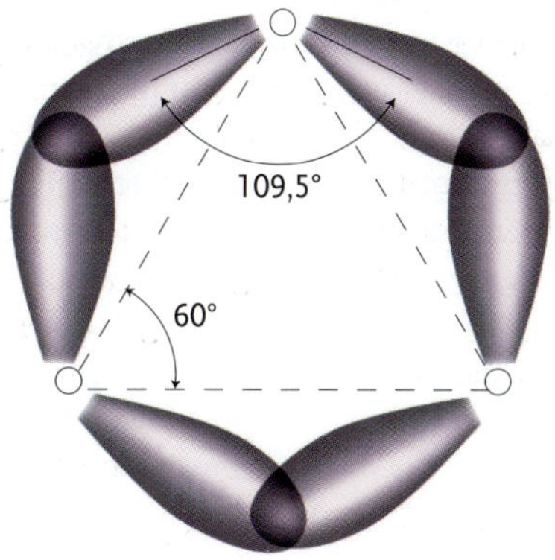

Sovrapposizione imperfetta degli orbitali dell'atomo di carbonio.

AREA OPERATIVA

Domande chiave

1. Quali sono le principali caratteristiche strutturali degli alcani?
2. Che cosa si indica con l'espressione «isomeri di catena»?
3. Quali sono le principali caratteristiche della reazione di alogenazione?
4. Che cosa sono i cicloalcani?

Ragiona

1. Se in laboratorio trovi una boccetta con scritto «C_5H_{12} puro al 99,8%» puoi sapere con certezza la struttura del composto?
2. Riferendosi all'esercizio precedente, come puoi capire qual è la struttura del composto?

Risolvi i problemi

1. Indica il nome IUPAC per ognuno dei seguenti composti.

a. CH_3 — CH_2 — CH_2 — CH_2 — CH_2 — CH_2 — CH_2 — CH_2 — CH_3 NONANO

b.

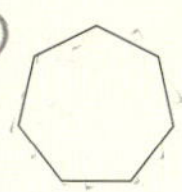

CICLOESANO

c.

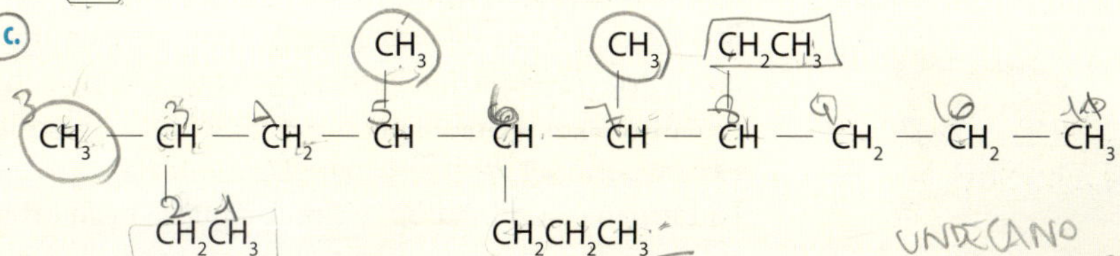

UNDECANO

8ETIL - 3,5,7 TRIMETIL - 6PROPILE

8ETIL 7,5,3,TRIMETIL, 6 PROPIL UNDECANO

2. Rappresenta la struttura di ciascuno dei seguenti composti.
   a. cicloottano
   b. 4-propilottano
   c. 3,4-dietil-2,3-dimetileptano
   d. 4-etil-2,3,5-trimetil-7-propilundecano

3. Completa le seguenti reazioni.
   a. C_7H_{16} + ...O_2 → .... + ...H_2O
   b. C_3H_8 + ...O_2 → .... + ...
   c. .... + ...O_2 → 9CO_2 + ...H_2O
   d. C_4H_8 + ...O_2 → .... + ...

4. Quale reazione impiegheresti per ottenere i seguenti composti? Indica la struttura e il nome dei reagenti. Li puoi ottenere puri?

a.

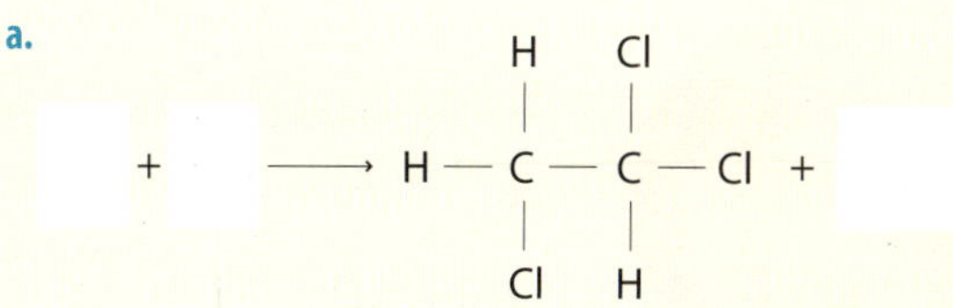

b.

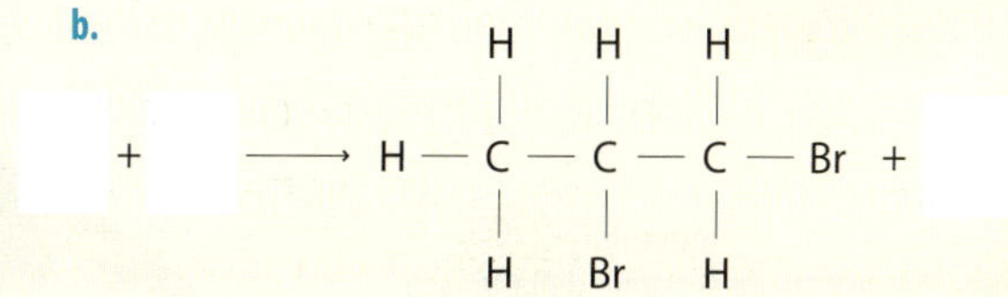

LEZIONE 3

Gli alcheni

1 Caratteristiche generali

Gli **alcheni**, detti tradizionalmente **olefine**, sono idrocarburi *insaturi* in cui sono presenti uno o più doppi legami carbonio-carbonio all'interno della catena idrocarburica. Nelle formule di struttura il doppio legame si indica semplicemente con un doppio trattino. Le porzioni di molecola che hanno un comportamento specifico e che ne permettono la classificazione in una data classe di composti sono identificate come **gruppo funzionale**; perciò il doppio legame è il gruppo funzionale degli alcheni. La formazione di questo tipo di legame è possibile grazie all'ibridazione sp^2 di almeno due atomi di carbonio della catena idrocarburica. Gli alcheni sono classificati come *insaturi*, perché gli atomi di carbonio presenti non saturano la loro capacità di legame, a differenza degli alcani, in cui ciascun carbonio è legato al massimo numero di atomi possibile. Il doppio legame è per questo spesso indicato come *insaturazione* della molecola.

Gli alcheni sono presenti in molti prodotti biologici. Ad esempio sono alcheni molti degli aromi e delle fragranze prodotti da alcune piante, come il limonene o il geraniolo, alcune delle sostanze che conferiscono il colore ai frutti, come il carotene nelle carote e il licopene nel pomodoro rosso, così come molti feromoni, sostanze chimiche attraverso cui gli insetti comunicano ▸ 1.
Oltre a essere presenti in natura, molti alcheni sono composti largamente utilizzati nell'industria della plastica per realizzare contenitori, pellicole e involucri. Vista la quantità di materiale plastico che ci circonda, è facilmente intuibile l'importanza di questi idrocarburi nella vita di ogni giorno. Gli alcheni più impiegati in questo campo sono quelli che contengono un solo doppio legame.
La formula generale degli **alcheni** è:

$$C_nH_{2n}$$

dove n è il numero degli atomi di carbonio. Ad esempio nel propene $n = 3$, quindi la formula generale sarà:

$$C_2H_{2\cdot 3} = C_2H_6$$

Gli alcheni in cui sono presenti più doppi legami vengono chiamati **polieni**; in particolare, gli alcheni che ne contengono due sono detti **dieni** e quelli con tre **trieni**. Nel caso dei **polieni** la formula generale è:

$$C_nH_{(2n+2)-2k}$$

dove k indica il numero di insaturazioni presenti. Ad esempio per il butadiene, l'alchene con due insaturazioni, $k = 2$ e $n = 4$, per cui la formula sarà:

$$C_4H_{(2\cdot 4+2)-2\cdot 2} = C_4H_6$$

1 Alcheni di origine naturale

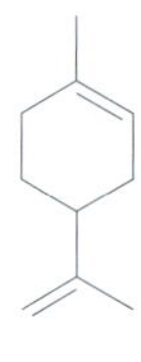

limonene

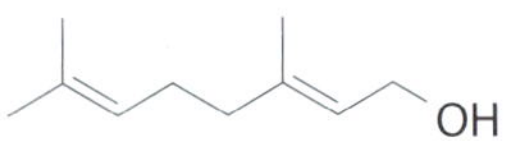

geraniolo

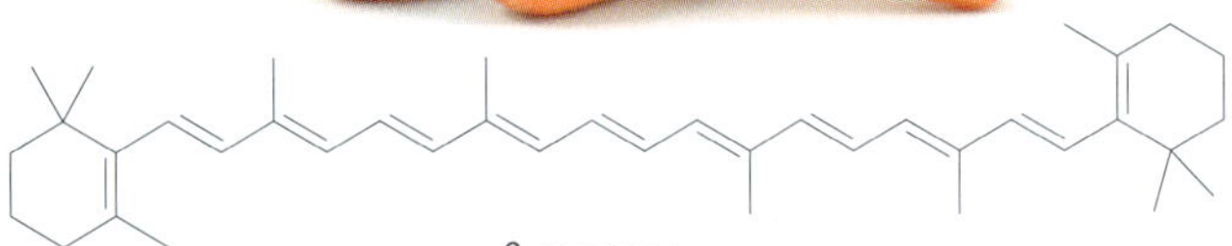

β-carotene

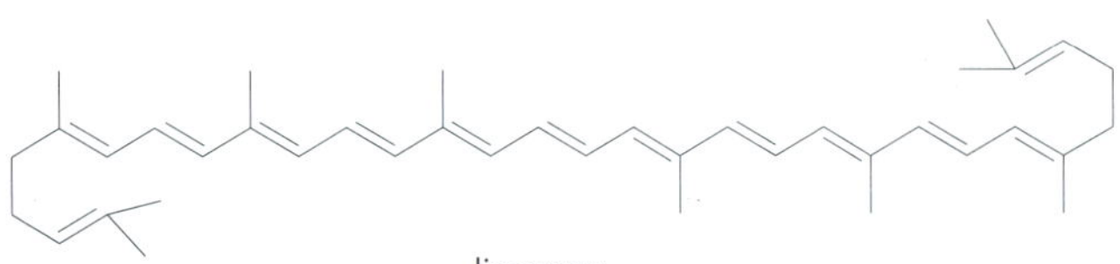

licopene

muscalure
attrattore sessuale della mosca

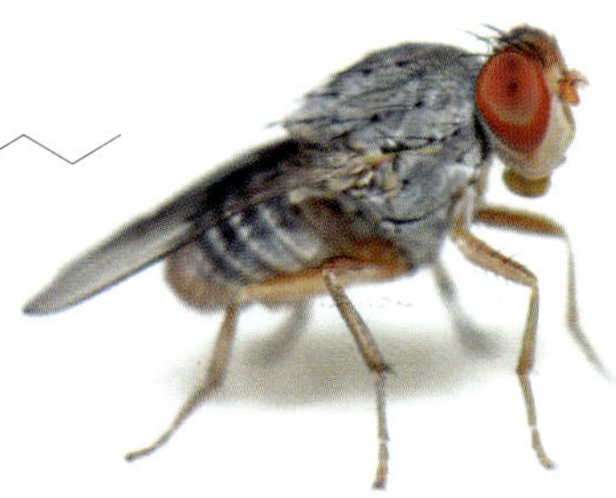

2 L'ibridazione sp^2 del carbonio

Negli alcheni gli atomi di carbonio ibridati sp^2 hanno una geometria trigonale planare. Prendiamo in considerazione il primo idrocarburo della serie, l'**etene**, comunemente chiamato **etilene**, contenente due atomi di carbonio (formula C_2H_4). Questo composto è una materia prima molto impiegata nell'industria chimica per la produzione di numerosi composti organici di sintesi e di materie plastiche come il polietilene e il polivinilcoloruro (PVC). L'etilene è anche presente in natura ed è responsabile dell'invecchiamento delle piante e della maturazione di molti frutti, motivo per cui alcuni di questi vengono esposti all'etene per favorirne proprio la maturazione prima della vendita. L'etilene è una molecola piana con angoli di legame di 120° ▸ 2.
Ricordiamo come l'ibridazione sp^2 spiega questo tipo di geometria. I tre orbitali ibridi sp^2, contenenti un elettrone ciascuno, si formano per mescolamento di un orbitale $2s$ e due orbitali $2p$ dell'atomo di carbonio ▸ 3.
La forma degli orbitali sp^2 è simile a quella degli orbitali sp^3, ma è diversa la loro orientazione relativa nello spazio.

2 **Formula di struttura dell'etene (etilene)**

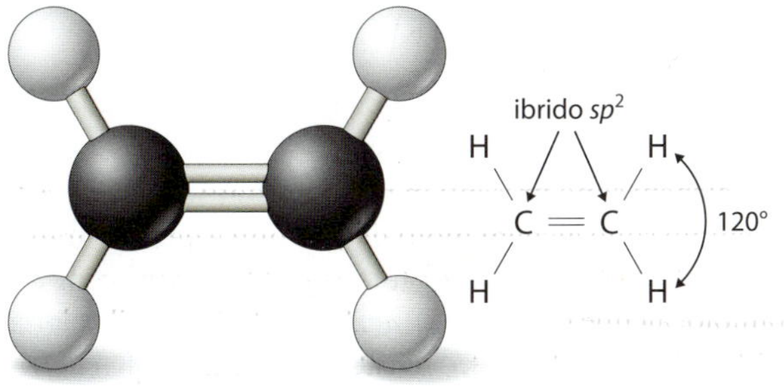

I tre orbitali ibridi, infatti, giacciono in un piano e sono diretti verso i vertici di un triangolo equilatero formando tra loro angoli di 120°; si spiega così la geometria degli atomi adiacenti a un doppio legame, detta **disposizione planare trigonale** ▶ 4. Gli orbitali ibridi sp^2 permettono la formazione di tre legami carbonio-carbonio o carbonio-idrogeno covalenti di tipo σ. L'orbitale atomico non ibridato *p*, contenente un elettrone, rimane perpendicolare al piano individuato dagli altri tre orbitali ibridi.

Nella molecola di etene i due atomi di carbonio si avvicinano e si ha la formazione di un legame σ grazie alla sovrapposizione frontale di due orbitali ibridi; allo stesso tempo si ha la sovrapposizione laterale degli orbitali non ibridi *p*, che formano così un **legame covalente di tipo** π. Questo tipo di legame risulta più debole rispetto a quello di tipo σ, poiché la sovrapposizione degli orbitali *p*, che avviene lateralmente, è inferiore a quella degli orbitali ibridi sp^2 che formano il legame σ ▶ 5.

Il doppio legame presente negli alcheni è quindi costituito da due legami covalenti, uno di tipo σ e uno π, contenenti due elettroni ciascuno. Per questo vi è, tra i due atomi di carbonio sp^2, un'alta densità di elettroni, che conferisce a questi composti particolari proprietà chimiche che vedremo in seguito. La presenza del doppio legame ha anche due importanti conseguenze strutturali. Perché l'unione tra gli orbitali *p* sia possibile, gli atomi di carbonio devono avvicinarsi di più, ragione per cui *la lunghezza di un doppio legame è inferiore rispetto a quella di un legame semplice* (1,34 Å nell'etene rispetto a 1,53 Å nell'etano). Un'altra importante caratteristica strutturale è la *rigidità del doppio legame*. Questo perché, per far sì che esista il legame π, i due orbitali *p* devono essere paralleli tra loro, così che ci sia il massimo grado di sovrapposizione; se ci fosse libera rotazione intorno al doppio legame, i due orbitali *p* non sarebbero più sovrapposti. Il doppio legame è quindi rigido: la rotazione intorno all'asse dei due atomi di carbonio implicherebbe la rottura e la nuova formazione del legame π, richiedendo perciò una quantità troppo elevata di energia.

3 Nomenclatura

Per attribuire il nome agli alcheni a catena lineare, le regole IUPAC prevedono l'impiego di un prefisso che indica il numero di atomi di carbonio presenti nella molecola (come per gli alcani), al quale si aggiunge il suffisso *-ene* (al posto di *-ano* impiegato per gli alcani).

L'etene e il propene, i primi due termini della serie, sono noti comunemente con i nomi di etilene, come avevamo già visto, e propilene. Negli alcheni in cui sono presenti più di tre atomi di carbonio è necessario indicare la posizione del doppio legame nella catena. Prendiamo il caso del butene: l'insaturazione può essere sia tra il primo e il secondo atomo di carbonio, sia tra il secondo e il terzo:

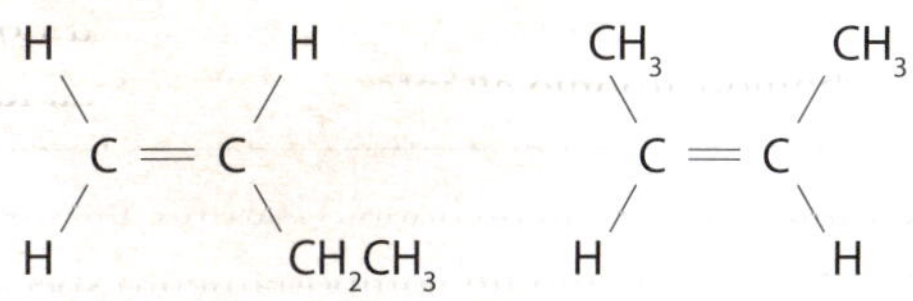

butene

3 TESTO-IMMAGINE **Passaggio dallo stato fondamentale del carbonio all'ibrido sp^2**

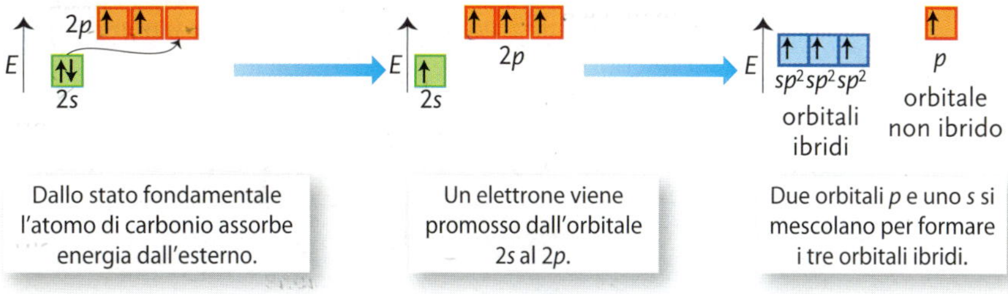

4 **Disposizione spaziale degli orbitali ibridi sp^2 e dell'orbitale non ibrido *p* dell'atomo di carbonio**

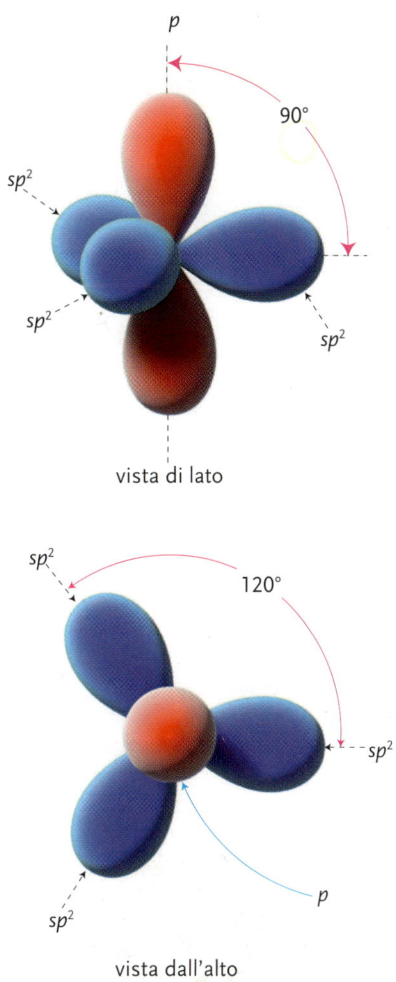

5 TESTO-IMMAGINE **Formazione del doppio legame tra due atomi di carbonio ibridati sp^2**

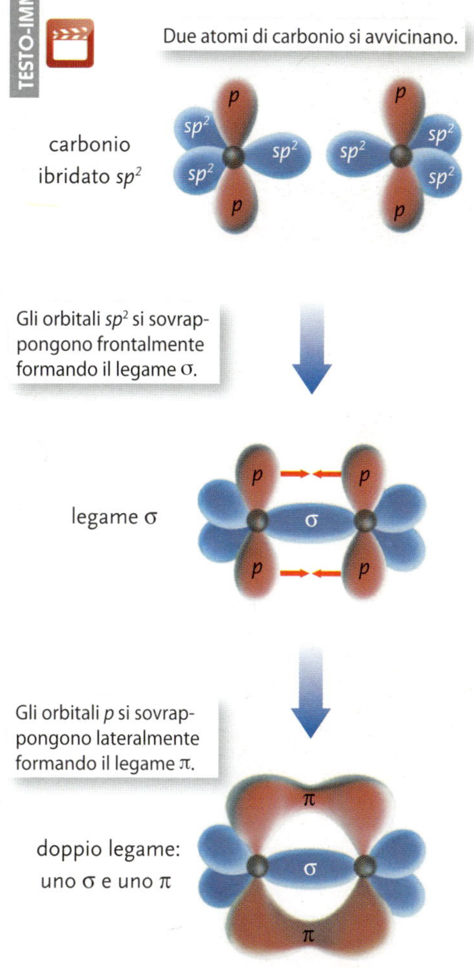

La numerazione della catena deve essere effettuata a partire dall'estremità più vicina al doppio legame, quindi il nome del butene nei due casi precedenti sarà:

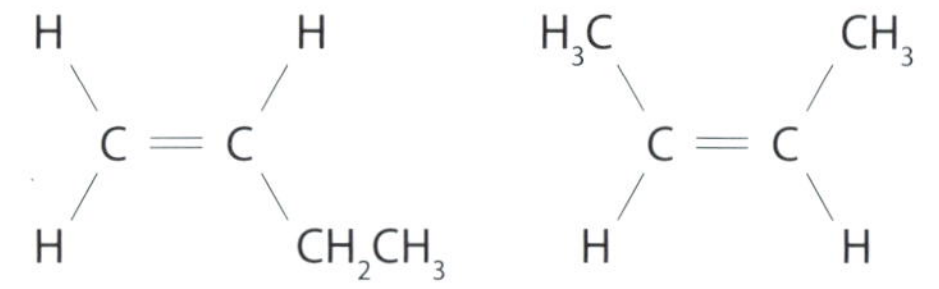

1-butene 2-butene

La posizione dell'insaturazione nella catena è indicata prima del nome e corrisponde al numero del primo atomo di carbonio sp^2 del legame.
Come negli alcani, anche negli alcheni è possibile incontrare molecole ramificate. Anche in questo caso la numerazione della catena va effettuata in modo tale che al doppio legame sia attribuito il numero più basso possibile; le altre regole IUPAC per attribuire il nome a questi composti sono le stesse di quelle viste per gli alcani (vedi il *Problema risolto*). Nel caso in cui l'insaturazione sia *equidistante* dalle due estremità della catena, la numerazione deve iniziare dall'estremità più vicina al primo sostituente:

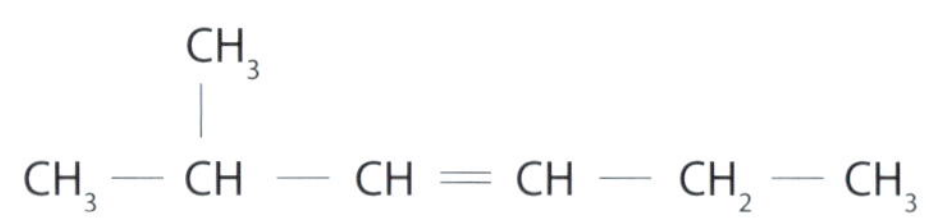

2-metil-3-esene

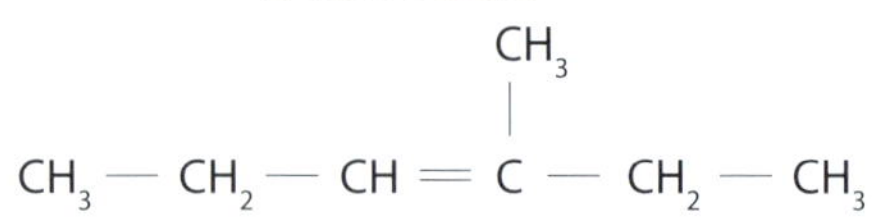

3-metil-3-esene

Problema RISOLTO

Assegna il nome all'idrocarburo seguente.

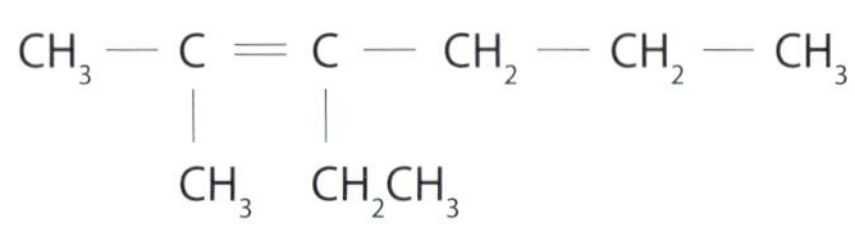

Soluzione

a. Si assegna il nome sulla base della catena più lunga che contiene il doppio legame: *esene*.
b. Si numera la catena a partire dall'estremità più vicina al doppio legame, assegnandogli così la posizione: *2-esene*.

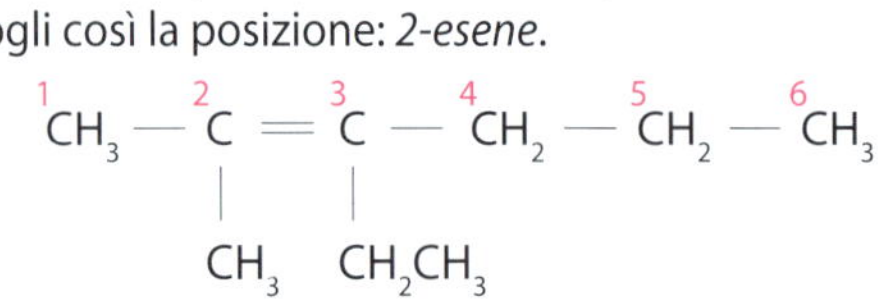

c. Si individuano i sostituenti (metile ed etile) e si completa il nome con la loro posizione e il loro nome in ordine alfabetico: 3-etil-2-metil-2-esene.

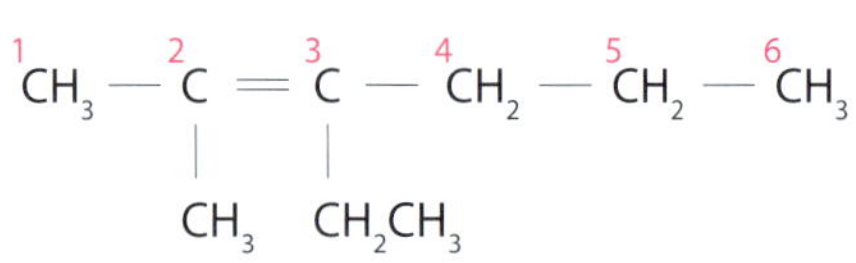

metile etile

4 Isomeria e stereoisomeria degli alcheni

Abbiamo già visto che gli isomeri di struttura sono composti che hanno la medesima formula molecolare ma differiscono nella struttura, per questo hanno diverse proprietà fisiche, risultando quindi facilmente identificabili. Le caratteristiche strutturali degli alcheni, dovute alla presenza del doppio legame, hanno come conseguenza più tipi di isomeria. Vediamo nel dettaglio quali sono.
Negli alcheni, come negli alcani, è possibile l'**isomeria di catena**. Riportiamo l'esempio di due tra i possibili isomeri di catena del composto con formula C_7H_{14}:

$$CH_3 - CH = CH - CH_2 - CH_2 - CH_2 - CH_3$$

2-eptene

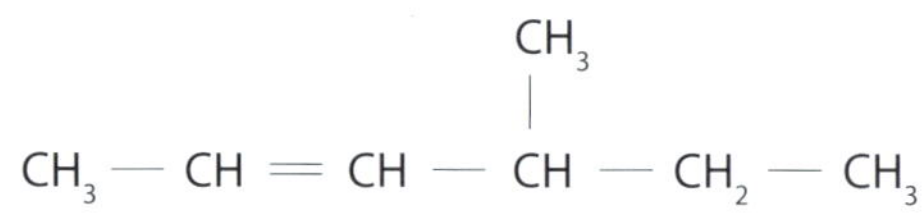

4-metil-2-esene

Due alcheni possono differire, come abbiamo visto nel paragrafo precedente, anche solo per la posizione del doppio legame; in questo caso si parla di **isomeria di posizione**. Abbiamo già considerato il caso del butene, vediamo adesso l'esempio del pentene. La formula molecolare è C_5H_{10}, a cui corrispondono gli isomeri di posizione:

$$CH_2 = CH - CH_2 - CH_2 - CH_3 \quad \text{1-pentene}$$

$$CH_3 - CH = CH - CH_2 - CH_3 \quad \text{2-pentene}$$

Il 3- e il 4-pentene non esistono perché corrispondono, rispettivamente, al 2- e all'1-pentene.
L'ultimo tipo di isomeria degli alcheni è l'isomeria geometrica, conseguenza della rigidità del doppio legame. Più correttamente viene indicata come **stereoisomeria geometrica**. Due composti si dicono *stereoisomeri geometrici* quando le loro molecole, pur avendo la stessa formula molecolare e lo stesso concatenamento degli atomi, differiscono per la disposizione dei loro atomi nello spazio e non possono essere convertite l'una nell'altra per l'impossibilità di rotazione intorno a un doppio legame. Essendo il doppio legame rigido e gli atomi della molecola intorno all'insaturazione sullo stesso piano, la posizione dei sostituenti sugli atomi ibridati sp^2 può essere spazialmente diversa. Per questa ragione è stata introdotta la nomenclatura ***cis-trans*** per distinguere i possibili isomeri. Prendiamo l'esempio del 2-butene, C_4H_8: la posizione dei due atomi di idrogeno rispetto al doppio legame può essere sia dalla stessa parte sia da parti opposte. Nel primo caso si parla di **isomero *cis***, mentre nell'altro caso si parla di **isomero *trans***. Il nome corretto delle due molecole è quindi: *cis*-2-butene e *trans*-2-butene ▶ 6.
Dunque, nel caso in cui i due atomi di idrogeno di un doppio legame si trovino dalla stessa parte, si parla di isomero *cis*, quando si trovano da parti opposte di iso-

mero *trans*. Quando un alchene dà luogo a stereoisomeria geometrica, il nome completo deve indicare l'esatta disposizione spaziale degli atomi (*cis* o *trans*). L'interconversione fra le due strutture è possibile solo per rottura del doppio legame e può avvenire solo a temperature altissime, essendo necessaria un'elevata quantità di energia. Ciò non può essere effettuato in laboratorio, ma avviene normalmente in natura. Ad esempio l'isomero *cis* della rodopsina, una molecola coinvolta nel meccanismo della visione, viene convertito in quello *trans* grazie all'intervento di particolari enzimi ▶ 7.

È necessario precisare che, perché ci sia stereoisomeria geometrica, ciascuno dei due atomi di carbonio ibridati sp^2 deve essere legato a due sostituenti diversi. Nel caso in cui questo non si verifichi, non è presente stereoisomeria geometrica, come nei seguenti casi, dove il secondo atomo di carbonio del doppio legame è legato a due sostituenti uguali:

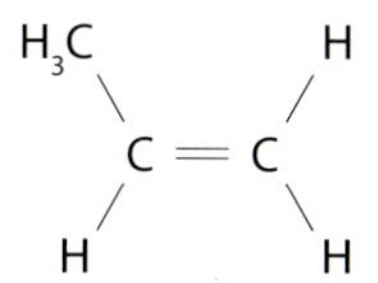

propene

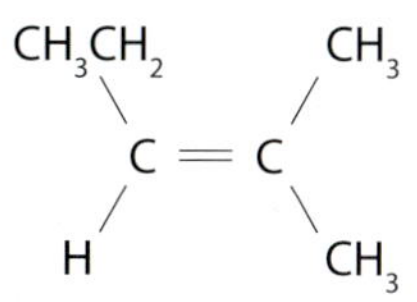

2-metil-2-pentene

La nomenclatura *cis-trans* non è universale, perché può essere utilizzata solo nel caso in cui ciascun carbonio insaturo sia legato a un idrogeno, nel caso di alcheni più complessi non è applicabile.

5 Le proprietà fisiche

I punti di ebollizione e di fusione degli alcheni hanno valori simili a quelli degli analoghi alcani. Anche per questa classe di composti i valori di tali grandezze dipendono dal peso molecolare, dalle ramificazioni della molecola e, inoltre, dalla stereoisomeria geometrica delle molecole. Lo stato di aggregazione degli alcheni, a temperatura ambiente e pressione ordinaria, dipende in particolare dal loro peso molecolare: i primi termini – etilene, propilene, butene – sono gas, gli alcheni lineari dal pentene all'alchene con sedici atomi di carbonio sono liquidi e i termini superiori sono solidi.

Gli alcheni, come gli alcani, sono composti *apolari* e quindi insolubili in acqua.

6 Reattività

Gli alcheni, a differenza degli alcani, risultano molto reattivi a causa della presenza del legame covalente di tipo π più debole del legame σ, come detto in precedenza. Il doppio legame rappresenta una zona della molecola dove vi è un'alta densità di elettroni, per questo gli alcheni sono sostanze **nucleofile**, come gli anioni e le molecole neutre con doppietti elettronici disponibili (OH^-, Cl^-, Br^-, NH_3). Questi composti reagiscono con **elettrofili**, che hanno un orbitale vuoto, come il protone H^+ o lo ione ammonio NH_4^+, o sostanze in grado di generare cationi, come Cl^+ ($Cl_2 \rightarrow Cl^- + Cl^+$), Br^+ ($Br_2 \rightarrow Br^- + Br^+$). È questa la ragione per cui la reazione più comune degli alcheni è quella di **addizione elettrofila**. Si chiama reazione di addizione perché non si ha la sostituzione di un atomo di idrogeno dell'idrocarburo con un altro tipo di atomo, come nelle reazioni degli alcani, ma avviene proprio l'addizione di due atomi al doppio legame, che determina la saturazione degli atomi di carbonio del doppio legame. Il meccanismo di questa tipologia di reazioni prevede la rottura del legame π e la formazione di due nuovi legami σ, mentre gli atomi di carbonio coinvolti cambiano la loro ibridazione passando da sp^2 a sp^3. Indicando con *R* e *R'* due radicali saturi generici, oppure due atomi di idrogeno, la reazione di un generico alchene con un elettrofilo AB è descritta dall'equazione:

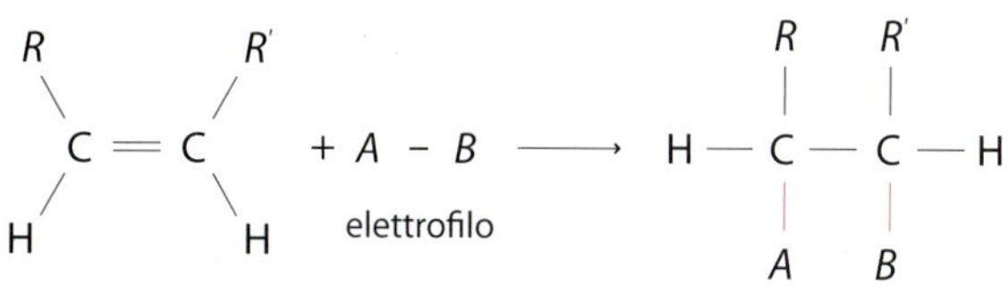

nucleofilo

nuovi legami σ formati

L'addizione elettrofila può essere effettuata con vari reagenti, quali alogeni (Cl_2 o Br_2), acidi alogenidrici (HX) e acqua (H_2O). L'**addizione di alogeni** porta alla formazione di dialogenuri alchilici. Ad esempio la reazione del 2-butene con cloro forma il 2,3-diclorobutano:

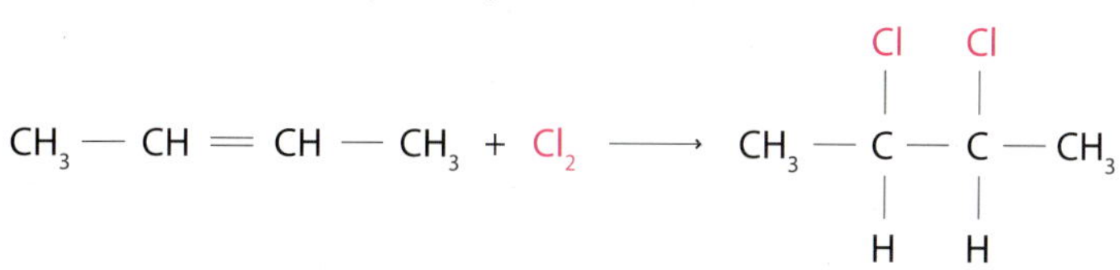

2-butene

2,3-diclorobutano

6 Isomeri *cis* e *trans* del 2-butene

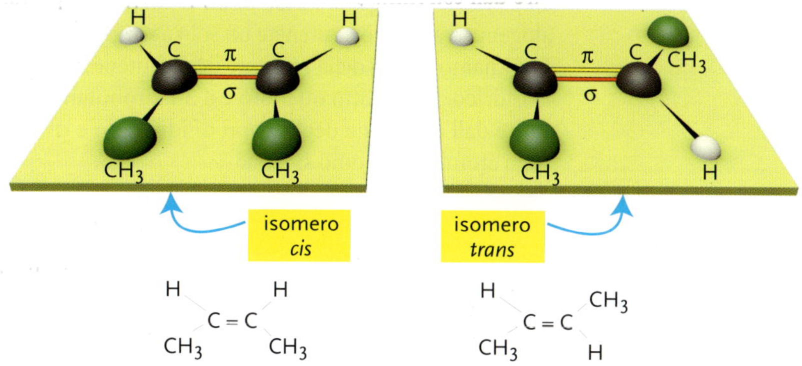

cis-2-butene

trans-2-butene

7 La reazione di conversione della *cis*-rodopsina in *trans*-rodopsina

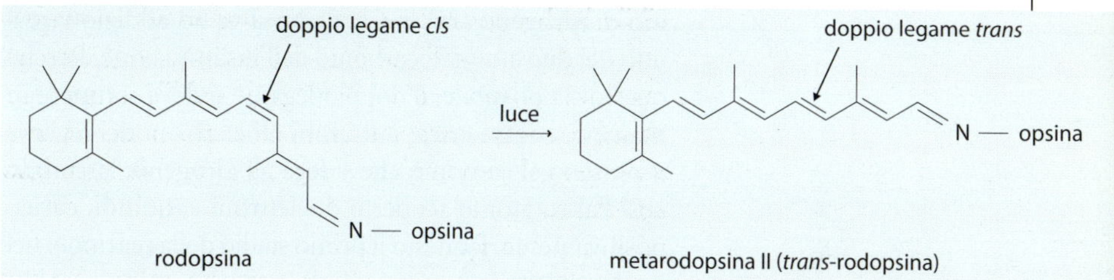

Lessico Chimico

Nucleofilo
dal latino *nucleus*, «nocciolo» e dal greco *philein*, «amare»
Nucleophilic

Elettrofilo
dal greco *élektron*, «ambra» e *philein*, «amare»
Electrophilic

Vediamo adesso la reazione di addizione di un acido alogenidrico; in questo caso si ha la formazione di un alogenuro alchilico contenete un solo atomo di alogeno. Prendiamo il caso della reazione del 2-butene con acido cloridrico; il prodotto ottenuto è il 2-clorobutano, derivante dall'addizione degli atomi di idrogeno e di cloro sugli atomi di carbonio *sp*^{2}:

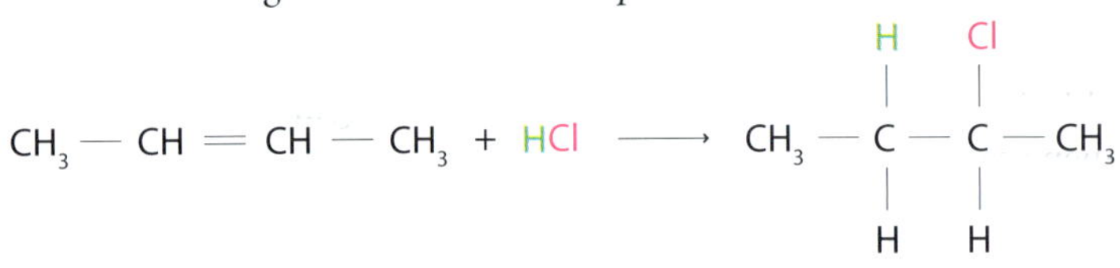

2-butene 2-clorobutano

Il meccanismo di questa reazione è, a oggi, noto. L'acido cloridrico si comporta da elettrofilo: essendo una molecola polare, è presente una parziale carica positiva sull'atomo di idrogeno ($H^{\delta+}$—$Cl^{\delta-}$), che si va ad addizionare a uno dei due atomi di carbonio dell'insaturazione. Perché questo sia possibile, il doppio legame si deve rompere in maniera asimmetrica: entrambi gli elettroni del legame π passano al carbonio che si lega all'idrogeno, lasciando così l'altro atomo scoperto di elettroni e, quindi, carico positivamente. È questo il primo stadio della reazione, nel quale avviene la formazione di un **carbocatione**: specie carica positivamente, contenente un carbonio con solamente sei elettroni. Per rappresentare il meccanismo delle reazioni, in chimica organica si impiega il *formalismo delle frecce*: si tracciano frecce curve per indicare quando si formano nuovi legami o si rompono legami preesistenti:

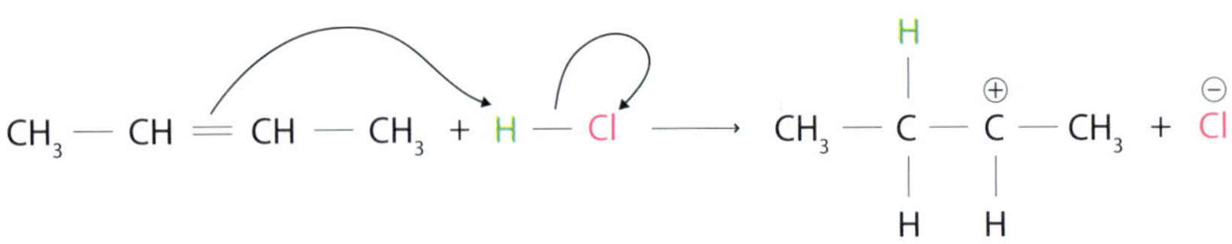

carbocatione

I carbocationi sono specie elettrofile molto instabili che reagiscono velocemente con nucleofili. Per questo il carbocatione reagirà immediatamente con lo ione cloruro (secondo stadio) formando il prodotto finale della reazione, l'alogenuro alchilico:

carbocatione alogenuro alchilico

La reazione di addizione elettrofila avviene dunque in due stadi:

- formazione della specie carbocationica per rottura asimmetrica del legame π dell'alchene e formazione del nuovo legame σ con l'elettrofilo;
- reazione del carbocatione con il nucleofilo (lo ione alogenuro) con formazione del secondo legame σ.

Nell'esempio appena visto, la reazione è stata effettuata a partire da un alchene simmetrico (2-butene), ma impiegando un alchene *asimmetrico*, ovvero che non presenta gli stessi sostituenti sugli atomi di carbonio *sp*^{2}, si dovrebbero ottenere due prodotti. Nella reazione di addizione tra il 2-metilpropene e l'acido cloridrico, in teoria è possibile ottenere sia il 2-cloro-2-metilpropano sia l'1-cloro-2-metilpropano:

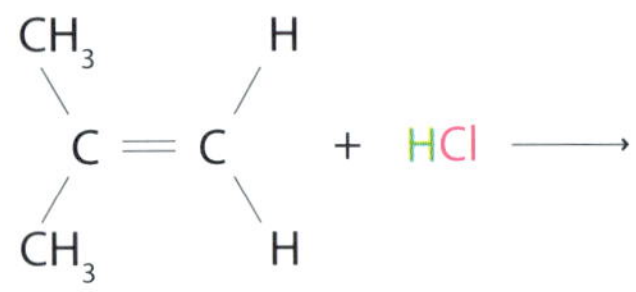

2-metilpropene

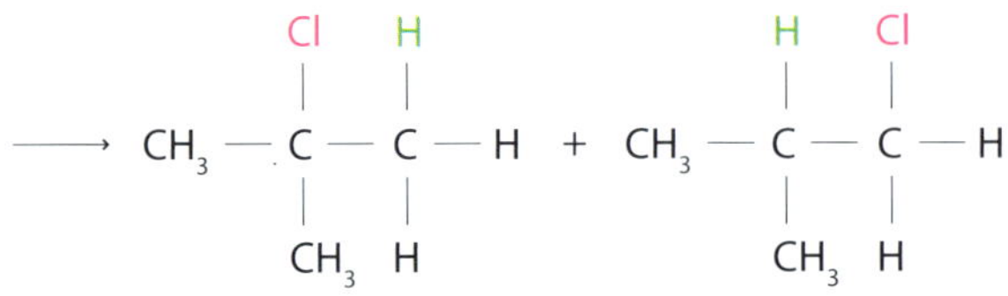

2-cloro-2-metilpropano 1-cloro-2-metilpropano

Il 2-cloro-2-metilpropano deriva dall'addizione del cloro sull'atomo di carbonio del doppio legame che nel 2-metilpropene è legato ai due gruppi metilici, mentre l'1-cloro-2-metilpropano deriva dall'attacco del cloro sul carbonio *sp*^{2} legato ai due atomi di idrogeno. Sperimentalmente si osserva che si forma quasi esclusivamente il 2-cloro-2-metilpropano. **Vladimir Markovnicov** (1838-1904), chimico russo, effettuò la medesima reazione su diversi composti insaturi asimmetrici e osservò come un prodotto di reazione fosse largamente predominante. Enunciò, quindi, la seguente regola empirica:

nell'addizione di un acido alogenidrico a un alchene asimmetrico, l'atomo di idrogeno del reagente si lega all'atomo di carbonio del doppio legame che è legato al maggior numero di idrogeni.

Con questa semplice regola è possibile prevedere il prodotto principale della reazione, qualsiasi sia l'alchene di partenza. Ad esempio la reazione effettuata a partire dal propene condurrà quasi esclusivamente alla formazione del 2-cloropropano, derivante dall'unione dell'idrogeno con il carbonio *sp*^{2} legato a due idrogeni e del cloro con quello recante un metile come sostituente:

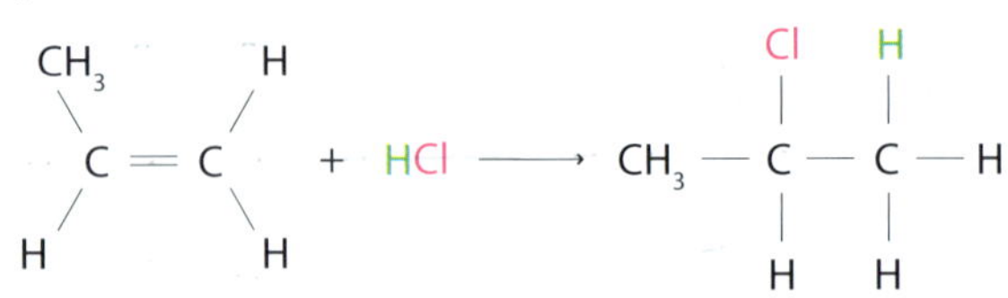

propene 2-cloropropano

Le reazioni da cui si potrebbero ottenere più prodotti ma che, sperimentalmente, conducono alla formazione unica, o in maniera predominante, di un composto si dicono **regioselettive**. Per quanto visto, la reazione di addizione elettrofila di un alchene asimmetrico con un acido alogenidrico è regioselettiva. Vediamo adesso la reazione di addizione elettrofila dell'acqua, chiamata anche **idratazione**. Anche in questo caso la reazione segue la regola di Markovnicov (l'atomo di idrogeno si lega all'atomo di carbonio legato a più atomi di idrogeno) e si ha la formazione di un prodotto predominante: reazione regioselettiva. La reazione di idratazione avviene solamente in presenza di un catalizzatore acido. Vediamo l'esempio dell'idratazione dell'1-butene:

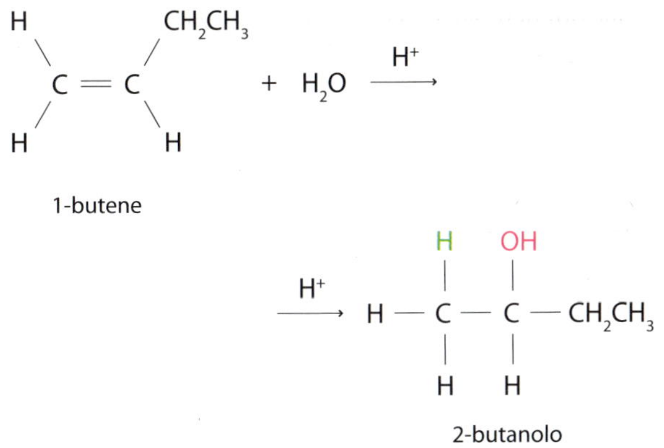

L'idratazione porta alla formazione di alcoli, composti contenenti il gruppo ossidrilico –OH che studieremo dettagliatamente in seguito. È una reazione reversibile: per riscaldamento degli alcoli con acidi concentrati è possibile ottenere nuovamente un alchene.

Un'altra reazione tipica degli alcheni è l'**idrogenazione** o **riduzione catalitica**, un'ossidoriduzione che avviene con idrogeno molecolare (H_2) in presenza di un catalizzatore metallico (generalmente platino, palladio o nichel). La reazione permette di ottenere il corrispondente alcano. L'idrogenazione del 2-pentene, ad esempio, porta alla formazione del pentano:

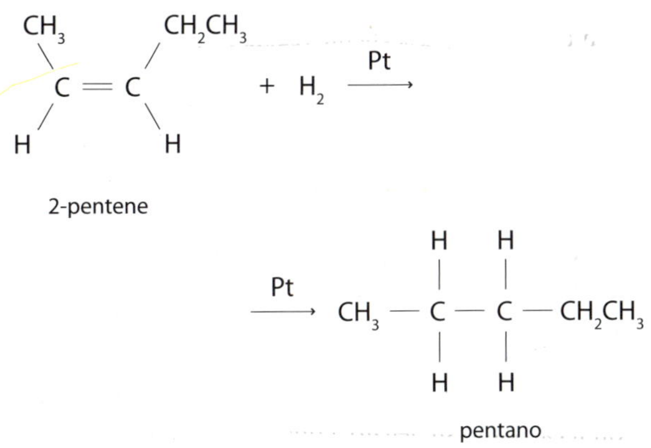

La reazione può essere generalizzata come segue:

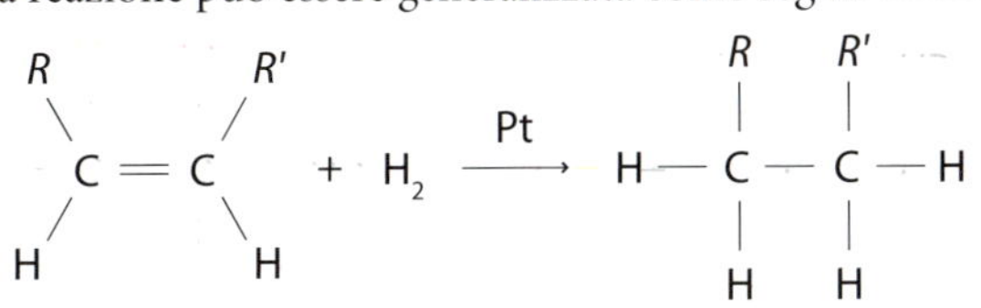

7 Dieni

Finora abbiamo studiato alcheni contenenti un solo doppio legame, ma, come è stato accennato all'inizio di questa lezione, sono molto comuni, sia in natura sia nei composti di sintesi, quelli che ne contengono più di uno, i polieni. All'interno delle molecole di questi composti, la posizione reciproca delle insaturazioni può variare e in base ad essa si possono individuare due categorie di polieni: quelli con **legami doppi isolati**, nel caso in cui le insaturazioni siano separate da due o più legami semplici, e quelli con **doppi legami coniugati**, se le insaturazioni sono intervallate da un solo legame semplice ▶ 8. Questa suddivisione è stata fatta poiché è stato osservato sperimentalmente come la posizione reciproca dei doppi legami influisca sulla reattività dei polieni. In particolare, le molecole con doppi legami coniugati presentano caratteristiche chimiche diverse da quelle degli altri alcheni. I polieni più semplici e più studiati dal punto di vista chimico sono i **dieni**, contenenti due doppi legami. Il diene coniugato più semplice è l'1,3-butadiene:

$$\overset{1}{C}H_2 = \overset{2}{C}H - \overset{3}{C}H = \overset{4}{C}H_2$$

1,3-butadiene

Sperimentalmente sono stati ottenuti dati molto rilevanti riguardanti la geometria di questa molecola. In primo luogo il legame semplice, tra il secondo e il terzo atomo di carbonio, risulta più corto rispetto a un legame σ degli alcani (1,47 Å rispetto a 1,54 Å per gli alcani). Inoltre, il sistema risulta essere meno reattivo di un diene non coniugato. Per spiegare questi dati si ricorre alla *teoria della risonanza*, secondo la quale gli elettroni dei legami π non sono fissi tra gli atomi di carbonio 1-2 e 3-4, ma sono **delocalizzati** sull'intera molecola, cioè il legame tra il carbonio in posizione 2 e quello in posizione 3 non è un legame semplice puro. Questo è dovuto al fatto che gli atomi di carbonio dell'1,3-butadiene sono tutti ibridati sp^2, quindi tutti hanno un orbitale *p* contenente un solo elettrone, che permette sia la formazione del doppio legame sia la sua delocalizzazione ▶ 9.

Questo fenomeno spiega i dati sperimentali descritti in precedenza: il legame tra il secondo e il terzo atomo di carbonio non è un puro legame semplice, quindi ha una lunghezza intermedia fra quella di un legame semplice e quella di un legame doppio; non essendo i doppi legami localizzati, i dieni coniugati risultano meno reattivi di quelli non coniugati. Il nome «diene coniugato» indica proprio la relazione esistente fra i due doppi legami. La delocalizzazione dei doppi legami avviene in tutti i polieni con legami doppi coniugati modificandone le caratteristiche chimiche.

8 Esempi di dieni con doppi legami isolati (dieni non coniugati) e doppi legami coniugati (dieni coniugati)

$CH_2=CH-CH_2-CH=CH-CH_3$
1,4-esadiene (doppi legami isolati)

$CH_2=CH-CH=CH-CH_3$
1,3-pentadiene (doppi legami coniugati)

9 Delocalizzazione dei doppi legami dell'1,3-butadiene

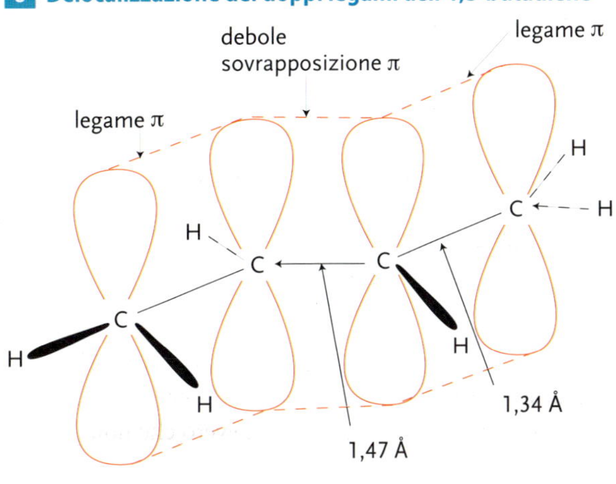

AREA OPERATIVA

Domande chiave

1. Quali sono le principali caratteristiche strutturali degli alcheni?
2. Che cosa si indica con l'espressione «isomeri di posizione»?
3. Con quali reazioni degli alcheni è possibile ottenere alogenuri o dialogenuri alchilici?
4. Che tipo di reazione è l'idrogenazione?
5. Che cosa sono i dieni coniugati?

Ragiona

1. Per quali di queste molecole è necessario indicare il tipo di stereoisomero *cis-trans*?

a. 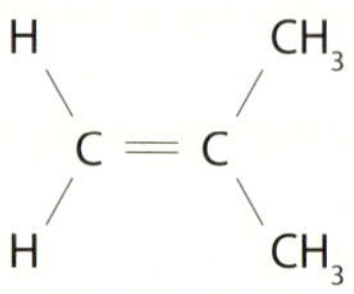

b. 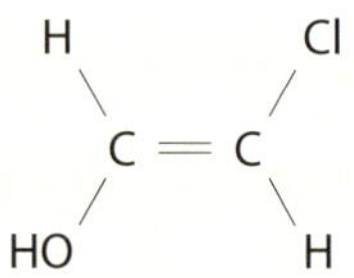

c. 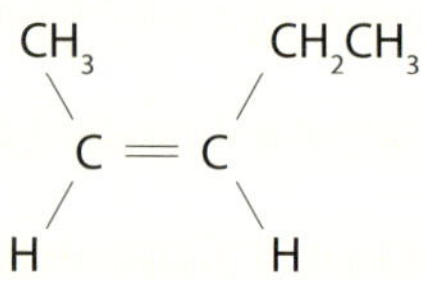

d. 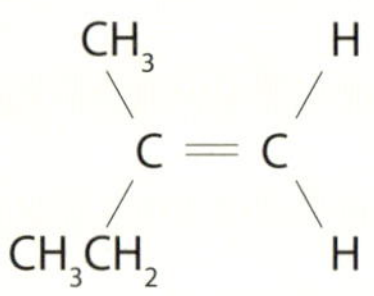

2. Se in laboratorio devi effettuare una reazione di addizione elettrofila di un acido alogenidrico sul 3-pentene, è necessario, per l'esito della reazione, sapere se hai a disposizione lo stereoisomero *cis-* o *trans-*?

Risolvi i problemi

1. Indica il nome IUPAC per ognuno dei seguenti composti e dove è possibile e necessario indica la giusta stereoisomeria.

a. 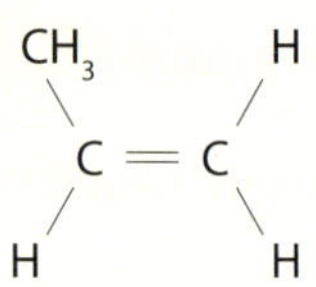

b. 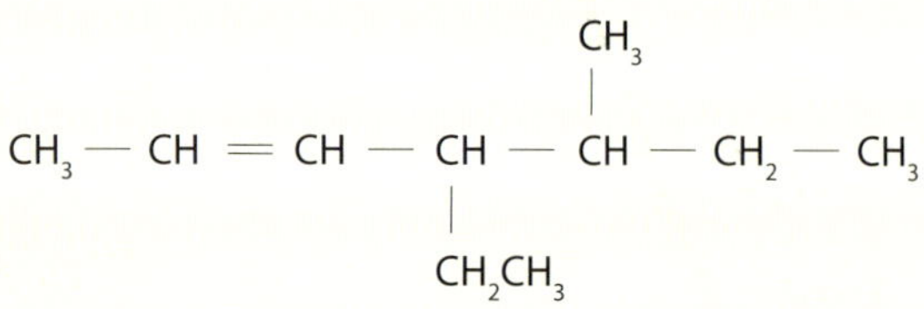

c. 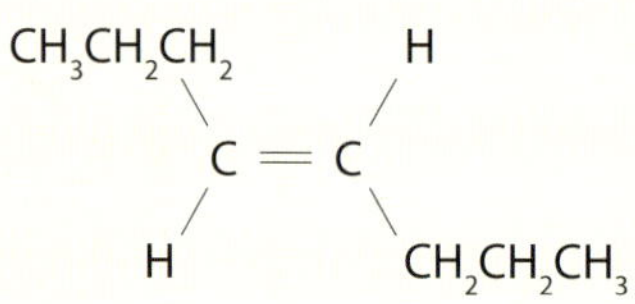

d. 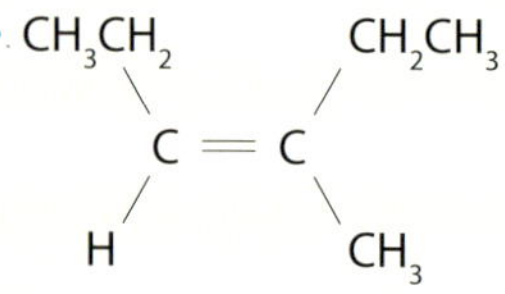

2. Rappresenta la struttura per ciascuno dei seguenti composti.
   a. 3-metil-2-eptene
   b. 2-metil-2-pentene
   c. *cis*-2-esene
   d. 3-etil-2-esene

3. Stabilisci se i seguenti alcheni sono *cis* o *trans*.

a. 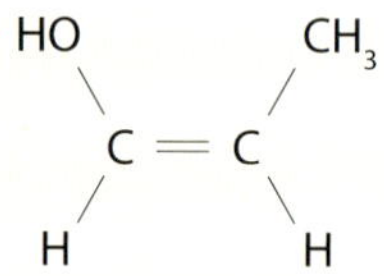

b. 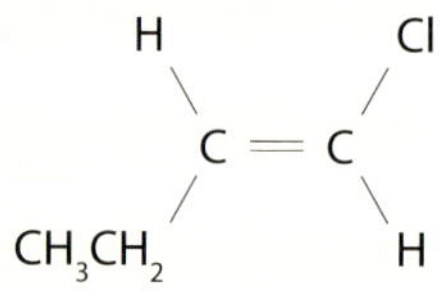

c. 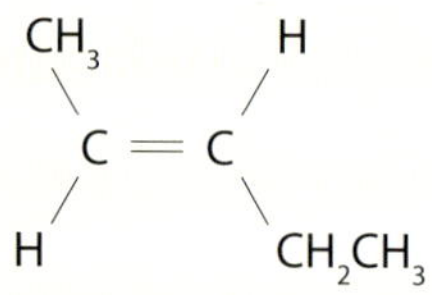

d. 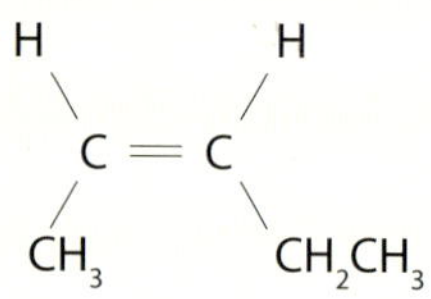

4. Indica i prodotti delle seguenti reazioni.

a. $CH_3-CH=CH-CH_2-CH_3 \xrightarrow[Pt]{H_2}$

2-pentene

b. 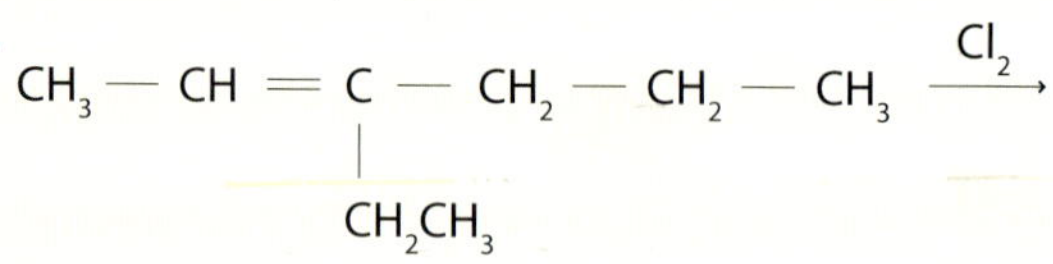

3-etil-2-esene

c. 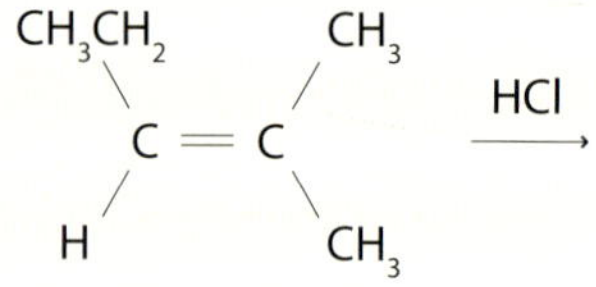

2-metil-2-pentene

Gli alchini

1 Caratteristiche generali

Gli **alchini** sono *idrocarburi insaturi* in cui sono presenti uno o più **tripli legami**. Sono composti diffusi in natura e hanno importanti proprietà fisiologiche; ad esempio la capillina combatte i funghi della pelle e l'ittiotereolo viene usato dagli indigeni dell'Amazzonia per rendere velenose le frecce ▶ 1. Molti farmaci, come antidepressivi e analgesici, contengono all'interno molecole tripli legami, importanti per la loro attività.

Il triplo legame, gruppo funzionale di questa classe di composti, si forma grazie all'**ibridazione *sp*** dell'atomo di carbonio. La formula generale degli alchini con una sola insaturazione è:

$$C_nH_{2n-2}$$

dove n è il numero di atomi di carbonio della molecola. Ad esempio nel propino $n = 3$, quindi la formula generale sarà:

$$C_3H_{2\cdot3-2} = C_3H_4$$

Nelle formule di struttura il triplo legame viene indicato con tre trattini.

2 L'ibridazione *sp* del carbonio

Gli alchini presentano una **geometria lineare** degli atomi di carbonio o idrogeno adiacenti al triplo legame, spiegabile grazie all'ibridazione *sp* degli atomi di carbonio coinvolti in quel legame. Per studiare nel dettaglio come si forma questo tipo di legame, analizziamo il primo termine della serie, l'**etino** (formula C_2H_2), il composto più utilizzato di tale classe di idrocarburi, noto comunemente come **acetilene**. È una sostanza gassosa a temperatura e pressione ordinarie ed è estremamente infiammabile, viene perciò commercializzato in speciali bombole. Per questa sua caratteristica in alcuni casi viene impiegato, con molta attenzione, come combustibile, ad esempio per le lampade degli speleologi, oppure per la saldatura e il taglio di alcuni metalli. L'impiego principale di questo composto è nell'industria chimica per la produzione di numerosi composti di sintesi. L'acetilene è una molecola lineare con angoli di legame di 180° ▶ 2.

Ricordiamo come l'ibridazione *sp* dell'atomo di carbonio giustifichi questo tipo di geometria. Gli orbitali ibridi *sp* contenenti un elettrone ciascuno si formano per mescolamento di un orbitale *2s* e uno *2p* dell'atomo di carbonio ▶ 3.

La geometria lineare della molecola è dovuta alla disposizione degli orbitali ibridi *sp*, che si collocano sulla stessa retta in direzioni opposte, formando un angolo di 180°. I due orbitali *p* non ibridi, contenenti un elettrone ciascuno, sono disposti perpendicolarmente fra loro e rispetto agli orbitali *sp* ▶ 4.

Osserviamo, nella molecola di acetilene, che tipo di legami formano tali orbitali. I due atomi di carbonio, quan-

1 Alchini presenti in natura

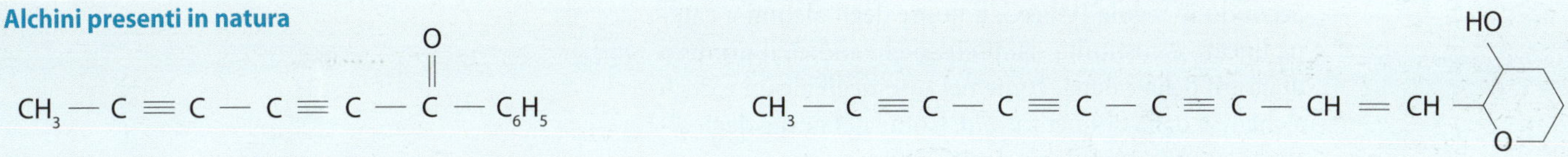

capillina — ittiotereolo

2 Formula di struttura dell'etino (acetilene)

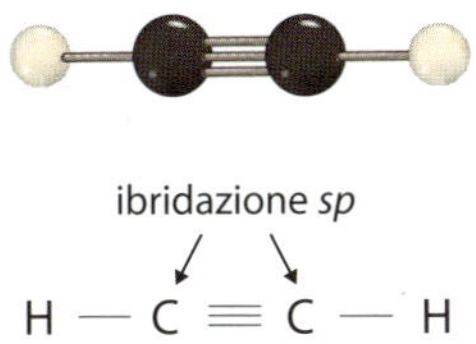

3 TESTO-IMMAGINE Passaggio dallo stato fondamentale del carbonio all'ibrido *sp*

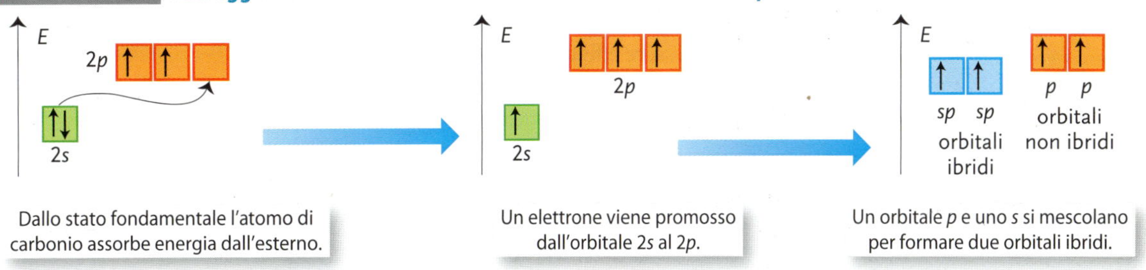

4 Disposizione spaziale degli orbitali ibridi *sp* e degli orbitali non ibridi *p* dell'atomo di carbonio

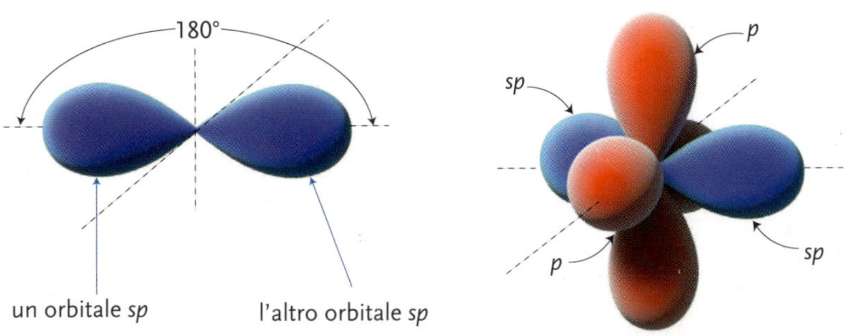

5 TESTO-IMMAGINE Formazione del triplo legame tra due atomi di carbonio ibridati *sp*

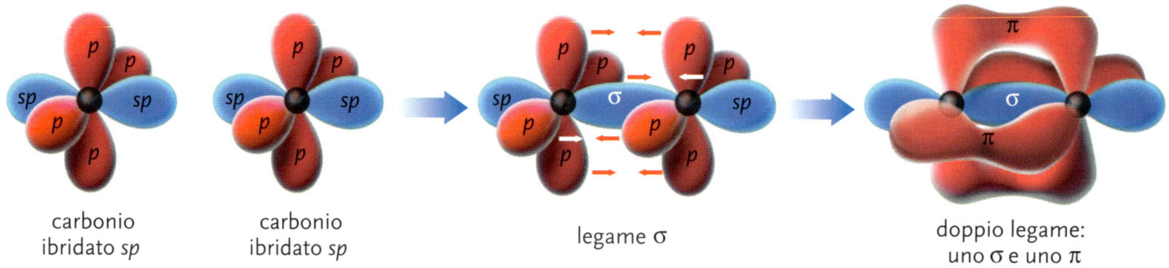

I due atomi di carbonio si avvicinano.

Gli atomi *sp* si sovrappongono frontalmente, mentre quelli *p* lateralmente.

Si formano un legame covalente di tipo σ e due di tipo π.

do si avvicinano per formare il legame, sovrappongono frontalmente un orbitale ibrido *sp* ciascuno, formando un legame covalente di tipo σ; i due orbitali non ibridi *p* si sovrappongono lateralmente, con formazione di due legami di tipo π ▶ 5. L'altro orbitale ibrido viene impiegato da ciascun carbonio per la formazione del legame covalente con l'orbitale 1*s* dell'atomo di idrogeno.

La lunghezza del triplo legame è inferiore a quella del legame doppio, perché, per garantire la sovrapposizione laterale dei due orbitali non ibridi, gli atomi di carbonio si devono avvicinare maggiormente.

Il triplo legame degli alchini è dunque formato da tre legami covalenti, due di tipo π e uno di tipo σ. Tra gli atomi di carbonio con ibridazione *sp* è perciò presente una densità di elettroni elevata, che conferisce particolari proprietà chimiche a questa classe di idrocarburi insaturi. Tale caratteristica è comune agli alcheni, infatti vedremo che dal punto di vista della reattività le due classi di composti risultano molto simili.

3 Nomenclatura

Secondo le regole IUPAC, il nome degli alchini a catena lineare è costituito dal prefisso che indica il numero di atomi della catena, come nel caso degli alcani e degli alcheni, e dalla desinenza *-ino*. Come nel nome degli alcheni, anche in quello degli alchini deve essere precisata la posizione del triplo legame, indicata da un numero posto prima del nome e corrispondente al primo atomo di carbonio coinvolto in tale legame. La numerazione della catena deve essere effettuata a partire dall'estremità più vicina al triplo legame sia nei composti lineari sia in quelli ramificati:

$$H-C\equiv C-CH_2-CH_3$$

1-butino

$$CH_3-C\equiv C-CH_3$$

2-butino

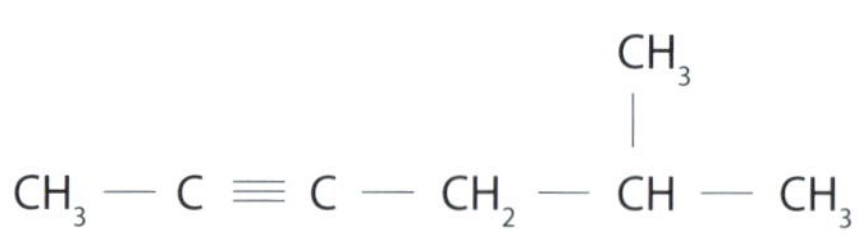

5-metil-2-esino

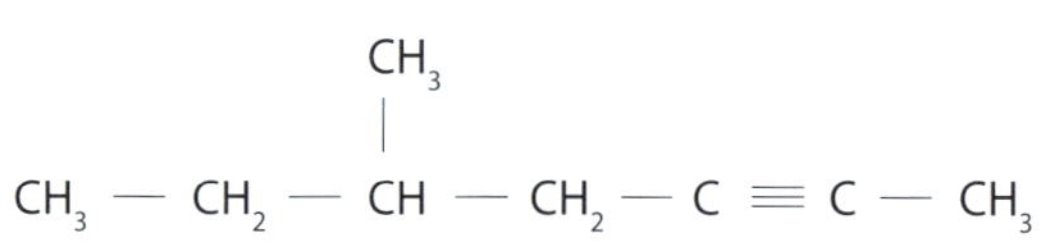

5-metil-2-eptino

Nel caso di una catena ramificata in cui l'insaturazione è equidistante dalle due estremità, la numerazione inizia da quella più vicina al primo sostituente:

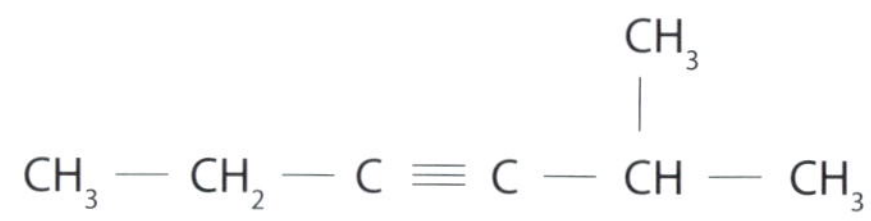

2-metil-3-esino

4 Isomeria

Gli alchini presentano i due tipi di isomeria che abbiamo già incontrato per gli alcheni: quella di catena e quella di posizione. L'**isomeria di catena**, come sappiamo, è dovuta al diverso possibile concatenamento degli atomi in una molecola con la medesima formula molecolare. Vediamo l'esempio di alcuni possibili isomeri del C_8H_{14}:

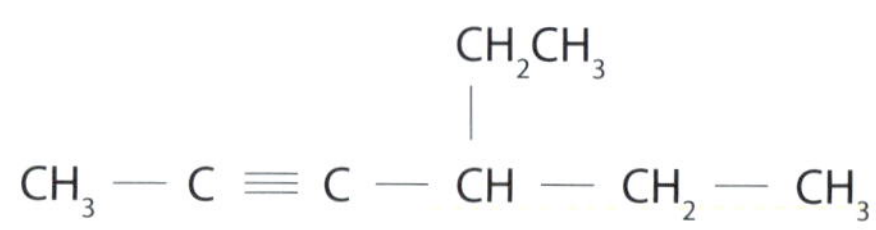

4-etil-2-esino

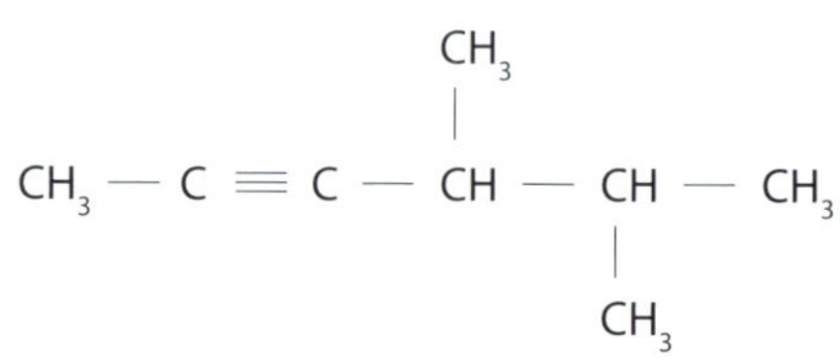

4,5-dimetil-2-esino

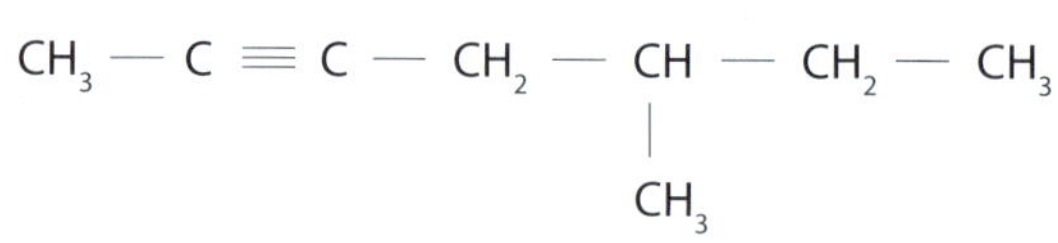

5-metil-2-eptino

L'**isomeria di posizione**, invece, dipende dalla diversa collocazione del triplo legame lungo la catena. Vediamo ad esempio alcuni dei possibili isomeri lineari e ramificati corrispondenti all'unica formula C_6H_{10}:

$$H-C\equiv C-CH_2-CH_2-CH_2-CH_3$$

1-esino

$$CH_3-C\equiv C-CH_2-CH_2-CH_3$$

2-esino

3-esino

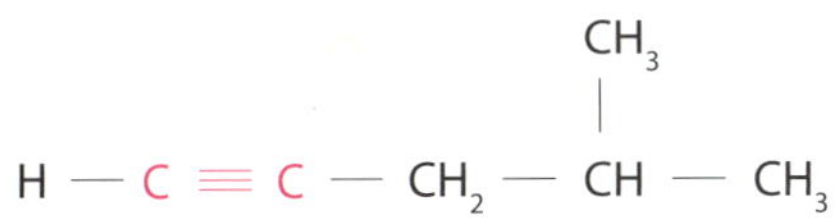

4-metil-1-pentino

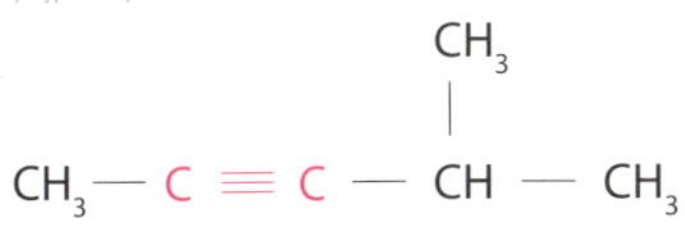

4-metil-2-pentino

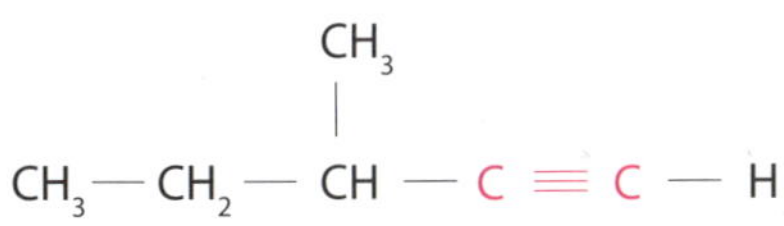

3-metil-1-pentino

Proprio in base alla posizione del triplo legame gli alchini possono essere suddivisi in due categorie:

- **alchini terminali**, se l'insaturazione si trova a un'estremità della molecola (uno dei due atomi di carbonio *sp* è legato a un idrogeno);
- **alchini interni**, se l'insaturazione è posta all'interno della catena idrocarburica (entrambi gli atomi coinvolti nel triplo legame sono legati ad altri atomi di carbonio).

5 Le proprietà fisiche

I primi tre termini della serie degli alchini (etino, propino, butino) si trovano allo stato gassoso, i composti con un numero di atomi di carbonio compresi tra 5 e 14 sono liquidi, quelli superiori si trovano allo stato solido. I punti di ebollizione sono bassi, ma leggermente più alti di quelli degli alcheni. Come tutti gli idrocarburi, gli alchini sono sostanze *apolari*, quindi insolubili in acqua.

6 Reattività

Gli alchini sono molto reattivi grazie alla presenza del triplo legame. Abbiamo visto che esso è costituito da un legame covalente di tipo σ e da due di tipo π, risultando una regione della molecola molto ricca di elettroni. La presenza dei legami π rende gli alchini facilmente attaccabili dagli elettrofili, per questo la loro reattività è molto simile a quella degli alcheni. Le loro reazioni principali sono infatti le medesime di quelle viste per gli alcheni: l'addizione elettrofila, degli alogeni o degli acidi alogenidrici, e l'idrogenazione. L'**addizione elettrofila** agli alchini avviene esattamente come negli alcheni. In questo caso, però, sono presenti due legami π, che possono reagire entrambi rompendosi e formando quattro nuovi legami covalenti σ. Per questa ragione la reazione si può fermare all'ottenimento di un alchene bisostituito o procedere fino alla formazione di un alcano tetrasostituito. Vediamo la reazione di alogenazione prendendo in considerazione la reazione dell'1-esino con bromo:

1-esino

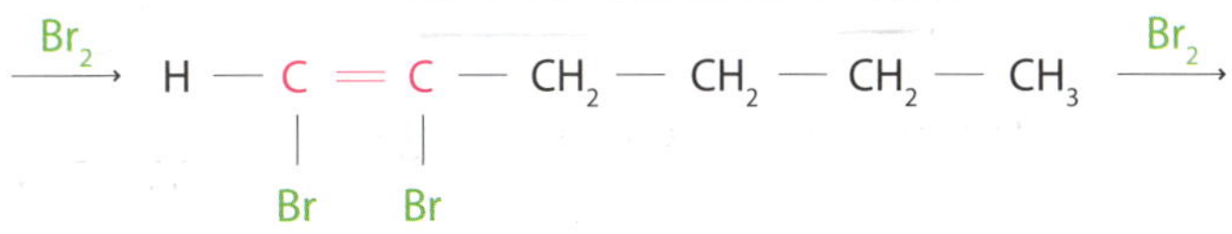

1,2-dibromo-1-esene

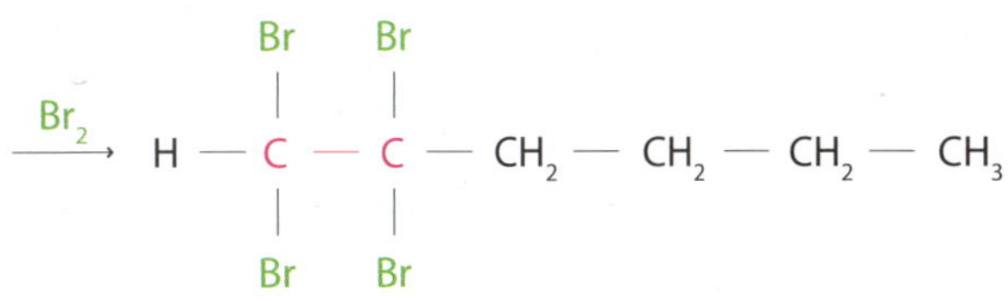

1,1,2,2-tetrabromoesano

In base alla quantità di bromo impiegata nella reazione questa può essere fermata all'ottenimento dell'1,2-dibromo-1-esene oppure procedere fino alla formazione dell'1,1,2,2-tetrabromoesano.

L'addizione elettrofila di acidi alogenidrici procede in modo analogo; vediamo, ad esempio, la reazione dell'1-pentino con acido cloridrico:

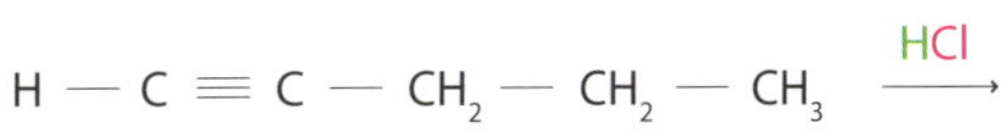

1-pentino

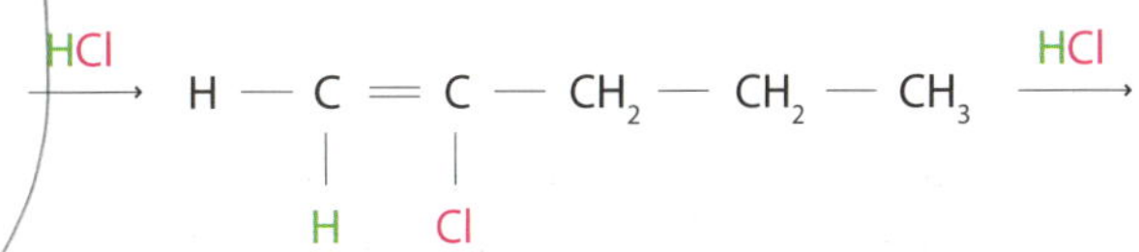

2-cloro-1-pentene

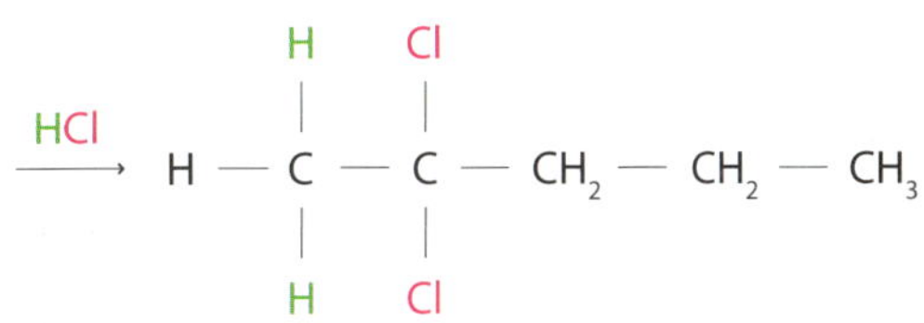

2,2-dicloropentano

Questa reazione effettuata su alchini terminali *segue la regola di Markovnicov*: l'atomo di idrogeno dell'elettrofilo si addiziona principalmente al carbonio legato a più atomi di idrogeno, quello terminale. Se la reazione viene condotta a partire da un alchino interno, si ha la formazione di più prodotti e, non essendo regioselettiva, risulta meno interessante in campo sintetico.

L'**idrogenazione** è la riduzione di un alchino con idrogeno molecolare. Per questa reazione possono essere impiegati diversi tipi di catalizzatori secondo il pro-

dotto desiderato (alchene o alcano). Nel caso in cui si voglia ottenere il corrispondente alchene, si può impiegare il catalizzatore di Lindlar, costituito da una miscela di palladio e carbonato di calcio ($Pd/CaCO_3$). Se la reazione viene effettuata su un alchino interno, l'alchene che si ottiene è quasi esclusivamente l'isomero *cis*:

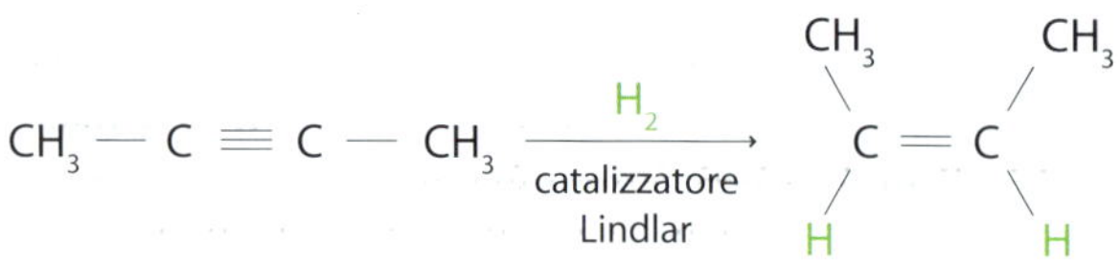

2-butino *cis*-2-butene

Gli alchini vengono ridotti ad alcheni anche da sodio o litio metallico in ammoniaca liquida, e contrariamente a quanto visto in precedenza questa reazione produce alcheni *trans*:

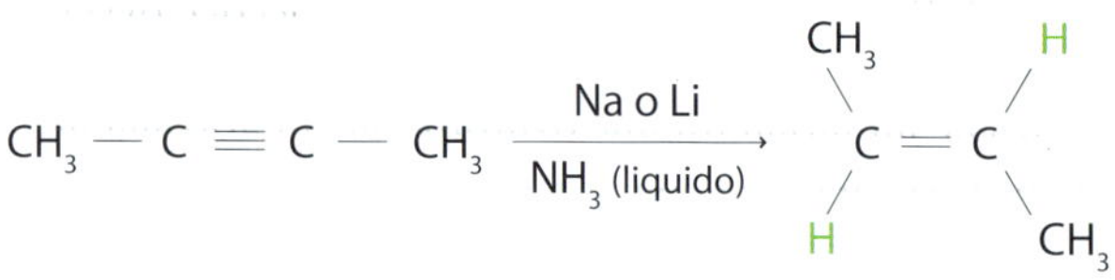

2-butino *trans*-2-butene

La riduzione degli alchini può portare anche alla formazione dell'alcano corrispondente impiegando gli stessi catalizzatori utilizzati per l'idrogenazione degli alcheni ▶ 6 (palladio, platino o nichel):

$$CH_3 - C \equiv C - CH_3 \xrightarrow[Pd]{H_2} CH_3 - CH_2 - CH_2 - C$$

2-butino butano

6 **Il palladio assorbe le molecole di idrogeno che si dissociano reagendo più facilmente**

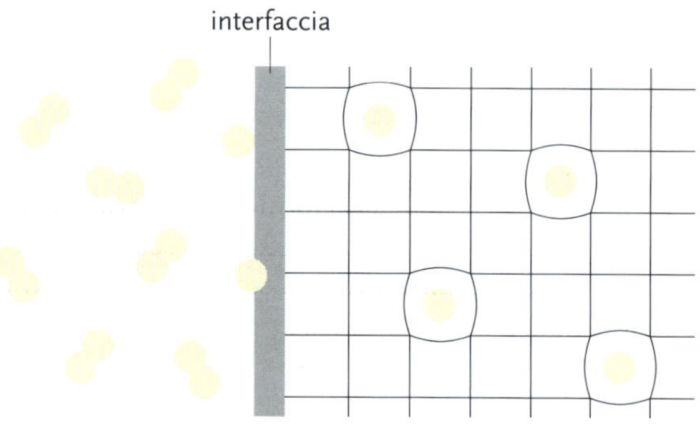

AREA OPERATIVA

Domande chiave

1. Quali sono le principali caratteristiche strutturali degli alchini?
2. Che cosa si intende per «alchini terminali»? E per «alchini interni»?
3. Qual è la principale differenza tra le reazioni di addizione elettrofila agli alchini e agli alcheni?
4. A che tipo di prodotti conduce l'idrogenazione?

Ragiona

1. Se si addiziona un alogeno a un alchino terminale o interno, la regioselettività della reazione varia? Giustifica la tua risposta con un esempio.
2. Quale degli alchini elencati faresti reagire con HBr per ottenere il seguente composto? Motiva la tua risposta.

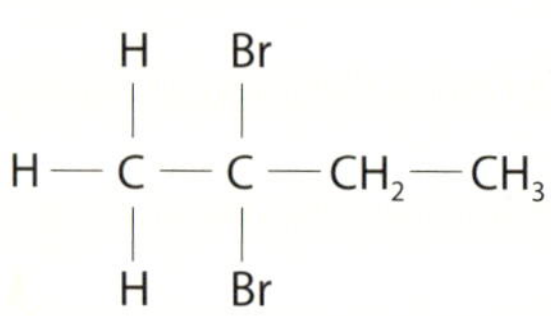

2,2-dibromobutano

a. $H - C \equiv C - CH_2 - CH_3$ 1-butino **b.** $H_3C - C \equiv C - CH_3$ 2-butino

Risolvi i problemi

1. Indica il nome IUPAC per ognuno dei seguenti composti.

a.

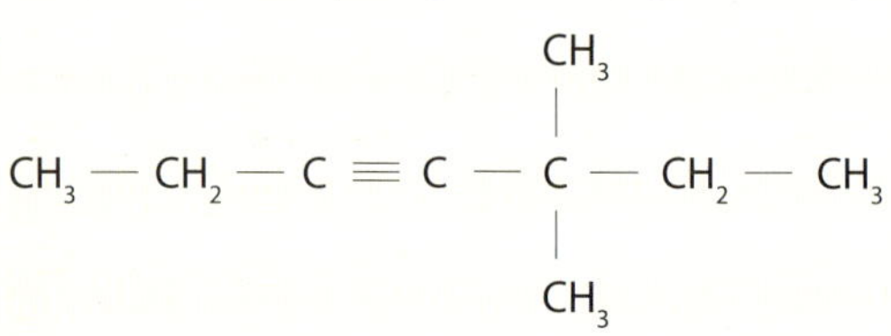

b.

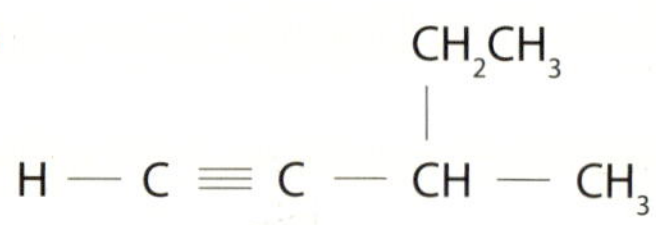

c.

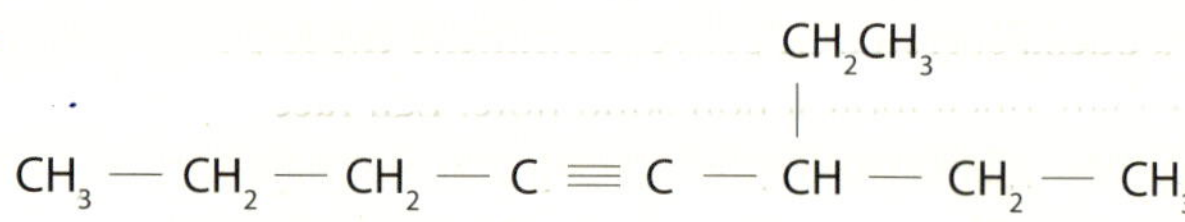

2. Rappresenta la struttura per ciascuno dei seguenti composti.
   - **a.** 3-metil-1-butino
   - **b.** 5-etil-3-ottino
   - **c.** 4,4-dimetil-2-pentino
3. Indica i prodotti delle seguenti reazioni.

a. $CH_3 - C \equiv C - CH_3 \xrightarrow[\text{catalizzatore Lindlar}]{H_2}$ 2-butino

b. $CH_3 - C \equiv C - CH_2 - CH_3 \xrightarrow{Cl_2}$ 2-pentino

c. $CH_3 - C \equiv C - CH_2 - CH_3 \xrightarrow{2Br_2}$ 2-pentino

d. $H - C \equiv C - CH_2 - CH_2 - CH_2 - CH_3 \xrightarrow{2HCl}$ 1-esino

e. $H_3C - C \equiv C - CH_2 - CH_2 - CH_3 \xrightarrow[Pd]{H_2}$ 2-esino

Gli idrocarburi aromatici

1 Il benzene

Il **benzene** è il più importante idrocarburo aromatico. Venne isolato per la prima volta nel 1825 dal chimico britannico **Michael Faraday** (1791-1867) ▶ 1. Il prodotto che ottenne per distillazione dei residui di gas illuminante era un liquido incolore con un aroma caratteristico, da cui la denominazione di composti *aromatici* ai suoi derivati.
La determinazione della struttura del benzene fu un vero rompicapo per molti chimici della fine del XIX secolo. Nel 1834 ne fu determinata la formula molecolare, C_6H_6, che destò molto stupore nella comunità scientifica non essendo riconducibile a nessuna serie di composti fino ad allora noti. Da tale formula i chimici dedussero che la sostanza fosse ciclica e che contenesse insaturazioni. Effettuarono perciò su di essa reazioni di addizione elettrofila e di idrogenazione tipiche delle sostanze contenenti doppi e tripli legami; tuttavia queste prove non portarono alla formazione di alcun prodotto, contrariamente a quanto atteso. Il composto mostrava caratteristiche del tutto particolari che condussero i chimici a fare ipotesi strutturali molto diverse ▶ 2, ma che non riuscivano a giustificare tutte le proprietà di questa sostanza.
Solo nel 1865 il chimico tedesco **Friedrich A. Kekulé** (1829-1896) propose una struttura che si avvicinava molto a quella corretta. Le prove scientifiche che lo portarono a fare quell'ipotesi non sono note. Egli raccontò che tale idea gli venne dopo aver sognato un serpente che si mordeva la coda e roteava davanti ai suoi occhi, ispirandogli così la soluzione dell'enigma. La struttura da lui proposta prevedeva che i sei atomi di carbonio fossero disposti ai vertici di un esagono regolare e che a ciascun carbonio fosse legato un atomo di idrogeno. Essendo noto che il carbonio era un atomo tetravalente, stabilì che nella molecola fossero alternati legami semplici e legami doppi. Questa ipotesi era però in disaccordo con il dato sperimentale sulla reattività di tale composto, che risultava inerte alle comuni reazioni degli alcheni. Per giustificare ciò, suppose che i legami semplici e doppi si scambiassero velocemente posizione lungo l'anello e non fossero perciò distinguibili, risultando non reattivi. Con questa ipotesi diede prova di una notevole immaginazione chimica per quei tempi, quando ancora l'elettrone non era stato scoperto. Dati sperimentali successivi, ottenuti grazie a moderne tecniche strumentali, confermarono che nella struttura del benzene:

- la molecola è esagonale (angoli di 120°) planare;
- le lunghezze dei legami carbonio-carbonio sono tutte uguali tra loro (1,39 Å) e hanno valori intermedi fra quelli di un legame singolo (1,54 Å) e quelli di uno doppio (1,33 Å).

La rapida interconversione dei legami doppi e semplici, proposta da Kekulé, era una spiegazione troppo semplice per giustificare le particolari caratteristiche strutturali e chimiche del benzene. Convincenti modelli interpretativi arrivarono solo tra il 1920 e il 1940 grazie alla **teoria della risonanza** e alla **teoria degli orbitali molecolari**. Entrambe queste teorie condividono il concetto della *delocalizzazione* degli elettroni sulla molecola, fenomeno già introdotto nella lezione precedente, parlando dei dieni coniugati. Il benzene è formato da atomi di carbonio ibridati sp^2 che formano doppi legami, gli elettroni presenti sull'orbitale p non ibrido che formano i legami π possono essere distribuiti su tutti gli atomi di carbonio della molecola, ovvero sono delocalizzati. *La teoria della risonanza considera il benzene un ibrido fra due strutture che differiscono per la disposizione dei doppi legami:*

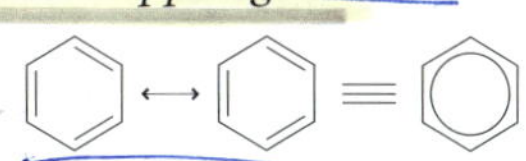

Queste due strutture sono chiamate **forme di risonanza** o **formule limite**, e in realtà non esistono singolarmente. La freccia fra le due forme non indica un equilibrio rapido tra di esse, come aveva erroneamente supposto Kekulé, ma indica la coesistenza delle due strutture. La rappresentazione più corretta del benzene, introdotta da **Friedrich K. J. Thiele** (1865-1918) nel 1899, è quella di un esagono con un cerchio all'interno a indicare la delocalizzazione degli elettroni π. Per spiegare la reattività dei composti aromatici in modo semplice e chiaro, in questa lezione verrà sempre impiegata una delle due forme di risonanza e non la rappresentazione di Thiele.
La teoria degli orbitali molecolari, rispetto a quella della risonanza, risulta più accurata. *La delocalizzazione degli elettroni viene giustificata dalla combinazione degli orbitali* p *di ciascun atomo di carbonio che vanno a formare una nube elettronica sopra e sotto il piano della molecola* ▶ 3.

3 Spiegazione della delocalizzazione degli elettroni π secondo la teoria degli orbitali molecolari

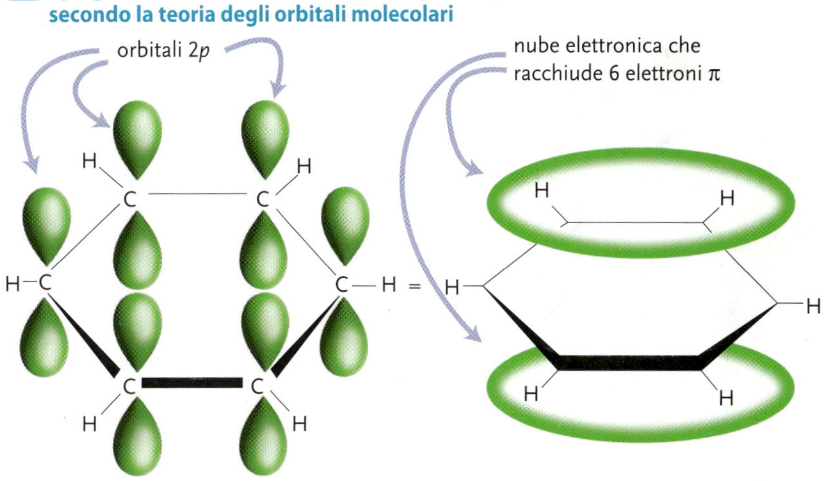

1 Michael Faraday

Michael Faraday, chimico e fisico britannico, isolò per la prima volta il benzene per distillazione dei residui di gas illuminante.

2 Alcune delle strutture proposte per il benzene

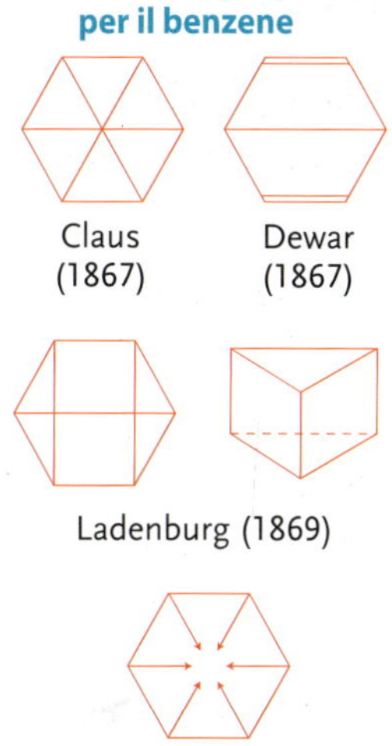

Concludendo, il benzene è una molecola esagonale regolare in cui gli atomi di carbonio sono ibridati sp^2 ma non formano doppi legami, bensì legami intermedi tra semplici e doppi, e gli elettroni π sono delocalizzati su tutta la molecola conferendole particolare stabilità.

2 L'aromaticità

Gli idrocarburi aromatici, detti **areni**, comprendono tutti i composti ciclici contenenti solo carbonio e idrogeno che possiedono la caratteristica tipica del benzene: l'**aromaticità**. Si ottengono principalmente dalla lavorazione del petrolio e sono impiegati industrialmente per la produzione di materie plastiche come il polistirolo, largamente utilizzato per la produzione di imballaggi, come solventi, nei prodotti vernicianti, in colle, inchiostri e profumi.

Inizialmente con il termine «aromaticità» si indicava il tipico aroma di queste sostanze, non sempre gradevole, ma il suo significato è stato successivamente ampliato a indicare tutte le sostanze che avevano caratteristiche chimiche analoghe al benzene. Venne, infatti, definito «aromatico» un sistema ciclico planare, simile al benzene, che dispone di una nube di elettroni π che sono delocalizzati sopra e sotto il piano della molecola e che stabilizzano la struttura. Tuttavia, la sola delocalizzazione non è sufficiente per caratterizzare un composto aromatico. Nel 1931, **Erich A. A. J. Hückel** (1896-1980) ▸ 4 definì una regola che permette di determinare se un composto ciclico è aromatico o meno in base al numero di elettroni π che contiene. La **regola di Hückel** dice che:

un composto ciclico è **aromatico** se è in possesso di un numero di elettroni π pari a $4n + 2$, dove n è un numero intero maggiore o uguale a uno.

Verifichiamo se i seguenti composti sono aromatici:

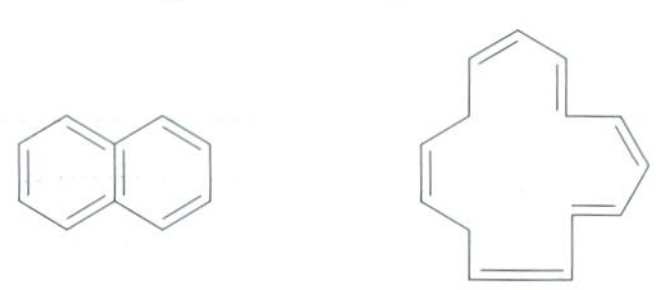

composto A   composto B

Il composto A contiene 10 elettroni π, valore che rispetta la regola di Hückel per $n = 2$ $(4 \cdot 2 + 2 = 10)$; anche il composto B rispetta la regola, avendo 14 elettroni π, per $n = 3$ $(4 \cdot 3 + 2 = 14)$: pertanto i due composti sono aromatici. Il benzene e i suoi derivati, quindi, sono composti aromatici contenenti 6 elettroni π $(4 \cdot 1 + 2 = 6)$. Grazie a questa regola Hückel estese l'aromaticità non solo ai composti idrocarburici ma anche a quelli **eterociclici**, cioè ai composti contenenti nel ciclo atomi diversi da carbonio e idrogeno, come ossigeno o azoto:

piridina   furano

4 Erich A. A. J. Hückel

Erich A. A. J. Hückel, chimico e fisico tedesco, è noto per la regola dell'aromaticità che porta il suo nome.

In questa unità tratteremo solo degli idrocarburi aromatici e di alcuni derivati del benzene con sostituenti diversi da carbonio e idrogeno, ma non di composti eterociclici.

3 Nomenclatura

Il nome degli idrocarburi aromatici che hanno un solo sostituente sull'anello benzenico è formato dal nome di questo seguito dal suffisso *-benzene*. Per molti di tali composti si preferisce la denominazione comune a quella IUPAC. Riportiamo alcuni esempi (in corsivo il nome comune):

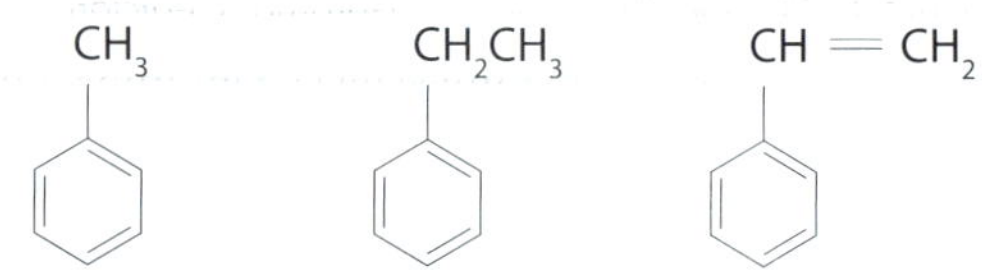

metilbenzene *toluene*   etilbenzene   vinilbenzene *stirene*

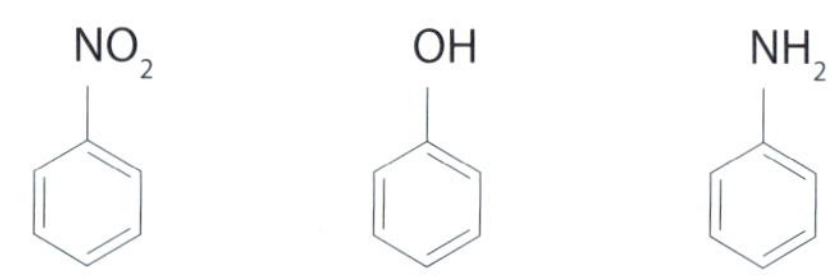

nitrobenzene   idrossibenzene *fenolo*   amminobenzene *anilina*

Nel caso in cui nella molecola siano presenti due o più sostituenti, si possono avere più **isomeri di posizione**; è quindi necessario indicare nel nome la corretta posizione dei sostituenti.

Nella nomenclatura dei composti bisostituiti si assegna la posizione 1 a uno dei sostituenti (*X* nella figura) e la posizione dell'altro può essere indicata o con prefissi numerici, che individuano la posizione dell'atomo di carbonio legato al sostituente, oppure con i prefissi *orto-* *meta-* e *para-*, corrispondenti per convenzione alle varie posizioni dell'anello:

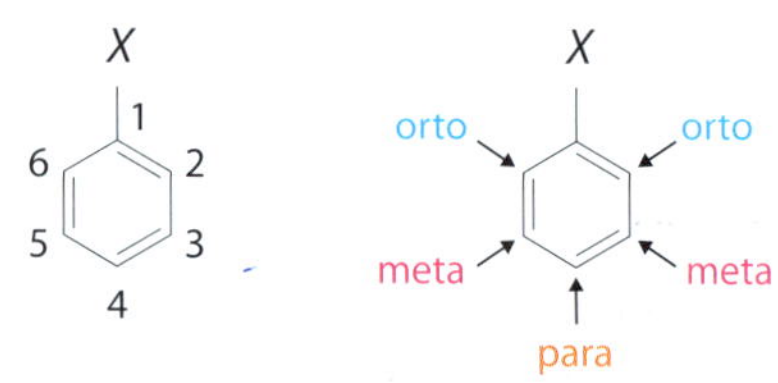

Quindi se i due sostituenti sono in posizione 1-2 si indicano con *orto-*, se sono in 1-3 con *meta-* e se sono in 1-4 con *para-*. Vediamo l'esempio dell'etil-metil-benzene:

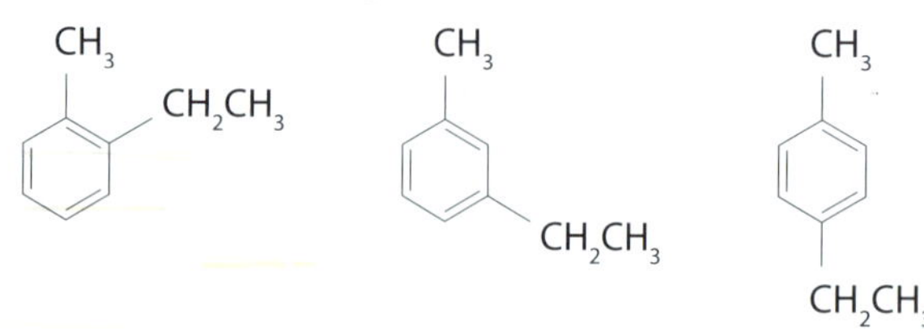

orto-etilmetilbenzene   *meta*-etilmetilbenzene   *para*-etilmetilbenzene

Le regole IUPAC preferiscono comunque l'indicazione dei sostituenti attraverso la numerazione dell'anello benzenico. Se nella molecola sono presenti più di due sostituenti, è necessario impiegare l'indicazione numerica.

Una volta scelto un sostituente come riferimento, le regole da rispettare sono le medesime viste per gli idrocarburi studiati finora: ai sostituenti deve essere assegnata la numerazione più bassa possibile e i loro nomi devono essere indicati in ordine alfabetico. Vediamo alcuni esempi:

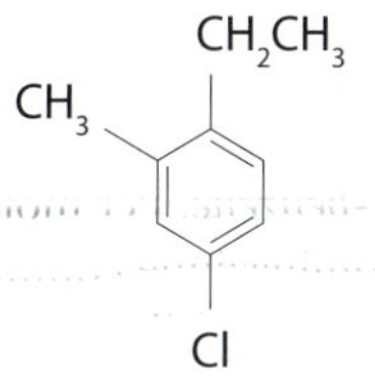

4-cloro-1-etil-2-metilbenzene

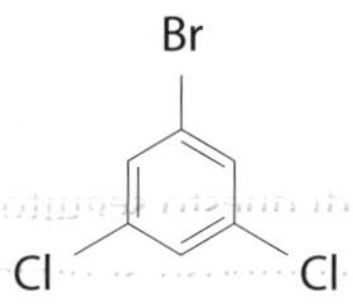

1-bromo-3,5-diclorobenzene

In questi casi può essere impiegata la denominazione comune dei derivati, come toluene, fenolo o anilina, mettendo in posizione 1 il sostituente da cui deriva il nome:

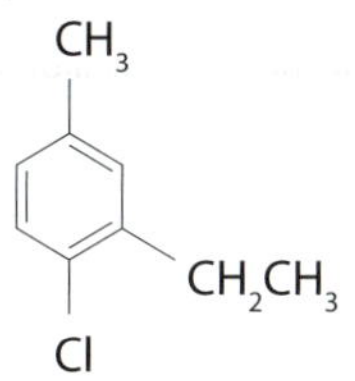

4-cloro-3-etiltoulene

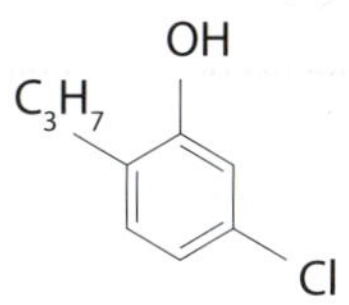

5-cloro-2-propilfenolo

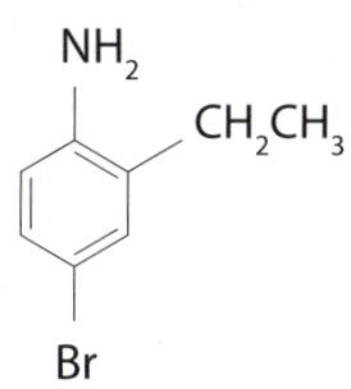

4-bromo-2-etilanilina

4 Le proprietà fisiche

Gli idrocarburi aromatici, a pressione e temperatura ordinarie, si trovano allo stato liquido o solido. La temperatura di ebollizione aumenta all'aumentare del peso molecolare.

Gli areni sono sostanze apolari e quindi insolubili in acqua. Sono stati molto impiegati come solventi organici, in particolare il benzene e il toluene, ma di recente è stato scoperto che i loro vapori sono estremamente tossici ▶ 5 e quindi il loro utilizzo viene limitato.

I derivati benzenici che hanno sostituenti contenenti atomi diversi da carbonio e idrogeno hanno caratteristiche fisiche proprie che variano al variare degli atomi presenti.

5 I vapori di benzene e toluene sono estremamente tossici

5 Reattività

La reattività del benzene e dei suoi derivati *non* è quella tipica dei composti insaturi che abbiamo visto nelle lezioni precedenti. Tale caratteristica è dovuta alla particolare stabilità di questi composti, conferita dalla delocalizzazione degli elettroni π. Le reazioni di addizione sono sfavorite, perché distruggerebbero il sistema di elettroni π delocalizzati, portando a un composto meno stabile. La nube elettronica degli elettroni di legame π rende l'anello benzenico reattivo con elettrofili. Le reazioni più importanti di questa classe di idrocarburi sono le **sostituzioni elettrofile aromatiche**. In tali reazioni si ha la sostituzione di un atomo di idrogeno con un altro atomo e non la rottura di un legame π con formazione di due nuovi legami σ, come avviene nelle reazioni di addizione agli alcheni. Questo, come abbiamo detto, è dovuto al fatto che la rottura di un legame π porterebbe alla perdita dell'aromaticità e, quindi, della stabilità della molecola. La sostituzione elettrofila aromatica avviene in due stadi, per un generico elettrofilo E^+ può essere schematizzata nel modo seguente:

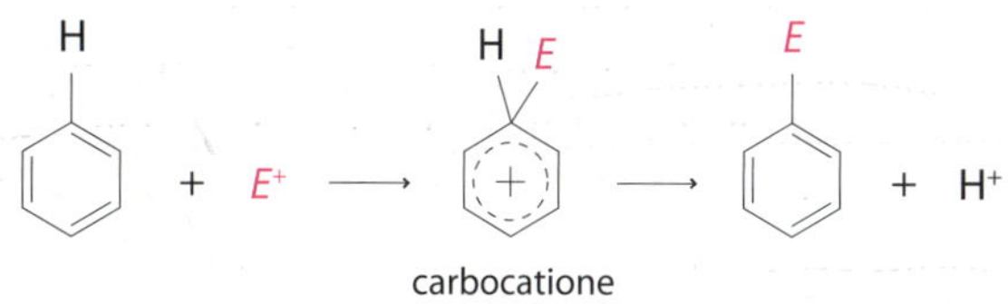

Nel primo stadio della reazione si ha l'attacco della specie elettrofila all'anello benzenico con formazione di una specie carbocationica, dovuta alla presenza contemporanea di due legami, con l'elettrofilo e con l'atomo di idrogeno. La carica positiva di questa specie è distribuita (delocalizzata) su tutto l'anello, rendendolo più stabile e quindi favorendone la formazione. Lo stadio successivo prevede l'eliminazione dello ione H^+ e formazione del prodotto di sostituzione.

Le principali reazioni di sostituzione elettrofila sono l'alogenazione, la nitrazione, la solfonazione, l'alchilazione e l'acilazione. In molte di queste reazioni si ricorre all'impiego di catalizzatori per rendere l'elettrofilo più reattivo. Ad esempio, la reazione di **alogenazione** necessita della presenza di un acido di Lewis (come il cloruro ferrico o il bromuro ferrico) per attivare l'alogeno:

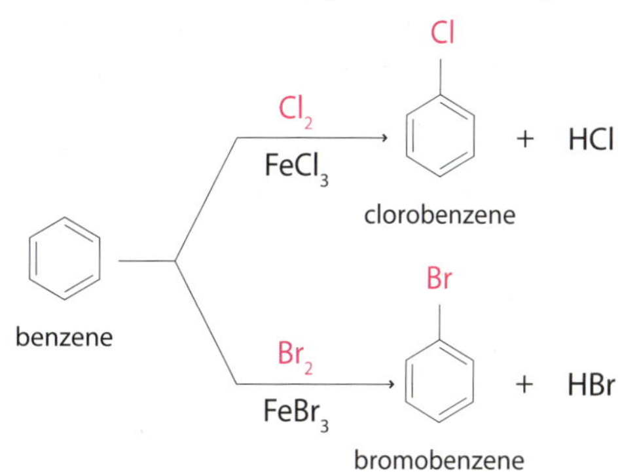

Per la reazione di **nitrazione** si impiega come catalizzatore l'acido solforico, mentre la **solfonazione** viene

effettuata con acido solforico concentrato oppure con acido solforico fumante, una miscela di acido solforico e anidride solforica ($H_2SO_4 + SO_3$):

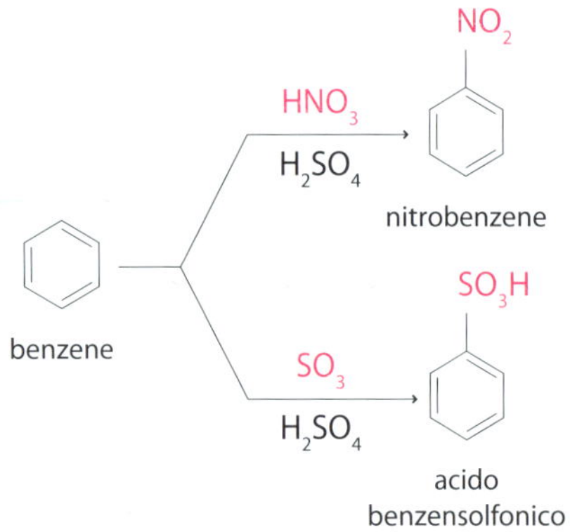

La **solfonazione** è l'unica delle reazioni di sostituzione del benzene che è *reversibile*. Gli acidi benzensolfonici hanno caratteristiche particolari e sono importanti perché largamente impiegati per la preparazione di detergenti.
L'**alchilazione** e l'**acilazione** sono anche chiamate **reazioni di Friedel-Crafts**, dal nome dei due chimici che, nel 1877, misero a punto questo tipo di sostituzioni. Sono le reazioni più importanti perché permettono di ottenere derivati aromatici, recanti catene alchiliche o gruppi acilici (con formazione di composti chetonici, che studieremo in seguito), che vengono impiegati per la sintesi di prodotti più complessi. Entrambe queste reazioni si effettuano in presenza di un acido di Lewis, $AlCl_3$:

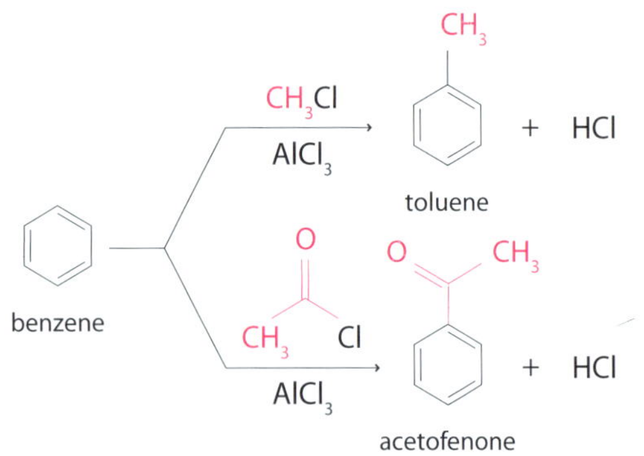

Le reazioni di sostituzione elettrofila sul benzene viste finora portano alla formazione unicamente di un prodotto, essendo gli atomi di idrogeno che devono essere sostituiti tutti identici fra loro. Se si vuole effettuare la sostituzione su un derivato aromatico contenente già un sostituente sull'anello, i prodotti ottenibili sono più di uno. Sperimentalmente è stato osservato che i sostituenti presenti sull'anello dirigono la reazione preferenzialmente o a sostituzioni nelle posizioni *orto* e *para* o in *meta*. Gruppi atomici con un doppietto elettronico libero (come —OH, —NH_2), i gruppi alchilici e gli alogeni orientano il secondo sostituente in *orto* e in *para*, mentre gruppi atomici con una parziale carica positiva sull'atomo legato all'anello, tipo —NO_2 e —SO_3H, orientano in *meta*. Si distinguono quindi due classi di sostituenti: ***orto-para* orientanti** o ***meta* orientanti**. In questo modo è possibile prevedere i prodotti ottenibili dalle varie reazioni. Ad esempio la reazione di alchilazione del clorobenzene condurrà alla formazione della miscela dei due isomeri *orto*-clorometilbenzene e *para*-clorometilbenzene:

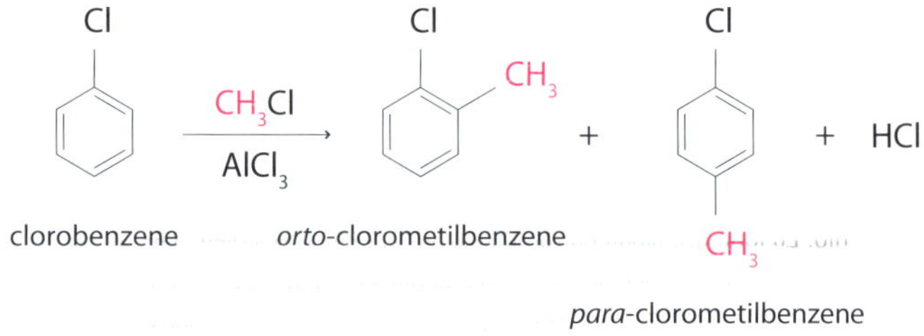

Se invece si effettua la medesima reazione sul nitrobenzene, si ottiene esclusivamente il *meta*-metilnitrobenzene:

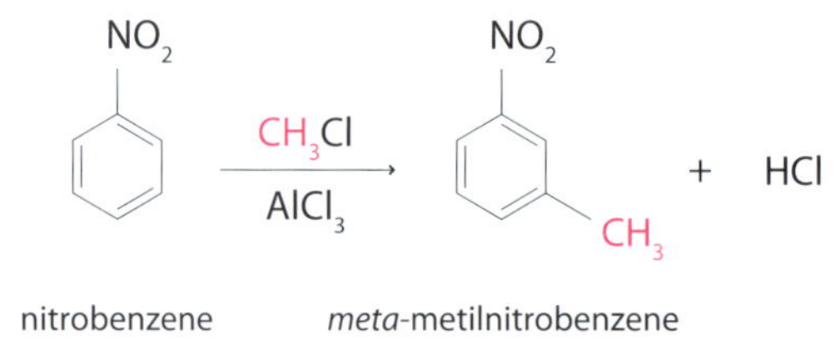

6 Idrocarburi aromatici policiclici

Gli **idrocarburi aromatici policiclici** sono costituiti da due o più anelli benzenici che possono essere tra loro **concatenati** o **condensati**. I primi sono costituiti da due o più anelli uniti tra loro da un semplice legame carbonio-carbonio. Tra i più noti ricordiamo il difenile e il trifenilmetano:

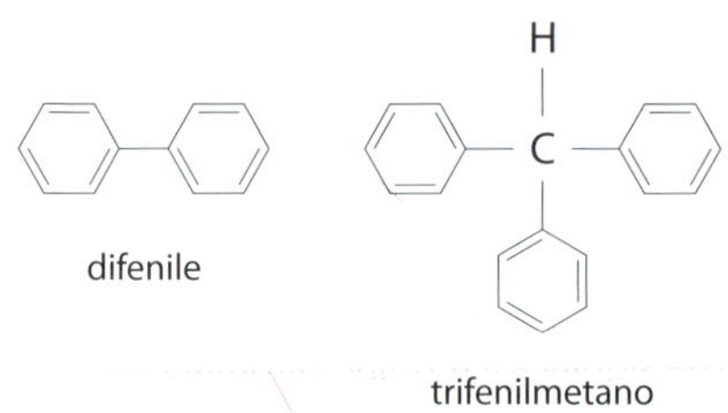

Il difenile è un composto che viene impiegato nell'industria alimentare come conservante per il trattamento superficiale di agrumi e banane; il trifenilmetano, ma soprattutto alcuni suoi derivati variamente sostituiti, vengono impiegati come coloranti per alcuni tipi di tessuti.
Gli idrocarburi policiclici condensati sono sempre costituiti da due o più anelli benzenici, ma che in questo caso hanno in comune due atomi di carbonio. I più comuni sono il naftalene e l'antracene:

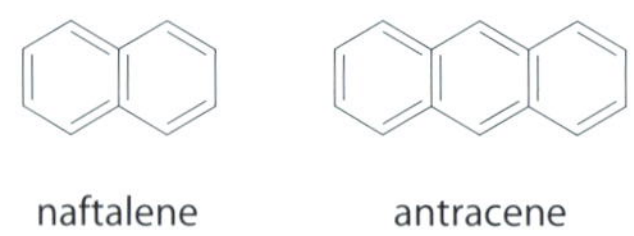

Il naftalene è più comunemente noto come **naftalina** ed è un prodotto termicida, che veniva impiegato comunemente sotto forma di «palline antitarme» ▶ **6** per la sua caratteristica di passare dallo stato solido a quello di vapore a temperatura ambiente; ora è stato sostituito da prodotti naturali. L'antracene è un agente inquinante che si forma nei processi di combustione ed è considerato ad alto rischio per la salute dell'uomo.

6 Naftalina

La naftalina veniva utilizzata comunemente come «palline antitarme».

Chimica Plus

Idrocarburi policiclici aromatici (IPA)

Gli **idrocarburi policiclici condensati** sono definiti **idrocarburi policiclici aromatici (IPA)**. Sono inquinanti dell'atmosfera, fortemente implicati nei disturbi della salute.

Si trovano nell'atmosfera, in quanto si formano in seguito alla combustione incompleta di materiali organici, contenenti carbonio. Le fonti principali nell'ambiente sono: traffico veicolare, catrame, fumo di sigaretta, superficie di alimenti affumicati o cotti alla griglia, fumo esalato dalla combustione di legno e carbone e da processi di combustione incompleta come quella dei rifiuti urbani.

Il processo di formazione degli IPA durante la combustione è dovuto alla decomposizione di molecole di grosse dimensioni. Gli IPA con meno di quattro anelli benzenici rimangono nell'atmosfera allo stato gassoso, dove vengono degradati nel giro di 24 ore; quelli costituiti da più di quattro anelli, invece, vengono inglobati sulla superficie delle particelle di fuliggine e cenere. Tali sostanze sono pericolose perché, permanendo sulle particelle di fuliggine e cenere, vengono respirate dall'uomo e penetrano nei polmoni.

La stabilità di tali composti comporta che queste particelle vengano anche trasportate in luoghi distanti dalle fonti di inquinamento, fino a che non si depositano al suolo.

Gli IPA rappresentano solo lo 0,1% delle polveri atmosferiche, ma la loro presenza nell'aria è un problema, perché molti risultano cancerogeni.

I più pericolosi sono il benzo[a]pirene (BaP) e il benzo[a]antracene:

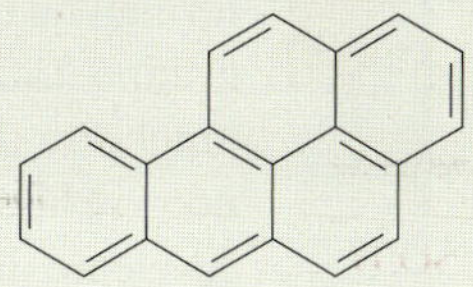
benzo[a]pirene

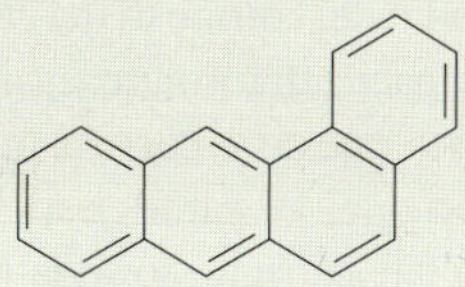
benzo[a]antracene

La difficoltà nel determinare una relazione tra esposizione agli IPA e insorgenza del cancro è dovuta al fatto che l'uomo è sempre esposto a miscele di idrocarburi e non a singoli composti, quindi non è possibile individuare quali siano davvero pericolosi. È dimostrato che l'esposizione alle miscele IPA comporta un aumento dell'insorgenza del cancro, soprattutto in presenza di benzo(a) pirene. Non vi è però niente di certo sull'azione cancerogena dei singoli IPA in miscele complesse. È dimostrato che gli idrocarburi policiclici aromatici interagiscono con il metabolismo in vari modi. Recentemente si sono effettuati interventi per diminuirne la concentrazione nell'atmosfera. Il loro livello si è abbassato grazie all'utilizzo dei convertitori catalitici negli autoveicoli e al minor impiego di legno e carbone a favore di petrolio e gas naturale come fonti energetiche. Inoltre si è ridotta la pratica delle combustioni all'aria aperta, soprattutto di tipo agricolo, e vi è stato un miglioramento della tecnologia della combustione.

AREA OPERATIVA

Domande chiave

1. Quali sono le caratteristiche strutturali e chimiche del benzene?
2. Che cosa significa il termine «aromaticità»?
3. Che cosa si intende per «reazione di sostituzione elettrofila aromatica»?
4. Che cosa significa «sostituente *orto-para* orientante»? Fai un esempio.
5. Qual è la differenza tra idrocarburi policiclici concatenati e condensati?

Ragiona

1. Quali dei seguenti composti sono aromatici? Perché?

a. 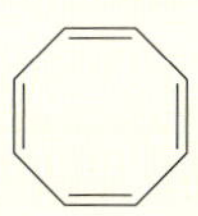
cicloottatetraene

c. 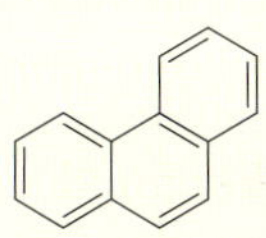
fenantrene

b. 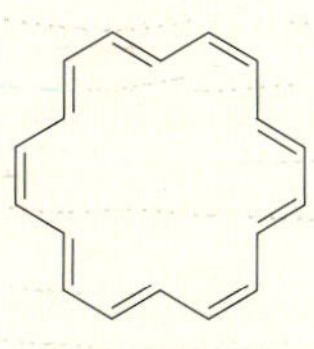
[18]annulene

d. 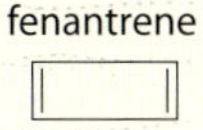
ciclobutadiene

Risolvi i problemi

1. Indica il nome di ognuno dei seguenti composti.

a. 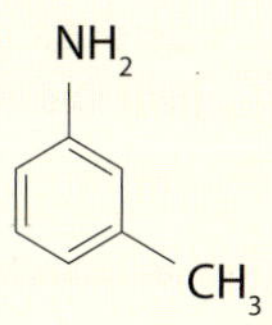

b. 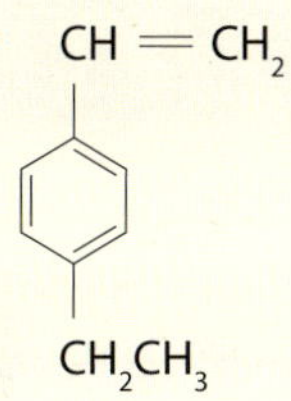

c. 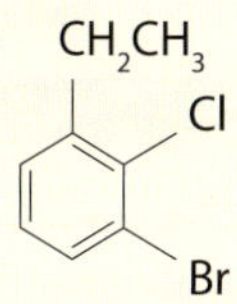

d. 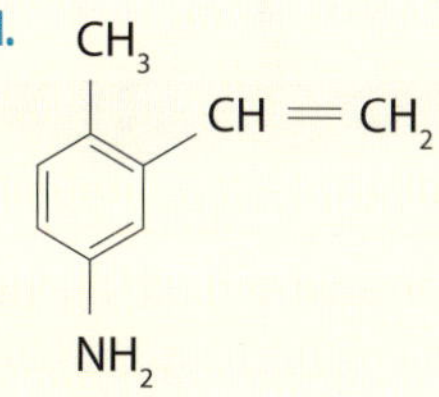

2. Completa le seguenti reazioni indicando i reagenti, i prodotti e i catalizzatori corretti.

a. 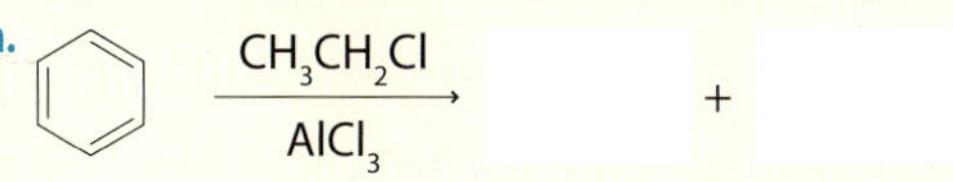

b. 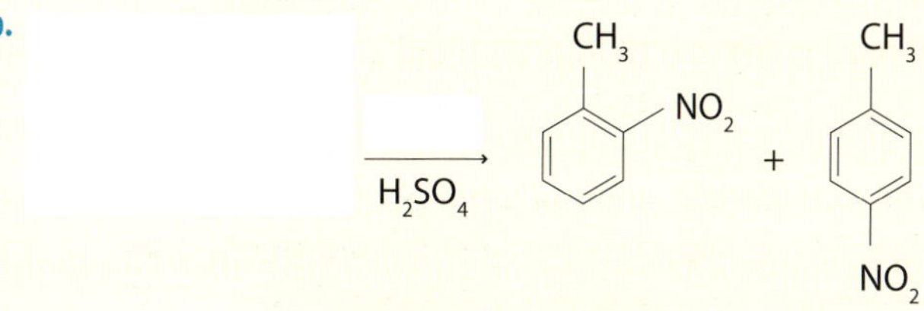

c. 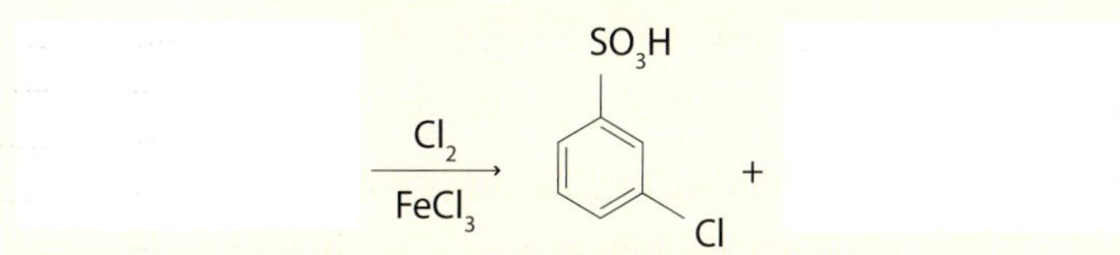

3. Rappresenta la struttura per ciascuno dei seguenti composti.

a. *para*-metilfenolo
b. *orto*-cloroanilina
c. *meta*-bromoetilbenzene
d. 4-bromo-1-cloro-2-etilbenzene

LE LEZIONI IN SINTESI

1 I composti organici

La **chimica organica** si occupa dello studio dei composti del carbonio. L'atomo di carbonio ha elevata capacità di formare legami forti con se stesso e con altri atomi, per questo è così vasto il numero di composti a cui può dare origine. Le caratteristiche chimiche del carbonio che giustificano tale capacità sono la **tetravalenza dell'atomo**, il piccolo valore del **raggio atomico** e il valore medio di **elettronegatività**. Gli **idrocarburi** sono i più semplici composti organici contenenti unicamente idrogeno e carbonio. Si suddividono in **alifatici**, saturi e insaturi, e **aromatici**, monociclici e policiclici.

2 Gli alcani

Gli **alcani** sono **idrocarburi saturi** in cui l'atomo di carbonio è ibridato sp^3. Sono composti poco reattivi: le principali reazioni in cui sono coinvolti sono la combustione e l'alogenazione. La **combustione** è una reazione di ossidoriduzione esotermica che conduce alla formazione di anidride carbonica e acqua. L'**alogenazione** avviene in presenza di luce ed è una reazione radicalica che porta alla formazione di miscele di alogenuri alchilici. I **cicloalcani** sono alcani a catena chiusa e hanno caratteristiche chimico-fisiche del tutto analoghe ai composti a catena aperta. Il ciclopropano è l'unica eccezione, è meno stabile e quindi più reattivo.

THE CHAPTER IN REVIEW

- **Organic chemistry** studies **carbon** compounds.
- **Hydrocarbons** are the most simple organic compounds, and contain only hydrogen and carbon; they can be obtained by refining oil.
- **Alkanes** are formed by single bonds in which carbon is sp^3-hybridised.
- **Alkenes** and **alkynes** are the most reactive hydrocarbons. Alkenes are characterised by the presence within molecules of at least one double bond made up of one σ bond and one π bond, while alkynes have at least one triple bond.
- **Aromatic hydrocarbons** are cyclic compounds characterised by a π electron cloud, which is delocalised on the molecule and thus makes it very stable.

Termini chiave *Key Terms*

Alcani *Alkanes*
Alcheni *Alkenes*
Alchini *Alkynes*
Alogenazione *Halogenation*
Combustione *Combustion*
Idrocarburi *Hydrocarbons*
Idrogenazione *Hydrogenation*

3 Gli alcheni

Gli **alcheni** sono **idrocarburi insaturi** in cui sono presenti almeno due atomi di carbonio ibridati sp^2. Sono caratterizzati dalla presenza di uno o più doppi legami lungo la catena idrocarburica formati da un legame covalente di tipo σ e uno di tipo π. Questo gruppo funzionale ha due importanti conseguenze strutturali: la lunghezza del legame è minore rispetto a un legame semplice e non vi è libera rotazione intorno a esso. La presenza di un legame covalente di tipo π rende gli alcheni sostanze molto reattive. In particolare, essendo il doppio legame una zona ricca di elettroni, queste sostanze sono classificate come **nucleofili**, e reagiranno con sostanze **elettrofile**. La tipica reazione di questi composti, infatti, è l'**addizione elettrofila** al doppio legame, che consiste nella rottura del legame π e nella formazione di due nuovi legami σ, che portano alla formazione di composti saturi molto stabili. L'**idrogenazione** è l'altra reazione tipica degli alcheni che porta alla formazione dei corrispondenti alcani. I **polieni** sono alcheni contenenti più di un'insaturazione. In base alla posizione reciproca dei doppi legami nella molecola si dividono in **legami doppi isolati**, se separati da più di un legame semplice, oppure **coniugati**, se tra essi è presente un solo legame σ.

4 Gli alchini

Gli **alchini** sono **idrocarburi insaturi** in cui sono presenti tripli legami la cui formazione è dovuta all'ibridazione *sp* degli atomi di carbonio. Possono essere divisi in **alchini terminali**, se il triplo legame è a un'estremità della catena, e **alchini interni**, se l'insaturazione è presente all'interno della catena. Le reazioni tipiche degli alchini sono l'**addizione elettrofila** e l'**idrogenazione**, come negli alcheni. Le reazioni di addizione elettrofila di alogeni o acidi alogenidrici possono portare alla formazione sia dell'alchene bisostituito sia dell'alcano tetrasostituito corrispondente.

5 Gli idrocarburi aromatici

Il **benzene** è il capofila degli **idrocarburi aromatici**. È un composto esagonale regolare in cui gli atomi di carbonio sono ibridati sp^2 e formano legami intermedi fra i semplici e i doppi legami, gli elettroni π sono delocalizzati su tutta la molecola. Gli **idrocarburi aromatici**, o **areni**, sono composti, costituiti da carbonio e idrogeno, contenenti almeno un anello benzenico. In generale i composti aromatici sono composti ciclici caratterizzati da una nube di elettroni π delocalizzati sulla molecola rendendola particolarmente stabile, proprietà indicata dal termine **aromaticità**. La reazione tipica degli idrocarburi aromatici è la **sostituzione elettrofila**. Questa reazione implica la sostituzione di un atomo di idrogeno dell'anello con un reagente elettrofilo. Le reazioni più importanti sono quelle di alogenazione, nitrazione, solfonazione, alchilazione e acilazione. Gli **idrocarburi policiclici** contengono più anelli benzenici e sono suddivisi in **concatenati** e **condensati**. I primi comprendono i composti in cui gli anelli benzenici sono uniti fra loro da legami semplici carbonio-carbonio, mentre nei secondi gli anelli hanno in comune due atomi di carbonio.

LE MAPPE DELL'UNITÀ

Competenza disciplinare Riconoscere e stabilire relazioni tra i concetti

Completa gli schemi

A

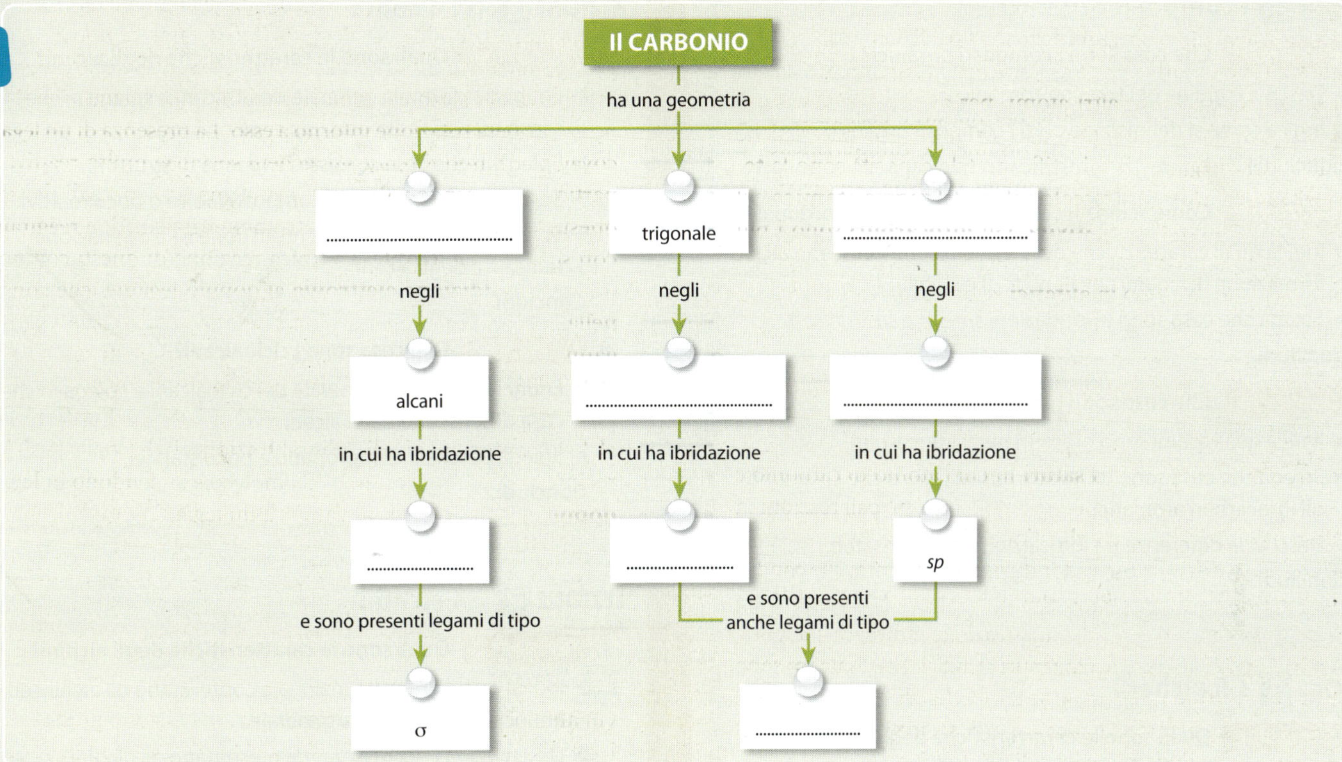

B

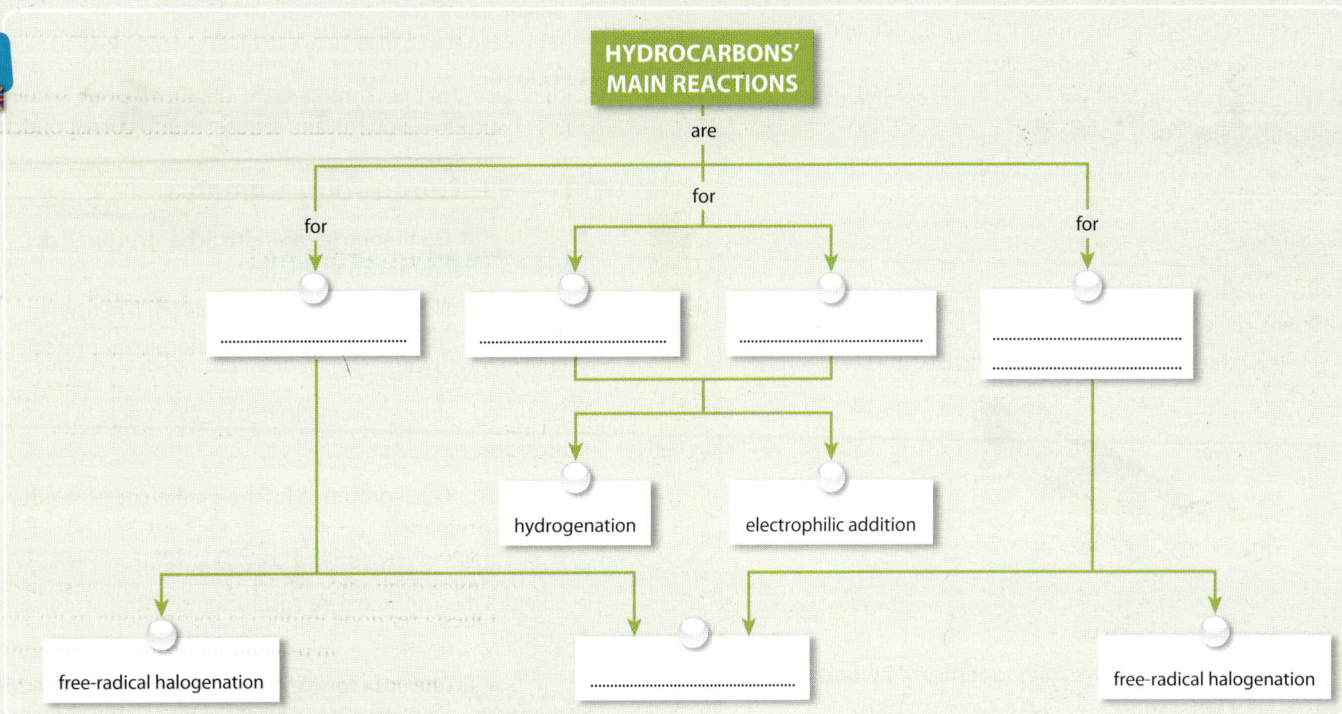

C Progetta e disegna una mappa che abbia come nodo centrale «gli isomeri».

PROVE D'INTERROGAZIONE

Competenza disciplinare ▶ Effettuare connessioni logiche e comunicare in forma orale

LEZIONE 1 I composti organici

A. **Domanda:** **Che cosa sono i composti organici?**

▶ Descrivi l'origine del termine «organico».

▶ Indica come si definiscono oggi i composti organici.

Concludi.

B. **Domanda:** **Come si lega il carbonio nei composti organici?**

▶ Indica quali caratteristiche del carbonio contribuiscono alla formazione di legami covalenti forti e stabili.

▶ Spiega che cosa sono le ibridazioni sp^3, sp^2 e sp.

Concludi.

C. **Domanda:** **Che cosa sono gli idrocarburi?**

▶ Indica quali atomi sono presenti negli idrocarburi.

▶ Spiega che cosa sono gli idrocarburi alifatici e che cosa sono gli idrocarburi aromatici.

▶ Descrivi la differenza tra idrocarburi saturi e insaturi.

Concludi.

LEZIONE 3 Gli alcheni

A. **Domanda:** **Quali sono le caratteristiche degli alcheni?**

▶ Indica quale gruppo funzionale contengono gli alcheni ed enuncia la loro formula generale.

▶ Definisci l'isomeria di posizione e la stereoisomeria geometrica e fornisci esempi di isomeri dei due tipi.

▶ Illustra le proprietà fisiche degli alcheni.

▶ Spiega se il doppio legame è più o meno reattivo del legame semplice.

▶ Spiega che cos'è l'addizione elettrofila al doppio legame.

▶ Spiega che cos'è l'idrogenazione degli alcheni.

Concludi.

B. **Domanda:** **Quali sono le caratteristiche dei dieni?**

▶ Spiega che cosa sono polieni e dieni.

▶ Illustra il concetto di delocalizzazione nei dieni coniugati.

Concludi.

Question: **What are the physical properties of hydrocarbons?**

▶ Explain why hydrocarbons are nonpolar compounds.

▶ Explain why hydrocarbons generally have a rather low boiling point.

▶ Explain why hydrocarbons are not soluble in water.

Conclude your exposition.

LEZIONE 2 Gli alcani

A. **Domanda:** **Quali sono le caratteristiche degli alcani?**

▶ Enuncia la formula generale degli alcani e spiega in che senso essi costituiscono una serie omologa.

▶ Spiega in che cosa consiste l'isomeria di struttura.

▶ Spiega se gli alcani sono composti molto o poco reattivi.

▶ Spiega che cosa sono la combustione e l'alogenazione radicalica degli alcani.

Concludi.

B. **Domanda:** **Che cosa sono i cicloalcani?**

▶ Enuncia la formula generale dei cicloalcani e spiega in che cosa differiscono dagli alcani.

▶ Spiega perché il ciclopropano è poco stabile.

Concludi.

LEZIONE 4 Gli alchini

A. **Domanda:** **Quali sono le caratteristiche degli alchini?**

▶ Indica quale gruppo funzionale contengono gli alchini ed enuncia la loro formula generale.

▶ Descrivi quali tipi di isomeria presentano gli alchini.

▶ Indica qual è lo stato fisico degli alchini e qual è la loro solubilità in acqua.

▶ Spiega in che condizioni l'idrogenazione degli alchini si ferma allo stadio di alcheni e in quali procede fino ad alcani.

Concludi.

LEZIONE 5 Gli idrocarburi aromatici

A. **Domanda:** **Quali sono le caratteristiche strutturali del benzene e dei composti aromatici?**

▶ Enuncia la struttura proposta da Kekulé per il benzene.

▶ Chiarisci in che modo il concetto di delocalizzazione spiega le proprietà del benzene.

▶ Definisci i composti aromatici in base alla regola di Hückel.

Concludi.

B. **Domanda:** **Quali proprietà fisiche e chimiche possiedono i composti aromatici?**

▶ Indica qual è lo stato fisico degli idrocarburi.

▶ Spiega il meccanismo della sostituzione elettrofila aromatica.

Concludi.

C. **Domanda:** **Che cosa sono e che caratteristiche possiedono gli idrocarburi policiclici aromatici?**

▶ Spiega che cosa sono gli idrocarburi policiclici aromatici concatenati e condensati.

▶ Fai qualche esempio di idrocarburi policiclici aromatici.

Concludi.

TEST E QUESITI

Competenza disciplinare ▶ Applicare le conoscenze acquisite (es. 1-8)
Applicare il linguaggio scientifico (es. 9)
Spiegare in forma scritta fenomeni e processi (es. 10-15)

Scegli la risposta corretta

1. I composti organici…
- A sono presenti solo negli organismi.
- B non possono essere sintetizzati in laboratorio.
- C contengono il carbonio come elemento principale.
- D contengono una grande varietà di elementi della tavola periodica.

2. L'atomo di carbonio ha ibridazione…
- A *sp* negli alcani, sp^2 negli alcheni e sp^3 negli alchini.
- B sp^2 negli alcani, sp^3 negli alcheni e *sp* negli alchini.
- C sp^3 negli alcani, *sp* negli alcheni e sp^2 negli alchini.
- D sp^3 negli alcani, sp^2 negli alcheni e *sp* negli alchini.

3. La formula a fianco è una formula…

- A di Lewis.
- B razionale.
- C razionale condensata.
- D topologica.

4. Il pentano e il 2-metilbutano sono…
- A isomeri di struttura.
- B composti uguali.
- C stereoisomeri.
- D isomeri *cis-trans*.

5. I punti di ebollizione degli idrocarburi sono in genere bassi perché gli idrocarburi…
- A sono composti polari con deboli attrazioni intermolecolari.
- B sono composti apolari con deboli attrazioni intermolecolari.
- C contengono legami covalenti piuttosto deboli e facili da rompere.
- D sono poco solubili in acqua.

6. Gli atomi del carbonio impegnati nel doppio legame e quelli del benzene hanno una geometria…
- A tetraedrica.
- B piramidale.
- C trigonale.
- D lineare.

7. L'isomeria *cis-trans* è presente negli…
- A alcani in cui due carboni adiacenti legano ognuno tre gruppi diversi.
- B alcani in cui almeno uno di due carboni adiacenti lega tre gruppi diversi.
- C alcheni in cui i carboni del doppio legame legano ognuno due gruppi diversi.
- D alcheni in cui almeno uno dei due carboni del doppio legame lega due gruppi diversi.

8. I legami molecolari presenti negli idrocarburi sono…
- A solo di tipo σ negli alcani, solo di tipo π in alcheni, alchini e aromatici.
- B solo di tipo σ negli alcani, di tipo σ e π in alcheni, alchini e aromatici.
- C di tipo σ e π in tutti gli idrocarburi.
- D solo di tipo σ in tutti gli idrocarburi.

Metti in relazione

9. Completa la tabella scrivendo i termini mancanti.

Primo termine		Secondo termine
....	danno reazioni di	alogenazione radicalica.
L'acilazione	è una reazione di	....
Dall'idrogenazione di un alchene	si ottiene	....
....	per nitrazione dà	il nitrobenzene.
Tutti gli idrocarburi	danno reazioni di	....
....	è una reazione tipica di	alcheni e alchini.

Rispondi utilizzando i termini indicati

10. Quali caratteristiche rendono il carbonio l'elemento centrale dei composti organici e in che modo questo atomo può dare luogo sia a quattro legami singoli, sia a un legame doppio e due singoli, sia a un legame triplo e a un singolo?

raggio atomico – elettronegatività – struttura del carbonio allo stato fondamentale – ibridazione sp^3 *– ibridazione* sp^2 *– ibridazione* sp

11. Come si procede nell'assegnare il nome IUPAC a un idrocarburo alifatico?

composti a catena lineare – prefissi – suffissi – ramificazioni – gruppi alchilici – posizione del sostituente – posizione dell'insaturazione

12. Che cos'è l'isomeria e che tipi di isomeria sono presenti negli idrocarburi?

formula molecolare – formula di struttura – isomeria di struttura – isomeria di catena – isomeria di posizione – isomeria geometrica

Rispondi e motiva la tua risposta

13. Quali dei seguenti composti sono isomeri di struttura di catena? Quali sono isomeri di struttura di posizione? Quali sono isomeri geometrici? Quali sono uguali?

a.

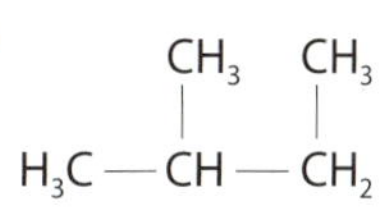

b.

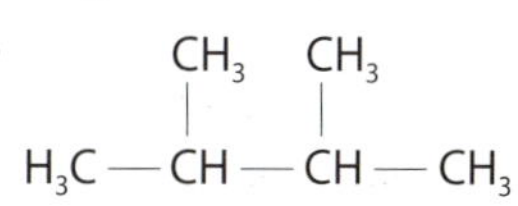

c. 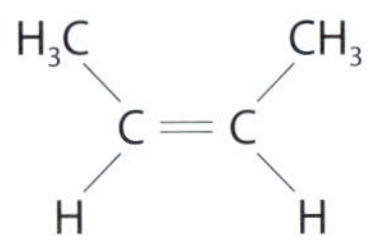

d. 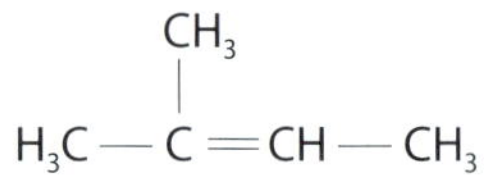

e. 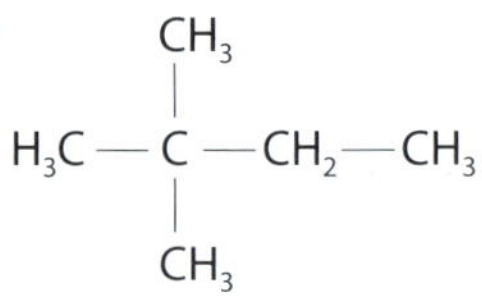

f. 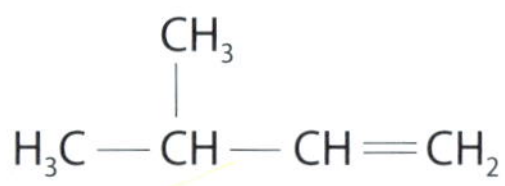

g. 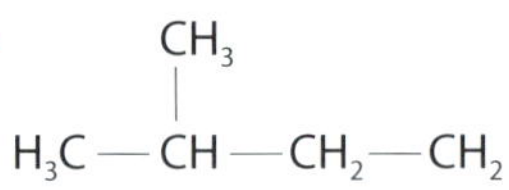

h. 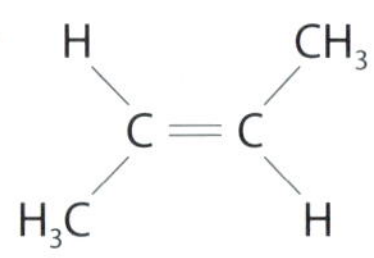

14. Ordina i composti seguenti per punto di ebollizione crescente.
   a. $H_3C{-}CH_2{-}CH_3$
   b. $H_3C{-}CH_2{-}CH_2{-}CH_2{-}CH_2{-}CH_2{-}CH_3$
   c. $H_3C{-}CH_2{-}CH_2{-}CH_2{-}CH_3$
   d. 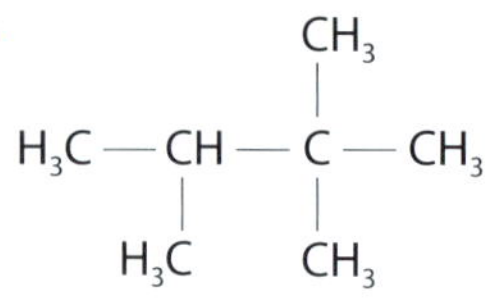

Rispondi alla domanda in base all'estensione richiesta

15. Spiega quali sono gli orbitali molecolari presenti negli idrocarburi e come si formano dagli orbitali atomici, ibridi e non ibridi. (**massimo 10 righe**)

In English

Competenza trasversale ▶ Usare la lingua inglese in un contesto scientifico

Use the terms in the keyword list to complete the following sentences

1. If two compounds have the same molecular formula but a different structural formula, they are ....
2. An alkane in which one atom of hydrogen has been replaced by a halogen is called ....

Choose the right answer for the following questions

3. The double and triple bonds are…
   - A functional groups.
   - B isomers.
   - C classes of compounds.
   - D homologous series.
4. What phenomenon occurs in benzene and in conjugated dienes?
   - A Aromaticity.
   - B Stereoisomerism.
   - C Delocalisation.
   - D Conjugation.

Answer in a few words

5. What are the characteristics of aromatic compounds?
   ....
   ....
   ....
   ....

IL MIO ESAME DI STATO

Esercizi di simulazione della **Terza Prova**

1. **Tipologia A della Terza Prova**
   Quali sono le principali reazioni degli idrocarburi? Elenca le reazioni spiegando di ognuna quali sono i reagenti e i prodotti in generale e fornendo qualche esempio specifico. (**massimo 15 righe**)
2. **Tipologia B della Terza Prova**
   Spiega che cos'è la delocalizzazione, in che molecole si verifica, che conseguenze ha sulla stabilità e come viene interpretata sulla base della struttura dei composti che la manifestano.
3. **Tipologia C della Terza Prova**
   Scegli la risposta corretta.
   Alchini e alcheni…
   - A hanno la stessa formula generale.
   - B contengono il carbonio con la stessa ibridazione.
   - C hanno la stessa lunghezza del legame multiplo carbonio-carbonio.
   - D danno le stesse reazioni.
4. **Tipologia C della Terza Prova**
   Scegli la risposta corretta.
   Quale affermazione sui composti aromatici è falsa? I composti aromatici…
   - A possono contenere solo atomi di C e H.
   - B seguono la regola di Hückel.
   - C hanno elettroni delocalizzati.
   - D danno reazioni di sostituzione e non di addizione.

Proposte per l'incremento dei crediti scolastici (cumulabili nel voto d'esame)

5. Il metano, maggiore componente del gas naturale, è uno degli idrocarburi sfruttati per la produzione di energia. Scrivi una tesina su questo tema tenendo conto dei seguenti argomenti:
   - la struttura del metano;
   - la combustione del metano e il calore sviluppato;
   - confronto tra metano e altri combustibili per quanto riguarda il calore sviluppato e l'emissione di diossido di carbonio e di sostanze inquinanti nella combustione;
   - quali sono per l'Italia le fonti di approvvigionamento di metano;
   - impianti di liquefazione e di rigassificazione per il trasporto del metano e problemi ambientali connnessi.

LABORATORIO

Competenza disciplinare Saper organizzare ed eseguire attività sperimentali in laboratorio

SAGGI DI RICONOSCIMENTO DI ALCHENI

Hai bisogno di:

- guanti protettivi
- occhiali protettivi
- provette e portaprovette
- contagocce
- cloroformio [Xn]
- bromo al 2% in cloroformio [Xi] come acqua di bromo come sostanza pura
- permanganato di potassio all'1% [O] [Xn] come sostanza pura
- acetone [F]
- cicloesano [F] (o alcano disponibile)
- cicloesene [F] (o alchene disponibile)
- idrocarburo aromatico

Attenzione **Per i saggi con bromo e permanganato si deve lavorare sotto cappa. Inoltre, data la particolare pericolosità del bromo, è opportuno che l'esperienza sia eseguita dall'insegnante. In caso di esposizioni brevi e minime, utilizzare la maschera con filtro per vapori alogeni.**

Questi saggi sono impiegati per determinare se un prodotto organico incognito possa essere un alchene. Effettuiamo il saggio su due campioni noti di un alcano, un alchene e un idrocarburo aromatico. Le reazioni sono quelle tipiche degli alcheni: l'addizione elettrofila di bromo e l'ossidazione con permanganato di potassio. La reazione con bromo è la seguente:

$$\underset{\text{alchene}}{R-CH=CH-R} + Br_2 \longrightarrow \underset{\text{bromuro alchilico}}{R-\underset{H}{\overset{Br}{C}}-\underset{H}{\overset{Br}{C}}-R}$$

La reazione avviene solo in presenza di alcheni. Si osserva il completamento della reazione, perché la soluzione di bromo è di colore rossastro mentre il bromuro alchilico è incolore: aggiungendo la soluzione di bromo all'alchene si osserva la decolorazione di questa ▶ A. In presenza di un alcano o di un idrocarburo aromatico la soluzione non si decolora.

La reazione di ossidazione con permanganato di potassio è invece:

$$3\underset{\text{alchene}}{R-CH=CH-R} + 2KMnO_4 + 4H_2O \longrightarrow$$

$$\longrightarrow 3\underset{\text{alcol}}{R-\underset{H}{\overset{OH}{C}}-\underset{H}{\overset{OH}{C}}-R} + 2MnO_2 + 2KOH$$

Anche in questo caso si osserva che, quando la reazione viene effettuata su un alchene, la soluzione di permanganato passa da viola a incolore.

Procedura

Segui i procedimenti seguenti per cicloesano, cicloesene, idrocarburi aromatici e poi su prodotti incogniti a tua scelta.

Saggio con bromo

Versa 1 goccia (20 mg) di campione in una provetta e aggiungi 0,5 ml di tetracloruro di carbonio (CCl_4).

Aggiungi, goccia a goccia e agitando, una soluzione di bromo al 2% in cloroformio.

Se ci vogliono più di 2 gocce per far assumere alla soluzione un colore rossastro, è presente l'alchene.

Saggio con permanganato

Sciogli in una provetta 1 goccia (20 mg) di campione con alcune gocce di acetone.

Aggiungi 1 goccia di $KMnO_4$ all'1% e agita.

Se la soluzione si decolora, versa una seconda goccia, una terza e così via. Il saggio è positivo se più di 1 goccia di permanganato è decolorata.

Rispondi alle domande

a. Perché gli alcani non reagiscono con il bromo?
b. Se effettui la reazione del bromo sul benzene che cosa osservi?
c. Se i saggi venissero effettuati su alchini, potresti distinguerli dagli alcheni?
d. Puoi determinare con uno di questi saggi la quantità di alchene presente nel campione?

A La soluzione di bromo in presenza di un alchene si decolora

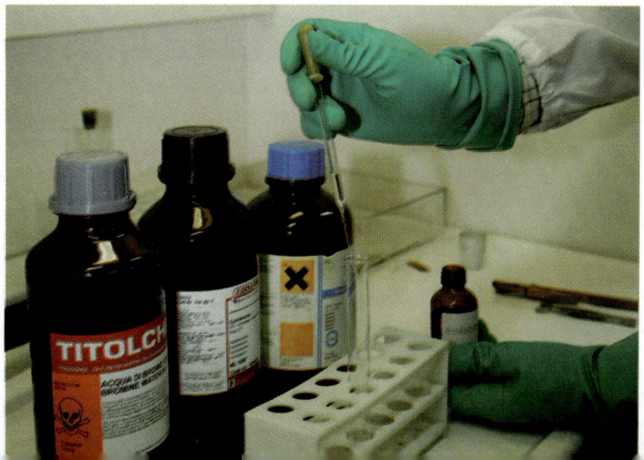

UNITÀ **D2**

Oltre gli idrocarburi

Osserva... Uno dei più grandi successi in campo medico è stata la scoperta del medicinale per la cura degli stati febbrili commercialmente noto come *aspirina* e derivante da un prodotto naturale. La sua scoperta deriva dallo studio di chimici e farmacisti che trovarono riportato nel papiro di Ebers (risalente al 1500 a.C.) e in alcuni ricettari medici inglesi più recenti l'utilizzo di corteccia di salice come cura per gli stati febbrili. Seguendo questo trattamento, chimici e farmacisti riuscirono a isolare il composto responsabile della cura. Il composto ottenuto fu modificato chimicamente, perché in forma pura dava problemi gastrointestinali, e nel 1899 l'*acido acetilsalicilico* iniziava a essere uno dei prodotti più utilizzati come antipiretico, commercializzato dalla Bayer sotto il nome di «aspirina». Ancora oggi è il prodotto più utilizzato come antipiretico e analgesico. Dal punto di vista chimico l'acido acetilsalicilico è un composto organico contenente, oltre ad atomi di carbonio e idrogeno, anche ossigeno. Molti dei farmaci da noi impiegati sono composti organici derivati da piante, caratterizzati dalla presenza di elementi diversi da carbonio e idrogeno, quali azoto e ossigeno.

corteccia di salice

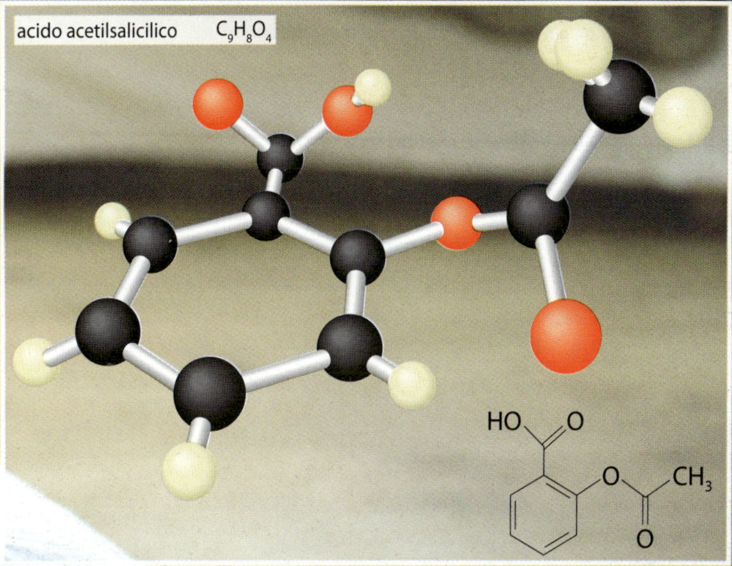

acido acetilsalicilico $C_9H_8O_4$

Alcoli, fenoli, eteri

1 I gruppi funzionali

Alcoli, **fenoli** ed **eteri** sono tre classi di composti organici in cui è presente almeno un atomo di ossigeno legato con un legame semplice a un atomo di carbonio. Le prime due classi sono caratterizzate dal gruppo funzionale **ossidrile** —OH, mentre negli eteri è presente il gruppo **etereo** —O—, in cui l'ossigeno è legato a due residui organici ▶ 1.

Negli alcoli l'ossidrile è legato a un atomo di carbonio ibridato sp^3. L'alcol più semplice è il **metanolo** o **alcol metilico** (CH_3OH), composto tossico che può provocare la cecità e la morte. Il metanolo può essere ottenuto per riscaldamento del legno; per questo viene anche chiamato *spirito del legno*. L'**etanolo** o **alcol etilico**, secondo termine della serie (CH_3CH_2OH), è chiamato anche semplicemente **alcol** ed è l'unico adatto all'uso alimentare. La presenza dell'etanolo nel vino e nella birra è dovuta alla fermentazione alcolica per opera di microrganismi; questo processo naturale determina la trasformazione di soluzioni zuccherine in soluzioni contenenti alcol in percentuali variabili. Alcuni alcoli contengono più di un gruppo ossidrilico nella molecola (*polialcoli*): uno di questi è l'1,2-etandiolo, o **glicol etilenico**, normalmente impiegato come anticongelante nei motori ▶ 2.

Gli alcoli con più di due atomi di carbonio possono essere classificati in **primari**, **secondari** e **terziari** a seconda del numero di gruppi alchilici o arilici, uguali o diversi, legati al carbonio che porta il gruppo ossidrile ▶ 3.

Nei fenoli il gruppo ossidrile è legato a un carbonio ibridato sp^2 dell'anello benzenico; per questo essi possono essere considerati derivati dell'idrossibenzene, chiamato appunto **fenolo** ▶ 4. Il fenolo, inizialmente conosciuto come *acido fenico*, è stato utilizzato, fin dalla sua scoperta nel 1865, come disinfettante. Le soluzioni acquose ad alta concentrazione di fenolo causano bruciature alla pelle; questa azione è sfruttata in cosmetica nella produzione di preparati esfolianti, capaci di rimuovere gli strati superficiali della pelle. Il principale impiego del fenolo è come composto di partenza per la sintesi di numerosi prodotti industriali che vanno dall'aspirina alle resine, ai collanti per il legno compensato, fino ai coloranti.

La differenza tra alcoli e fenoli è il diverso residuo idrocarburico legato al gruppo ossidrile che determina caratteristiche chimico-fisiche molto diverse, come vedremo nel dettaglio nei prossimi paragrafi.

Negli eteri l'atomo di ossigeno è legato a due atomi di carbonio di residui idrocarburici, che possono essere sia alifatici sia aromatici. Quando i due residui sono uguali, gli eteri sono detti eteri *semplici* o *simmetrici*, mentre se i residui sono diversi, sono chiamati *misti* o *asimmetrici* ▶ 5. Il principale composto di questa classe è l'*etossietano* ($CH_3CH_2OCH_2CH_3$), più conosciuto come **etere etilico** o **dietiletere**. È un composto altamente infiammabile e quindi considerato uno dei maggiori fattori di rischio nei laboratori, dove viene largamente impiegato come solvente. È stato utilizzato per lungo tempo come anestetico, ma a causa della sua pericolosità è stato sostituito da sostanze più sicure.

1 Gruppi funzionali degli alcoli, dei fenoli e degli eteri

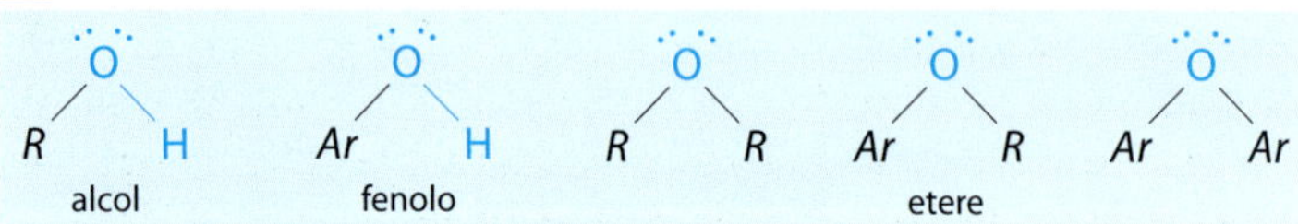

Con *R* è indicato un residuo alifatico, con *Ar* un residuo aromatico.

2 Alcuni tra gli alcoli più importanti

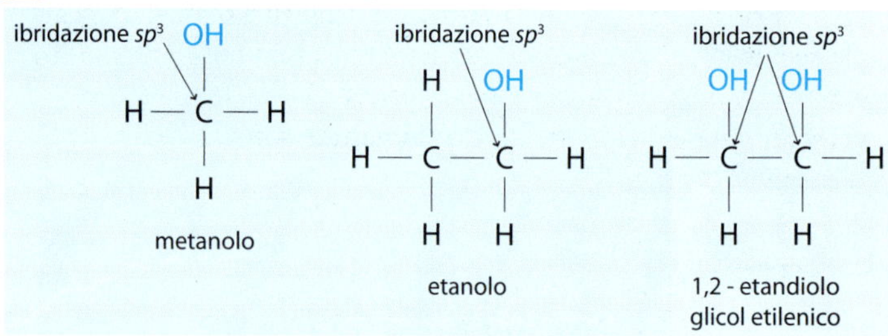

3 Esempi di alcoli primari, secondari e terziari

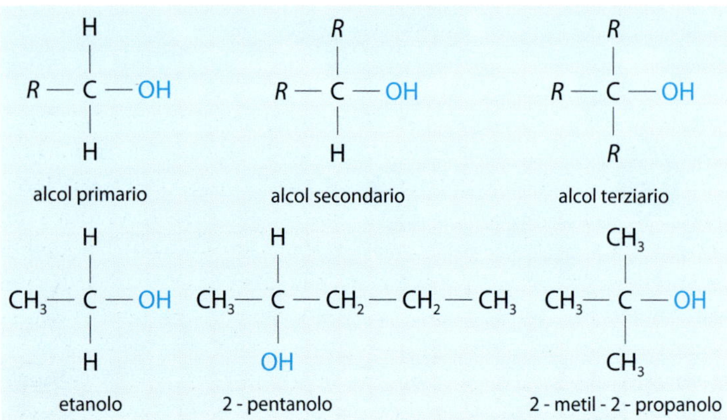

4 Struttura del fenolo

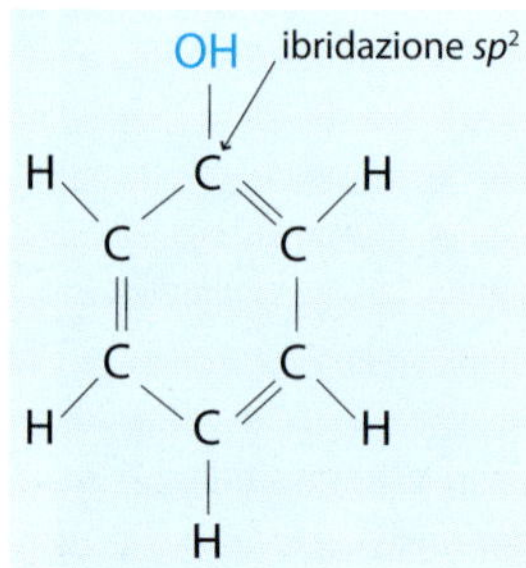

5 Esempi di eteri semplici e misti

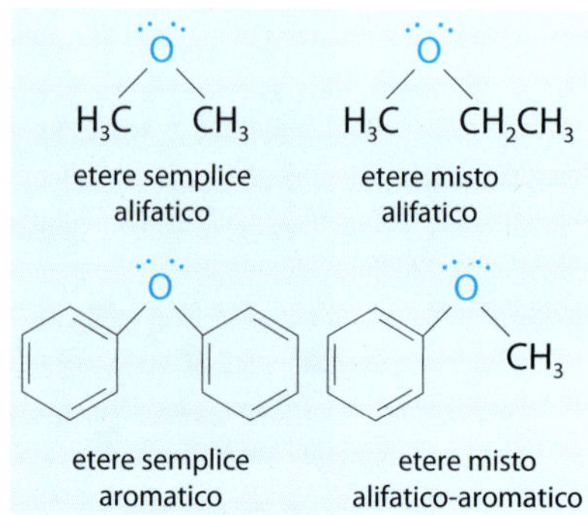

INSATURO = UNO O PIÙ DOPPI LEGAMI
SATURO = IL CARBONIO LEGA

2 Nomenclatura

GLI ALCOLI Secondo la nomenclatura IUPAC il nome degli alcoli deriva da quello degli alcani corrispondenti, sostituendo il suffisso *-olo* alla desinenza *-o* degli alcani.

CH_3OH
metan*olo* (alcol metilico)

CH_3CH_2OH
etan*olo* (alcol etilico)

$CH_3CH_2CH_2OH$
propan*olo*

$CH_3CH_2CH_2CH_2OH$
butan*olo*

$CH_3CH_2CH_2CH_2CH_2OH$
pentan*olo*

Nel caso in cui la catena sia ramificata, si seguono regole analoghe a quelle viste per gli alcheni o gli alchini: si sceglie la catena più lunga contenente il gruppo ossidrile e si numera in modo che a questo venga assegnato il numero più basso possibile. A partire dal terzo termine si verifica **isomeria di posizione**: vi sono composti con la stessa formula molecolare in cui varia solo la posizione del gruppo ossidrile. In questo caso il nome del composto deve contenere anche il numero della posizione dell'—OH:

$CH_3CH_2CH_2CH_2OH$
1 - butanolo

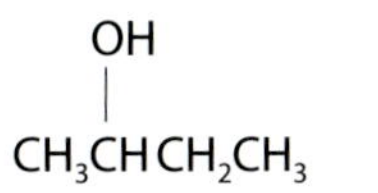
2 - butanolo

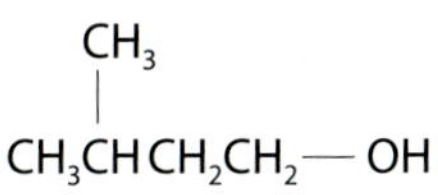
3 - metil - 1 - butanolo

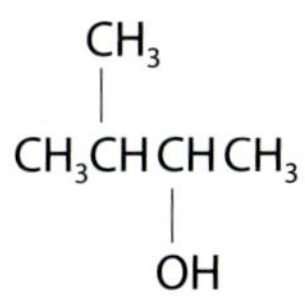
3 - metil - 2 - butanolo

I FENOLI I fenoli seguono la nomenclatura vista per i derivati benzenici. Per assegnare il nome si sceglie come sostituente in posizione 1 il gruppo ossidrile e si numera la posizione degli altri sostituenti seguendo le regole già enunciate per i composti aromatici. In alternativa, si possono usare i prefissi *orto-*, *meta-* e *para-*. Essendo questi composti noti da tempo per la loro diffusione in natura, sono ancora molto impiegati nomi comuni ▶ 6.

6 Esempi di fenoli

Tra parentesi è indicato il nome comunemente impiegato.

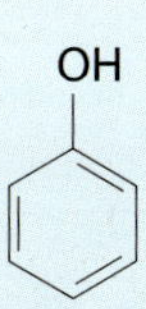
idrossibenzene
(fenolo)

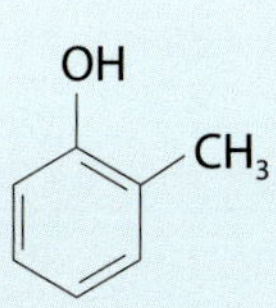
2 - metilidrossibenzene
(*orto*-cresolo)

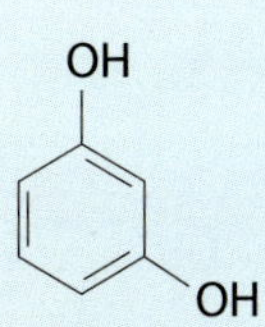
1,3 - diidrossibenzene
(resorcina)

DERIVANO DALLA MOLECOLA DELL'ACQUA

GLI ETERI Nella nomenclatura IUPAC gli eteri sono considerati alcani alcossi-sostituiti, ossia derivati dagli alcani per sostituzione di un idrogeno con un gruppo *R*—O—, chiamato **gruppo alcossilico** o **alcossi**. L'alcano di base corrisponde all'alchile con la catena più lunga, mentre il nome del sostituente è costituito dal prefisso impiegato per le catene idrocarburiche seguito dal suffisso *-ossi* ▶ 7.

7 Esempi di eteri

La nomenclatura tradizionale, più comunemente usata, prevede di far precedere o seguire il nome dei due residui alifatici o aromatici, in ordine alfabetico, alla parola *etere*:

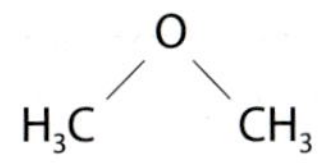
dimetiletere
etere dimetilico

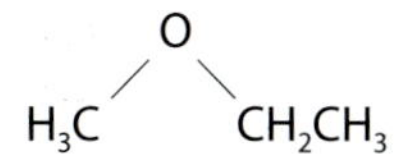
etilmetiletere
etere etilmetilico

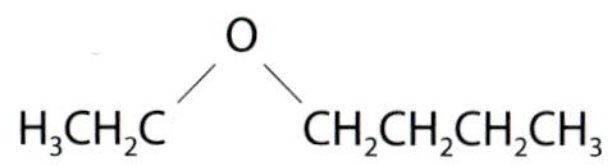
butiletiletere
etere butiletilico

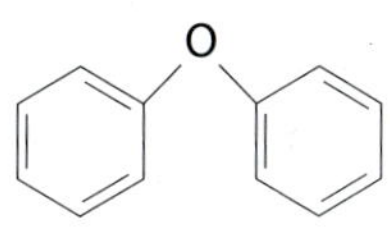
difeniletere
etere difemilico

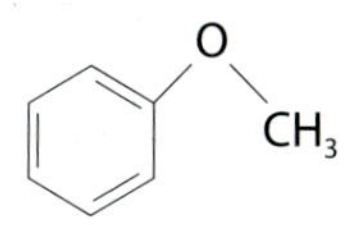
fenilmetiletere
etere fenilmetilico

→ BENZIL METIL ETERE

3 Proprietà fisiche

I fenoli e gli alcoli sono sostanze *polari* grazie alla presenza del gruppo ossidrilico. Sia il legame ossigeno-carbonio sia quello ossigeno-idrogeno risultano polarizzati a causa della forte elettronegatività dell'atomo di ossigeno, quindi, in queste molecole, l'ossigeno presenta una parziale carica negativa (δ^-), mentre il carbonio e l'idrogeno risultano dotati di parziali cariche positive (δ^+). La differenza di elettronegatività tra ossigeno e idrogeno permette la formazione di *legami a idrogeno*:

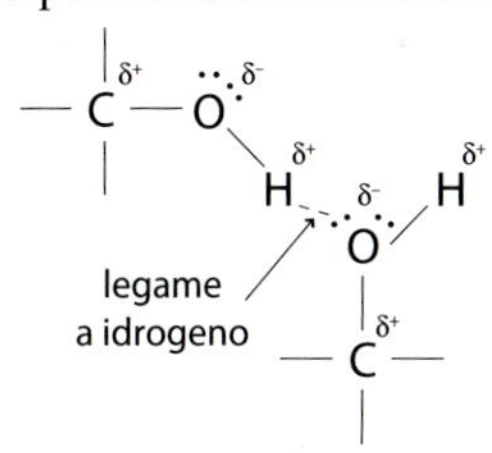

La presenza di questi legami intermolecolari giustifica i *valori più elevati dei punti di ebollizione* di alcoli e fenoli rispetto agli idrocarburi con peso molecolare confrontabile. Gli alcoli con basso peso molecolare sono solubili in acqua perché formano con essa legami a idrogeno; all'aumentare della lunghezza della catena idrocarburica la solubilità degli alcoli diminuisce perché prevale la componente apolare, cioè idrofoba, della catena. I fenoli sono poco solubili o insolubili in acqua a causa della presenza dell'anello benzenico, altamente idrofobo.
Le proprietà fisiche degli eteri sono estremamente diverse da quelle viste per alcoli e fenoli. Questi composti sono meno polari di alcoli e

fenoli per la sola presenza di legami carbonio-ossigeno e non ossigeno-idrogeno, quindi non formano forti legami intermolecolari. Questo spiega i *bassi punti di ebollizione* rispetto ad alcoli e fenoli con peso molecolare confrontabile. La *bassa solubilità* in acqua dei primi termini della serie diventa nulla all'aumentare del peso molecolare dei composti. Essendo poco polare, il dietiletere è molto impiegato come solvente per composti organici apolari, anche se a causa della sua infiammabilità richiede molta attenzione.

HCl $H_2O > H^+Cl^-$

4 Proprietà acide di alcoli e fenoli

La presenza del gruppo ossidrile in alcoli e fenoli conferisce a tali composti proprietà acide. La differente catena idrocarburica presente in questi composti influisce sulla loro forza acida. Gli alcoli sono acidi debolissimi: la loro costante di dissociazione acida, K_a, è molto bassa (10^{-16}-10^{-18}). L'alcol cede all'acqua uno ione H^+ con conseguente formazione della sua base coniugata, chiamata ione *alcossido*, e dello ione *ossonio*; essendo la costante molto bassa, l'equilibrio sarà spostato verso i reagenti:

$$R-\ddot{O}-H + H_2O \rightleftharpoons R-\ddot{O}:^{\ominus} + H_3O^{\oplus}$$

alcol (acido) — alcossido (base coniugata)

All'interno degli alcoli l'acidità varia al variare del gruppo a cui è legato l'ossidrile: gli alcoli primari sono leggermente più forti dei secondari e questi dei terziari ▸ Tabella 1.

Gli alcossidi sono specie molto reattive; per il loro ottenimento è necessario trattare l'alcol con riducenti fortissimi come i metalli alcalini, quali litio, sodio o potassio:

$$2CH_3OH + 2Na \longrightarrow 2CH_3O^{\ominus}Na^{\oplus} + H_2$$

metanolo — sodio metallico — metossido di sodio — idrogeno

Gli alcossidi sono molto impiegati in campo sintetico, ad esempio per la sintesi degli eteri. Questa reazione è stata messa a punto da **Alexander W. Williamson** (1824-1904) nel 1850 e consiste nel far reagire un alcossido con un alogenuro alchilico:

$$R-\ddot{O}:^{\ominus}Na^{\oplus} + R'-X \longrightarrow R-\ddot{O}-R' + Na^{\oplus} + X^{\ominus}$$

alcossido — alogenuro alchilico — etere

$$CH_3\ddot{O}:^{\ominus}Na^{\oplus} + CH_3CH_2CH_2Cl \longrightarrow H_3C-\ddot{O}-CH_2CH_2CH_3 + NaCl$$

metossido di sodio — 1 - cloropropano — metilpropiletere — cloruro di sodio

I fenoli, in quanto acidi, donano un protone all'acqua e si forma la specie carica negativamente, chiamata **fenossido** o **fenato**. La loro acidità è maggiore di quella degli alcoli, perché lo ione fenossido è stabilizzato dalla presenza dell'anello aromatico che delocalizza la carica:

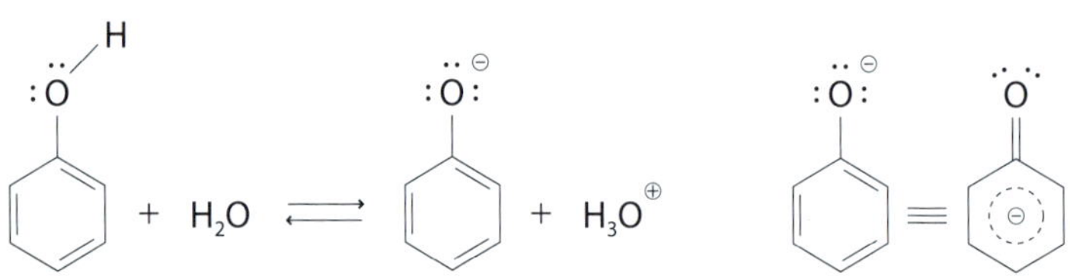

fenolo — fenossido

Il valore della K_a dipende anche da quali altri sostituenti sono presenti sull'anello ▸ Tabella 2.

Per l'ottenimento dei fenossidi è sufficiente impiegare una base forte, come l'idrossido di sodio:

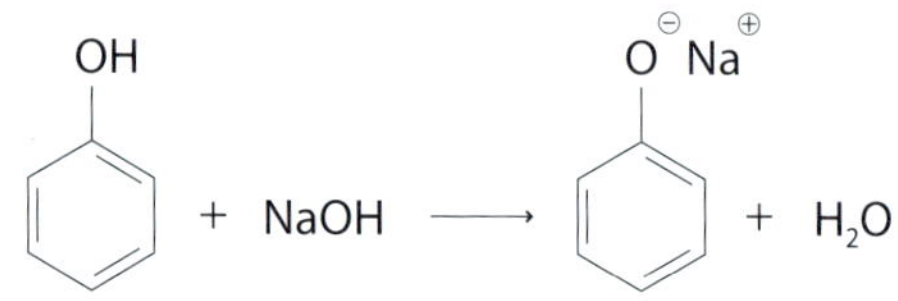

fenolo — fenossido di sodio

5 Reattività di alcoli e fenoli

REAZIONI DI SOSTITUZIONE Una delle reazioni principali degli alcoli è quella di **sostituzione nucleofila**, in cui il gruppo nucleofilo —OH viene sostituito da un altro nucleofilo, come uno ione alogenuro. Questa reazione interessa la rottura del legame carbonio-ossigeno e viene effettuata, ad esempio, con un acido alogenidrico per ottenere alogenuri alchilici:

$$R-OH \xrightarrow{HX} R-X + H_2O$$

alcol — alogenuro alchilico

$$CH_3CH_2CH_2OH \xrightarrow{HCl} CH_3CH_2CH_2-Cl + H_2O$$

propanolo — 1 - cloropropano

Tabella 1 Valori delle costanti di dissociazione acida di un alcol primario, secondario e terziario

Struttura e nome	K_a
CH_3CH_2OH etanolo	$1{,}0 \cdot 10^{-16}$
$CH_3-CH(OH)-CH_3$ 2-propanolo	$1{,}0 \cdot 10^{-17}$
$CH_3-C(CH_3)(OH)-CH_3$ 2-metil-2-propanolo	$1{,}0 \cdot 10^{-18}$

Tabella 2 Valori delle costanti di dissociazione acida di alcuni fenoli

Struttura e nome	K_a
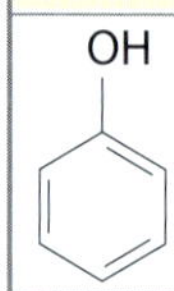 fenolo	$1{,}3 \cdot 10^{-10}$
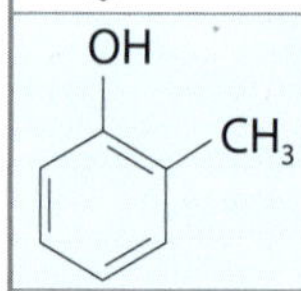 *orto*-cresolo	$0{,}63 \cdot 10^{-10}$
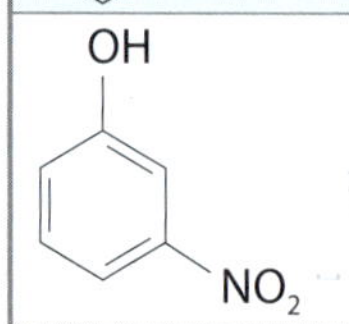 *meta*-nitrofenolo	$53 \cdot 10^{-10}$

Il meccanismo di questa reazione prevede più stadi:

- l'acido presente protona l'ossigeno del gruppo ossidrile:

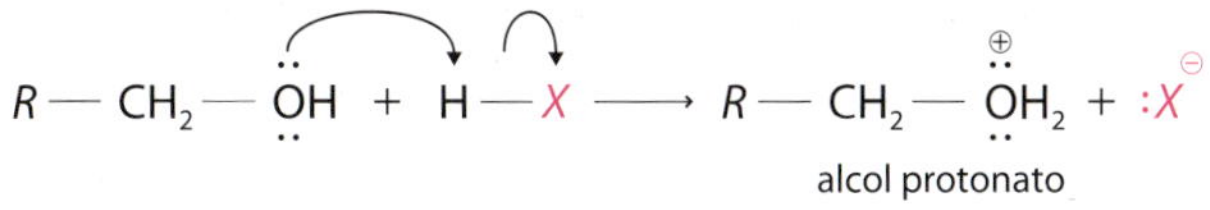

- dall'alcol protonato si stacca una molecola di acqua e si forma una specie carbocationica:

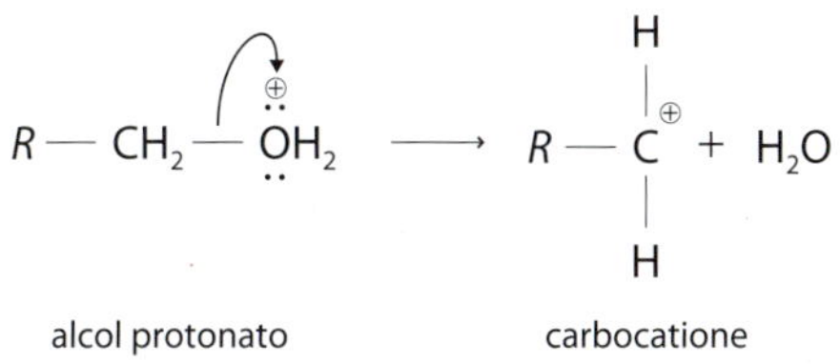

- la specie nucleofila, l'alogenuro, attacca il carbocatione e si forma l'alogenuro alchilico:

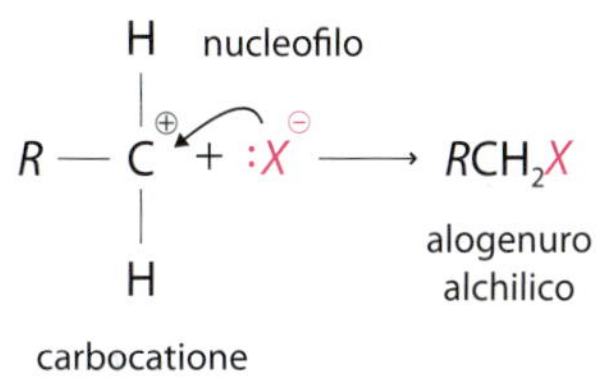

Vediamo il meccanismo della reazione del propanolo con cloruro di idrogeno:

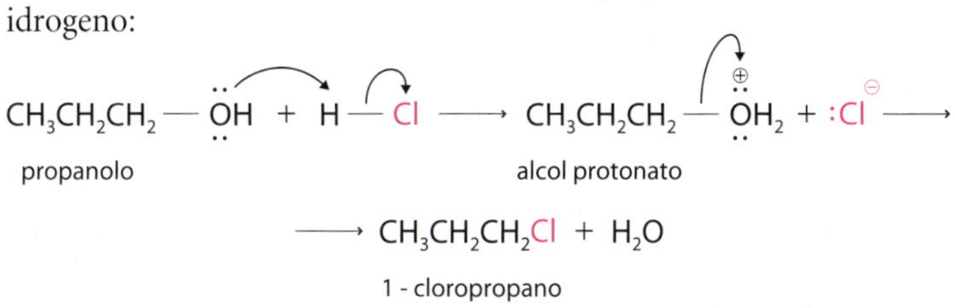

I fenoli danno le reazione tipiche dell'anello benzenico: le **sostituzioni elettrofile aromatiche**. Il gruppo ossidrile rende l'anello benzenico molto più reattivo, perciò i fenoli reagiscono anche in assenza di catalizzatori. Ricordiamo che questo gruppo orienta la sostituzione nelle posizioni *orto* e *para*:

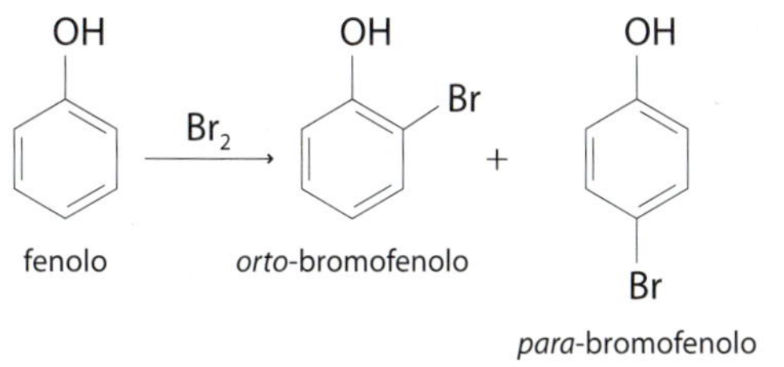

REAZIONI DI OSSIDAZIONE A partire dagli alcoli per semplice reazione di **ossidazione** è possibile ottenere aldeidi e chetoni, in cui l'atomo di carbonio forma un doppio legame con l'ossigeno e le cui caratteristiche verranno descritte nelle prossime lezioni. Durante la reazione il carbonio che era legato al gruppo ossidrile aumenta il numero di ossidazione formando il doppio legame con l'ossigeno. Gli ossidanti più usati sono permanganato di potassio ($KMnO_4$) e bicromato di potassio ($K_2Cr_2O_7$). A partire da un alcol primario si ottiene l'aldeide corrispondente:

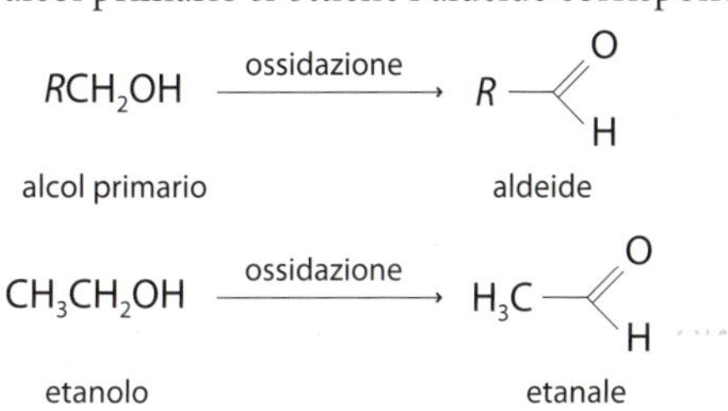

Se l'ossidazione viene effettuata a partire da un alcol secondario si ottiene, invece, il corrispondente chetone:

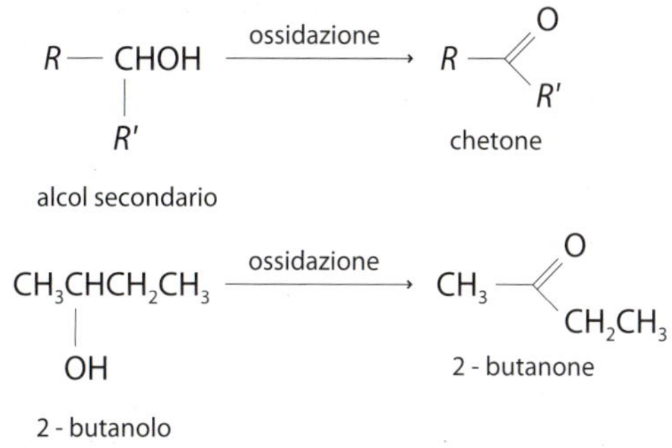

Gli alcoli terziari non possono dare reazioni di ossidazione, non essendo presente un protone sull'atomo di carbonio direttamente legato all'ossigeno.

Anche i fenoli si ossidano facilmente. La reazione avviene per via radicalica e, essendo i prodotti ottenuti poco prevedibili, la reazione viene poco impiegata dal punto di vista sintetico. Questa reattività dei fenoli è però molto importante, perché spiega l'azione antiossidante di molti composti naturali, tra i quali la vitamina E. Questa vitamina comprende otto diversi composti con struttura simile, tra cui il più importante è l'α-tocoferolo ▶ 8. Nel nostro organismo ha la funzione di proteggere i lipidi che costituiscono le membrane cellulari dall'attacco dei radicali liberi ed è, quindi, di fondamentale importanza. La principale fonte di vitamina E è l'olio di germe di grano, ma si trova anche in altri oli vegetali, nelle noci, nei cereali integrali e in misura minore negli asparagi, nei vegetali a foglia verde e nei pomodori.

8 La struttura dell'α-tocoferolo

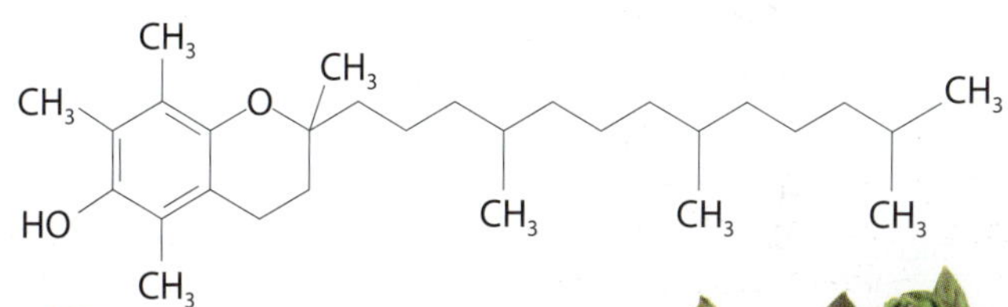

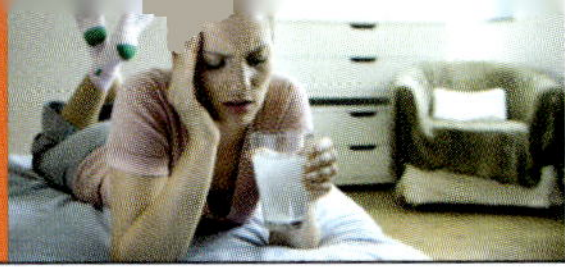

6 Reattività degli eteri

Gli eteri sono composti relativamente inerti verso la maggior parte dei reagenti chimici come agenti ossidanti, alogeni, basi e acidi diluiti. Questa loro inerzia chimica è dovuta alla forza dei legami carbonio-ossigeno-carbonio presenti.

Gli eteri reagiscono con soluzioni acquose concentrate di acidi alogenidrici (HI, HBr) se trattati per lungo tempo ad alte temperature. Questa reazione viene detta *di scissione*, perché comporta la rottura del legame etereo con formazione di un alcol e dell'alogenuro alchilico:

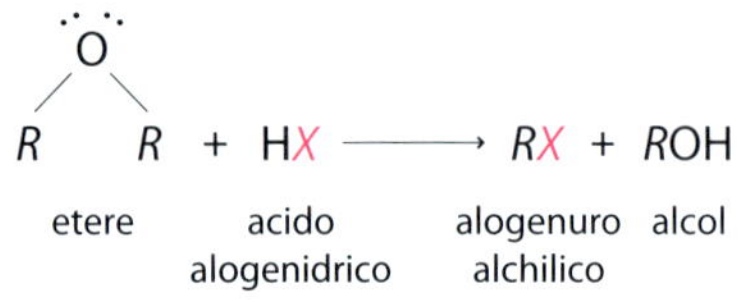

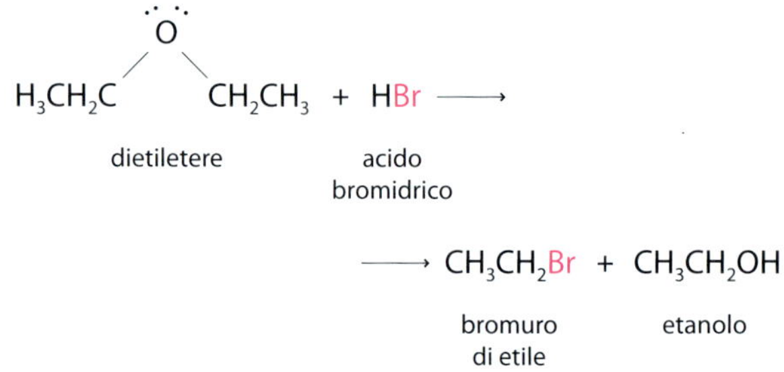

Se la reazione viene effettuata a partire da un etere misto, si forma più facilmente l'alogenuro del gruppo alchilico con catena idrocarburica più corta e l'alcol di quello a catena più lunga. Ad esempio:

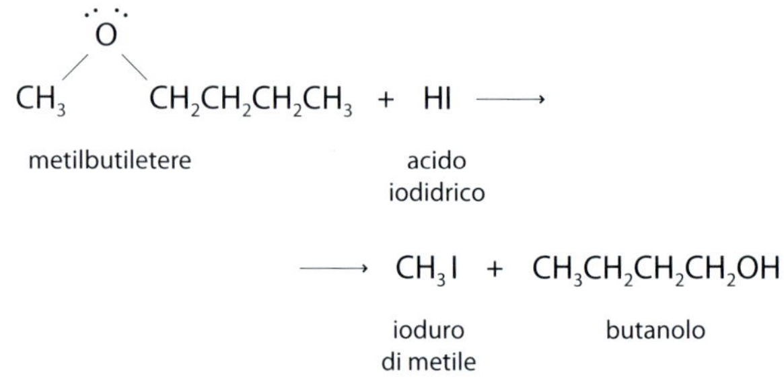

AREA OPERATIVA

Domande chiave

1. Quali sono i gruppi funzionali di alcoli, fenoli ed eteri? Che cosa distingue alcoli e fenoli?
2. Quali sono le principali caratteristiche fisiche di alcoli, fenoli ed eteri? Come vengono giustificate dal punto di vista chimico?
3. Come si spiega la diversa acidità di alcoli e fenoli?
4. Qual è la reazione comune ad alcoli e fenoli? In che cosa si differenziano?
5. Quali sono le reazioni degli eteri?

Ragiona

1. Ordina i seguenti composti dal più acido al meno acido.

a. 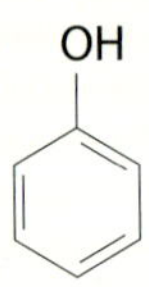

c. 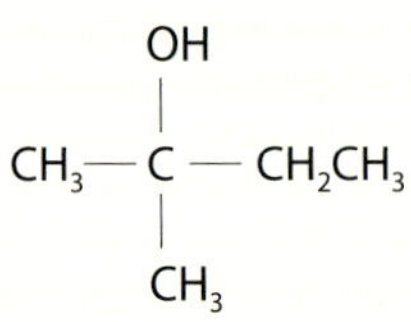

b. $CH_3CH_2CH_3$ d. $CH_3CH_2CH_2OH$

2. Come potresti fare in laboratorio per distinguere un alcano da un alcol a basso peso molecolare?

Risolvi i problemi

1. Indica il nome IUPAC di ognuno dei seguenti composti; per gli eteri indica anche la denominazone comune.

a. 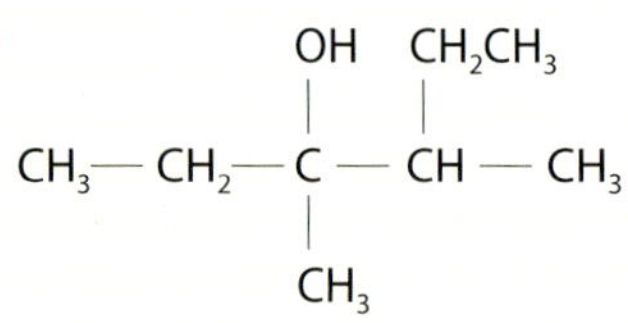

b. 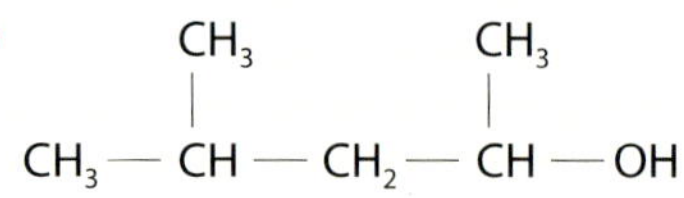

c. 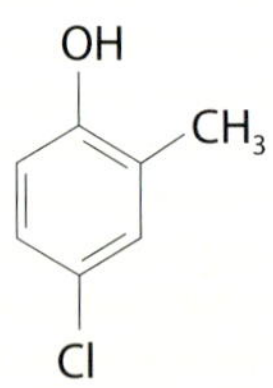

d. 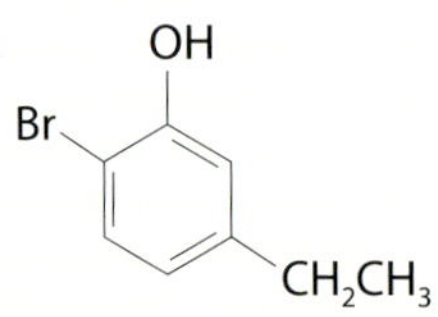

e. 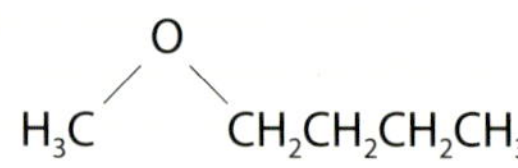

f. 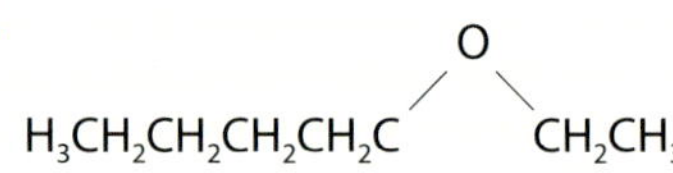

2. Rappresenta la struttura di ciascuno dei seguenti composti.
   a. 2-metil-2-propanolo b. 2-etil-3-metilidrossibenzene c. fenilpropiletere
3. Indica i prodotti delle seguenti reazioni.

a. $CH_3-CH_2CH_2-CH_2-OH \xrightarrow{HCl}$ +

1 - butanolo

b. 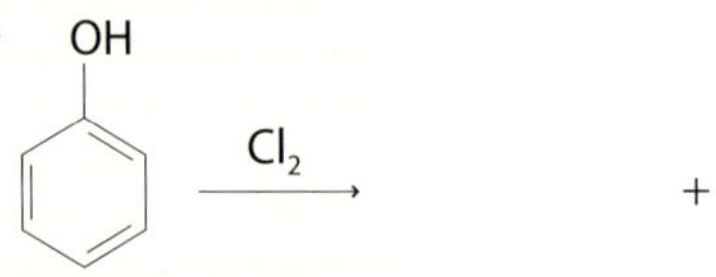

fenolo

c. 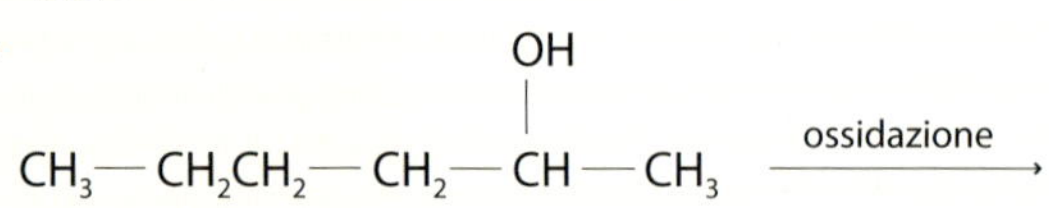

2 - esanolo

d. 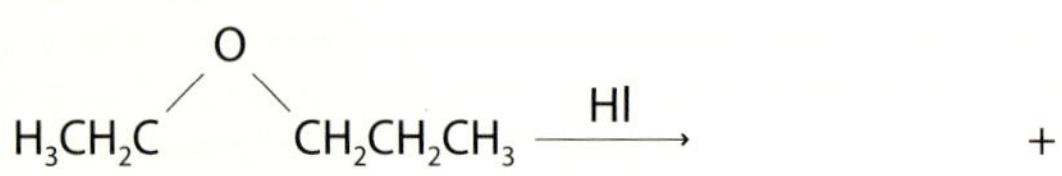

etilpropiletere

Composti carbonilici

1 I gruppi funzionali

I composti carbonilici sono caratterizzati dalla presenza del gruppo funzionale **carbonile**

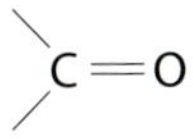

costituito da un atomo di carbonio e uno di ossigeno uniti da un doppio legame carbonio-ossigeno. L'atomo di carbonio è ibridato sp^2 e forma un legame covalente di tipo σ e uno di tipo π con l'atomo di ossigeno e due legami σ semplici con idrogeno o catene idrocarburiche. Essendo presente un doppio legame, i composti carbonilici sono strutturalmente analoghi agli alcheni: gli atomi del gruppo carbonile e quelli adiacenti sono complanari e hanno angoli di legame di circa 120° e geometria trigonale planare ▸ 1. Il doppio legame rende questi composti fortemente **polari**, essendo alta la differenza di elettronegatività fra ossigeno e carbonio e non essendoci simmetria nelle molecole. Nel gruppo carbonile, quindi, l'ossigeno presenta una parziale carica negativa, mentre il carbonio risulta dotato di una parziale carica positiva:

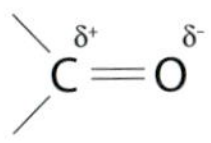

All'interno dei composti carbonilici possono essere individuate due grandi classi: le **aldeidi** e i **chetoni**. Questi composti si differenziano per il tipo di sostituenti legati al gruppo carbonile: nelle aldeidi il carbonio sp^2 è legato a un idrogeno e a un residuo alchilico o arilico, nei chetoni il gruppo carbonile è legato a due residui, uguali o diversi:

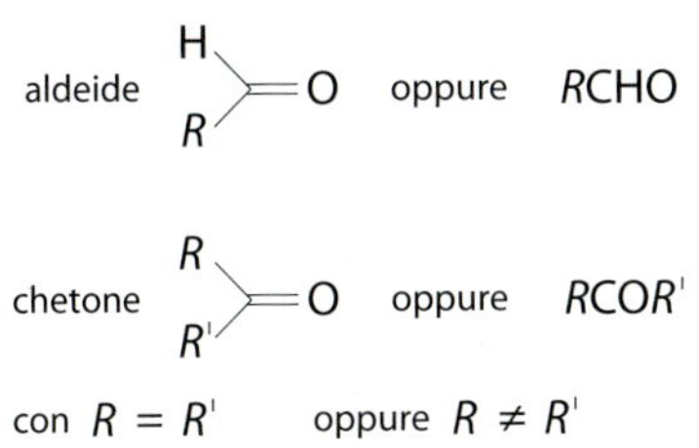

L'aldeide più semplice è il **metanale**, comunemente noto come **formaldeide** o **aldeide formica**:

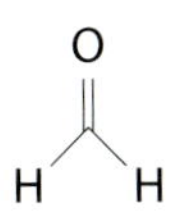

Questo composto è un potente battericida impiegato per conservare campioni di materiale biologico. Nell'industria chimica è largamente utilizzato per la sintesi di composti polimerici come resine e materiali da rivestimento. Il primo composto della serie dei chetoni è il **propanone**, noto come **acetone**:

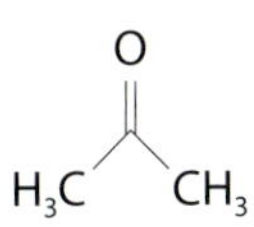

1 Formazione del doppio legame carbonio-ossigeno del gruppo carbonile

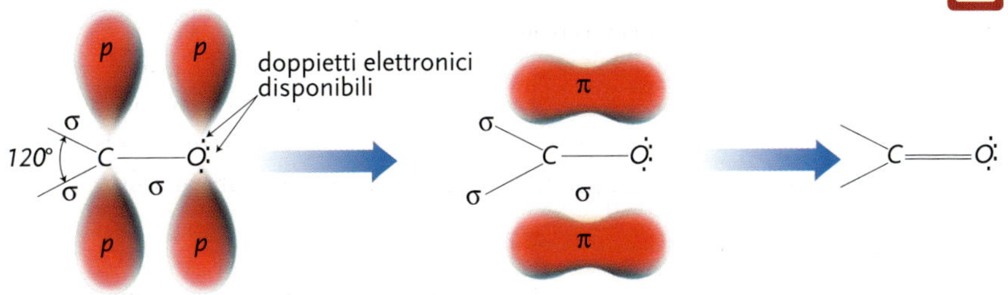

Si tratta di un potente solvente, normalmente impiegato in campo cosmetico per rimuovere lo smalto dalle unghie e in campo chimico per rimuovere tracce di sporco nella vetreria utilizzata comunemente nei laboratori. A livello industriale viene impiegato come composto di partenza per la sintesi di polimeri o altre sostanze più complesse.

2 Nomenclatura

I nomi delle aldeidi, secondo le regole IUPAC, derivano dai nomi degli alcani corrispondenti, sostituendo con il suffisso *-ale* la desinenza *-o* degli alcani. Nel caso delle aldeidi ramificate i nomi base sono quelli degli alcani che hanno lo stesso numero di atomi di carbonio della catena più lunga recante il gruppo aldeidico. In questi composti il gruppo carbonile è posizionato sempre al termine della catena idrocarburica, dovendo l'atomo di carbonio essere legato a un atomo di idrogeno, quindi non è necessario indicarne la posizione nel nome ▸ 2. Per i chetoni le regole IUPAC prevedono l'impiego del suffisso *-one*. A partire dal termine a cinque atomi di carbonio si verifica **isomeria di posizione**: vi sono chetoni con la stessa formula molecolare in cui varia solo la posizione del gruppo funzionale. In questo caso la posizione del carbonile è indicata da un numero che precede il nome del composto. Questo numero deve essere il più piccolo possibile, perciò la numerazione della catena parte dall'estremità più vicina al C═O:

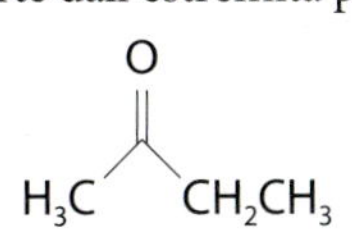

butanone

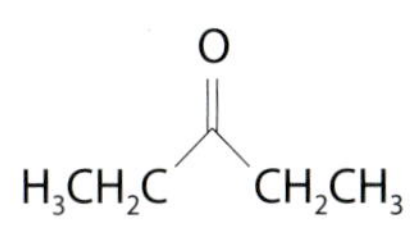

3 - pentanone

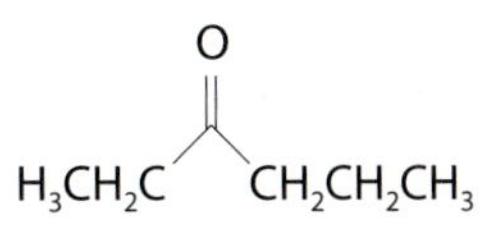

3 - esanone

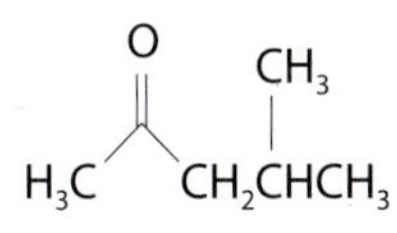

4 - metil - 2 - pentanone

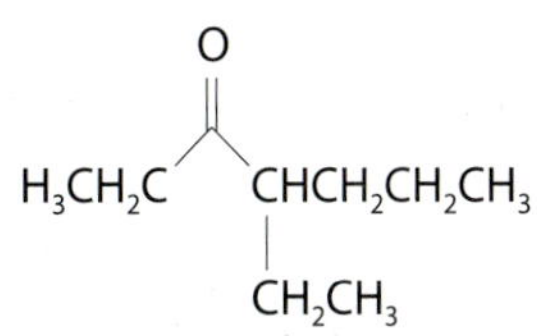

4 - etil - 3 - eptanone

2 Esempi di aldeidi

In corsivo sono indicati i nomi comuni, impiegati soprattutto per i primi termini della serie.

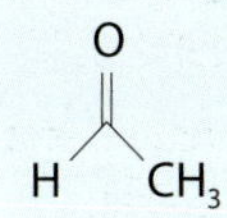

etanale
acetaldeide
aldeide acetica

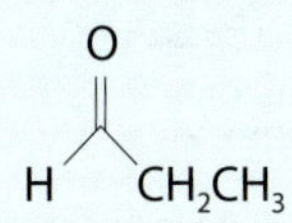

propanale
propionaldeide
aldeide propionica

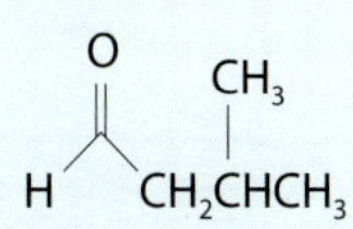

3 - metilbutanale

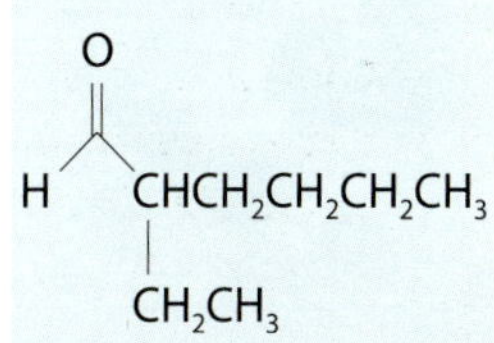

2 - etilesanale

3 Aldeidi e chetoni di origine naturale

Questi composti possono essere prodotti anche per sintesi e vengono impiegati in vari campi industriali.

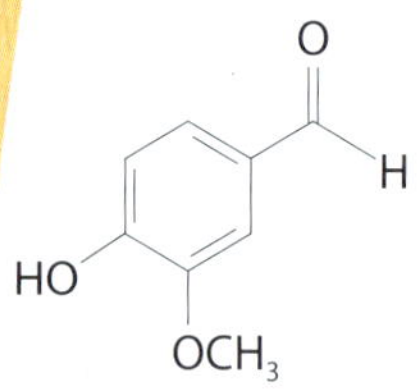

vanillina

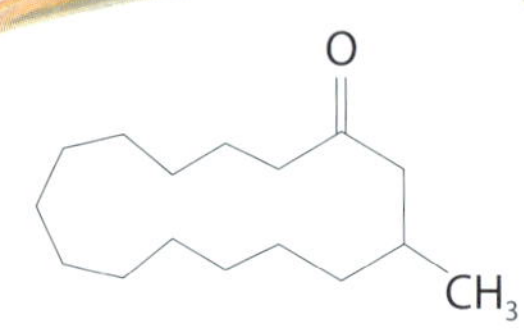

muscone

canfora

3 Proprietà fisiche

La polarità del gruppo carbonilico influenza le caratteristiche fisiche di aldeidi e chetoni. I *punti di ebollizione sono più elevati* di quelli degli alcani a peso molecolare confrontabile ma più bassi rispetto agli alcoli, in quanto la polarizzazione del legame carbonio-ossigeno permette la formazione di legami intermolecolari più forti rispetto a quelli che si formano tra le molecole apolari degli idrocarburi, ma più deboli rispetto ai legami a idrogeno che si stabiliscono tra le molecole di alcoli. Confrontiamo, ad esempio, i punti di ebollizione di un alcano, un'aldeide, un chetone e un alcol con pesi molecolari vicini (58-60 u):

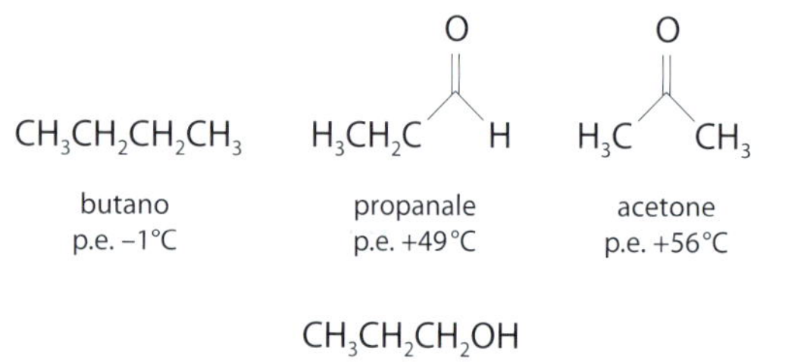

butano p.e. –1°C; propanale p.e. +49°C; acetone p.e. +56°C; propanolo p.e. +97°C

La polarità del gruppo carbonile rende *solubili in acqua* aldeidi e chetoni a basso peso molecolare. Per i composti carbonilici con più di cinque atomi di carbonio l'effetto della polarità del carbonile diventa trascurabile e la solubilità pressoché nulla.

Caratteristica tipica di questi composti è il loro **odore**. La formaldeide ha un tipico odore pungente, mentre aldeidi e chetoni a più alto peso molecolare hanno un odore molto gradevole. Molti degli aromi naturali contengono nella loro struttura gruppi aldeidici o chetonici e spesso questi composti sono sintetizzati in laboratorio per essere impiegati in campo alimentare oppure per la produzione di profumi.

La *vanillina*, un'aldeide aromatica, conferisce l'odore tipico alla vaniglia e il prodotto di sintesi viene impiegato in pasticceria, ad esempio per confezionare gelati, oppure miscelato ai materiali plastici impiegati per i giocattoli. La *benzaldeide* è uno dei componenti dell'aroma delle mandorle e anch'essa viene utilizzata in pasticceria. Il *muscone*, invece, è un chetone di origine animale che ha il caratteristico odore muschiato ed è impiegato come fissativo per profumi costosi. La *canfora* è di origine vegetale ed è caratterizzata da un forte odore aromatico, per il quale veniva impiegata come profumo o nelle cerimonie per imbalsamare; oggi ha svariati utilizzi soprattutto in campo medico grazie alle sue proprietà antimicrobiche ▶ 3.

benzaldeide

4 Reattività

La reattività di questi composti è dovuta alla presenza del gruppo carbonilico. In generale le aldeidi risultano più reattive dei chetoni a causa della maggiore polarità del gruppo carbonilico dovuta alla presenza del legame carbonio-idrogeno. Le reazioni tipiche sono quelle di **addizione nucleofila al carbonile**. Queste consistono nell'attacco di un nucleofilo al carbonio carbonilico, impoverito di elettroni a causa del legame doppio con l'ossigeno, con rottura del legame π ossigeno-carbonio e contemporanea formazione di un nuovo legame σ carbonio-nucleofilo. L'atomo di carbonio, quindi, passa da un'ibridazione sp^2 a una di tipo sp^3. La reazione più importante è quella di addizione di alcoli, che porta alla formazione di un emiacetale a partire da un aldeide, e di un emichetale a partire da un chetone. La reazione avviene esclusivamente in presenza di un catalizzatore acido:

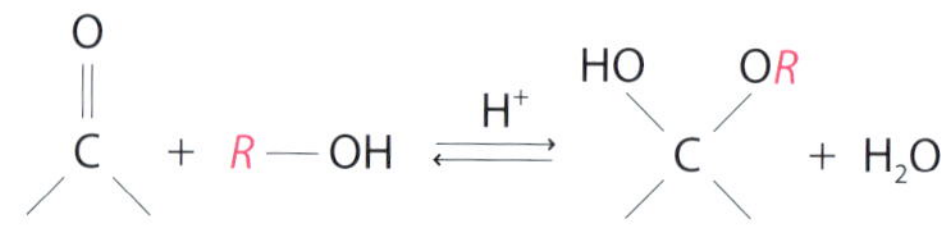

aldeide o chetone; alcol; emiacetale o emichetale

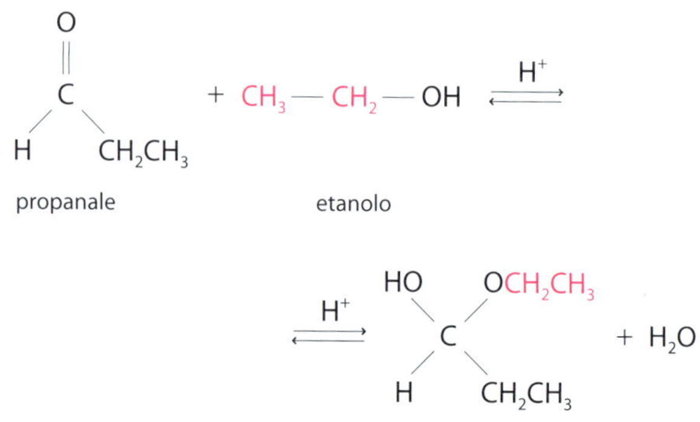

propanale; etanolo; emiacetale

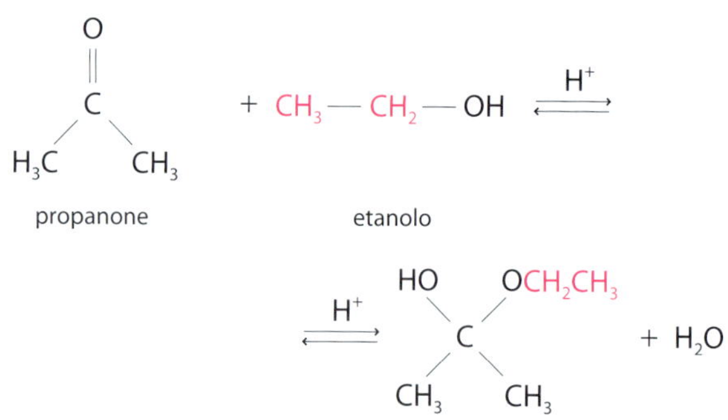

propanone; etanolo; emichetale

L'emiacetale o l'emichetale ottenuto può essere fatto reagire con un altro alcol, o lo stesso impiegato precedentemente, per formare un acetale o un chetale:

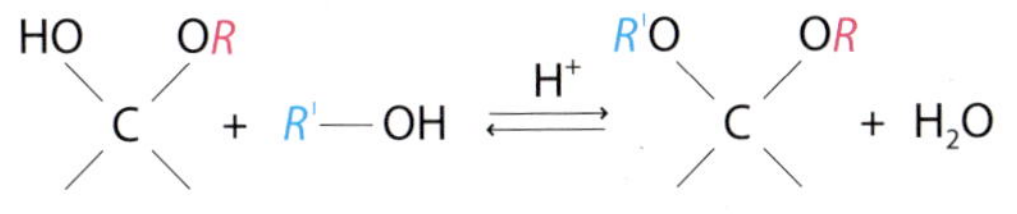

emiacetale o emichetale — alcol — acetale o chetale

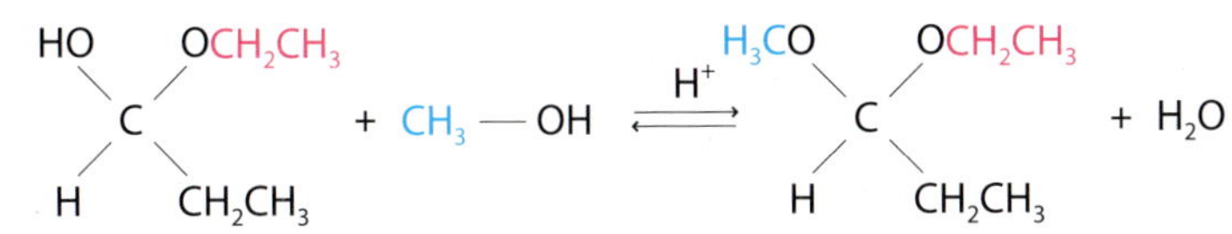

emiacetale — metanolo — acetale

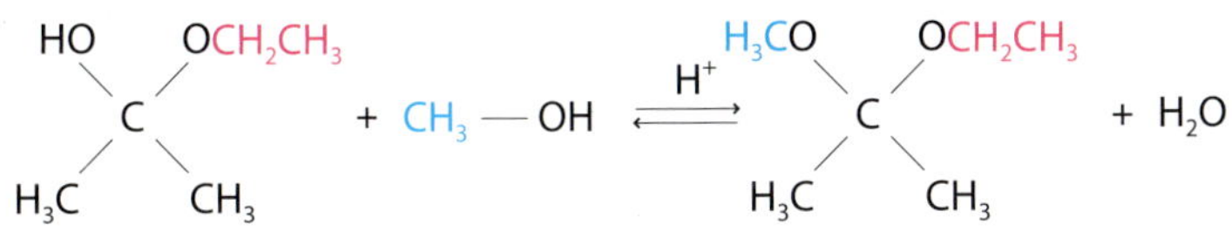

emichetale — metanolo — chetale

Il prodotto ottenuto contiene un carbonio con due funzioni eteree che possono essere uguali o diverse. Queste reazioni sono reversibili; all'equilibrio le aldeidi forniscono una maggiore quantità del prodotto di reazione, essendo più reattive. Per favorire la reazione diretta è necessario sottrarre acqua dall'ambiente di reazione oppure, solo nel caso in cui si voglia ottenere un acetale o un chetale con le stesse funzioni eteree, impiegare un eccesso di alcol. La formazione di emiacetali è molto importante nel campo degli zuccheri.

Le aldeidi e i chetoni subiscono facilmente reazioni di **riduzione**. Questa reazione viene effettuata con idrogeno molecolare in presenza di catalizzatori (Pd, Pt, Ni). L'addizione di idrogeno conduce alla formazione di alcol primari, a partire dalle aldeidi, e di alcoli secondari, a partire dai chetoni:

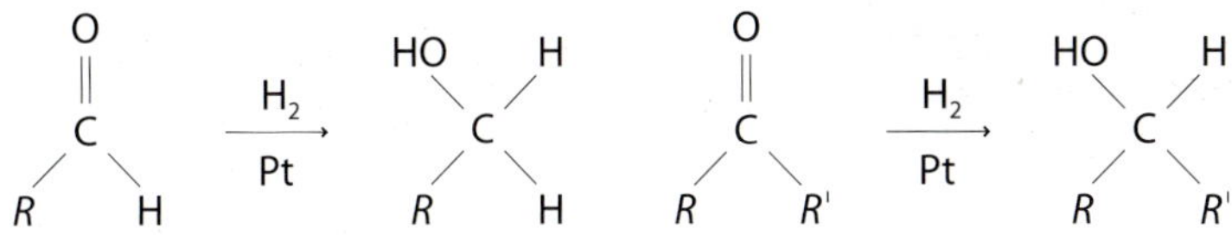

aldeide — alcol primario — chetone — alcol secondario

$$CH_3CH_2CH_2CHO \xrightarrow[Pt]{H_2} CH_3CH_2CH_2CH_2OH$$

butanale — 1 - butanolo

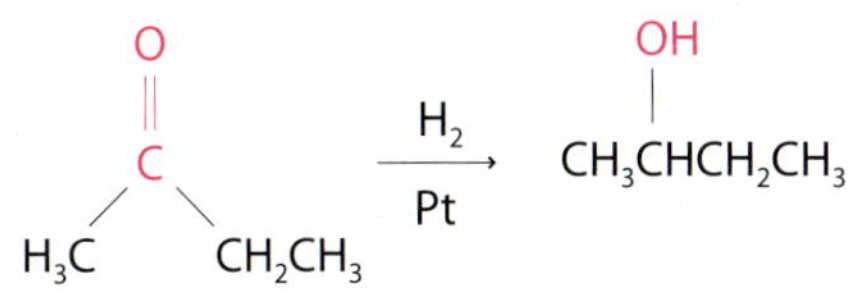

butanone — 2 - butanolo

La reazione di **ossidazione** avviene solamente per i composti aldeidici, avendo questi a disposizione un atomo di idrogeno legato al gruppo carbonile, che li rende facilmente ossidabili. L'ossidazione dei chetoni implicherebbe il distacco di un alchile o un arile dalla molecola che non è possibile se non con l'impiego di forti ossidanti che porterebbe comunque alla distruzione della molecola stessa. L'ossidazione delle aldeidi permette l'ottenimento di acidi carbossilici, composti contenenti il gruppo funzionale —COOH:

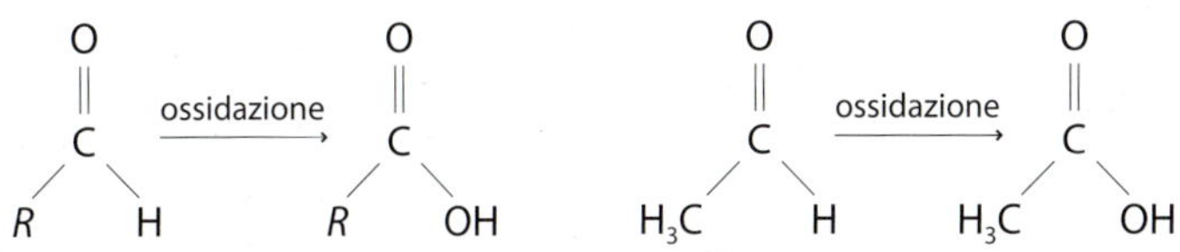

aldeide — acido carbossilico — etanale — acido etanoico *acido acetico*

AREA OPERATIVA

Domande chiave

1. In che cosa differiscono aldeidi e chetoni?
2. Quali sono le principali caratteristiche fisiche di aldeidi e chetoni? Come vengono giustificate dal punto di vista chimico?
3. Qual è la reazione principale di aldeidi e chetoni? In che cosa consiste?
4. Perché i chetoni non subiscono ossidazione?

Ragiona

1. Descrivi le reazioni e i reagenti che useresti per ottenere il seguente composto.

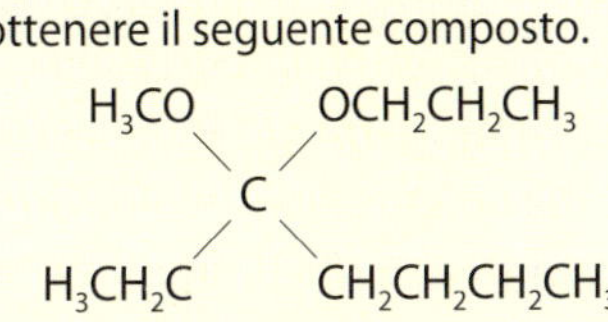

Risolvi i problemi

1. Indica il nome IUPAC di ognuno dei seguenti composti.
   a. 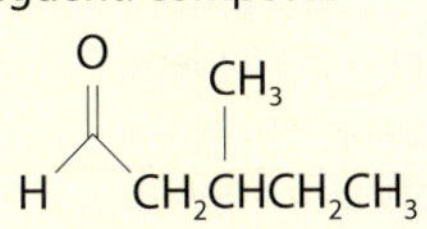
   b. 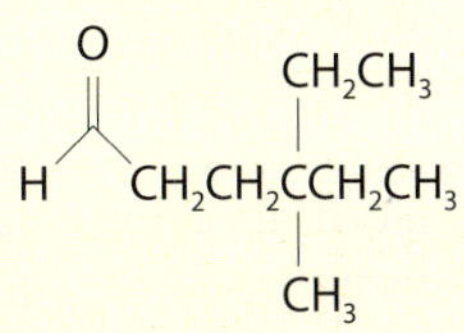
   c. 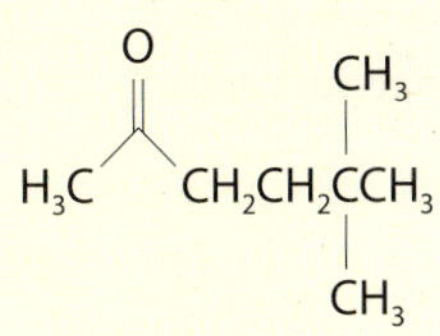
   d. 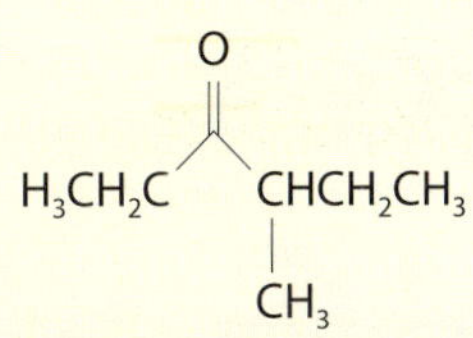
2. Rappresenta la struttura di ciascuno dei seguenti composti.
   a. 4-etileptanale
   b. 2-metil-3-esanone
   c. 2,3-dimetilbutanale
   d. 3-propil-2-eptanone
3. Indica i prodotti delle seguenti reazioni.
   a. 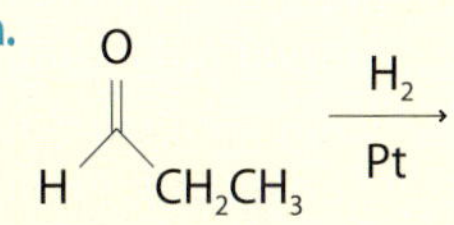

   propanale

   b. 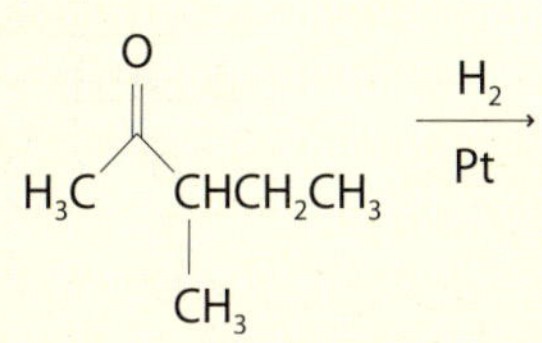

   3 - metil - 2 - pentanone

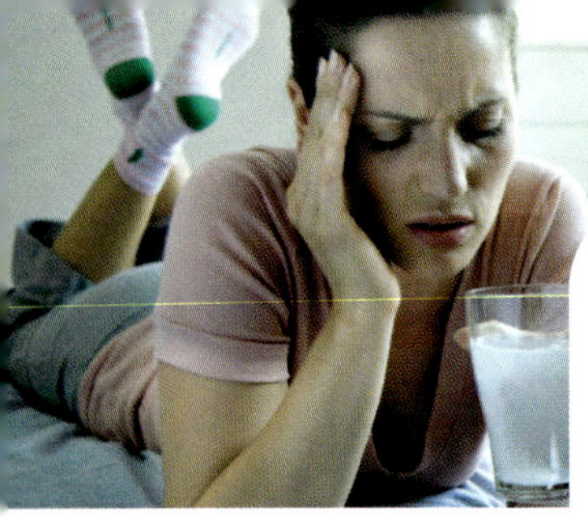

Acidi carbossilici e loro derivati

1 Il gruppo funzionale

Gli **acidi carbossilici** sono caratterizzati dalla presenza del **gruppo carbossile**, in cui un ossidrile è legato direttamente all'atomo di carbonio del carbonile. Questo gruppo funzionale può quindi essere considerato la «somma» del gruppo carbonile e del gruppo ossidrile:

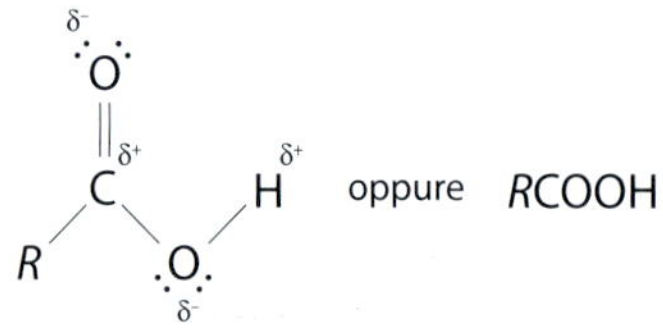

Le caratteristiche chimico-fisiche di tali composti non sono però la somma di quelle viste per questi due gruppi funzionali; infatti le interazioni tra carbonile e ossidrile influenzano le caratteristiche di entrambi. Nel gruppo carbossile l'atomo di carbonio è ibridato sp^2: gli orbitali ibridi formano legami di tipo σ con due atomi di ossigeno e con un residuo idrocarburico, alifatico o aromatico; l'orbitale *p*, non ibrido, forma un legame π con un orbitale *p* dell'ossigeno carbonilico. La geometria è quella tipica degli atomi di carbonio ibridati sp^2: gli atomi del gruppo carbonilico e quelli adiacenti sono complanari e formano angoli di legame di 120°.

Il primo termine della serie è l'*acido metanoico* (HCOOH) ▶ **1A**, noto come **acido formico** poiché fu ottenuto per la prima volta dalle formiche, che lo impiegano come arma di difesa a causa delle sue proprietà germicide. È un liquido incolore dall'odore pungente ed è corrosivo. Questo acido è principalmente impiegato come agente conservante e antibatterico nei mangimi per animali d'allevamento: vaporizzato sul fieno o su altri foraggi ne arresta alcuni processi di fermentazione. Nell'industria è impiegato principalmente nella produzione della gomma. Il secondo termine della serie è l'*acido etanoico* (CH_3COOH) ▶ **1B**; essendo presente nell'aceto è noto comunemente come **acido acetico**; allo stato puro viene chiamato *acido acetico glaciale*. Questo composto trova vasti impieghi industriali: è usato per la produzione di rayon, materie plastiche, pellicole fotografiche, solventi per vernici e farmaci.

I derivati degli acidi carbossilici sono composti in cui l'ossidrile del gruppo carbossilico è sostituito da un altro gruppo funzionale in cui l'atomo direttamente legato al carbonio ha almeno un doppietto elettronico non condiviso. I derivati più importanti sono gli **alogenuri acilici**, gli **esteri**, le **anidridi** e le **ammidi**:

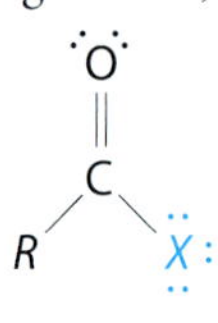

alogenuri acilici

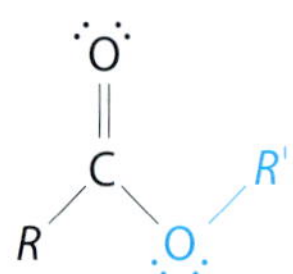

esteri

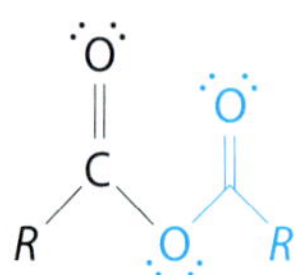

anidridi

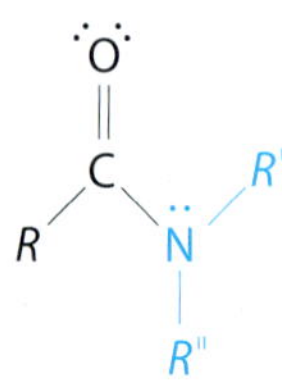

ammidi

1 Alcuni acidi carbossilici

A

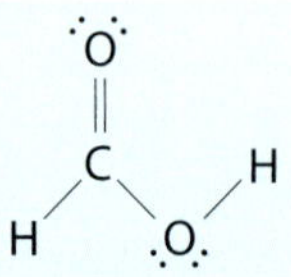

acido metanoico
acido formico

B

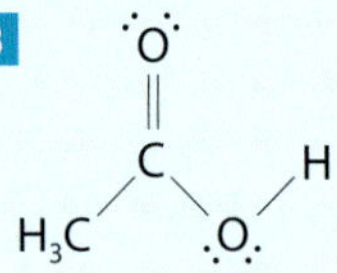

acido etanoico
acido acetico

2 Nomenclatura

I nomi degli acidi carbossilici, secondo le regole IUPAC, derivano dai nomi degli idrocarburi con lo stesso numero di atomi di carbonio per aggiunta della desinenza *-oico* e anteponendo la parola *acido*. Per molti dei composti della serie vengono impiegati nomi comuni, indicati in corsivo:

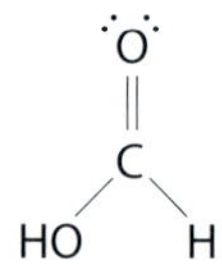

acido metanoico
acido formico

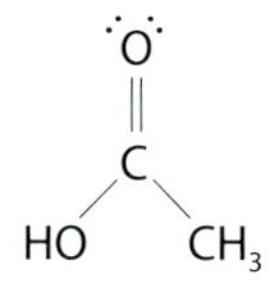

acido etanoico
acido acetico

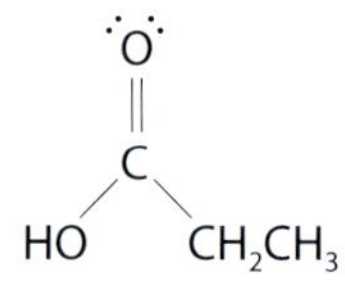

acido propanoico
acido propionico

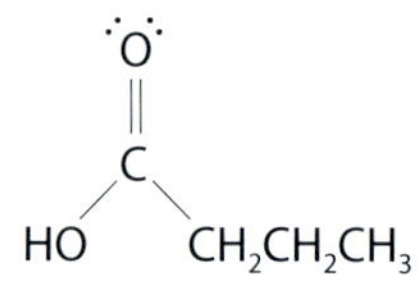

acido butanoico
acido butirrico

Negli acidi carbossilici la posizione del gruppo funzionale è sempre in testa alla catena, quindi non deve essere indicata. Se nella catena sono presenti ramificazioni, la numerazione viene effettuata sempre a partire dalla funzione carbossilica; il nome e la posizione dei sostituenti sono indicati dopo la parola acido:

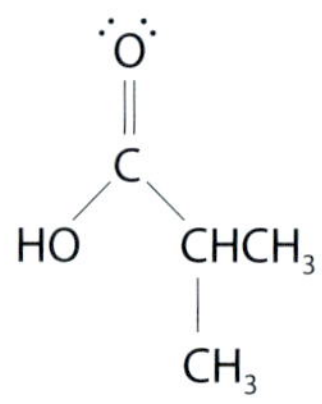

acido 2 - metilpropionico

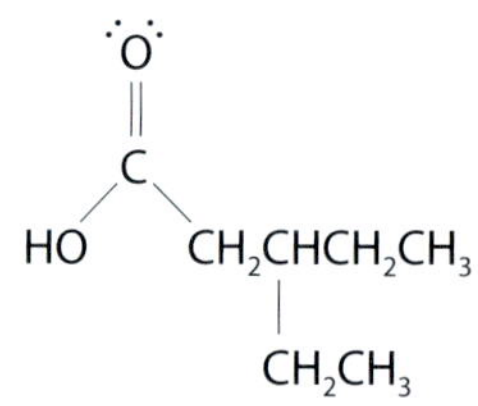

acido 3 - etilpentanoico

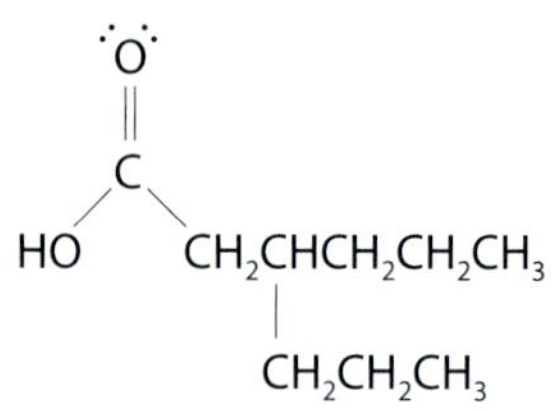

acido 3 - propilesanoico

Se il gruppo carbossilico è legato a un anello aromatico (*acidi carbossilici aromatici*), la denominazione viene effettuata considerando i composti derivati dell'acido benzoico e la numerazione si effettua a partire dalla funzione carbossilica:

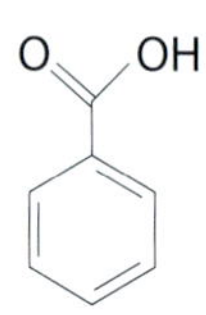

acido benzoico

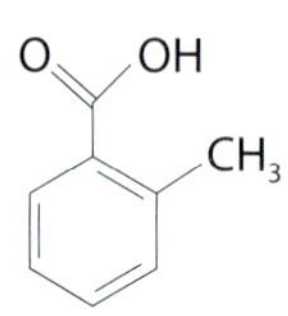

acido 2 - metilbenzoico
acido *orto*-metilbenzoico

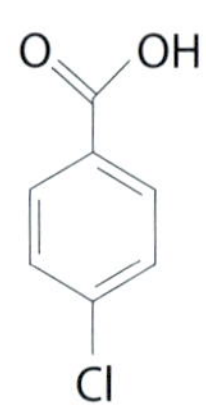

acido 4 - clorobenzoico
acido *para*-clorobenzoico

3 Proprietà fisiche

Gli acidi carbossilici con meno di dieci atomi di carbonio sono *liquidi* a temperatura ambiente. L'acido formico ha un punto di ebollizione di 100 °C, l'acido acetico di 118 °C, valori molto alti per composti a così basso peso molecolare. I legami intermolecolari tra il gruppo ossidrile di una molecola e il C=O di un'altra giustificano i punti di ebollizione così alti. Vediamo l'esempio dell'acido acetico:

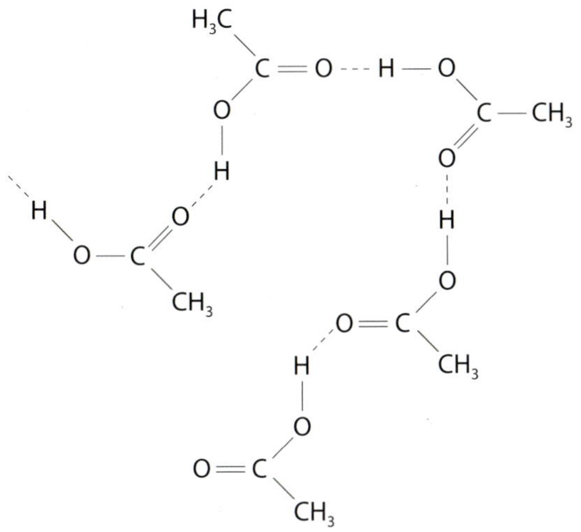

Per questa ragione tutti gli acidi carbossilici hanno *punti di ebollizione relativamente alti.*

Gli acidi carbossilici sono *molto solubili* in acqua grazie alla possibilità di formare legami a idrogeno tra le molecole di acido e quelle di acqua:

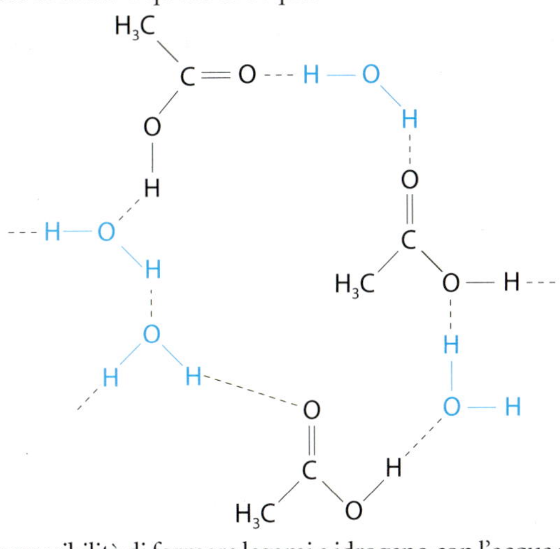

La possibilità di formare legami a idrogeno con l'acqua rende gli acidi a basso peso molecolare molto solubili in acqua; al crescere della componente idrocarburica (oltre i cinque atomi di carbonio) la solubilità decresce, mentre quelli ad alto peso molecolare e gli aromatici sono insolubili. L'importanza del legame a idrogeno è evidente confrontando i punti di ebollizione degli acidi carbossilici con i rispettivi derivati. L'assenza del gruppo ossidrile nell'estere etilico dell'acido acetico riduce a 77 °C il punto di ebollizione:

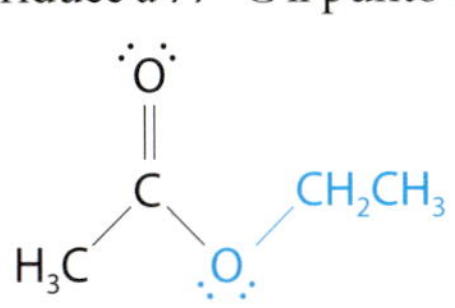

estere etilico dell'acido acetico
acetato di etile

4 Acidità del gruppo carbossile

La combinazione del gruppo ossidrile e quello carbonile rende i composti carbossilici sostanze più acide ($K_a = 10^{-5}$) sia di alcoli ($K_a = 10^{-17}$) sia di fenoli ($K_a = 10^{-10}$): l'atomo di idrogeno del gruppo —OH risulta più povero di elettroni rispetto a quello di un gruppo ossidrile, perché risente dell'attrazione dell'ossigeno del carbonile, risultando molto acido. Gli acidi carbossilici in acqua si dissociano liberando lo ione idrogeno, H^+, con formazione dello *ione carbossilato*, $RCOO^-$, e dello *ione ossonio*, H_3O^+.

$$\underset{\text{acido carbossilico}}{RCOO-H} + H_2O \rightleftharpoons \underset{\text{ione carbossilato}}{RCOO^-} + H_3O^+$$

La maggiore acidità di questi composti è dovuta alla possibilità di delocalizzazione della carica negativa sui due atomi di ossigeno, che rende l'anione carbossilato molto stabile; le due forme risonanti sono:

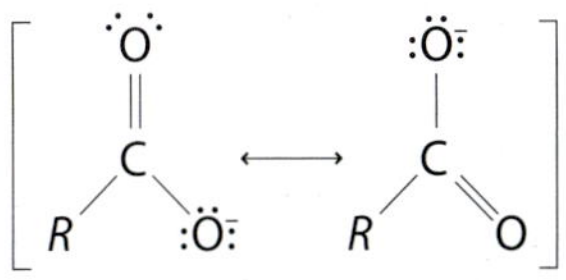

L'acidità dei composti carbossilici dipende anche dai sostituenti presenti nella catena idrocarburica: più lunga è la catena, minore è l'acidità. Non a caso, l'acido metanoico e quello acetico sono i più acidi. I derivati aromatici risultano essere i composti più acidi grazie all'anello benzenico che delocalizza la carica negativa, stabilizzando lo ione carbossilato.

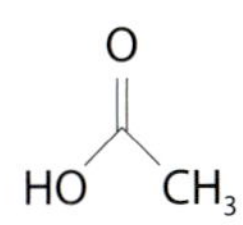

acido acetico

$K_a = 1,8 \cdot 10^{-8}$

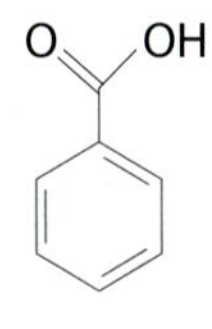

acido benzoico

$K_a = 6,6 \cdot 10^{-5}$

5 Reattività

Gli acidi carbossilici reagiscono con basi forti, come l'idrossido di sodio, per formare i corrispondenti composti salini. L'equazione generale della reazione è:

$$\underset{\text{acido carbossilico}}{RCOO-H} + NaOH \rightleftharpoons \underset{\text{sale dell'acido}}{RCOO^-Na^+} + H_2O$$

Il nome del sale dell'acido si compone dal nome dell'anione ottenuto sostituendo la desinenza *-oico* dell'acido con il suffisso *-ato* seguito dal nome del catione. Vediamo, ad esempio, il trattamento con idrossido di sodio dell'acido pentanoico, che porta alla formazione del corrispondente sale, il pentanoato di sodio:

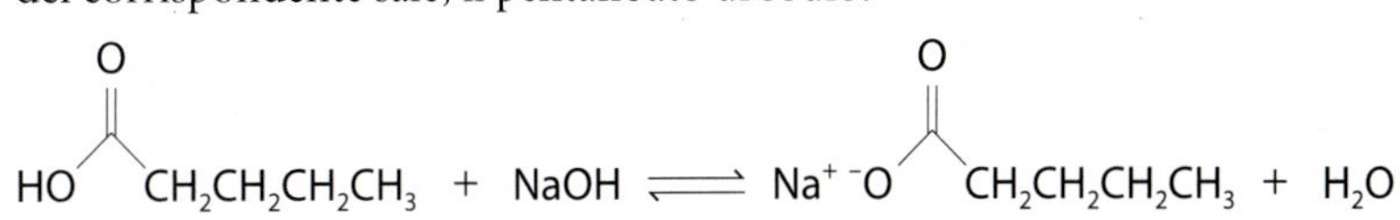

acido pentanoico — pentanoato di sodio

La **sostituzione nucleofila** è la reazione principale dei composti carbossilici. Come per gli alcoli, il gruppo ossidrilico è sostituito dal nucleofilo. L'atomo di carbonio del gruppo carbossilico è impoverito di elettroni a causa dell'attrazione elettronica da parte dei due atomi di ossigeno a cui è legato, ed è, quindi, molto elettrofilo. L'equazione della reazione può essere così schematizzata:

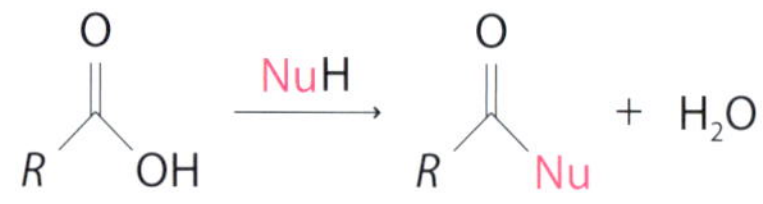

Il meccanismo di reazione è caratterizzato da due stadi, descritti di seguito.

- Addizione del nucleofilo al carbonio carbonilico con formazione di un intermedio tetraedrico:

- Eliminazione del gruppo ossidrile e ripristino del doppio legame carbonilico:

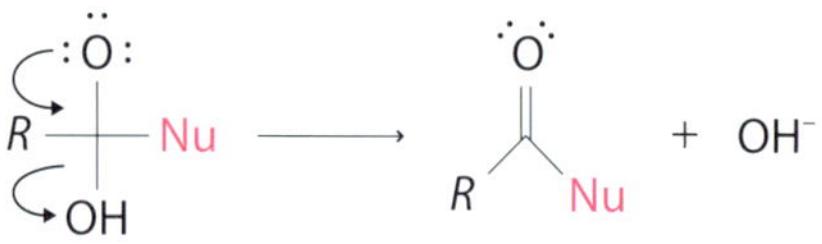

Le reazioni di sostituzione nucleofila avvengono con difficoltà sugli acidi carbossilici. Per questo vengono spesso impiegati catalizzatori oppure gli acidi vengono sostituiti con derivati più reattivi quali gli **alogenuri acilici**, in cui il gruppo —OH è sostituito da un alogenuro; solitamente sono impiegati cloruri acilici:

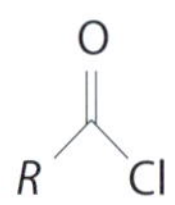

6 Esteri

Negli **esteri** l'ossidrile del gruppo carbossilico è sostituito dal gruppo alcossilico:

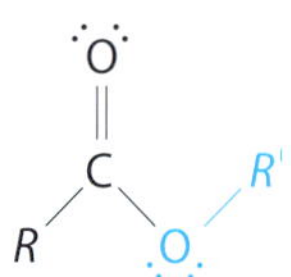

Questi composti sono ampiamente diffusi in natura e sono i responsabili degli aromi di molti frutti, come banane, lamponi, pere, pesche e molti altri ▶ Tabella 1.

Il nome IUPAC degli esteri è dato dalla combinazione della parte derivante dall'acido, che si indica eliminando la parola *acido* e sostituendo la desinenza *-oico* con *-ato*, e dal nome del radicale alchilico o arilico del gruppo estereo:

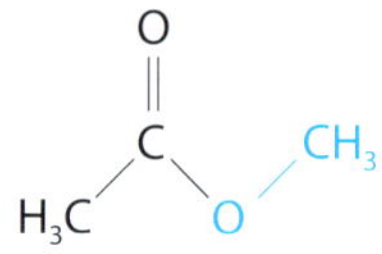

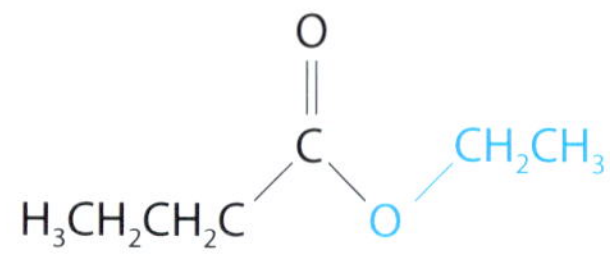

La reazione per ottenere un acido carbossilico e un alcol in presenza di acidi forti, come acido solforico concentrato, che funzionano da catalizzatori fu messa a punto nel 1895 dal chimico tedesco **Hermann E. Fischer** (1852-1919) ▶ 2, da cui il nome **esterificazione di Fischer**.

Tabella 1 Alcuni degli esteri che conferiscono l'aroma ai frutti

Estere	Aroma
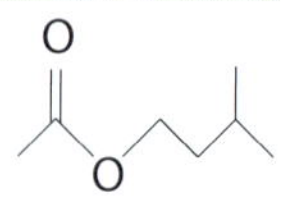 acetato di isopentile	essenza di banana
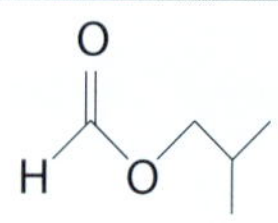 formiato di isobutile	essenza di lampone
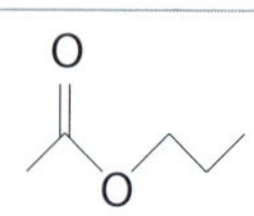 acetato di propile	essenza di pera
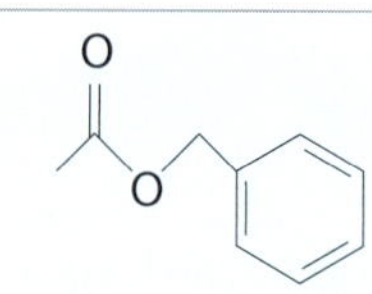 acetato di benzile	essenza di pesca
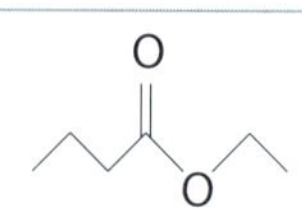 butirrato di etile	essenza d'ananas
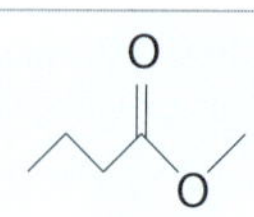 butirrato di metile	essenza di mela

2 Hermann E. Fischer (1852-1919), chimico tedesco premio Nobel per la chimica nel 1902

È una reazione di sostituzione nucleofila in cui il gruppo ossidrile dell'acido viene sostituito dal gruppo alcossilico dell'alcol:

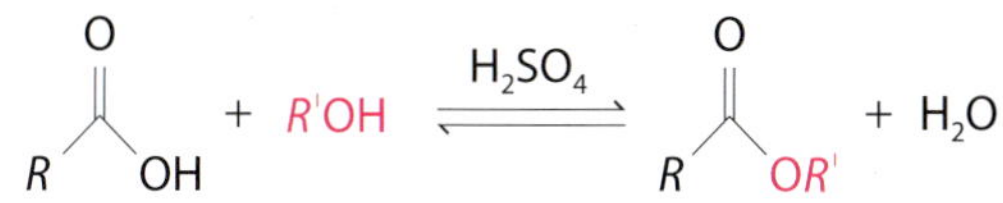

acido carbossilico — alcol — estere

L'esterificazione è una reazione di equilibrio, per riuscire a ottenere la maggiore quantità di estere possibile è necessario impiegare un eccesso di alcol oppure eliminare acqua dall'ambiente di reazione.

La sintesi dell'acetato di etile, comune solvente usato nei laboratori di chimica organica, viene effettuata a partire da acido acetico ed etanolo:

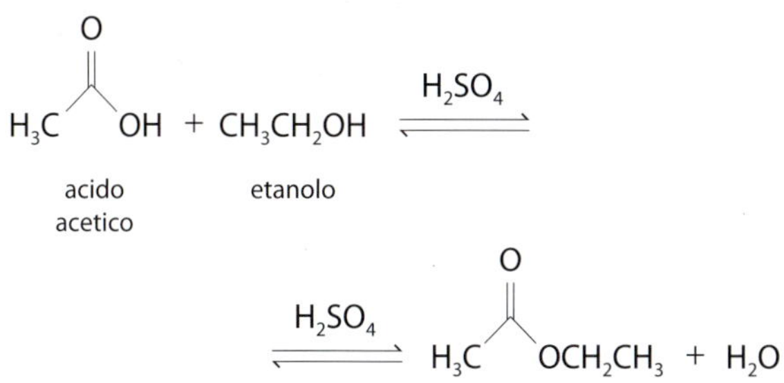

acido acetico — etanolo — acetato di etile

Gli esteri possono essere ottenuti anche a partire dagli alogenuri acilici sempre per reazione con alcoli; ad esempio il benzoato di etile può essere ottenuto a partire da cloruro di benzoile ed etanolo:

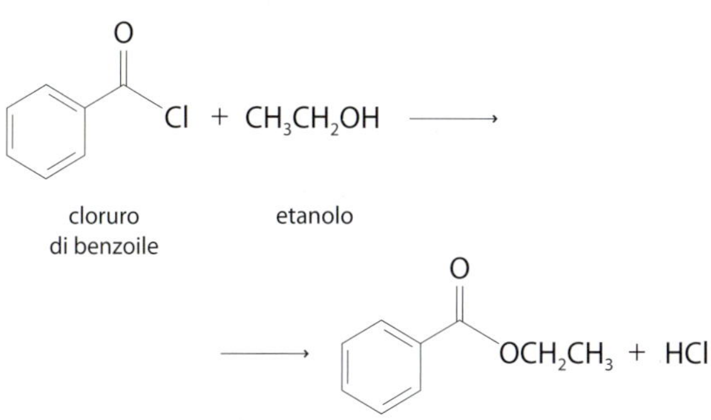

cloruro di benzoile — etanolo — benzoato di etile

Una reazione degli esteri di particolare interesse dal punto di vista industriale è l'**idrolisi alcalina**, che consiste nel trattamento dell'estere con una base forte, come idrossido di sodio o di potassio, e che determina la formazione del sale dell'acido e dell'alcol. È una reazione irreversibile che richiede il consumo di una mole di base per ciascuna mole di estere; l'equazione generale è:

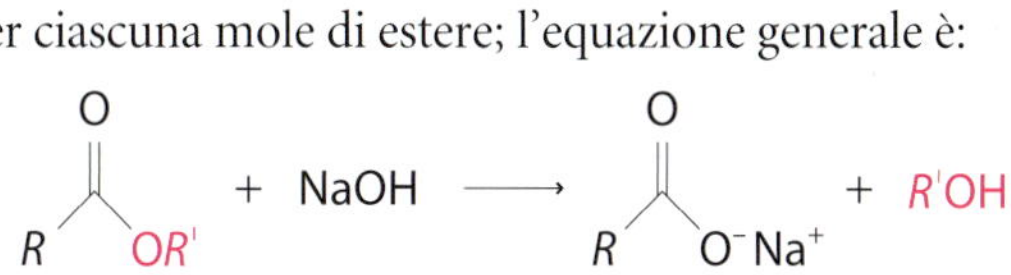

estere — sale — alcol

Dal punto di vista industriale è di interesse l'applicazione di questa reazione a un gruppo particolare di esteri costituito dai **trigliceridi**, grassi e oli naturali rispettivamente solidi e liquidi. Questi composti sono triesteri formati da un alcol trivalente, il glicerolo, e acidi carbossilici a catena idrocarburica lunga ▶ 3. L'idrolisi basica dei trigliceridi permette di ottenere il glicerolo e i sali degli acidi a lunga catena idrocarburica, cioè i *saponi*; per questo la reazione è meglio nota come **saponificazione**:

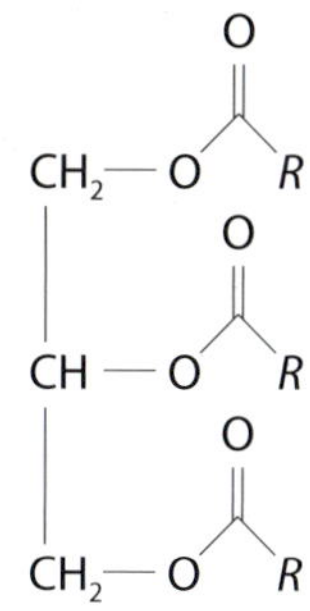

3 La struttura dei trigliceridi

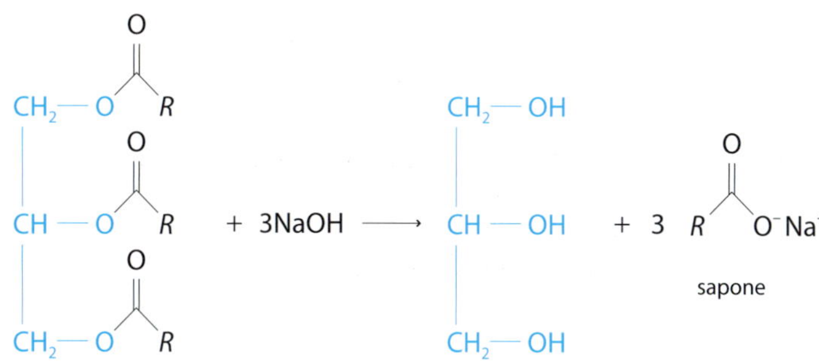

trigliceride — glicerolo — sapone

I saponi sono **tensioattivi**, composti costituiti da una testa polare idrofila ($—COO^-Na^+$) e una coda apolare idrofoba (R—). Queste sostanze sono i componenti principali dei detergenti, perché grazie alla loro particolare struttura permettono di portare via lo sporco. In acqua i saponi formano aggregati sferici detti *micelle*: le porzioni idrofobe si orientano l'una accanto all'altra nel centro della micella permettendo alle porzioni idrofile di estendersi nell'acqua ▶ 4.

L'azione detergente è data dalla cooperazione della zona idrofoba e idrofila: la parte idrocarburica apolare discioglie i grassi (ad esempio unto di vario genere) e, grazie alla parte idrofila, forma con l'acqua circostante una schiuma di acqua e olio, che può venire allontanata ▶ 5.

A seconda del catione che compare nella molecola i saponi sono *solidi* (Na^+) oppure *liquidi* (K^+).

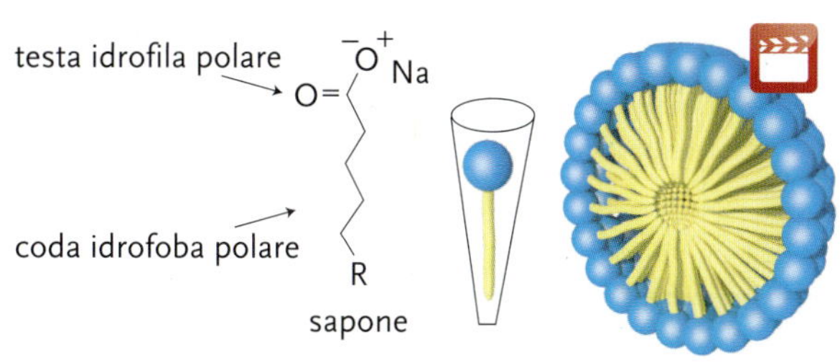

4 Le molecole di sapone in acqua si aggreganoa formare micelle

5 Azione detergente dei saponi

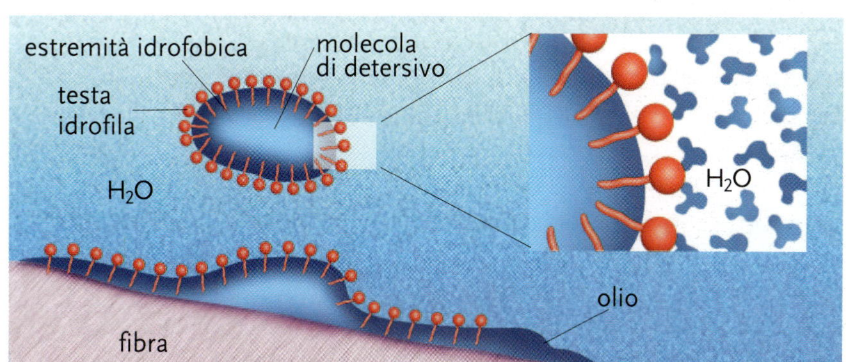

7 Anidridi

Un'**anidride** è un composto organico contenente il gruppo funzionale:

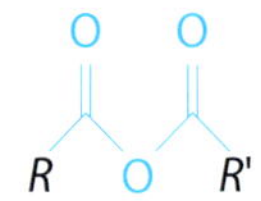

Come suggerisce il nome, sono composti che derivano dagli acidi carbossilici per perdita di acqua. La sintesi di questi composti avviene per riscaldamento degli acidi corrispondenti:

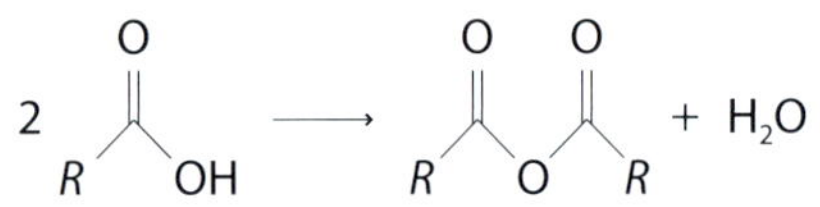

acido carbossilico — anidride

In chimica organica questi composti vengono impiegati come reagenti al posto dei corrispondenti acidi carbossilici, perché risultano più reattivi verso le normali reazioni di sostituzione. Dal punto di vista commerciale, uno dei più importanti di questi composti è l'*anidride acetica*, a causa delle sue proprietà disidratanti; essa viene preparata industrialmente per riscaldamento a 800 °C dell'acido acetico:

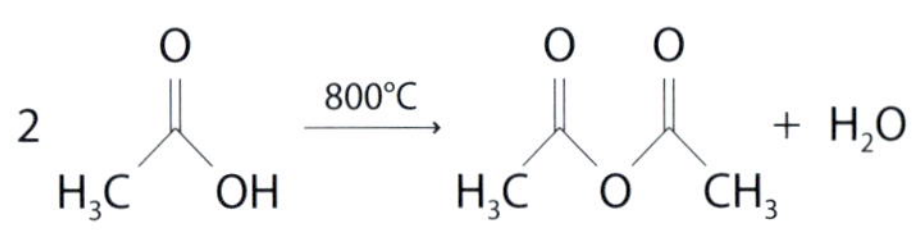

acido acetico — anidride acetica

Il nome IUPAC delle anidridi è identico a quello dell'acido corrispondente, sostituendo la desinenza *-o* con *-a* e facendolo precedere da *anidride* anziché da *acido*.

8 Ammidi

Le **ammidi** sono derivati degli acidi carbossilici in cui il gruppo ossidrile è sostituito da un gruppo amminico —NH_2. Le ammidi si classificano in *primarie*, *secondarie* o *terziarie* in funzione della sostituzione degli atomi di idrogeno legati all'azoto:

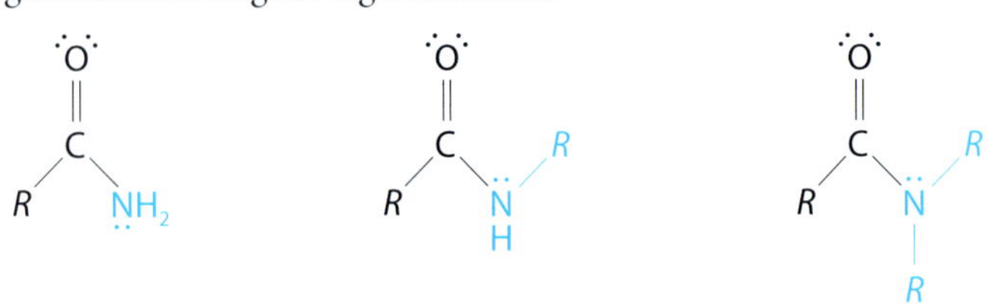

ammide primaria — ammide secondaria — ammide terziaria

Le **ammidi primarie** si ottengono per trattamento dell'acido carbossilico con ammoniaca liquida. In questa reazione si ha la formazione del sale di ammonio, che, in presenza di un agente disidratante (ad esempio anidride fosforica, P_2O_5), conduce alla formazione dell'ammide:

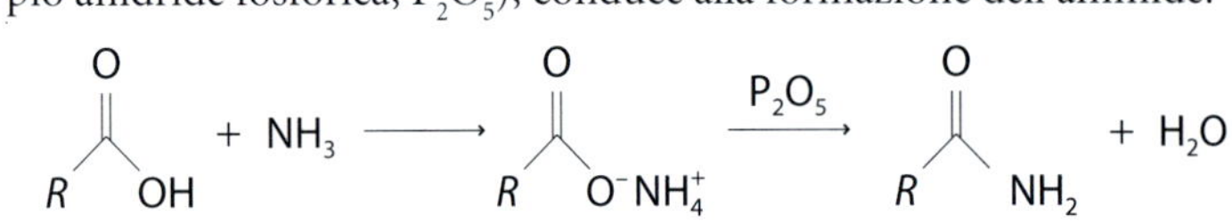

acido carbossilico — ammoniaca — sale d'ammonio — ammide primaria

Secondo le regole IUPAC il nome delle ammidi primarie è costituito dalla radice dell'acido corrispondente con il suffisso *-ammide* ▶ 6.

Le **ammidi secondarie** e **terziarie** si ottengono per reazione di un'anidride con un'ammina secondaria o terziaria:

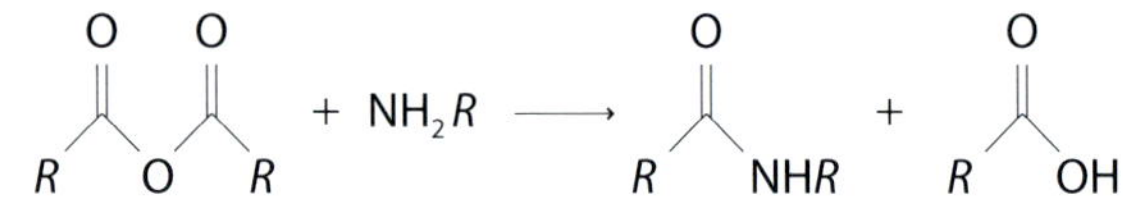

anidride — ammina primaria — ammide secondaria — acido carbossilico

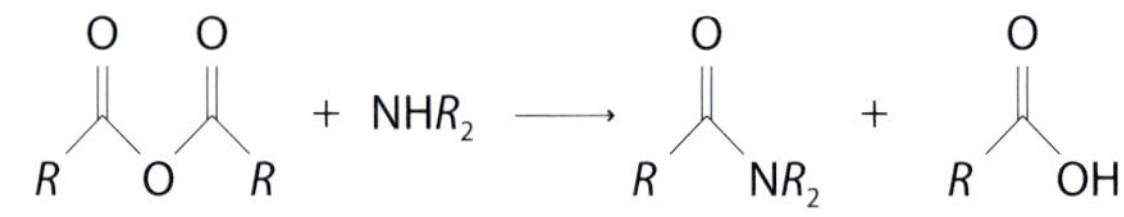

anidride — ammina secondaria — ammide terziaria — acido carbossilico

Il nome delle ammidi secondarie e terziarie si compone allo stesso modo di quelle primarie ma viene fatto precedere dalla maiuscola *N*, per precisare la sostituzione di uno o due degli atomi di idrogeno legati all'atomo di azoto, seguita dal nome o dai nomi dei radicali alchilici o arilici ▶ 7.
Nelle ammidi il legame tra il carbonio carbonilico e l'azoto risulta più corto di un normale legame azoto-carbonio. Questo è giustificabile con la delocalizzazione del doppietto elettronico libero sull'azoto sulla molecola dando un carattere di doppio legame al legame carbonio-azoto; le forme limite che descrivono la struttura sono:

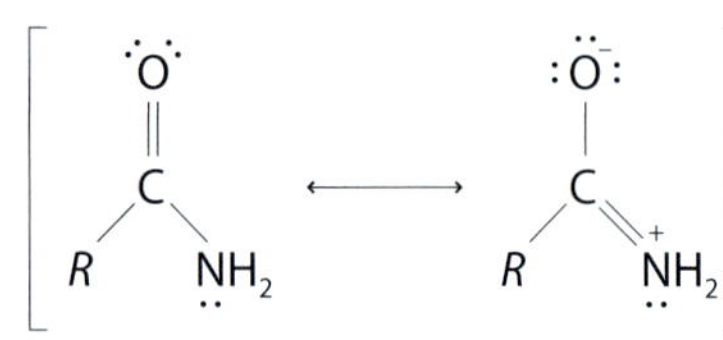

Le ammidi sono largamente diffuse in natura, soprattutto sotto forma di proteine.

6 Esempio di ammide primaria

La sintesi della butanammide.

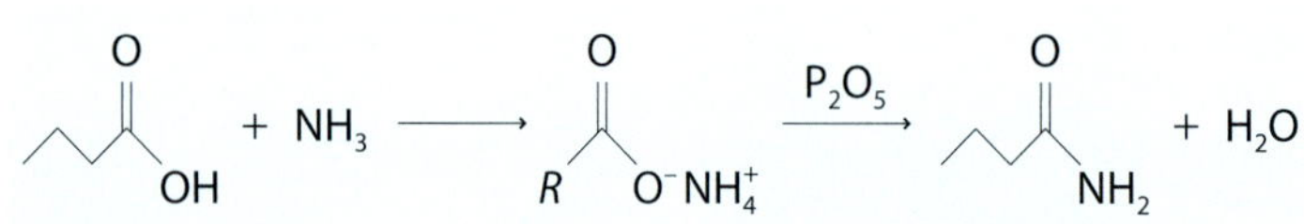

acido butanoico — sale d'ammonio — butanammide

7 Esempi di ammide secondaria e terziaria

Le sintesi dell'*N*-metilacetammide e dell'*N,N*-dimetilformammide.

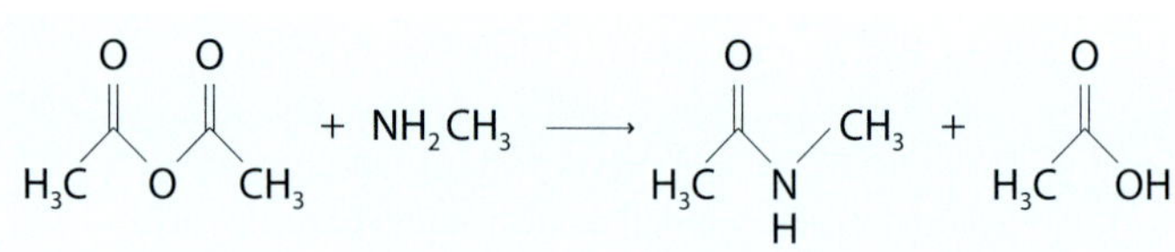

anidride acetica — ammina primaria — *N* - metilacetammide — acido acetico

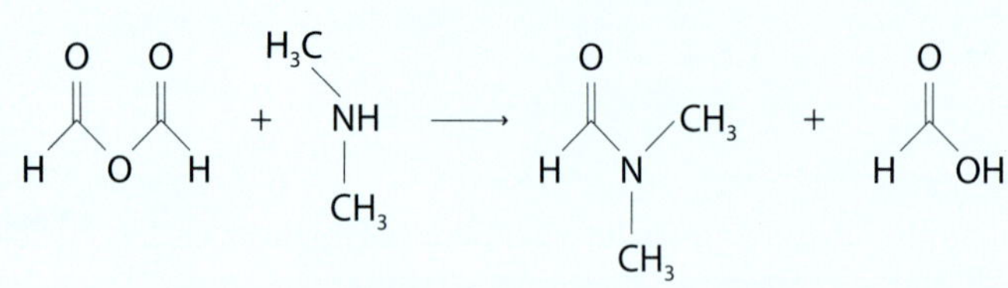

anidride formica — ammina secondaria — *N,N* - dimetilformammide — acido formico

AREA OPERATIVA

Domande chiave

1. Quali sono le principali caratteristiche strutturali degli acidi carbossilici?
2. Quali proprietà chimico-fisiche sono fortemente influenzate dalla formazione dei legami a idrogeno?
3. Perché gli acidi carbossilici sono acidi più forti di alcoli e fenoli?
4. Qual è la caratteristica comune dei derivati degli acidi carbossilici? Quali sono i principali derivati che conosci?

Ragiona

1. Descrivi le reazioni che faresti in laboratorio per ottenere dall'acido 2,4-dimetilpentanoico il 2,4-dimetilpentanoato di propile e la 2,4-dimetilpentanammide.

Risolvi i problemi

1. Indica il nome IUPAC di ognuno dei seguenti composti.

a.
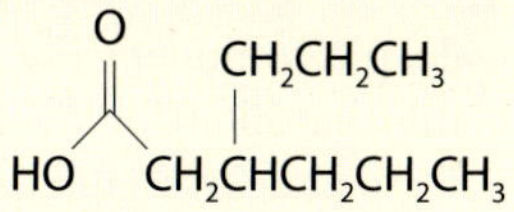

b.
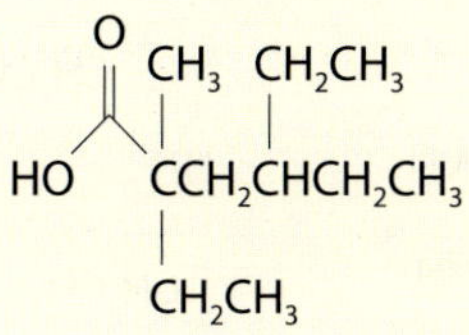

c.
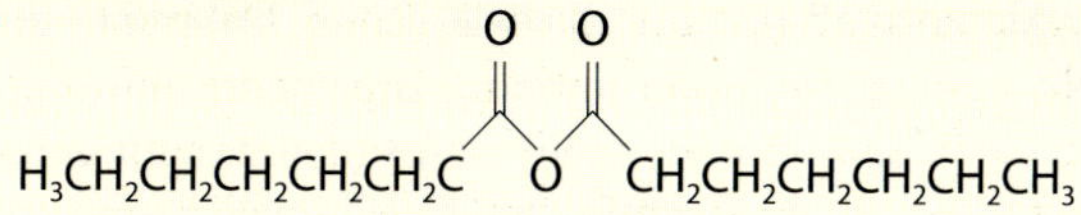

d.
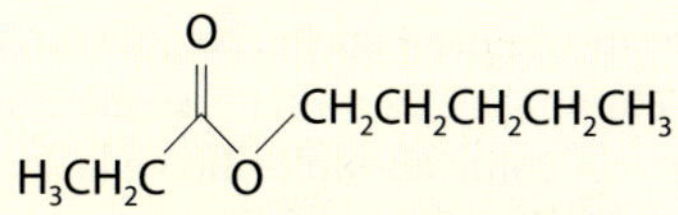

2. Rappresenta la struttura di ciascuno dei seguenti composti.
   a. Acido 2-etil-4,4-dimetilottanoico
   b. Anidride pentanoica
   c. Butanoato di propile
   d. Acido 4-cloro-3-metilbenzoico

3. Completa le seguenti reazioni.

a.
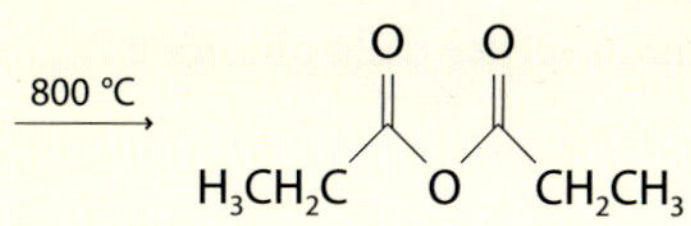

anidride propanoica

b.
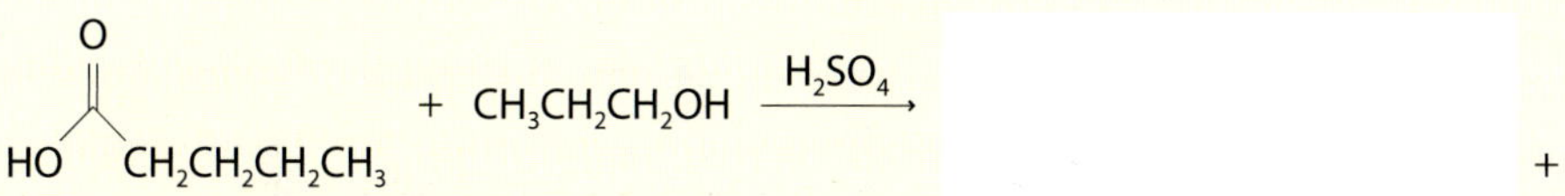

acido pentoico propanolo

c.
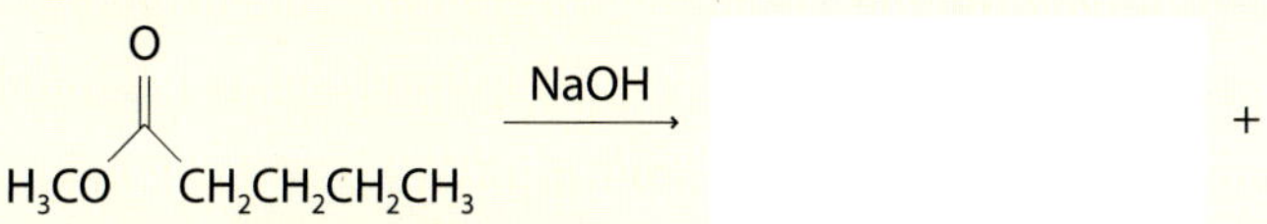

pentanoato di metile

d.
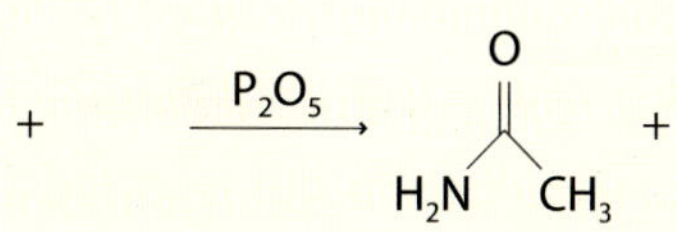

etanammide

Le ammine

1 Alcune ammine presenti in natura

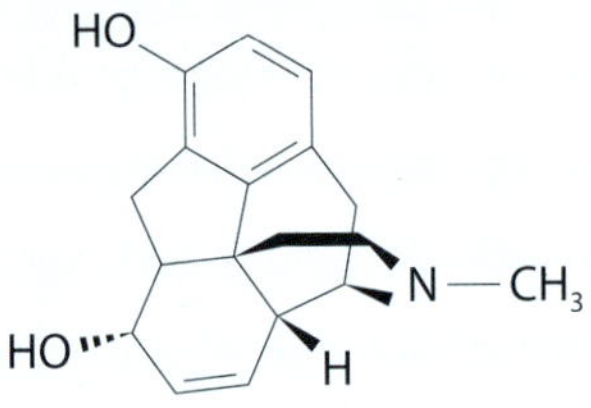

morfina

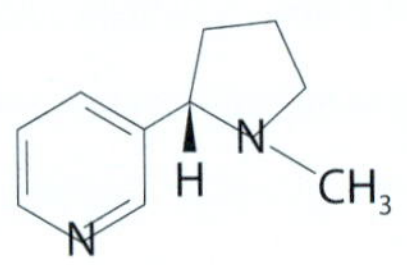

nicotina

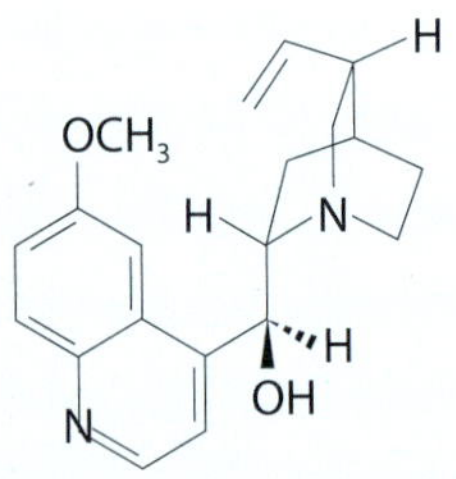

chinina

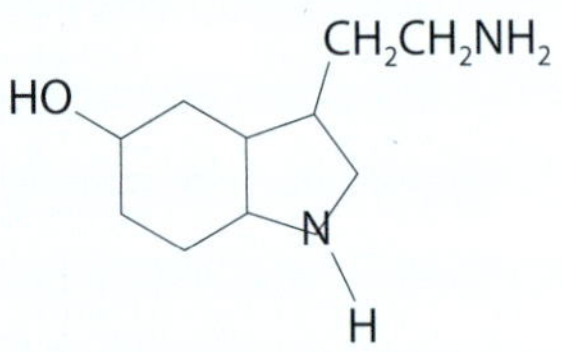

serotonina

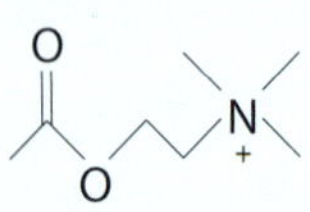

acetilcolina

2 Disposizione piramidale triangolare degli atomi legati all'azoto e del doppietto di non legame nelle ammine

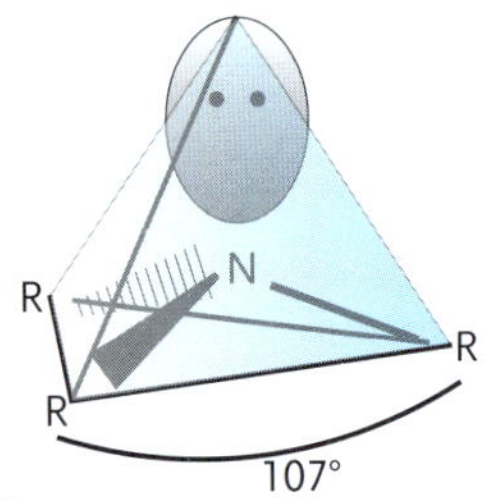

1 Il gruppo funzionale

Le **ammine** sono composti organici in cui uno o più atomi di idrogeno dell'ammoniaca sono stati sostituiti da gruppi alchilici (*ammine alifatiche*) o aromatici (*ammine aromatiche*). In base a quanti gruppi organici sono legati all'atomo di azoto, le ammine si dividono in *primarie*, *secondarie* e *terziarie*:

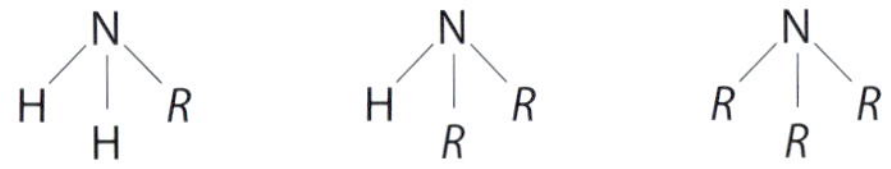

ammina primaria — ammina secondaria — ammina terziaria

Sono composti largamente diffusi in natura: la maggior parte delle piante sintetizza ammine complesse, chiamate **alcaloidi**, molte delle quali hanno proprietà tossiche oppure attività fisiologiche. Ne sono un esempio la morfina e la chinina, che sono state isolate e utilizzate dall'uomo, la prima come antidolorifico e la seconda come farmaco antimalarico; la nicotina, componente fondamentale del tabacco, è un alcaloide impiegato per la sua tossicità come insetticida. La serotonina e l'acetilcolina sono semplici ammine che nel nostro organismo hanno una funzione fondamentale come neurotrasmettitore ▸ 1.

Nel gruppo funzionale di questi composti, detto **gruppo amminico**, l'atomo di azoto, che nello stato fondamentale ha configurazione esterna $2s^2\ 2p^3$, è ibridato sp^3. Gli orbitali ibridi dell'azoto si dispongono in una geometria piramidale triangolare: il doppietto elettronico di non legame si dispone al vertice della piramide e gli atomi formano tra loro angoli di 107° ▸ 2.

2 Nomenclatura

Il nome delle ammine primarie, secondo la nomenclatura IUPAC, è composto dal nome della catena idrocarburica legata all'atomo di azoto aggiungendo come prefisso il termine *ammino*. A partire dal termine con tre atomi di carbonio è necessario indicare la posizione del gruppo funzionale, in quanto si verifica **isomeria di posizione**. La catena viene numerata a partire dall'atomo più vicino al gruppo amminico e il numero della posizione viene indicato prima del nome:

CH_3NH_2

amminometano

$CH_3CH_2NH_2$

amminoetano

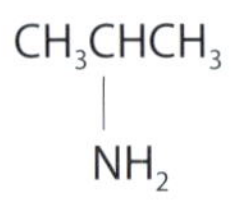

2 - amminopropano

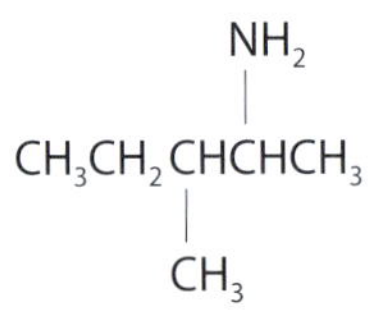

2 - ammino - 3 - metilpentano

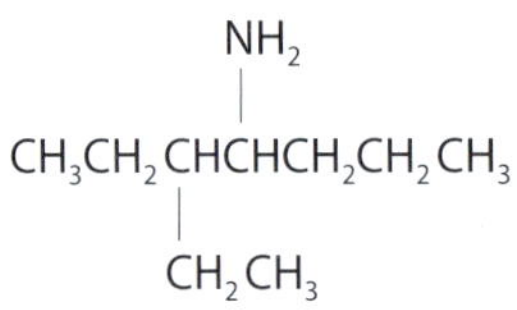

4 - ammino - 3 - etileptano

Per le ammine alifatiche secondarie e terziarie si assegna il nome, come per quelle primarie, alla catena idrocarburica più lunga presente. Gli altri gruppi alchilici presenti vengono indicati prima del nome preceduti dalla lettera *N*, a indicare la sostituzione degli atomi di idrogeno sull'azoto:

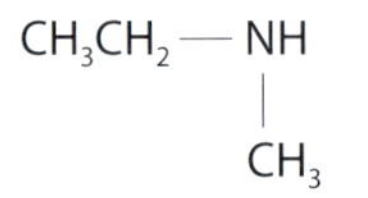

N - metilamminoetano

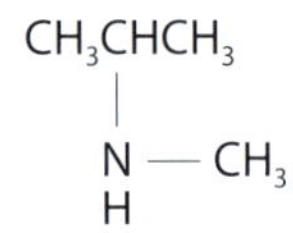

N - metil - 2 - amminopropano

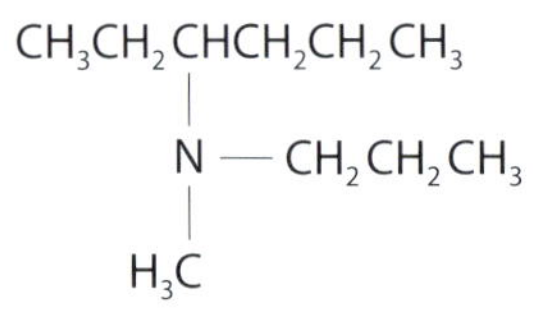

N - metil - *N* - propil - 3 - amminoesano

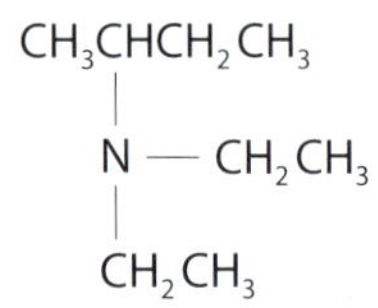

N,N - dietil - 2 - amminobutano

La nomenclatura tradizionale, più comunemente usata, prevede di denominare le ammine alifatiche mettendo in ordine alfabetico i nomi dei sostituenti seguiti dal suffisso -*ammina*:

CH_3NH_2

metilammina

$CH_3CH_2NH_2$

etilammina

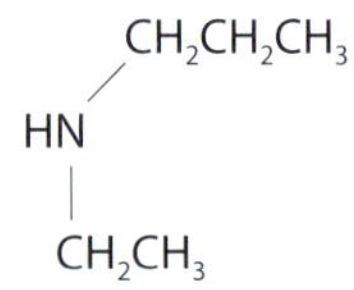

etilpropilammina

L'ammina aromatica più semplice è l'*amminobenzene*, comunemente chiamata **anilina** ▸ 3. La nomenclatura delle ammine aromatiche fa riferimento all'anilina. Si sceglie come sostituente in posizione 1 il gruppo ammino e si numera la posizione degli altri sostituenti seguendo le regole enunciate per la nomenclatura dei composti aromatici:

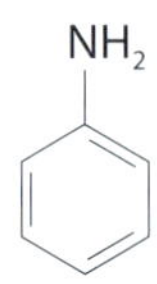

anilina

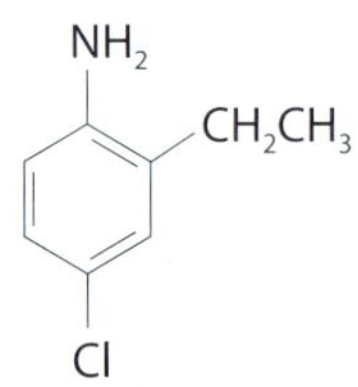

4 - cloro - 2 - etilanilina

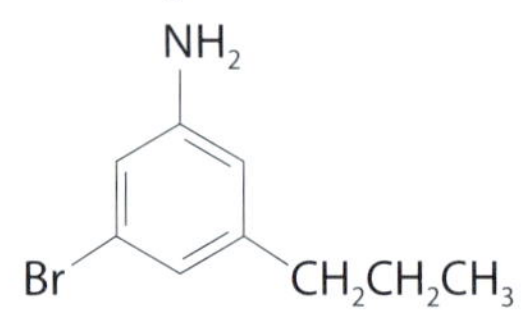

3 - bromo - 5 - propilanilina

Nel caso in cui l'atomo di azoto sia sostituito da altre catene idrocarburiche, il nome dell'anilina viene prece-

3 L'anilina

L'anilina è uno dei principali precursori dei coloranti artificiali.

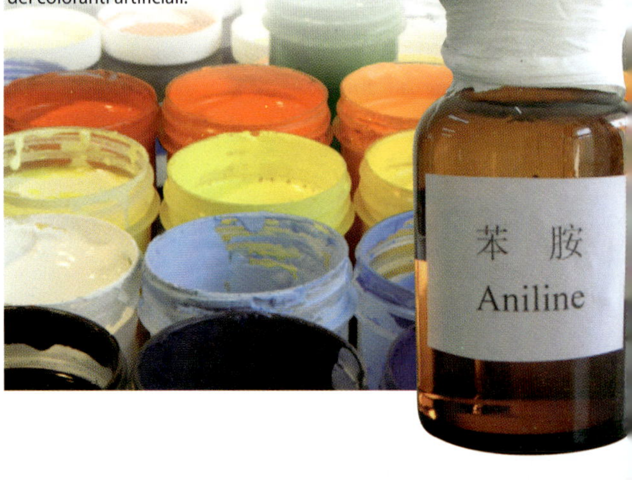

duto dai nomi dei sostituenti sull'azoto preceduti dalla lettera *N*:

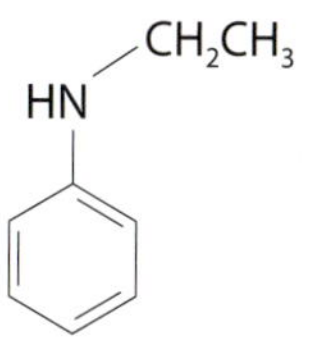

N-etilanilina

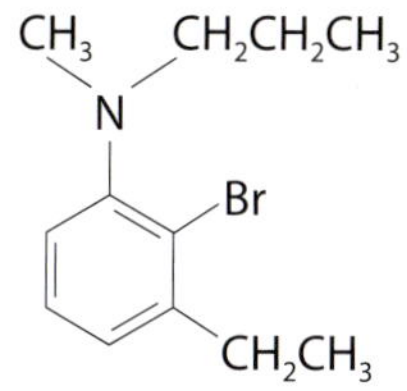

2-bromo-3-etil-*N*-propil-*N*-metilanilina

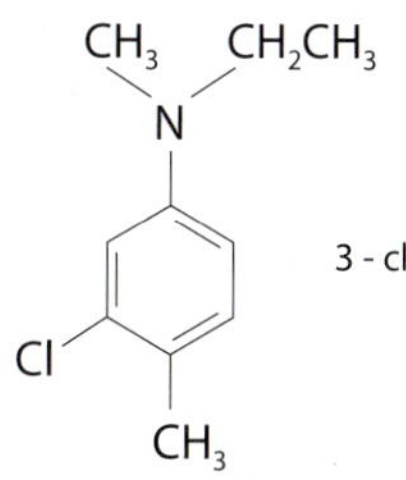

3-cloro-4-metil-*N*-etil-*N*-metilanilina

3 Proprietà fisiche

Le ammine primarie e secondarie possono formare legami a idrogeno intermolecolari grazie alla presenza del gruppo N—H:

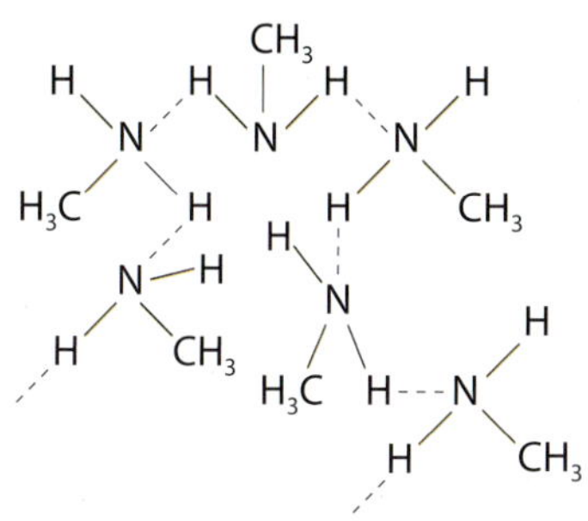

Come abbiamo visto, la possibilità di formare questi legami influisce sia sui punti di ebollizione sia sulla solubilità dei composti. Le ammine hanno *punti di ebollizione più elevati* rispetto ai paragonabili idrocarburi, ma inferiori a quelli degli alcoli a peso molecolare simile ▶ 4. I valori più bassi dei punti di ebollizione delle ammine rispetto agli alcoli sono giustificati dalle deboli interazioni intermolecolari. Il legame a idrogeno N—H---N è più debole del legame O—H---O, perché la differenza di elettronegatività tra l'azoto e l'idrogeno è minore rispetto a quella tra ossigeno e idrogeno. Le ammine primarie, avendo due atomi di idrogeno disponibili per formare legami intermolecolari, hanno punti di ebollizione maggiori rispetto a quelle secondarie e terziarie ▶ 5.
Le ammine con catene idrocarburiche con meno di cinque atomi di carbonio sono facilmente *solubili* in acqua.

4 Confronto tra i punti di ebollizione di un alcano, un'ammina e un alcol a peso molecolare confrontabile (86-88 u)

$CH_3CH_2CH_2CH_2CH_2CH_3$
esano
P.E. 69 °C

$CH_3CH_2CH_2CH_2CH_2OH$
pentanolo
P.E. 137 °C

$CH_3CH_2CH_2CH_2CH_2NH_2$
1-amminopentano
P.E. 104 °C

5 Andamento dei punti di ebollizione di ammine primarie, secondarie e terziarie

$CH_3CH_2CH_2NH_2$
1-amminopropano
P.E. 48 °C

$CH_3CH_2NHCH_3$
N-metil-1-amminoetano
P.E. 37 °C

$(CH_3)_3N$
N,N-dimetilamminometano
P.E. 3 °C

4 Basicità delle ammine

Le ammine sono sostanze **basiche** grazie alla disponibilità del doppietto elettronico sull'azoto. In acqua accettano un protone con formazione dello ione alchilammonio, R—NH_3^+, e dello ione idrossido, OH^-:

$$R\text{-}NH_2 + H_2O \rightleftharpoons R\text{-}NH_3^+ + OH^-$$

ammina — ione alchilammonio

$$CH_3CH_2NH_2 + H_2O \rightleftharpoons CH_3CH_2NH_3^+ + OH^-$$

amminoetano — ione etilammonio

Le ammine alifatiche sono leggermente più basiche dell'ammoniaca grazie ai gruppi alchilici che sostituiscono gli atomi di idrogeno sull'azoto ▶ Tabella 1.

Tabella 1 Valori delle costanti di dissociazione basica dell'ammoniaca e di un'ammina primaria, secondaria, terziaria e aromatica

Struttura e nome	K_b
NH_3 ammoniaca	$1{,}8 \cdot 10^{-5}$
$CH_3CH_2NH_2$ etilammina	$5{,}6 \cdot 10^{-4}$
(CH_2CH_3)HN(CH_2CH_3) dietilammina	$9{,}5 \cdot 10^{-4}$
H_3CH_2C—N$(CH_2CH_3)_2$ trietilammina	$5{,}7 \cdot 10^{-4}$
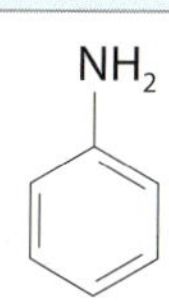 anilina	$3{,}8 \cdot 10^{-10}$

La basicità delle ammine aromatiche dipende dai sostituenti presenti sull'anello, ma sono generalmente meno basiche dell'ammoniaca, perché il doppietto elettronico è delocalizzato sull'anello aromatico ed è quindi meno disponibile.

5 Reattività

Tutte le ammine reagiscono con acidi inorganici donando il doppietto elettronico e formando il corrispondente sale d'ammonio; questa reazione è detta di **salificazione**:

$$R\text{-}NH_2 + HCl \rightleftharpoons R\text{-}NH_3^+Cl^-$$

ammina — sale d'ammonio

$$CH_3CH_2CH_2NH_2 + HCl \rightleftharpoons CH_3CH_2CH_2\text{-}NH_3^+Cl^-$$

amminopropano — cloruro di propilammonio

In questo modo anche le ammine meno solubili in acqua si trasformano in composti solubili e possono essere separate da miscele insolubili in acqua e in acidi.
Le ammine sono forti nucleofili a causa del doppietto disponibile dell'azoto, che può attaccare atomi o gruppi di atomi con parziale o intera carica positiva. Reagiscono facilmente con alogenuri alchilici tramite una reazione di sostituzione nucleofila, detta **alchilazione**, per formare ammine secondarie o terziarie. L'attacco del nucleofilo sull'alogenuro alchilico forma il sale d'ammonio, e il successivo trattamento con una soluzione acquosa di idrossido di sodio libera l'ammina:

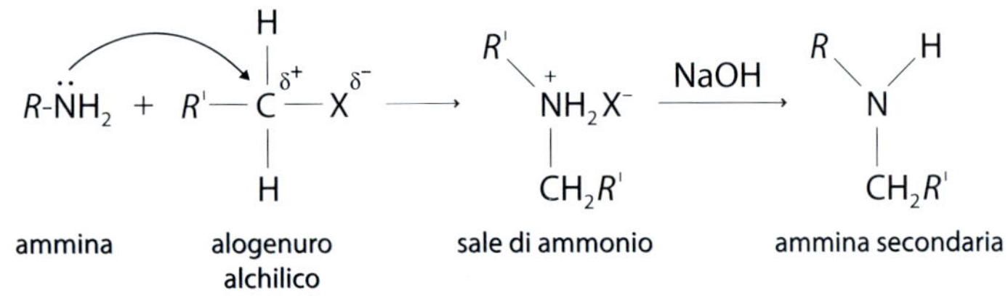

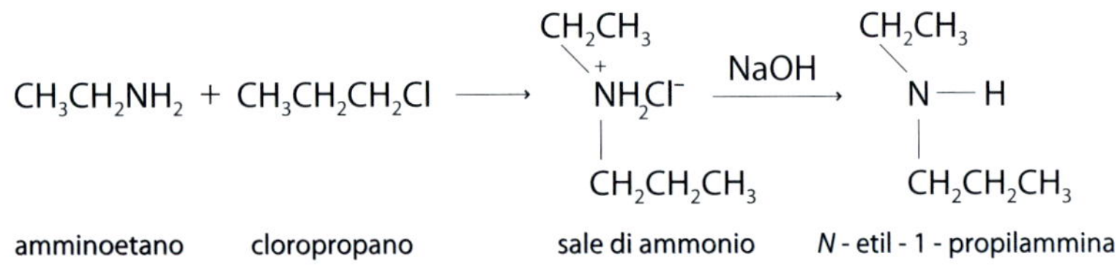

L'ammina che si forma a sua volta è un buon nucleofilo e tenderà a reagire con un secondo alogenuro alchilico. La reazione può procedere fino alla formazione di miscele di ammine. Se l'alogenuro alchilico è in forte eccesso, si potrà avere anche la formazione del sale d'ammonio quaternario.
L'alchilazione dell'anilina e dei suoi derivati permette di ottenere ammine secondarie o terziarie. Il doppietto elettronico dell'azoto è meno reattivo, perché stabilizzato dall'anello aromatico. Per tale ragione, la reazione è controllabile e selettiva.
Abbiamo già visto nella lezione precedente che le ammine primarie e secondarie reagiscono con derivati degli acidi carbossilici, in particolare le anidridi, per formare le ammidi.

AREA OPERATIVA

Domande chiave

1. In che cosa differiscono le ammine primarie, secondarie e terziarie?
2. Perché le ammine hanno punti di ebollizione inferiori agli alcoli?
3. Da che cosa dipende la basicità delle ammine?
4. In che cosa consiste la reazione di alchilazione?

Ragiona

1. Proponi una reazione per ottenere l'*N*,*N*-dietilamminoetano e discuti le eventuali problematiche.

Risolvi i problemi

1. Indica il nome IUPAC di ognuno dei seguenti composti.

a.

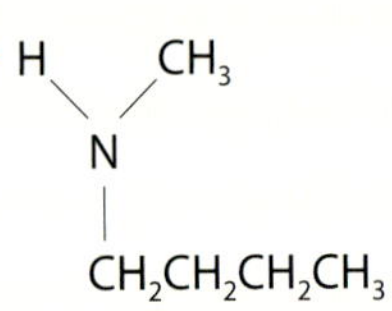

b.

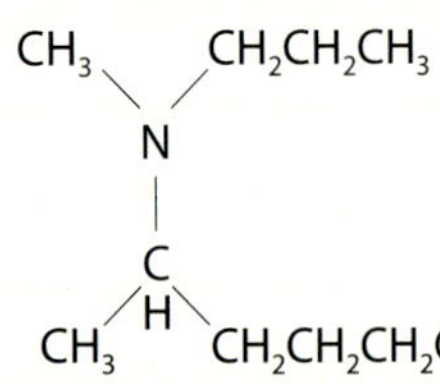

c.

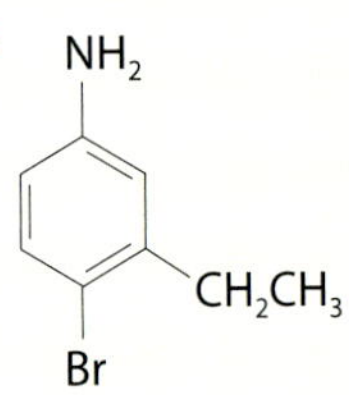

d.

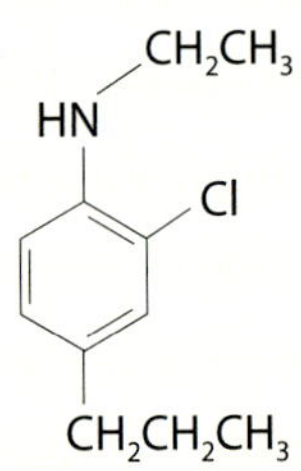

2. Rappresenta la struttura di ciascuno dei seguenti composti.
   a. *N*-etil-1-amminopropano
   b. *N*,*N*-dimetil-2-amminobutano
   c. *N*-etil-*N*-propil-3-amminopentano
   d. 3-cloro-*N*-metilanilina

3. Completa le seguenti reazioni.

a.

b.

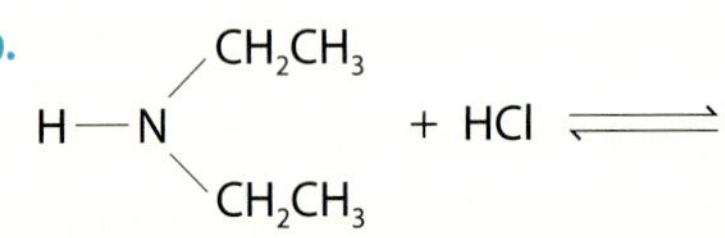

LEZIONE 5

I polimeri

1 Caratteri generali

L'innovazione più importante del XX secolo, che ha portato molti cambiamenti nella vita di tutti i giorni e nelle tecniche industriali, è dovuta all'introduzione di materiali completamente nuovi detti **polimeri** o *macromolecole*, molecole con un elevato peso molecolare. Questi composti sono costituiti da unità molecolari, chiamate **monomeri**, che si ripetono e sono legate fra loro da legami covalenti che si formano con reazioni ripetitive. Il processo attraverso cui si forma la macromolecola viene chiamato **polimerizzazione** ▶ 1.

I monomeri sono caratterizzati dalla presenza di uno o più gruppi funzionali che possono reagire tra loro. Un polimero può essere costituito da monomeri tutti uguali, *omopolimero*, oppure diversi, in questo caso si parla di *copolimero* ▶ 2.

1 La polimerizzazione

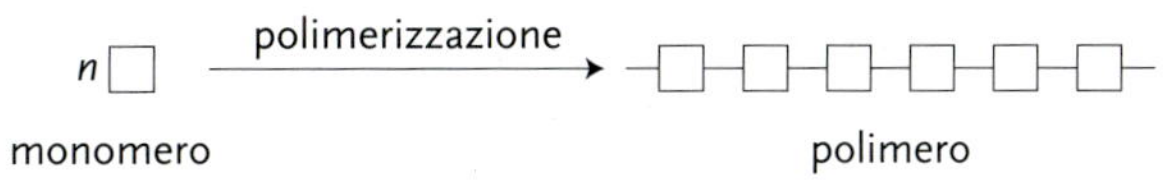

Un numero *n* di molecole di monomero reagiscono tra loro per formare il polimero.

2 Omopolimeri e copolimeri

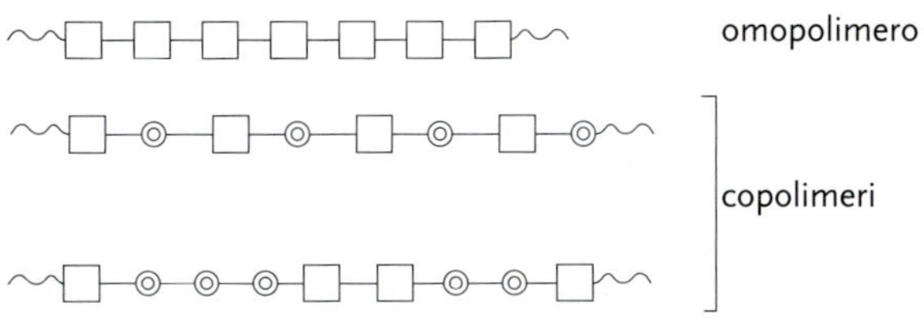

Gli omopolimeri sono costituiti da un unico monomero, mentre i copolimeri sono formati da monomeri diversi che si possono legare tra loro in maniera ordinata o disordinata.

2 Classificazione

I polimeri possono essere classificati in base alla loro origine in due grandi gruppi: *naturali* e *di sintesi*.

I **polimeri naturali** sono quelli che si trovano in natura e comprendono molte delle biomolecole di importanza fondamentale per la vita, come i carboidrati, le proteine e gli acidi nucleici. È un esempio di polimero naturale anche la gomma naturale che si ottiene per semplice incisione della corteccia della pianta *Havea Brasiliensis* ▶ 3. Questo polimero era conosciuto sin dall'XI secolo dalle tribù indigene come *Caa-o-chou* («albero che piange»), da noi chiamato «caucciù». Il lattice ottenuto dalla pianta allo stato naturale è, però, pressoché inutilizzabile.

Nel 1839 l'inventore americano **Charles Goodyear** (1800-1860) scoprì casualmente che la gomma riscaldata ad alta temperatura con zolfo acquista una serie di proprietà meccaniche e fisiche superiori a quelle del caucciù allo stato grezzo. Questa reazione venne brevettata sotto il nome di *vulcanizzazione*, in onore del dio del fuoco Vulcano, e segnò la svolta che determinò la nascita dell'industria della gomma negli Stati Uniti e in Europa. All'inizio del XX secolo la richiesta di gomma iniziò a crescere esponenzialmente, in parallelo allo sviluppo dell'industria dell'automobile. Nel 1860 Williams scoprì che il monomero della gomma era l'isoprene o 2-metilbutadiene:

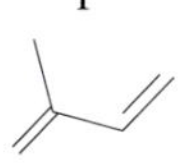

isoprene
2 - metilbutadiene

Da allora prese avvio lo studio dei processi di polimerizzazione per sintetizzare nuovi materiali a minor costo o con proprietà superiori a quelli disponibili in natura. Presero così campo i **polimeri di sintesi**, cioè quelli ottenuti industrialmente a partire in particolare da derivati del petrolio. In questa lezione tratteremo in particolare tali macromolecole.

Un'altra classificazione dei polimeri può essere effettuata in base al tipo di concatenamento dei monomeri; si possono così distinguere i polimeri ▶ 4:

- *lineari*, in cui i monomeri si legano a formare lunghe catene;
- *ramificati*, in cui lungo la catena principale si possono trovare ramificazioni di varie lunghezze;
- *reticolati*, dove lunghe catene sono legate fra loro a formare una rete.

La diversa struttura del polimero conferirà alla sostanza proprietà diverse.

3 Incisione del tronco della pianta *Havea Brasiliensis* per estrarre la gomma

4 Strutture dei polimeri lineari, ramificati e reticolati

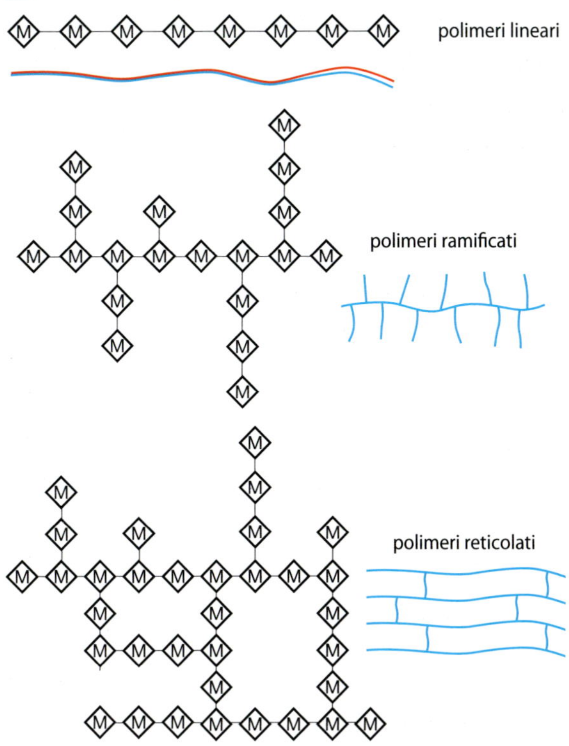

Infine i polimeri possono essere classificati in polimeri *di addizione* e *di condensazione* in funzione del processo reattivo.
È da sottolineare che c'è una differenza sostanziale tra il polimero e il corrispondente materiale impiegato nella fabbricazione di manufatti. Questo perché spesso è necessario aggiungere alla macromolecola sostanze, chiamate *additivi*, per migliorarne alcune caratteristiche oppure semplicemente per rendere meno costoso o più piacevole il manufatto finale.

3 Poliaddizione

La **poliaddizione** è il processo di polimerizzazione più semplice che avviene tramite reazioni di addizione tra i vari monomeri. Il tipo di reazione più impiegato procede per via radicalica in presenza di un opportuno *iniziatore*, cioè una sostanza in grado di liberare una specie radicale. I monomeri più impiegati nella poliaddizione sono composti contenenti doppi legami. Il polimero più noto, prodotto con questo processo, è il **polietene**, comunemente chiamato **polietilene** e indicato con la sigla PE. Il PE ha bassi costi di produzione e viene impiegato in diversi campi: cavi elettrici, buste di plastica, bottiglie per lo shampoo, giocattoli per bambini e giubbotti antiproiettile. È un polimero estremamente versatile ed è costituito da una lunga catena di atomi di carbonio:

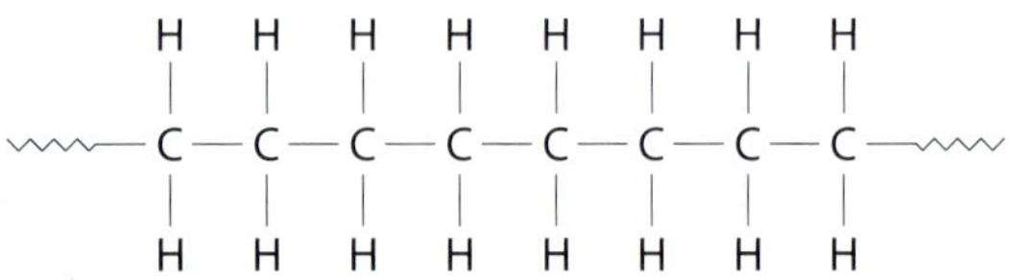

La catena polimerica può anche essere rappresentata schematicamente riportando l'unità ripetitiva fra parentesi quadre:

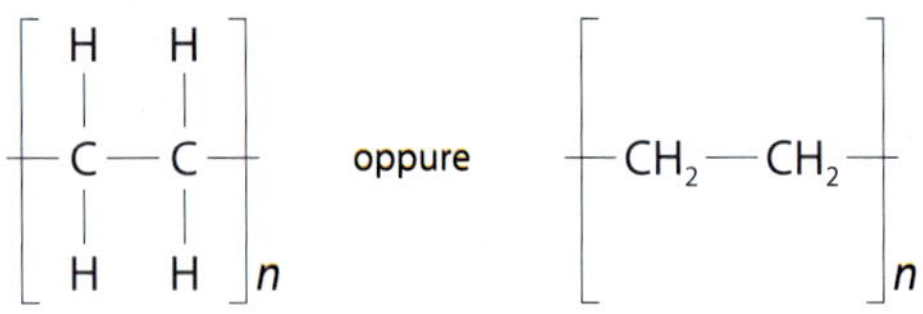

La sintesi di questo polimero avviene tramite una serie di reazioni di addizione di tipo radicalico. Il meccanismo delle reazioni radicaliche è già stato descritto nella lezione sugli alcani; rivediamo schematicamente le tre fasi di questa reazione nel caso della poliaddizione dell'etene ▸ 5.

- *Inizio*: si ha la formazione delle prime specie radicaliche grazie alla luce o al calore o, più spesso, grazie all'aggiunta di iniziatori chimici, sostanze instabili che formano facilmente specie radicaliche ▸ 5A; la prima specie radicalica che si forma in questa fase è quella che realmente dà inizio alla reazione di poliaddizione.
- *Propagazione*: si ha l'addizione ripetitiva di molecole di monomero con unione detta *testa-coda* ▸ 5B.
- *Terminazione*: si ha l'arresto della formazione della catena polimerica per accoppiamento di due radicali ▸ 5C.

Il polietilene che si ottiene con questo processo non è un polimero lineare bensì ramificato: in questa sintesi spesso i radicali estraggono atomi di idrogeno da atomi di carbonio centrali alla catena favorendo la formazione di un polimero ramificato. Il polimero così ottenuto è detto *polietilene a bassa densità* e viene indicato con la sigla LDPE. Questo tipo di polietilene presenta proprietà meccaniche mediocri e perciò è impiegato soprattutto nel campo degli imballaggi. Per ottenere polietilene lineare, è necessario impiegare particolari catalizzatori, detti *catalizzatori di Ziegler-Natta* dal nome dei chimici che li misero a punto e per i quali ricevettero il Nobel nel 1963. Con questi catalizzatori è possibile ottenere il *polietilene ad alta densità* HDPE, che risulta essere più rigido.
Altri polimeri comuni ottenuti tramite la reazione di poliaddizione sono il polivinilcloruro e il polistirene. Il **polivinilcloruro** (PVC) è ottenuto per polimerizzazione del cloroetene, chiamato comunemente *vinilcloruro*:

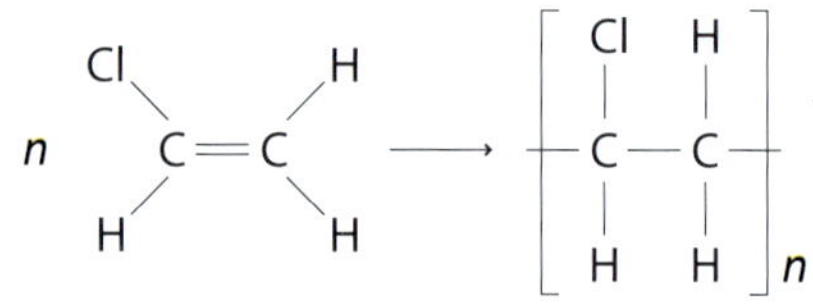

cloroetene *vinilcloruro* — polivinilcloruro

È un polimero stabile se utilizzato a temperatura ambiente, ma può risultare estremamente pericoloso se bruciato o scaldato, perché è in grado di sviluppare sostanze cancerogene. Le applicazioni più rilevanti sono la produzione di tubi per l'edilizia (ad esempio grondaie e tubi per acqua potabile), di pellicole rigide e plastificate per imballi e cartotecnica. Il **polistirene** (PS) è ottenuto per polimerizzazione dello stirene:

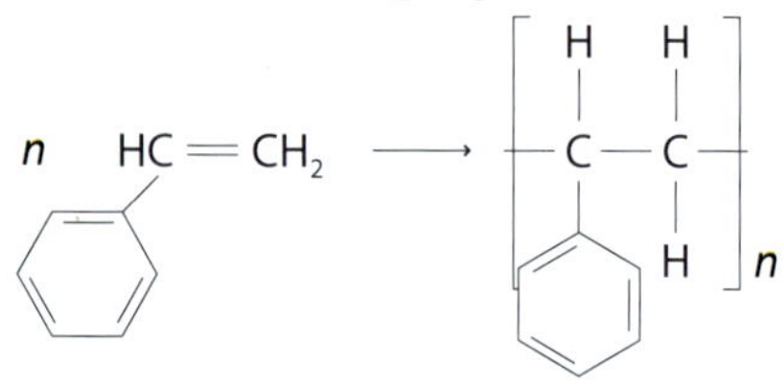

stirene — polistirene

Viene impiegato per fabbricare un numero enorme di manufatti nei più diversi settori applicativi: domestico, industriale, alimentare. La forma commerciale più nota è il *polistirene espanso*, noto come **polistirolo**, un materiale leggerissimo che viene impiegato nel campo degli imballaggi.

4 Policondensazione

La **policondensazione** prevede la reazione tra monomeri con eliminazione di piccole molecole, come acqua, acido cloridrico o metanolo. I polimeri così ottenuti non contengono perciò tutti gli atomi presenti nel monomero di partenza. Per queste polimerizzazioni è necessario impiegare monomeri con due gruppi funzionali diversi, i quali posso-

5 TESTO-IMMAGINE La poliaddizione dell'etilene

A

$\dot{Z} + CH_2{=}CH_2 \longrightarrow Z{-}CH_2{-}\dot{C}H_2$

iniziatore chimico — etene — radicale

Inizio: formazione della prima specie radicalica grazie all'aggiunta di iniziatori chimici.

B Propagazione: addizione ripetitiva di molecole di monomero.

$Z{-}CH_2{-}\dot{C}H_2 + CH{=}CH_2 \longrightarrow Z{-}CH_2{-}CH_2{-}CH_2{-}\dot{C}H_2 + CH_2{=}CH_2 \longrightarrow Z{-}CH_2{-}CH_2{-}CH_2{-}CH_2{-}CH_2{-}\dot{C}H_2$

radicale — etene — radicale (coda) — (testa) — radicale

C

$CH_2{-}CH_2{-}CH_2{-}CH_2{-}CH_2{-}\dot{C}H_2 + \dot{C}H_2{-}CH_2{-}CH_2{-}CH_2{-}CH_2\sim\sim \longrightarrow$

$\longrightarrow \sim\sim CH_2{-}CH_2{-}CH_2{-}CH_2{-}CH_2{-}CH_2{-}CH_2{-}CH_2{-}CH_2{-}CH_2{-}CH_2\sim\sim$

Terminazione: l'accoppiamento di due radicali porta all'arresto della formazione della catena.

no coesistere nello stesso monomero oppure appartenere a due monomeri distinti. Nel primo caso si ottengono omopolimeri, nel secondo copolimeri ▶ 6.

Le *poliammidi* e i *poliesteri* sono i polimeri più noti ottenuti tramite questo tipo di polimerizzazione. Le **poliammidi** sono polimeri caratterizzati dalla ripetizione del legame ammidico lungo la catena. Il primo a sintetizzare le poliammidi fu **Wallace Carothers** (1896-1937), che nel 1930 effettuò la reazione a partire dall'acido adipico e da esano-1,2-diammina (esametilendiammina). Le due molecole reagiscono formando un legame ammidico ed eliminando una molecola di acqua:

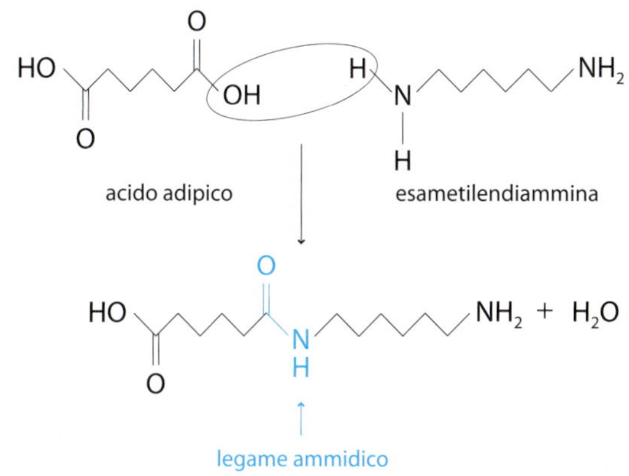

La molecola ottenuta ha un gruppo carbossilico e un gruppo amminico terminali che possono reagire ancora con una molecola di esametilendiammina e di acido adipico rispettivamente. La reazione di polimerizzazione può quindi procedere, fino a disponibilità dei reagenti, portando alla formazione del polimero chiamato nylon 6,6, con formula:

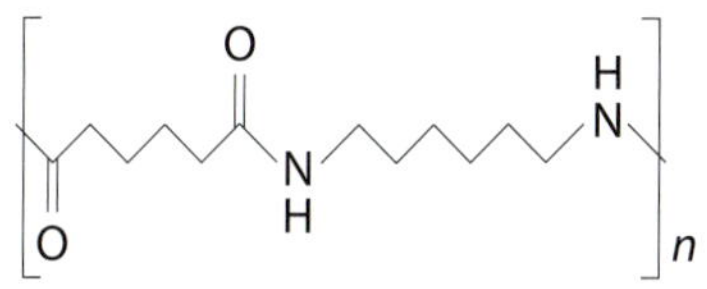

nylon 6,6

I numeri dopo il nome indicano che il polimero è formato da due monomeri contenenti sei atomi di carbonio ciascuno. L'anno successivo alla scoperta del nylon 6,6 venne messa a punto la reazione di polimerizzazione dell'acido 6-amminoesanoico:

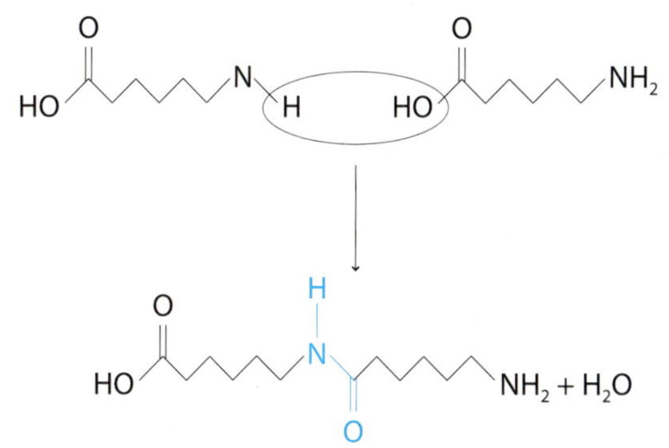

La nuova molecola formata contiene ancora un gruppo carbossilico e amminico che possono reagire con altre due molecole di acido 6-amminoesanoico. Il processo si ripete fino a formare una lunga catena polimerica:

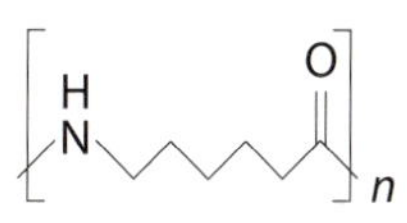

nylon 6

6 Esempi di formazione di polimeri di condensazione

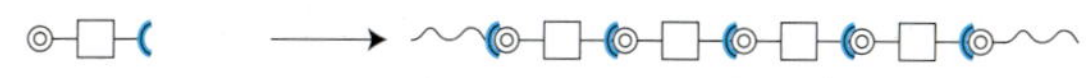

Formazione di un polimero di condensazione nel caso dell'impiego di un solo monomero contenente i due gruppi funzionali reattivi.

Formazione di un polimero di condensazione nel caso dell'impiego di due monomeri distinti.

Il polimero finale in questo caso viene chiamato nylon 6, dove 6 indica il numero di atomi di carbonio che costituiscono il monomero. I polimeri ottenuti con questo processo sono lineari.

Dopo lo sviluppo del nylon 6,6 e del nylon 6 sono stati molti i tentativi di polimerizzazione per formare nuove poliammidi, e il termine **nylon** è da allora impiegato per indicare tutta la famiglia di poliammidi alifatiche. Questi polimeri sono impiegati soprattutto come fibre sintetiche. Tutti i polimeri le cui catene sono quasi completamente allungate e allineate l'una all'altra sullo stesso asse sono impiegati come fibre. Il campo principale d'impiego del nylon è quello delle calze da donna, ma viene molto usato per costumi da bagno, abbigliamento sportivo (tute da ciclista, giacche a vento), nel settore intimo, borsetteria, ombrelli, fodere e arredamento.

I **poliesteri** si ottengono impiegando come monomeri un acido carbossilico e un alcol. Il polietilentereftalato (PET) è sicuramente il polimero più famoso di questa classe, ottenuto a partire dall'acido tereftalico e da glicol etilenico:

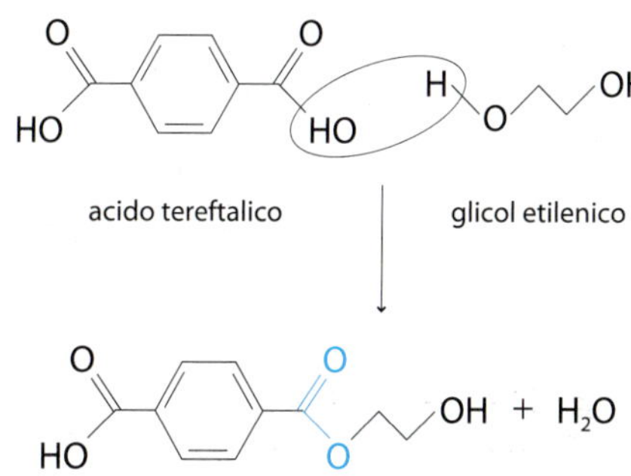

Il prodotto della condensazione ha il gruppo estereo nella parte centrale e quelli carbossilico e ossidrilico alle rispettive estremità molecolari. Questi ultimi gruppi possono ancora reagire con un alcol e un acido fino a formare la catena polimerica del polietilentereftalato:

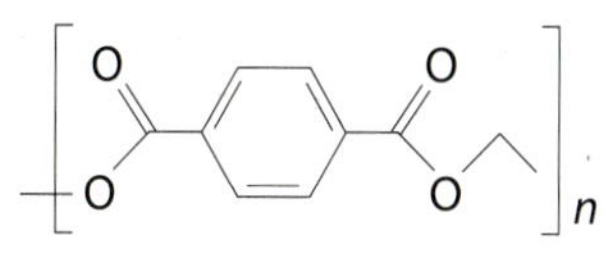

polietilentereftalato

Anche in questo caso il polimero che si ottiene è lineare ed è impiegato come fibra, brevettata con il marchio *Dacron*. Gli anelli di benzene planari presenti in questo polimero lo rendono più rigido del nylon, che non ha gruppi aromatici nella sua struttura, e contribuiscono a dare origine a tessuti di poliestere ingualcibili. Lo stesso polimero formato in un foglio sottile, invece di una fibra, diviene il *Milar*, una pellicola molto resistente per nastri audio e video. Il PET viene anche impiegato nel settore dell'imballaggio per produrre bottiglie e contenitori trasparenti.

AREA OPERATIVA

Domande chiave

1. Che cosa sono i polimeri?
2. Come possono essere classificati i polimeri?
3. Come si ottengono i polimeri di poliaddizione?
4. Come si ottengono i polimeri di policondensazione? Che tipo di monomeri devono essere impiegati?

Ragiona

1. È possibile ottenere un polimero impiegando come monomeri lo stirene e il vinilcloruro? Prova a descrivere il processo reattivo e ipotizza i prodotti finali.

Risolvi i problemi

1. Individua l'unità ripetitiva dei seguenti polimeri.

a.
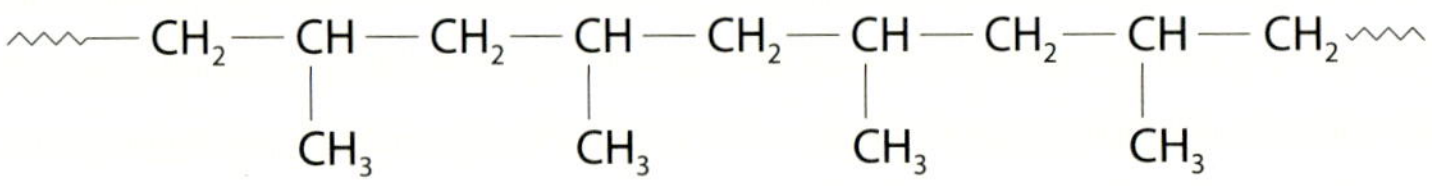

b.
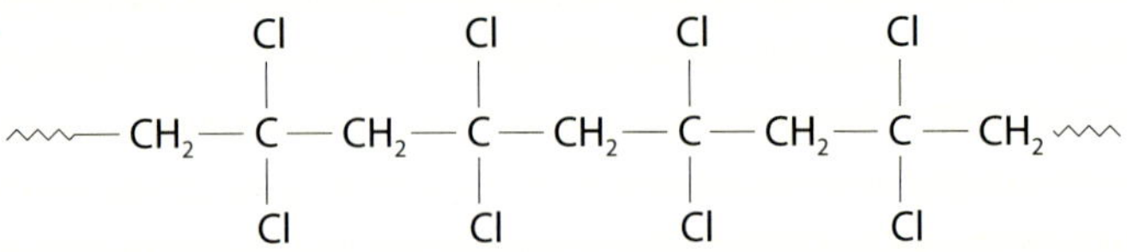

c.
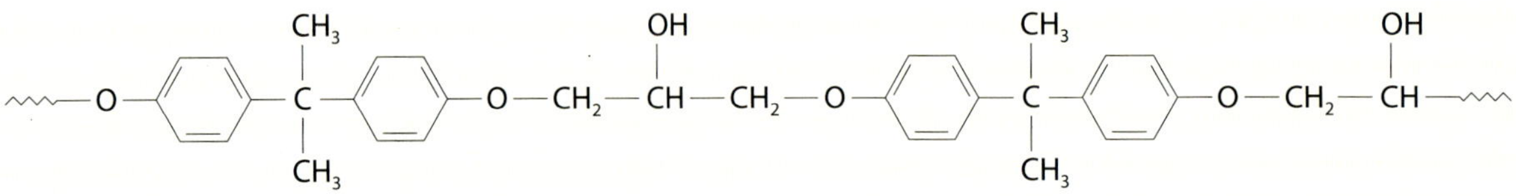

d.
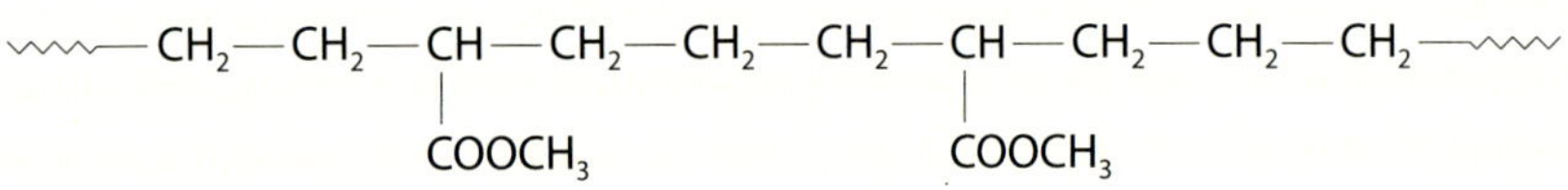

2. Indica il polimero che si ottiene dalle reazioni di polimerizzazione dei seguenti monomeri.

a.
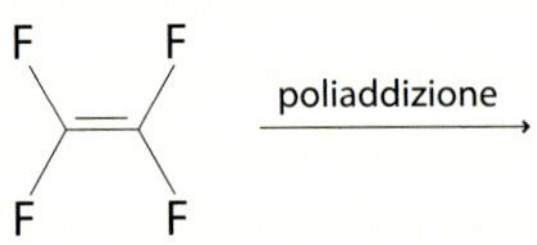

b.
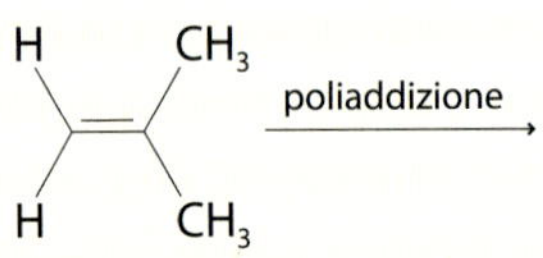

c.
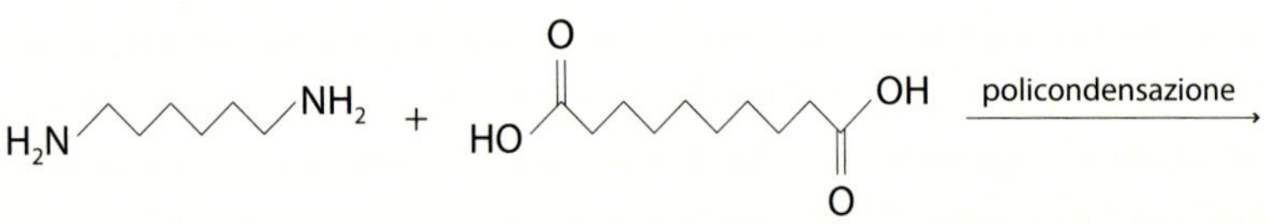

d.

3. Scrivi la possibile formula di un tratto di polimero che si forma da propilene e stirene.

Chimica Plus

I flavonoidi

I flavonoidi sono composti naturali presenti pressoché in tutte le specie del regno vegetale. La ricerca nel campo di queste sostanze naturali si è sviluppata nel 1935 con la scoperta, da parte del biochimico ungherese **Albert Szent-Györgyi** (1893-1986), di alcuni effetti benefici dei flavonoidi *esperidina* e *eriodictiolo* isolati dalla buccia di limone ▶ A. Tale scoperta ha rappresentato l'inizio dello studio delle proprietà farmacologiche e terapeutiche di questa classe di composti.

I flavonoidi, dal punto di vista chimico, sono la più ampia classe di polifenoli presenti in natura, ne sono stati descritti più di 5000. Essi hanno una struttura comune costituita da due anelli aromatici, A e B, e da un anello benzopiranico, C:

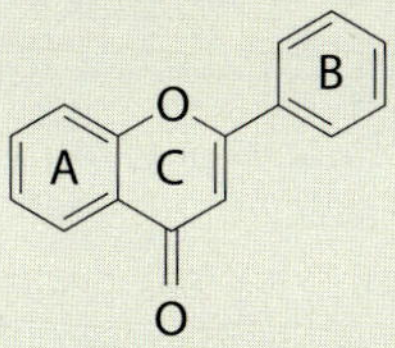

flavone

Le strutture dei diversi flavonoidi differiscono tra loro per il numero e la posizione dei gruppi ossidrili (—OH) e metossi (—OCH_3). In natura questi composti si trovano spesso legati a zuccheri e hanno funzioni di importanza fondamentale. In primo luogo agiscono come segnali per alcune forme viventi, come insetti e microrganismi. Ad esempio, alcuni flavonoidi delle foglie esercitano un'azione repulsiva o attrattiva sugli insetti, quindi sono in grado di condizionare questi ultimi nella scelta delle piante adatte alle deposizione delle uova, oppure come fonte di nutrimento. Hanno anche la funzione di pigmenti dei fiori e dei frutti e, insieme ai carotenoidi, sono responsabili della colorazione dei frutti maturi. I flavonoidi più importanti come pigmenti sono le **antocianine**, che conferiscono alla pianta un'ampia gamma di tonalità, dal rosso fragola al blu. Le proprietà coloranti di questi composti sono sfruttate nell'industria alimentare e, prima dell'avvento dei coloranti sintetici, anche in tintoria. Alcune delle altre azioni dei flavonoidi in natura sono le funzioni antiossidante e di protezione dai raggi UV; sono inoltre coinvolti in numerose attività biologiche come la fotosintesi, il trasporto dell'energia e la regolazione della crescita. I flavonoidi abbondano in molte piante destinate all'uso alimentare, nella frutta (agrumi e mele in particolare), nei vegetali (spinaci, lattuga e cavoli), nei legumi, in alcune bevande (ad esempio nel tè verde) e nel vino. Con la dieta se ne assume una quantità che varia da 26 mg a 1 g al giorno. Questa variabilità dipende dalle abitudini alimentari, dallo stato di maturazione della frutta e dalle modalità di preparazione e di conservazione degli alimenti.

I flavonoidi sono largamente utilizzati per le molte attività farmacologiche e terapeutiche a cui sono associati. Sono impiegati per le malattie cardiovascolari, perché rendono più resistenti i vasi sanguigni e i capillari. Le sostanze più impiegate a questo scopo sono quelle provenienti dalle piante del genere *Citrus* (come limone, pompelmo, arancio) quali la *naringenina* ▶ B.

I flavonoidi svolgono anche una funzione antinfiammatoria dovuta principalmente all'inibizione dei radicali liberi dell'ossigeno, specie molto reattive che attaccano i lipidi di membrana delle cellule. Tra i flavonoidi per cui è stata dimostrata attività infiammatoria *in vitro* ci sono la *quercetina*, la *rutina* e la *miricetina*, presenti nel vino rosso ▶ C.

In aggiunta a queste proprietà i flavonoidi svolgono altre attività farmacologiche la cui efficacia, sul piano terapeutico, non è sostenuta da studi clinici; ad esempio sono associate a questi composti proprietà antivirali e antitumorali.

A Flavonoidi isolati da Szent-Györgyi dalla buccia di limone

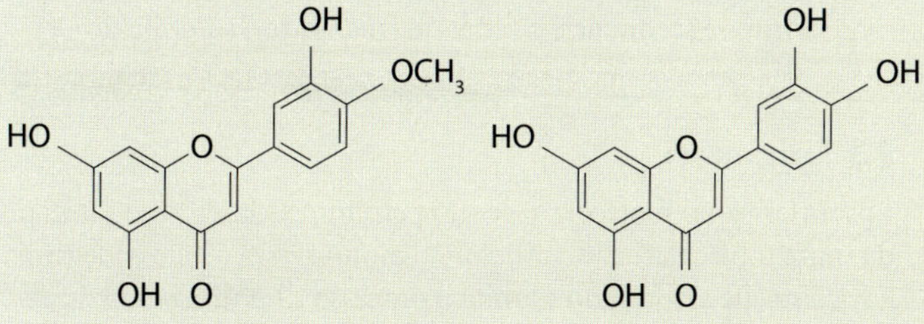

esperidina — eriodictiolo

B La struttura della naringenina

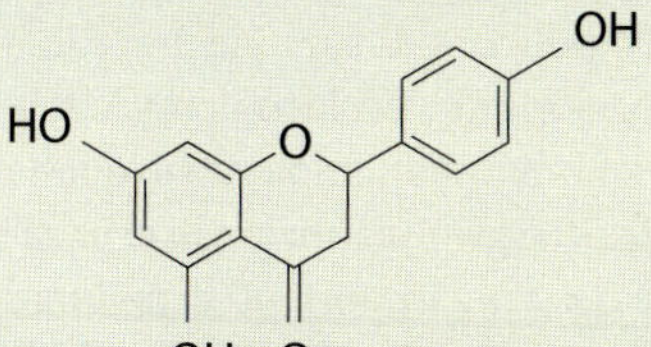

naringenina

C La struttura della quercetina, della rutina e della miricetina

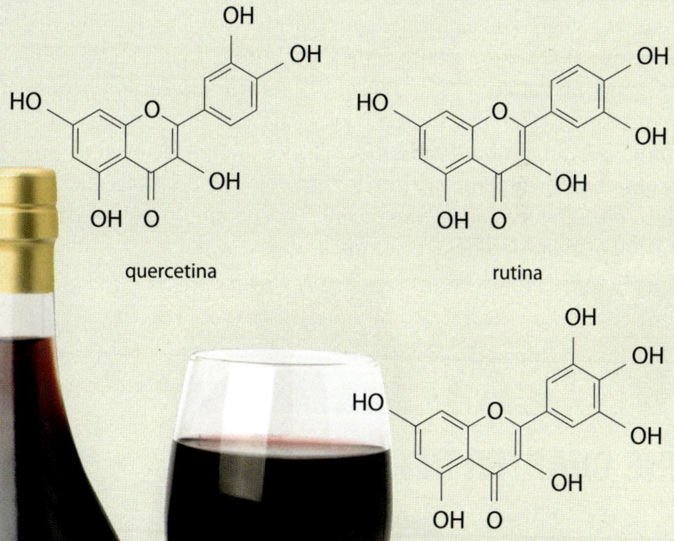

quercetina — rutina — miricetina

LE LEZIONI IN SINTESI

1 Alcoli, fenoli, eteri

Gli **alcoli**, i **fenoli** e gli **eteri** sono classi di composti organici che contengono almeno un atomo di ossigeno legato con un legame semplice a un atomo di carbonio. Gli alcoli e i fenoli hanno come gruppo funzionale il **gruppo ossidrilico** e hanno caratteristiche acide. Gli eteri contengono il **gruppo etereo**, in cui l'ossigeno è legato a due residui organici. La reazione principale degli alcoli è la **sostituzione nucleofila**, che consiste nella sostituzione del gruppo ossidrile con un altro nucleofilo, mentre le reazioni dei fenoli sono quelle tipiche dell'anello benzenico, ovvero le **sostituzioni elettrofile aromatiche**. Gli eteri sono **inerti** verso la maggior parte dei reagenti chimici; la principale reazione che danno è quella di **scissione**: trattati con soluzioni concentrate di acidi alogenidrici ad alte temperature formano i corrispondenti *alogenuri alchilici* e *alcoli*.

2 Composti carbonilici

I composti carbonilici sono caratterizzati dal gruppo funzionale **carbonile**, ossia dal doppio legame tra carbonio e ossigeno. Questi composti si possono suddividere in **aldeidi** e **chetoni**, che differiscono per il tipo di sostituenti presenti sul gruppo carbonile: nelle aldeidi il carbonio sp^2 è legato a un atomo di idrogeno e a un residuo organico, mentre nei chetoni è legato a due residui organici, uguali o diversi. La reazione principale delle aldeidi e dei chetoni è l'**addizione nucleofila al carbonile**. In queste reazioni avvengono l'attacco di un nucleofilo al carbonio carbonilico, la rottura del legame π carbonio-ossigeno e la formazione di un nuovo legame σ tra il carbonio e il nucleofilo. Aldeidi e chetoni subiscono facilmente la **riduzione** con idrogeno molecolare in presenza di un catalizzatore metallico. È possibile, così, ottenere alcoli primari da aldeidi o secondari da chetoni.

3 Acidi carbossilici e loro derivati

Gli **acidi carbossilici** sono caratterizzati dalla presenza del **gruppo carbossile**, in cui un ossidrile è legato direttamente all'atomo di carbonio del carbonile. Sono tra gli acidi organici con maggiore comportamento acido. La reazione più importante di questa classe di composti è la **sostituzione nucleofila**, in cui il gruppo —OH viene sostituito da un nucleofilo. Gli **esteri** sono derivati in cui l'ossidrile del gruppo carbossilico è sostituito dal gruppo alcossilico, —OR. Questi composti si ottengono grazie all'**esterificazione di Fischer**, cioè la reazione tra un acido carbossilico e un alcol in presenza di un catalizzatore acido. Le **anidridi** sono composti che derivano dalla disidratazione degli acidi carbossilici effettuata ad alte temperature. Le **ammidi** sono derivati in cui l'ossidrile del gruppo carbossilico è sostituito da un gruppo amminico, $—NH_2$.

4 Le ammine

Le **ammine** sono composti in cui uno o più atomi di idrogeno dell'ammoniaca sono stati sostituiti da gruppi alchilici o aromatici. L'azoto del gruppo amminico è ibridato sp^3, gli atomi adiacenti al gruppo funzionale e il doppietto libero dell'azoto si dispongono in una geometria piramidale triangolare. Le ammine sono sostanze **basiche** grazie alla disponibilità del doppietto elettronico libero sull'azoto. Reagiscono con acidi inorganici, formando il corrispondente sale d'ammonio solubile in acqua (**reazione di salificazione**). Essendo sostanze nucleofile, reagiscono facilmente con alogenuri alchilici tramite una sostituzione nucleofila per formare ammine secondarie o terziarie (**reazione di alchilazione**).

5 I polimeri

I **polimeri** sono molecole a elevato peso molecolare. Sono formati da unità molecolari che si ripetono (**monomeri**), legate da legami covalenti che si formano tramite il processo di **polimerizzazione**. Possono essere classificati in base al processo di polimerizzazione impiegato per ottenerli in polimeri **di addizione** e **di condensazione**. La **poliaddizione** è il processo di polimerizzazione che avviene per reazione di addizione tra i vari monomeri. La reazione avviene comunemente per via radicalica. La **policondensazione** prevede la reazione dei monomeri con eliminazione di piccole molecole come acqua, acido cloridrico o metanolo. I monomeri impiegati in questa polimerizzazione devono contenere due gruppi funzionali che reagiscono facilmente fra loro. Le due classi più importanti di polimeri che si ottengono con la policondensazione sono le **poliammidi** e i **poliesteri**.

THE CHAPTER IN REVIEW

- **Organic compounds** also include substances that contain other elements than carbon and hydrogen. The most important classes are: **alcohols**, **phenols** and **ethers**, which have a simple oxygen-carbon bond; **carbonyl compounds** and **carboxylic acids**, which have a double oxygen-carbon bond; and **amines**, which contain nitrogen.
- **Carboxylic acids** are the strongest organic acids, while **amines** are basic organic compounds.
- **Polymers** are compounds with high molecular weigh, formed by long strands of molecular units called **monomers**; they are classified as **polyaddition** or **polycondensation** polymers, according to the synthetic process used to form them.

Termini chiave *Key Terms*

Alcoli *Alcohols*
Aldeidi *Aldehydes*
Ammidi *Amides*
Ammine *Amines*
Anidridi *Anhydrides*
Chetoni *Ketones*
Esteri *Esters*
Eteri *Ethers*
Fenoli *Phenols*
Monomero *Monomer*
Poliammidi *Polyamides*
Poliesteri *Polyesters*
Polimero *Polymer*

LE MAPPE DELL'UNITÀ

Competenza disciplinare ➔ Riconoscere e stabilire relazioni tra i concetti

Completa gli schemi

A

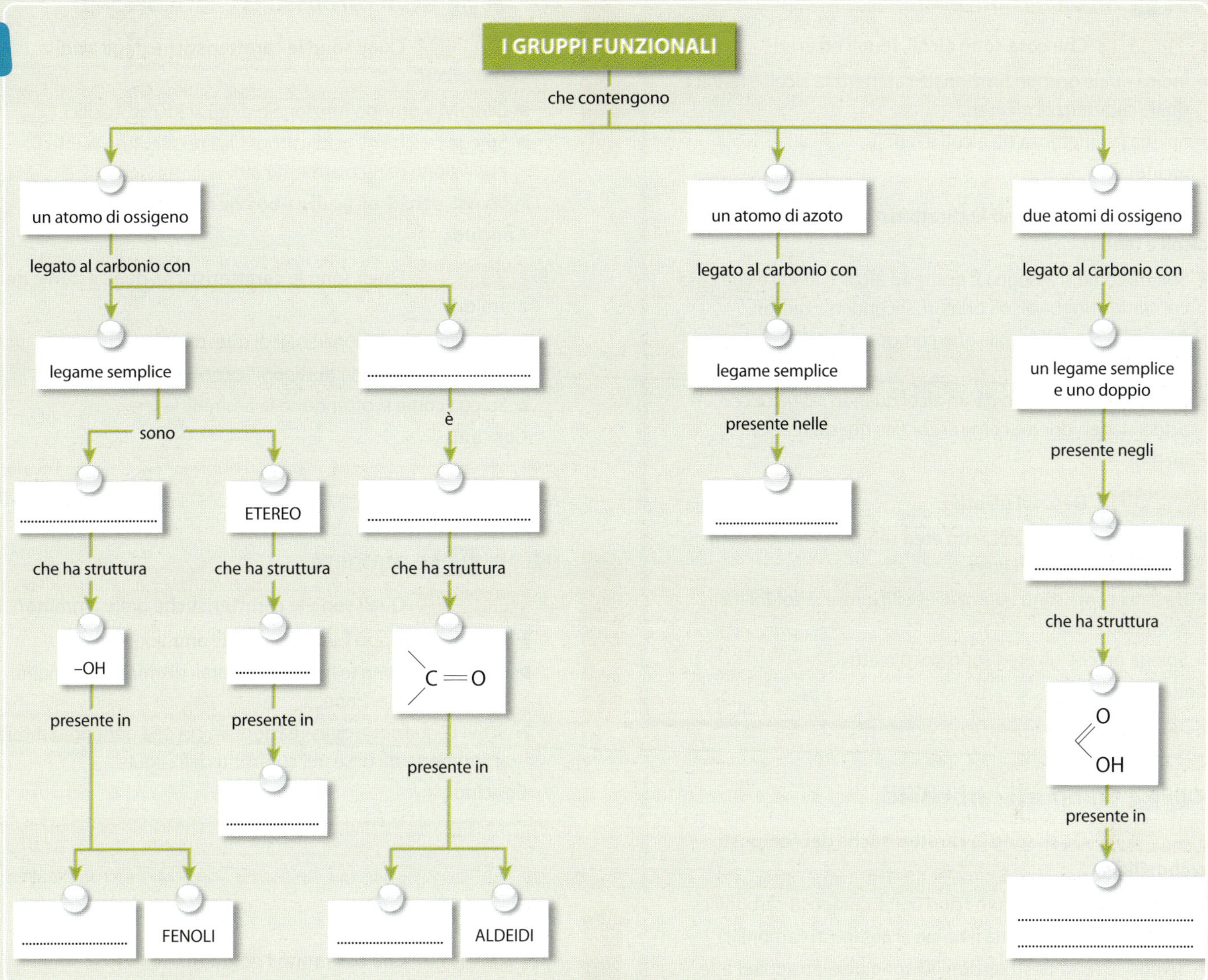

B

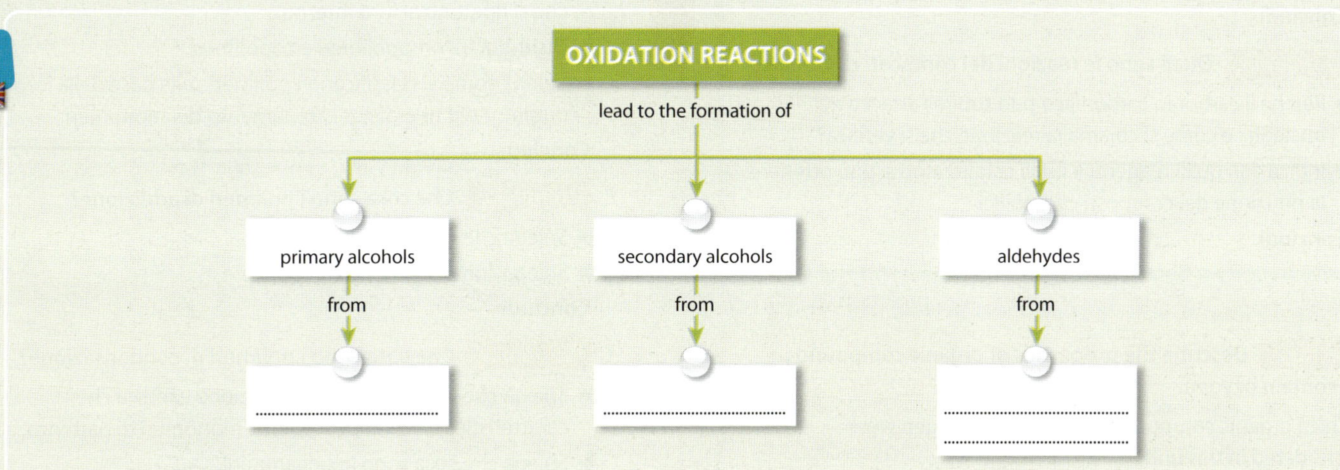

C Progetta e disegna una mappa che abbia come nodo centrale «i polimeri».

PROVE D'INTERROGAZIONE

Competenza disciplinare ▶ Effettuare connessioni logiche e comunicare in forma orale

LEZIONE 1 Alcoli, fenoli, eteri

A. Domanda: Che cosa sono alcoli, fenoli ed eteri?

- ▶ Indica quale gruppo funzionale caratterizza alcoli e fenoli e quale caratterizza gli eteri.
- ▶ Spiega la differenza tra alcoli e fenoli.

Concludi.

B. Domanda: Quali sono le caratteristiche e le reazioni di alcoli e fenoli?

- ▶ Spiega come si assegna il nome ad alcoli e fenoli e che cosa contraddistingue alcoli primari, secondari e terziari.
- ▶ Spiega se alcoli e fenoli sono composti polari o apolari e se sono solubili in acqua.
- ▶ Indica quale prodotto dà un alcol quando reagisce con un acido alogenidrico e come si chiama questa reazione.

Concludi.

C. Domanda: Descrivi gli eteri.

- ▶ Spiega che differenza c'è tra eteri semplici e misti e come si assegna il nome agli eteri.
- ▶ Descrivi come sono i punti di ebollizione e la solubilità in acqua degli eteri.
- ▶ Spiega perché gli eteri sono poco reattivi.

Concludi.

LEZIONE 2 Composti carbonilici

A. Domanda: Quali sono le caratteristiche dei composti carbonilici?

- ▶ Indica come si chiamano i due tipi di composti carbonilici.
- ▶ Spiega come si assegna il nome ai composti carbonilici
- ▶ Spiega se i composti carbonilici sono polari o apolari e se sono solubili in acqua.

Concludi.

B. Domanda: Quali sono le reazioni dei composti carbonilici?

- ▶ Perché il carbonio carbonilico può subire l'attacco dei nucleofili e come si chiama la reazione che si verifica?
- ▶ Indica con quali reagenti e quali catalizzatori si può ottenere la riduzione dei composti carbonilici.

Concludi.

Question: Describe the properties of organic compounds that contain oxygen.

- ▶ Which organic compounds that contain oxygen were considered in this unit?
- ▶ Which of these compounds can have a hydrogen bond?
- ▶ Which of these compounds possess acid properties?

Conclude your exposition.

LEZIONE 3 Acidi carbossilici e loro derivati

A. Domanda: Quali sono le caratteristiche degli acidi carbossilici?

- ▶ Descrivi il gruppo funzionale degli acidi carbossilici.
- ▶ Spiega perché gli acidi carbossilici possiedono punti di ebollizione particolarmente alti.
- ▶ Spiega perché gli acidi carbossilici sono acidi.

Concludi.

B. Domanda: Quali sono le caratteristiche degli esteri e delle ammidi?

- ▶ Descrivi i gruppi funzionali di questi composti.
- ▶ Descrivi la reazione di saponificazione.
- ▶ Spiega come si ottengono le ammidi.

Concludi.

LEZIONE 4 Le ammine

A. Domanda: Quali sono le caratteristiche delle ammine?

- ▶ Descrivi il gruppo funzionale delle ammine.
- ▶ Indica quali sono le formule generali di ammine primarie, secondarie e terziarie.
- ▶ Scrivi l'equazione della reazione in cui una generica ammina si comporta da base nei confronti dell'acqua.

Concludi.

LEZIONE 5 I polimeri

A. Domanda: Che cosa sono i polimeri?

- ▶ Spiega che cosa sono i polimeri e come si chiamano le unità che si ripetono al loro interno.
- ▶ Distingui tra omopolimeri e copolimeri.
- ▶ Spiega come si classificano i polimeri sulla base della loro origine e del tipo di concatenamento dei monomeri.

Concludi.

B. Domanda: Che cosa sono i polimeri di addizione?

- ▶ Spiega che cos'è la poliaddizione.
- ▶ Spiega come si ottiene il polietilene.

Concludi.

C. Domanda: Che cosa sono i polimeri di condensazione?

- ▶ Spiega che cos'è la policondensazione e indica che caratteristica devono possedere i monomeri di partenza.
- ▶ Spiega che cosa sono le poliammidi.
- ▶ Spiega che cosa sono i poliesteri e quali monomeri si impiegano per ottenerli.

Concludi.

TEST E QUESITI

Competenza disciplinare ▶ Applicare le conoscenze acquisite (es. 1-8)
Applicare il linguaggio scientifico (es. 9)
Spiegare in forma scritta fenomeni e processi (es. 10-15)

Scegli la risposta corretta

1. Il 3-pentanolo è un…
   - A alcol primario.
   - B alcol secondario.
   - C alcol terziario.
   - D fenolo.

2. Negli eteri un atomo di ossigeno lega…
   - A due gruppi che possono essere sia alifatici sia aromatici.
   - B due gruppi alifatici.
   - C due gruppi aromatici.
   - D un idrogeno e un gruppo alifatico.

3. Il composto qui sotto è…

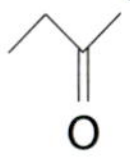

   - A un alcol.
   - B un etere.
   - C un'aldeide.
   - D un chetone.

4. I punti di ebollizione di aldeidi e chetoni, se paragonati con composti di simile peso molecolare, sono più…
   - A alti di quelli sia degli alcoli sia degli alcani.
   - B alti di quelli degli alcoli, ma più bassi di quelli degli alcani.
   - C alti di quelli degli alcani, ma più bassi di quelli degli alcoli.
   - D bassi di quelli sia degli alcoli sia degli alcani.

5. Gli acidi carbossilici hanno una spiccata acidità perché…
   - A possono dare legame a idrogeno.
   - B sono molto polari.
   - C lo ione che si forma è molto stabile.
   - D sono molto solubili in acqua.

6. I saponi sono…
   - A sali di acidi carbossilici a catena lunga.
   - B acidi carbossilici a catena lunga.
   - C esteri a catena lunga.
   - D trigliceridi.

7. Le ammine hanno un comportamento…
   - A acido.
   - B basico.
   - C neutro.
   - D anfotero.

8. I monomeri che si utilizzano per ottenere le poliammidi devono contenere…
   - A doppi legami.
   - B un gruppo carbossilico e uno ossidrilico.
   - C un gruppo amminico e uno ossidrilico.
   - D un gruppo carbossilico e un gruppo amminico.

Metti in relazione

9. Completa la tabella scrivendo i termini mancanti.

Primo termine		Secondo termine
Il carbonio degli alcoli	ha ibridazione	....
....	contengono	più di un gruppo —OH.
Il gruppo carbonile	è planare con angoli di	....
....	contiene	sia un ossidrile sia un carbonile.
Il gruppo amminico	ha una forma	....
....	si ottengono per addizione	o per condensazione.

Rispondi utilizzando i termini indicati

10. Quali sono le caratteristiche fisiche di alcoli e fenoli?
    legame a idrogeno – peso molecolare – elettronegatività – idrofobo – solubilità – polari

11. I composti carbonilici sono polari o apolari? Perché?
    simmetria – parziale carica positiva – carbonio – doppio legame

12. Quale reazione si utilizza per la sintesi degli esteri? Descrivila e fai un esempio.
    alcol – catalizzatore – equilibrio – eccesso – acido acetico – acqua – gruppo alcossilico

Rispondi e motiva la tua risposta

13. Quali dei seguenti composti organici non possono esistere? Perché?
    a. 2-metil-2-propanone
    b. Pentanale
    c. 2-butanolo
    d. Acido 3-esanoico

14. Indica se la seguente affermazione è vera o falsa.
Il 2-butanolo è un isomero strutturale del butanone.

Rispondi alla domanda in base all'estensione richiesta

15. Spiega perché gli eteri sono poco reattivi e descrivi in che cosa consiste la reazione di scissione. (**massimo 10 righe**)

In English Competenza trasversale Usare la lingua inglese in un contesto scientifico

Use the terms in the keyword list to complete the following sentences

1. 1-propanol and 2-propanol are ....
2. The basic hydrolysis of triglycerides is called ....

Choose the right answer for the following questions

3. What type of reaction is sterification?
   - A Nucleophilic addition.
   - B Nucleophilic substitution.
   - C Electrophilic substitution.
   - D Salification.
4. All polymers contain a repetition of units called…
   - A monomers.
   - B omopolymers.
   - C additives.
   - D radicals.

Answer in a few words

5. What are the reactions of carbonyl compounds?
....
....
....

IL MIO ESAME DI STATO
Esercizi di simulazione della **Terza Prova**

1. **Tipologia A della Terza Prova**
Che cos'è un polimero? Descrivi le principali reazioni di polimerizzazione facendo degli esempi. (**massimo 15 righe**)

2. **Tipologia B della Terza Prova**
I saponi sono molecole con caratteristiche particolari. Descrivi com'è possibile ottenerli e qual è il meccanismo del loro funzionamento.

3. **Tipologia C della Terza Prova**
Scegli la risposta corretta.
Le aldeidi e i chetoni…
   - A sono derivati degli acidi carbossilici.
   - B sono composti acidi.
   - C sono composti poco reattivi.
   - D contengono un atomo di carbonio ibridato sp^2.

4. **Tipologia C della Terza Prova**
Scegli la risposta corretta.
Il composto:

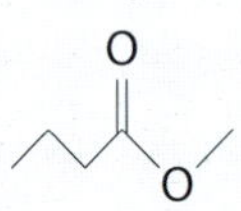

   - A è un derivato dell'acido butanoico.
   - B è un isomero strutturale dell'acido pentanoico.
   - C si ottiene tramite l'esterificazione di Fischer.
   - D tramite idrolisi alcalina produce metanolo.

Proposte per l'incremento dei crediti scolastici (cumulabili nel voto d'esame)

5. Le materie plastiche sono polimeri con proprietà fisiche particolari e costituiscono molti degli oggetti che usiamo quotidianamente. Scrivi una tesina su questo tema tenendo conto dei seguenti argomenti:
   - quali sono i polimeri più utilizzati;
   - le metodologie di produzione dei polimeri;
   - le materie prime più impiegate;
   - tecniche per ottimizzare le caratteristiche fisiche dei polimeri;
   - le scoperte più importanti sulla produzione di polimeri di ricercatori italiani;
   - la lavorazione delle materie plastiche;
   - le problematiche inerenti lo smaltimento di queste sostanze e il loro eventuale riciclo.

LABORATORIO

Competenza disciplinare ▶ Saper organizzare ed eseguire attività sperimentali in laboratorio

SINTESI DEL SAPONE

Hai bisogno di:

- guanti protettivi
- occhiali protettivi
- beuta da 250 ml
- cilindro graduato da 25 ml
- 2 becher da 250 ml
- refrigerante
- piattello riscaldante con agitatore magnetico
- ancoretta magnetica
- termometro
- sostegno con pinze e anello portaimbuti
- bilancia
- carta da filtro in dischi
- imbuto
- spruzzetta
- olio di oliva
- idrossido di sodio 6M [C]
- etanolo 16 ml [F]
- cloruro di sodio
- ghiaccio

La reazione in esame è quella di saponificazione, cioè l'idrolisi basica dei trigliceridi. Questa reazione permette di ottenere il glicerolo e i sali degli acidi a lunga catena idrocarburica, cioè i *saponi*:

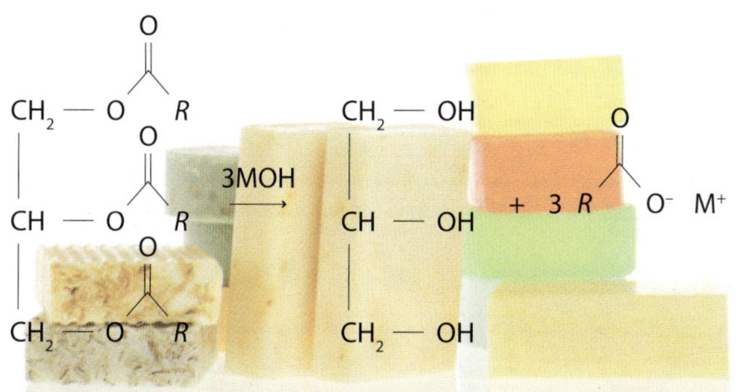

I sali di sodio ($M^+ = Na^+$) costituiscono le saponette, mentre i sali di potassio ($M^+ = K^+$) sono utilizzati per i saponi liquidi. Per la reazione impiegheremo l'olio di oliva, costituito da una miscela di trigliceridi, cioè triesteri formati da un alcol trivalente, il glicerolo, e acidi carbossilici a catena idrocarburica lunga.

Attenzione **Non versare l'idrossido di sodio sulla pelle e sui vestiti. Evitarne particolarmente il contatto con gli occhi.**

Procedura

Pesa sulla bilancia 4 g di olio d'oliva nella beuta.

Indossando occhiali e guanti protettivi, versa 16 ml di idrossido di sodio 6M e 16 ml di etanolo nella beuta e inizia ad agitare.

Posiziona la beuta sulla piastra e fissa il refrigerante al sostegno sopra la beuta ▶ A, quindi scalda la soluzione fino a ebollizione, sempre agitando, per 30 minuti. Controlla che la temperatura del bagno a olio non superi gli 80 °C.

Durante questo tempo prepara nel becher 70 ml di soluzione satura di cloruro di sodio e raffreddala in un bagno di ghiaccio.

Fai raffreddare la miscela di reazione a temperatura ambiente e trasferisci il contenuto della beuta nel becher contenente la soluzione di cloruro di sodio.

Agita vigorosamente la miscela ottenuta e lasciala riposare per 15 minuti. Osserverai la separazione di un solido.

Appoggia l'imbuto sull'anello e disponi il filtro sull'imbuto; per fare sì che il filtro aderisca bene alle pareti dell'imbuto, bagna il filtro stesso con un po' di acqua. Poni un becher vuoto da 250 ml sotto l'imbuto.

Versa con attenzione dal primo becher la miscela contenente il solido; questo rimane sul filtro, mentre il filtrato viene raccolto nel secondo becher.

Lava il solido con circa 20 ml di acqua fredda.

Il solido ottenuto sul filtro è il sapone, che deve essere seccato lasciandolo all'aria per qualche giorno. Per velocizzare il processo del sapone, trasferisci il solido ogni giorno su carta da filtro nuova.

Rispondi alle domande

a. I reagenti sono introdotti con rapporto stechiometrico esatto?

b. L'olio di oliva è un prodotto di partenza conveniente dal punto di vista commerciale?

c. Quale può essere il rischio nell'utilizzare un sapone fatto in casa?

d. Se invece di idrossido di sodio impieghi idrossido di potassio, che tipo di sapone ottieni? Quali difficoltà potresti incontrare in questo caso seguendo tale procedura?

A L'apparecchiatura impiegata nella saponificazione

UNITÀ D3

Le biomolecole

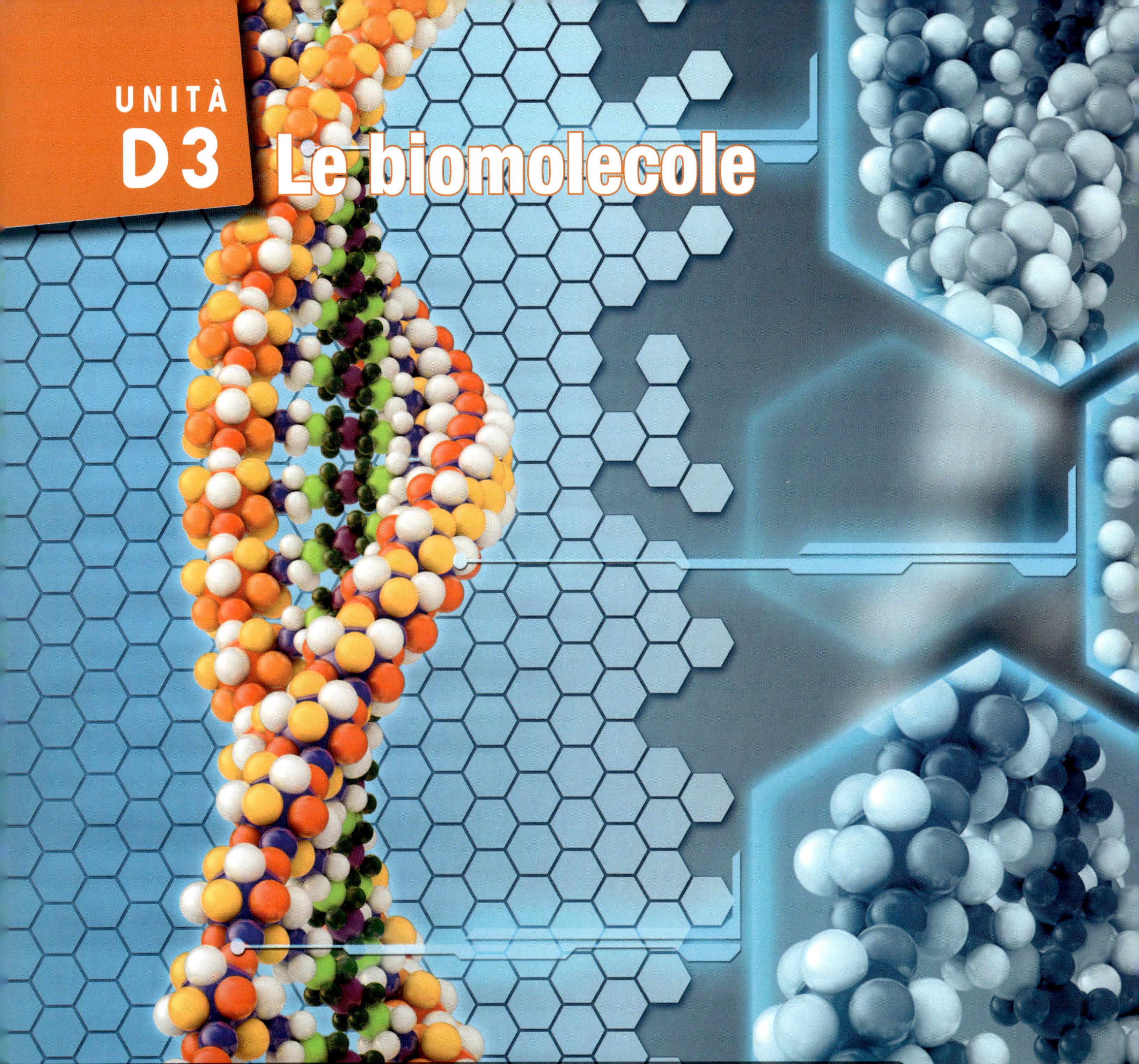

Osserva... Tutti gli esseri viventi, dai più complessi, come l'uomo, gli animali e le piante, ai più semplici, come i batteri, sono costituiti da cellule. Le cellule sono la più piccola unità vivente e sono il mattone costitutivo di ogni organismo. Se le andiamo ad analizzare con «occhio chimico», scomponendole fino a determinare le molecole che le costituiscono, scopriremo che la varietà della vita che ci circonda ha origine dalla stessa tipologia di molecole. Queste molecole sono perciò chiamate *biomolecole*: le molecole della vita. Tra queste le più importanti sono sicuramente gli acidi nucleici, in particolare il DNA. Questa macromolecola è la responsabile della trasmissione dei caratteri ereditari e caratterizza ogni essere vivente. Il DNA è stato isolato per la prima volta nel 1869 da Friedrich Miescher, ma solo negli anni Cinquanta del XX secolo ne fu determinata la struttura esatta da James Watson e Francis Crick, grazie ai dati sperimentali ottenuti da Rosalind Franklin. Da allora gli studi su questa macromolecola continuano, soprattutto in campo medico, in particolare per determinare l'origine di alcune malattie ereditarie. Nel 1984 Alec Jeffreys e i suoi colleghi elaborarono per la prima volta la cosiddetta «prova del DNA», un metodo di identificazione inconfutabile, ancora oggi ampiamente utilizzato in indagini scientifiche.

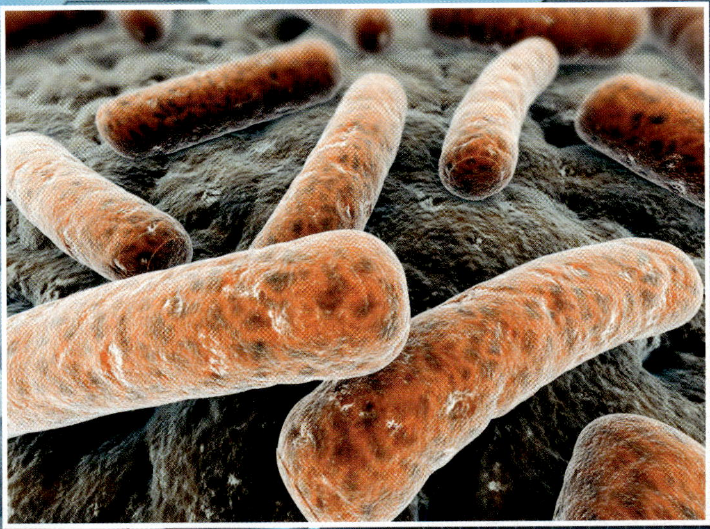

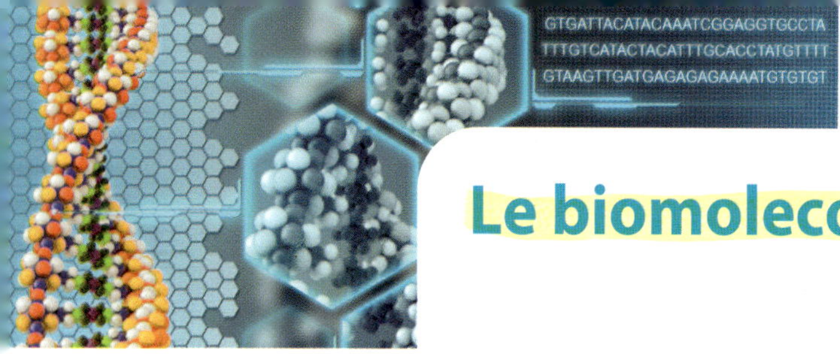

LEZIONE 1

Le biomolecole

Lessico Chimico

Enantiomero
dal greco *enantíos*, «opposto» e *méros*, «parte»
Enantiomer

1 Le principali biomolecole

Tutti gli esseri viventi dai più semplici, come i batteri, ai più complessi, come l'uomo, sono costituiti dalle stesse sostanze organiche, definite **biomolecole**: proteine, carboidrati, lipidi e acidi nucleici. Tale fatto rappresenta uno dei punti di somiglianza tra le varie specie ed è testimonianza della loro origine comune. Le biomolecole formano la struttura della cellula e sono protagoniste del metabolismo cellulare. Le **proteine** e gli **acidi nucleici** sono macromolecole, cioè, come visto nell'unità precedente, sono costituite da unità ripetitive legate fra loro da legami covalenti. Ogni specie vivente ha una propria serie di questi composti chimicamente distinti, ad esempio nel batterio *Escherichia coli* sono presenti circa 3000 tipi diversi di proteine, mentre nell'uomo ve ne sono fino a circa 10 000. L'immensa diversità di queste macromolecole può essere ricondotta a una sorprendente semplicità: le proteine sono costituite da venti amminoacidi in tutte le specie viventi, gli acidi nucleici sono costituiti da quattro unità di nucleotidi. La diversa disposizione nello spazio dei singoli monomeri porta alla formazione di una vasta varietà di molecole. Sia gli amminoacidi sia i nucleotidi hanno un'altra importate caratteristica: ciascuna di esse ha più di una funzione nella cellula. I primi vengono impiegati anche per sintetizzare negli organismi ormoni, alcaloidi, pigmenti e molte altre biomolecole. Molti nucleotidi sono invece impiegati anche come trasportatori di energia. Oltre a queste due grandi classi di macromolecole naturali, in questa unità ci occuperemo di altre importanti biomolecole quali i **carboidrati** e i **lipidi**, che hanno funzione sia di riserva energetica sia strutturale. I carboidrati in natura si trovano sia come composti semplici sia come macromolecole, dette *polisaccaridi*. I lipidi sono a loro volta divisi in molte classi, tutte caratterizzate dalla medesima natura idrocarburica. La struttura, la dimensione, la forma delle biomolecole hanno un'estrema importanza per la specificità delle loro interazioni biologiche. Per comprendere le caratteristiche di questi composti, che vedremo nelle prossime lezioni, è necessario studiare una proprietà che li caratterizza: la **chiralità**. Il concetto di chiralità è molto importante nello studio della chimica dei sistemi biologici, in quanto la quasi totalità dei composti presenti negli organismi viventi, come carboidrati e proteine, è chirale.

2 La chiralità

Molte delle principali biomolecole sono caratterizzate da **stereoisomeria ottica**, ovvero sono molecole che differiscono tra loro per la disposizione spaziale degli atomi e che sono l'una l'immagine speculare dell'altra. Questo tipo di isomeria è tipica di molecole che hanno un atomo di *carbonio asimmetrico*, cioè legato a quattro sostituenti diversi tra loro e che si possono quindi disporre spazialmente in maniera differente. L'orientazione nello spazio dei sostituenti di un atomo di carbonio asimmetrico è chiamata *configurazione*.

Vediamo ad esempio il bromoclorofluorometano, CHBrClF, che può esistere in due configurazioni non sovrapponibili:

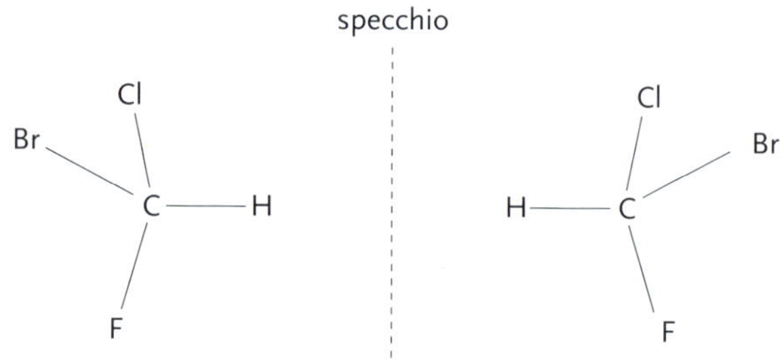

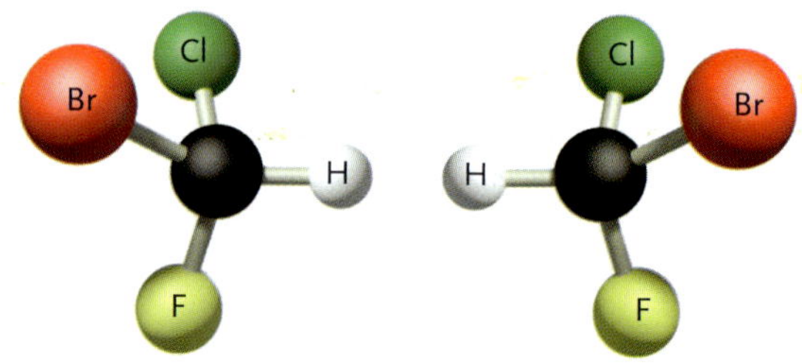

Per verificare che le due molecole non siano sovrapponibili, ruotiamo quella di destra di 180°:

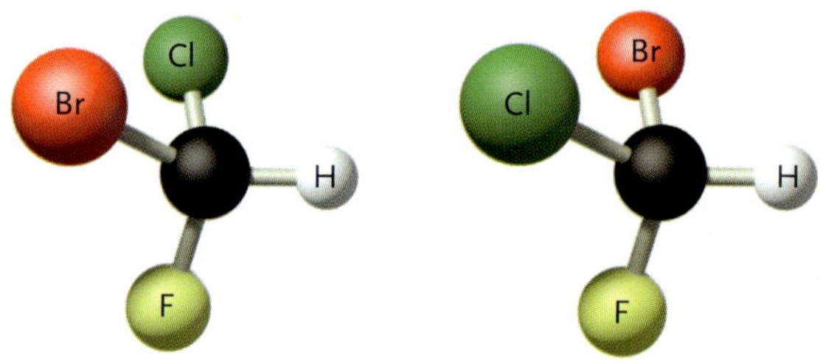

Queste due molecole sono dette **enantiomeri**: differiscono per la disposizione spaziale e sono l'una l'immagine speculare dell'altra, non sovrapponibili. L'atomo di carbonio legato a quattro sostituenti diversi è definito **centro stereogenico** o **stereocentro**; una molecola che contiene uno stereocentro e che esiste sotto forma di due enantiomeri è detta **chirale**. La parola «chirale» deriva dal greco *khéir*, che significa «mano», infatti le mani sono l'esempio più semplice di chiralità: la mano destra e la mano sinistra non possono essere sovrapposte e sono quindi l'una l'immagine speculare dell'altra, proprio come l'esempio della molecola precedente ▶ 1.

Una molecola che ha un solo stereocentro è chirale, ma nel caso in cui siano presenti due o più centri stereogenici non è detto sia chirale. È infatti necessario che la molecola non presenti piani di simmetria, cioè un piano che taglia la molecola in modo tale che ciascuna metà

1 Un esempio di chiralità: le mani

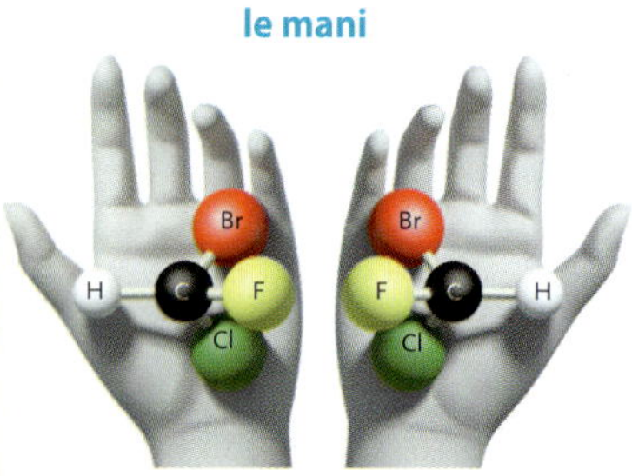

della molecola sia l'una l'immagine speculare dell'altra. Ad esempio l'acido tartarico possiede due stereocentri:

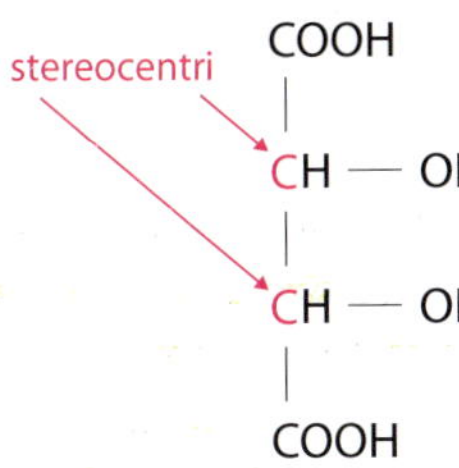

Per questa molecola esistono tre tipi di isomeri. Le prime due molecole sono una coppia di enantiomeri, la terza contiene un piano di simmetria interno ed è per questo definita **mesoforma**:

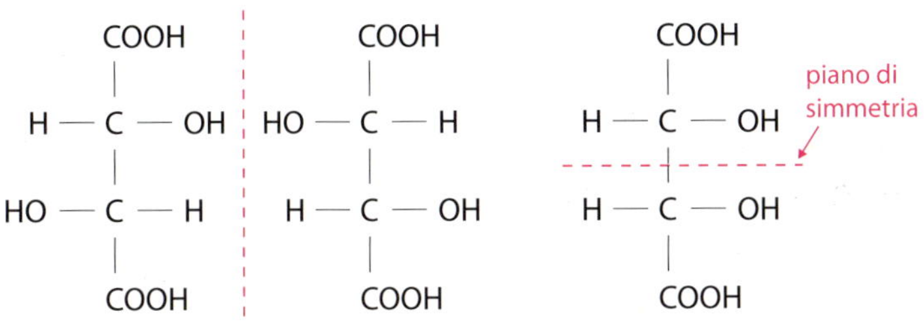

enantiomeri　　　　mesoforma

LE PROIEZIONI DI FISCHER Per rappresentare graficamente la disposizione tridimensionale dei gruppi atomici legati allo stereocentro possono essere impiegate le *formule prospettiche*, in cui i legami tratteggiati stanno sotto il piano del foglio, mentre quelli a cuneo stanno sopra il piano:

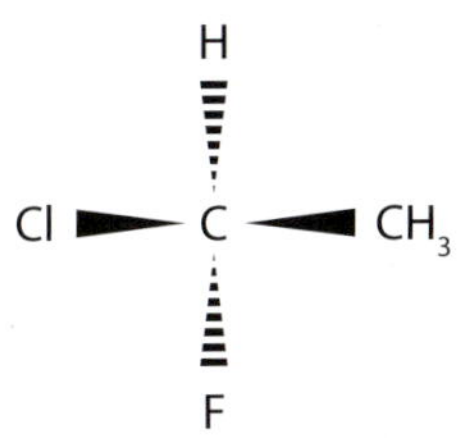

Questo tipo di rappresentazione non è troppo difficile nel caso di molecole in cui siano presenti uno o due stereocentri, ma diventa sempre più complessa all'aumentare del numero di stereocentri. Per i chimici è stato perciò necessario introdurre una convenzione per rappresentare nel piano le molecole tridimensionali, in maniera semplice e coerente. La prima rappresentazione fu introdotta da **Emil Fischer** (1852-1919) e subì successivamente semplificazioni fino ad arrivare all'attuale rappresentazione, che viene comunque chiamata **proiezione di Fischer**. In questa schematizzazione i legami che vengono sopra il piano del foglio sono disegnati orizzontalmente, mentre quelli diretti sotto il foglio sono verticali e lo stereocentro si trova nell'incrocio dei due segmenti:

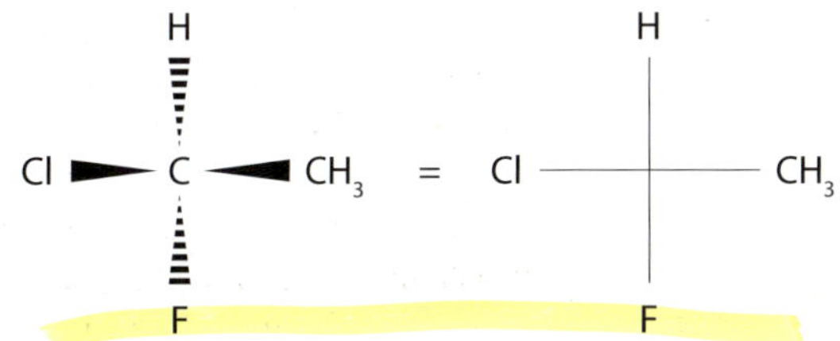

Scambiando le posizioni di due sostituenti qualsiasi intorno allo stereocentro, si trasforma la molecola nel suo enantiomero:

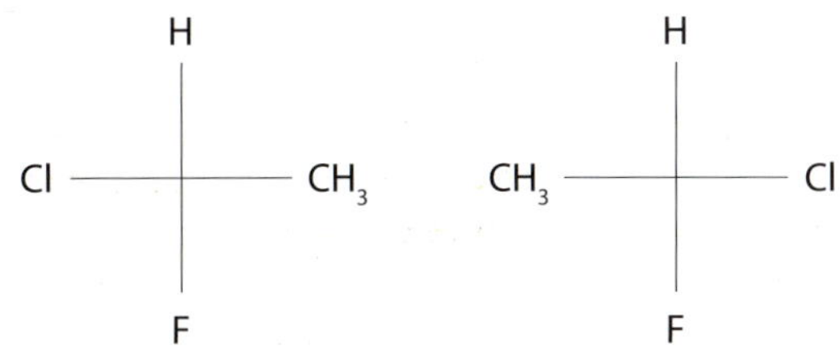

In molecole contenenti più atomi di carbonio la catena più lunga viene scritta sulla verticale. Come vedremo nelle lezioni successive, in natura è presente unicamente una delle forme enantiomeriche possibili.

AREA OPERATIVA

Domande chiave

1. Quali sono le principali classi di biomolecole? Indica una caratteristica per ciascuna di esse.
2. Quando due molecole sono enantiomeri?
3. Se in una molecola è presente più di uno stereocentro, la molecola è chirale?

Ragiona

1. Per il composto a fianco indica la coppia di enantiomeri e l'eventuale mesoforma.

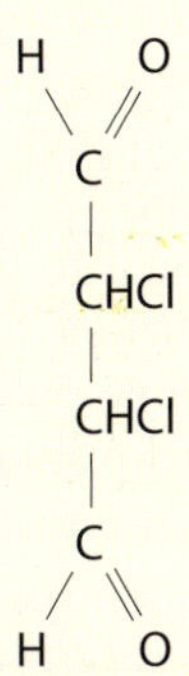

Risolvi i problemi

1. Indica, dove è presente, l'atomo di carbonio asimmetrico fra i seguenti composti.

a. 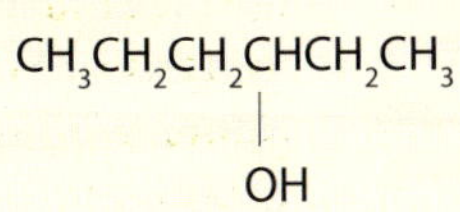

b. 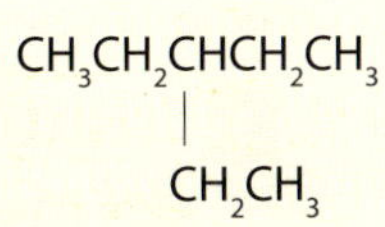

c. 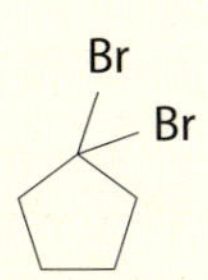

d. 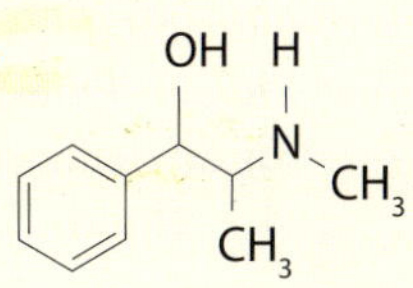

2. Quali delle seguenti molecole sono chirali?

a. 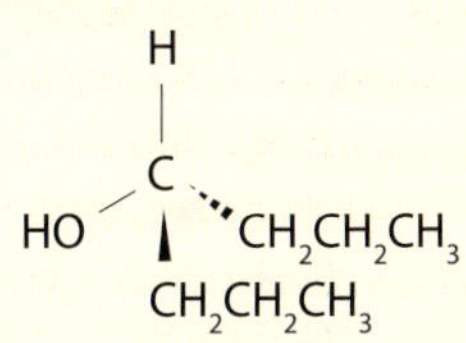

b. 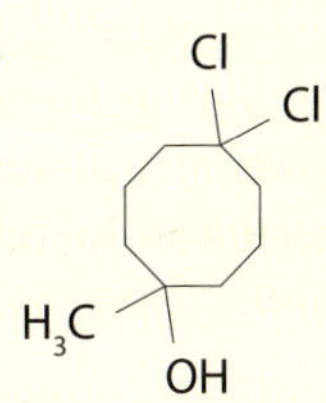

c. 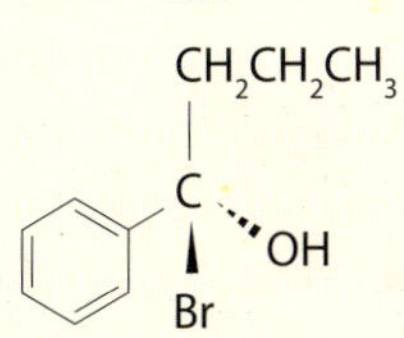

d. 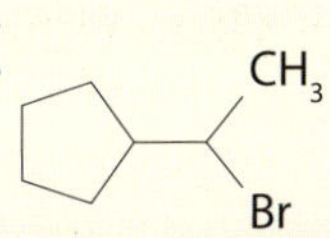

3. Rappresenta l'enantiomero di ciascuno dei seguenti composti.

a. 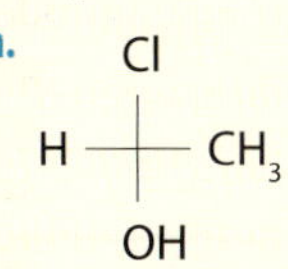

b. 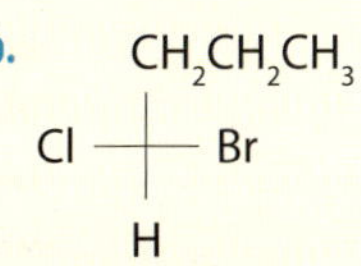

c. 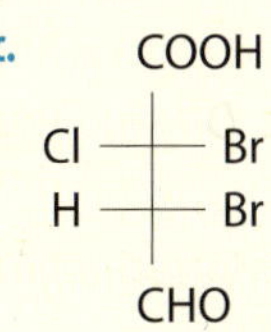

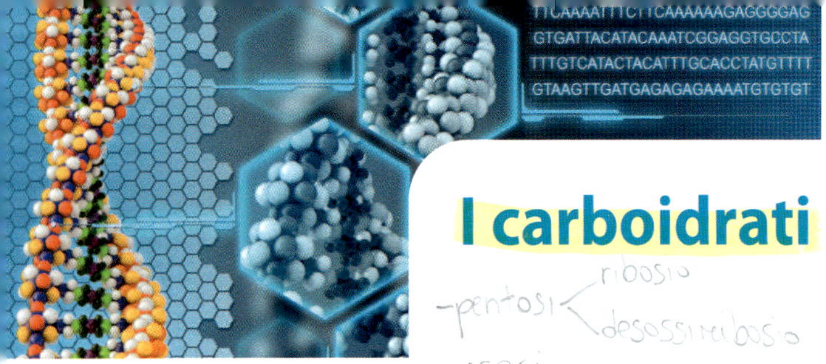

LEZIONE 2

I carboidrati

Lessico Chimico

Glucide
dal greco *glykýs*, «dolce»
Carbohydrate

Saccaride
dal latino *saccharum*, «zucchero»
Saccharide

Oligosaccaride
dal greco *olígos*, «poco» e dal latino *saccharum*, «zucchero»
Oligosaccharide

1 Caratteristiche generali

I **carboidrati** (o **glucidi** o **saccaridi**) sono le biomolecole più diffuse nel regno vegetale e animale. Il nome «carboidrati» deriva dalla loro formula bruta $C_n(H_2O)_m$, tipica degli *idrati del carbonio*. Successivamente fu scoperto che i glucidi sono aldeidi e chetoni poliossidrilati. I termini «glucide» e «saccaride», invece, derivano dal sapore dolce di alcuni di questi composti. I carboidrati vengono classificati in base alla complessità della loro struttura in:

- **monosaccaridi**, o **zuccheri semplici**, costituiti da un'unica unità di poliidrossialdeide o poliidrossichetone;
- **oligosaccaridi**, contenenti da due a dieci unità monosaccaridiche;
- **polisaccaridi**, veri e propri polimeri le cui unità ripetitive sono i monosaccaridi.

Le tre classi di carboidrati sono in relazione tra loro tramite la reazione di *idrolisi*: l'aggiunta di acqua, in presenza di un catalizzatore acido, permette di frammentare i polisaccaridi nelle unità più semplici, da oligosaccaridi a monosaccaridi:

$$\text{polissaccaride} \xrightarrow[H^+]{H_2O} \text{oligosaccaride} \xrightarrow[H^+]{H_2O} \text{monosaccaride}$$

Questa reazione è stata di fondamentale importanza per i chimici, perché ha permesso di individuare i monosaccaridi che costituiscono i carboidrati più complessi. I carboidrati hanno svariati ruoli biologici: forniscono energia agli organismi, fanno parte della struttura degli acidi nucleici, sono responsabili del riconoscimento cellulare e svolgono un ruolo strutturale nelle piante.

2 Monosaccaridi

I **monosaccaridi** sono carboidrati che non si possono scindere in unità più semplici tramite reazione di idrolisi, per questo sono detti **zuccheri semplici**. Possono essere classificati sia in base al numero di atomi di carbonio presenti nella catena in triosi, tetrosi, pentosi, esosi e così via, sia in base al gruppo carbonilico presente in **aldosi** o **chetosi**. I sistemi di classificazione possono essere racchiusi in un unico termine, avremo quindi: aldotriosi, chetotriosi, aldotetrosi, chetotetrosi e così via. I monosaccaridi più semplici sono i triosi 2,3-diidrossipropanale, o *gliceraldeide*, e il diidrossipropanone o *diidrossiacetone*:

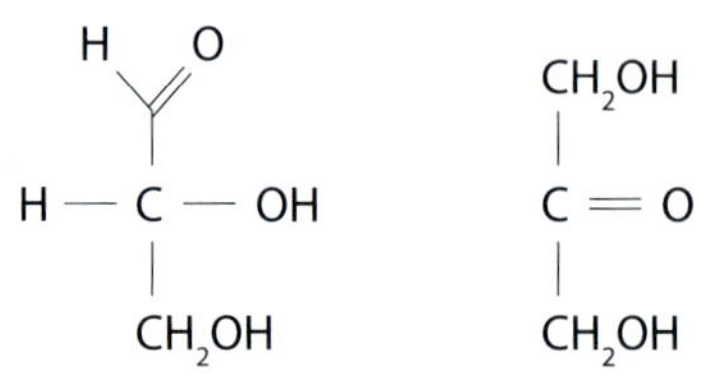

2,3-diidrossipropanale *gliceraldeide*　　diidrossipropanone *diidrossiacetone*

L'aggiunta di atomi di carbonio porta alla formazione di aldosi o chetosi a catena più lunga. Ogni atomo di carbonio aggiunto è sempre legato a un ossidrile. Tutti i monosaccaridi, a eccezione del diidrossiacetone, contengono uno o più atomi di carbonio stereogenici e possono quindi esistere sotto forma di due o più enantiomeri. Essendo perciò molecole chirali, risultò necessario introdurre una nomenclatura per distinguere le possibili configurazioni.
Nel 1891 Emil Fischer attribuì convenzionalmente la lettera **D** o **L** alla gliceraldeide in funzione della posizione del gruppo ossidrile nella proiezione planare. Nella rappresentazione, il gruppo carbonilico viene posto in alto e l'ossidrile può trovarsi a destra (D) o a sinistra (L):

D-gliceraldeide　　L-gliceraldeide

Dalla D-gliceraldeide può derivare uno degli enantiomeri del glucosio, anch'esso con l'ossidrile a destra:

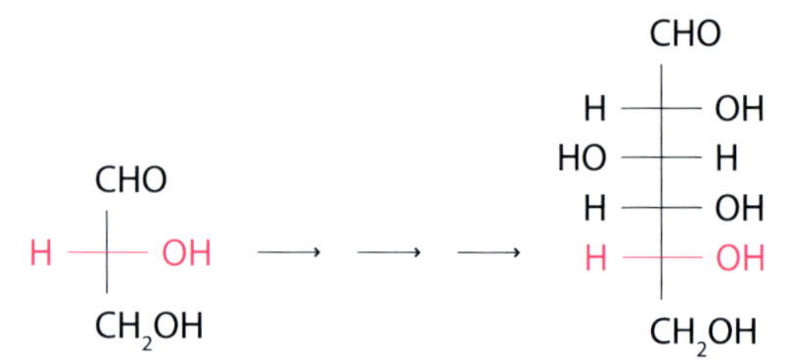

D-gliceraldeide　　D-glucosio

Quindi dalla D-gliceraldeide o dalla L-gliceraldeide si possono ottenere le serie D ▶ 1 e L degli aldosi.

Si possono così classificare tutti i carboidrati con la seguente regola:

i monosaccaridi si distinguono in D o in L a seconda che l'ossidrile legato al carbonio più lontano al gruppo carbonilico sia a destra o a sinistra rispetto alla catena nella rappresentazione di Fischer.

La maggioranza degli zuccheri di origine naturale appartiene alla serie D. I più importanti monosaccaridi in natura sono gli esosi, tra i quali il glucosio e il fruttosio sono quelli fondamentali nella nostra dieta ▶ 2.

3 Struttura ciclica dei monosaccaridi

In soluzione acquosa il glucosio è presente in forma lineare e ciclica. In soluzione i gruppi ossidrilici legati agli atomi di carbonio 4 e 5 si trovano in posizione idonea per reagire con il gruppo aldeidico per formare emiacetali ciclici (reazione tipica tra un alcol e un'aldeide). Questa reazione può portare alla formazione di due emiacetali: nel primo, l'ossidrile in posizione 4 si chiude formando un anello a cinque atomi; nel

1 La serie D degli aldosi

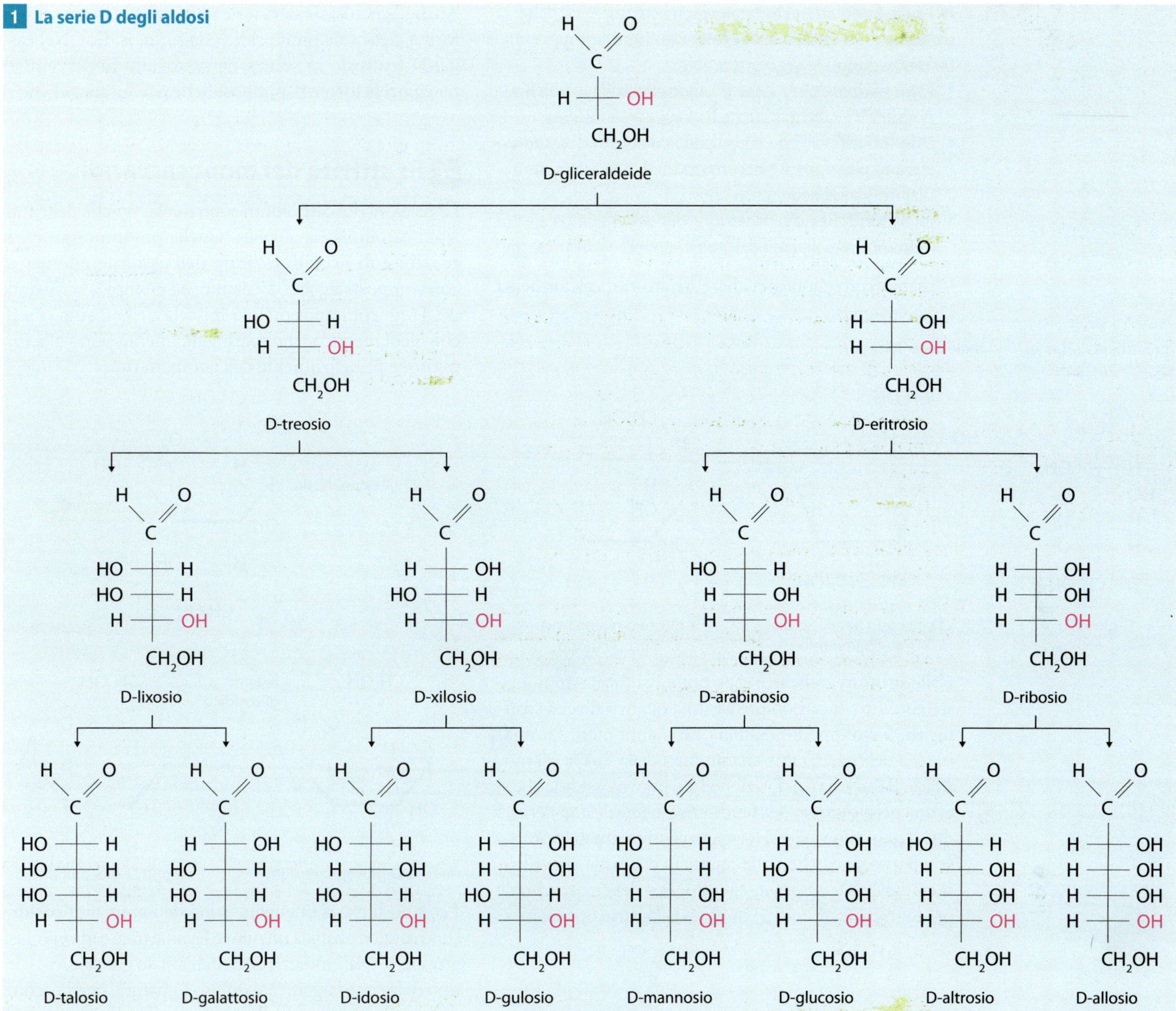

2 Le strutture del D-glucosio e del D-fruttosio

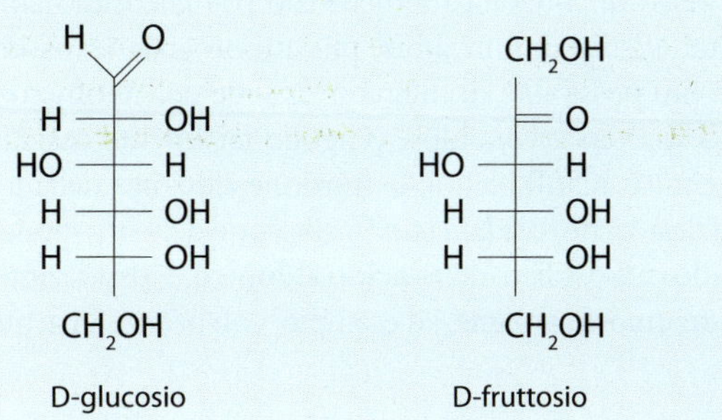

3 Struttura ciclica del glucosio

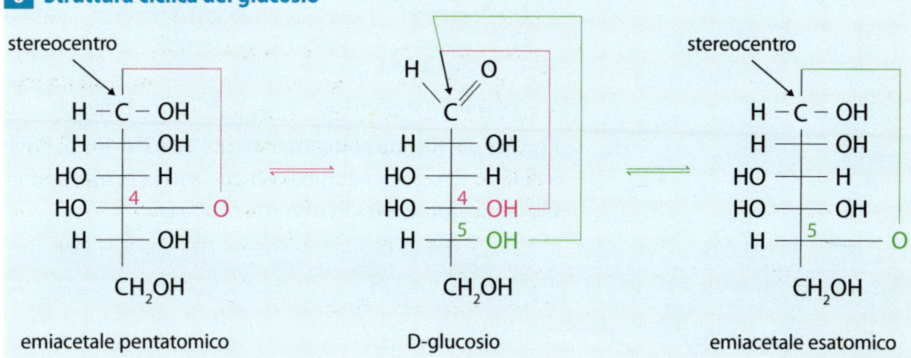

secondo, l'ossidrile in posizione 5 forma un anello a sei atomi ▶ 3.

In soluzione acquosa sono presenti entrambe le forme cicliche, ma nel caso del glucosio la più abbondante è quella con sei atomi, che prevale quasi completamente (95%). Il saccaride nella forma pentatomica viene chiamato *furanosio*, poiché richiama la struttura del furano (ciclo a cinque atomi, fra cui uno di ossigeno), mentre la forma esatomica viene chiamata *piranosio*, per analogia con l'eterociclo pirano ▶ 4.

4 Strutture del furano e del pirano

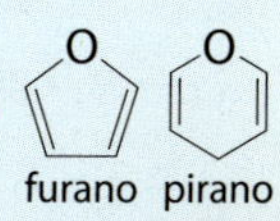

Per rappresentare facilmente queste strutture cicliche, si ricorre alle **proiezione di Haworth**. Queste rappresentazioni seguono le seguenti regole:

- l'atomo di ossigeno viene posto in alto nella forma furanosidica e in alto a destra nella forma piranosidica;
- a destra dell'ossigeno è posizionato l'atomo di carbonio che è in posizione 1 nelle proiezioni di Fischer; la numerazione prosegue in senso orario;
- gli ossidrili che nella proiezione di Fischer erano a destra figurano sotto il piano dell'anello e quelli a sinistra sopra.

Vediamo le proiezioni di Fischer e di Haworth per le forme del D-glucosio:

proiezione di Fischer — proiezione di Haworth

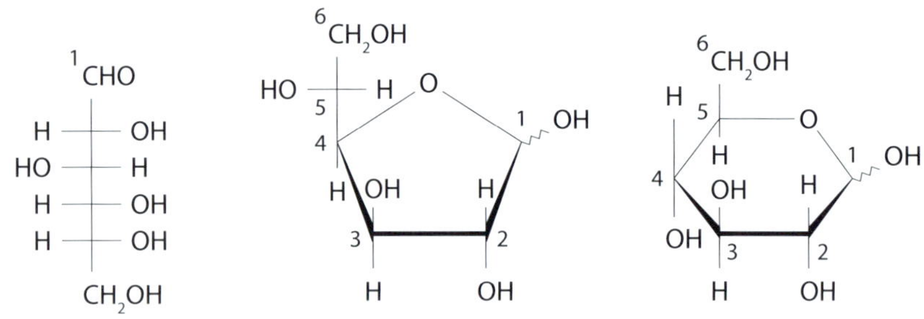

D-glucosio — D-glucosio furanosidico D-glucofuranosio — D-glucosio piranosidico D-glucopiranosio

Nelle strutture cicliche in posizione 1 si forma un nuovo stereocentro: il carbonio è legato a quattro diversi sostituenti. Sono quindi possibili due enantiomeri. Limitiamoci a descrivere i due enantiomeri della forma piranosidica. Il carbonio in posizione 1 e il nuovo ossidrile che si forma nel ciclo sono detti carbonio e ossidrile *anomerici*; i due stereoisomeri che si formano sono chiamati anomero α o β a seconda che l'OH anomerico si trovi rispettivamente dalla stessa parte dell'idrogeno del centro chirale più lontano (carbonio 5) oppure dalla parte opposta:

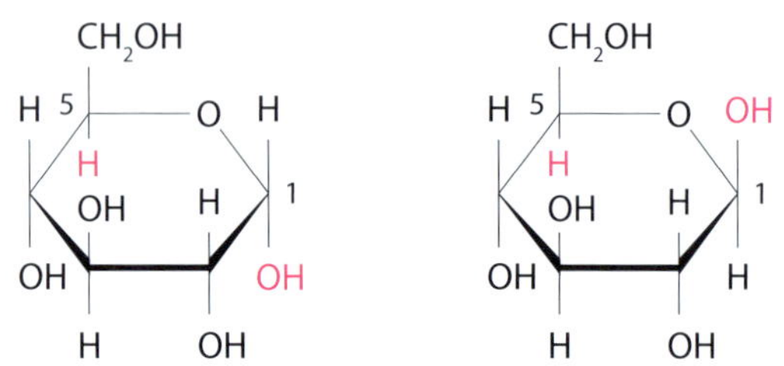

α-D-glucopiranosio — β-D-glucopiranosio

Le due forme in soluzione si interconvertono l'una nell'altra e sono in equilibrio anche con la forma aperta. Questo fenomeno è detto **mutorotazione**.

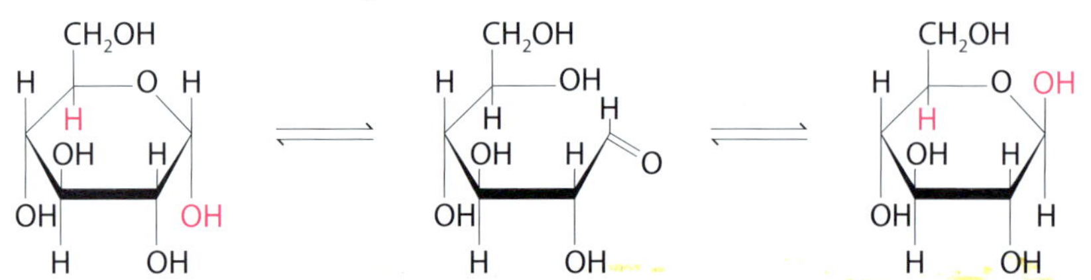

α-D-glucopiranosio — D-glucosio — β-D-glucopiranosio

Nel caso del glucosio in soluzione all'equilibrio si rileva un rapporto fra le forme α e β di 36 a 64.

Anche i chetosi in soluzione possono essere presenti in forma ciclica sia piranosidica sia furanosidica. Nel caso del D-fruttosio in soluzione si trovano in percentuali maggiori le forme β-piranosidiche e β-furanosidiche.

4 Reattività dei monosaccaridi

Le reazioni dei carboidrati sono quelle tipiche delle funzioni carbonilica e alcolica. Quella più importante è la **reazione di acetalizzazione** dell'ossidrile anomerico con composti alcolici. Vediamo, ad esempio, la reazione del D-glucopiranosio (una miscela delle forme α e β) con alcol metilico, che sperimentalmente porta alla formazione principalmente dell'anomero α:

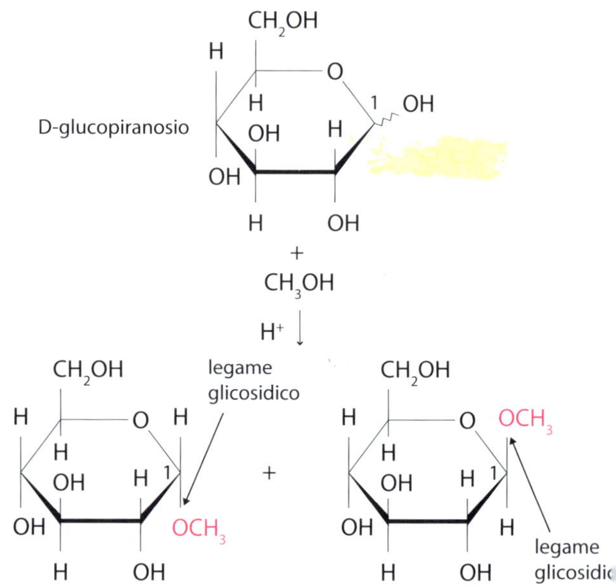

metil-α-D-glucopiranoside — metil-β-D-glucopiranoside

I composti che si ottengono sono denominati **glicosidi** e sono caratterizzati da un nuovo legame tra il carbonio 1 e il gruppo —OR. Questo legame è chiamato **glicosidico**. È un tipo di legame largamente diffuso in natura, perché, come vedremo, sta alla base della formazione degli oligosaccaridi e dei polisaccaridi. Il legame glicosidico viene indicato come α-glicosidico o β-glicosidico, a seconda che sia formato rispettivamente dall'anomero α o β. I glicosidi hanno la caratteristica di non subire più mutorotazione, ossia non c'è più possibilità di interconversione dell'anomero α in β o viceversa. Gli aldosi vengono facilmente ossidati da agenti ossidanti blandi: la funzione aldeidica della forma aciclica viene ossidata con formazione del corrispondente acido carbossilico, detto **acido aldonico**. L'ossidazione del D-mannosio avviene, ad esempio, con bromo in acqua:

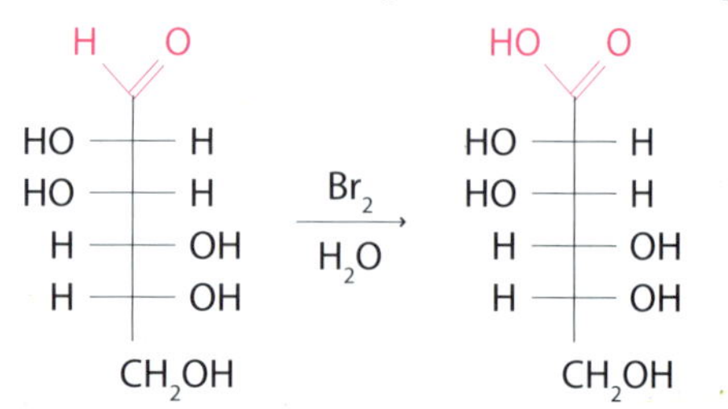

D-mannosio — acido mannonico

I chetosi, che hanno il gruppo chetonico in posizione 2, vengono ossidati in ambiente basico. Questo è in contrasto con quanto avevamo visto nelle unità precedenti, in cui si affermava che i chetoni non possono essere ossidati. In questo caso, però, i chetosi in ambiente fortemente basico subiscono la *reazione di isomerizzazione*, cioè la conversione in aldosi, che quindi possono essere ossidati. Gli agenti ossidanti più impiegati sono soluzioni basiche contenenti ioni Ag^+ (reattivo di Tollens) o ioni Cu^{2+} (reattivo di Fehling), che vengono rispettivamente ridotti ad argento metallico, che forma uno specchio sul fondo della provetta, e a ossido di rame (I), che forma un precipitato arancio. I carboidrati che reagiscono con questi reattivi sono definiti **zuccheri riducenti**, mentre quelli in cui il gruppo carbonilico è bloccato in un legame glicosidico non possono essere ossidati e per questo sono detti **zuccheri non riducenti**.

5 Disaccaridi

Gli oligosaccaridi più diffusi in natura sono quelli costituiti da due monosaccaridi, uguali o diversi, legati tramite un legame glicosidico, detti **disaccaridi**. Per stabilire la struttura di un disaccaride è necessario conoscere:

- qual è il gruppo ossidrile che forma il legame glicosidico, in genere quello legato al carbonio in posizione 4 o 6;
- la natura del carbonio anomerico, cioè se reagisce la forma α o β;
- la forma del monosaccaride, che può essere furanosidica o piranosidica.

Il legame glicosidico che si forma viene indicato sia come legame α o β, in base alla natura del carbonio anomerico che reagisce, sia con due numeri, ad esempio 1-4, che indicano le posizioni degli ossidrili che reagiscono:

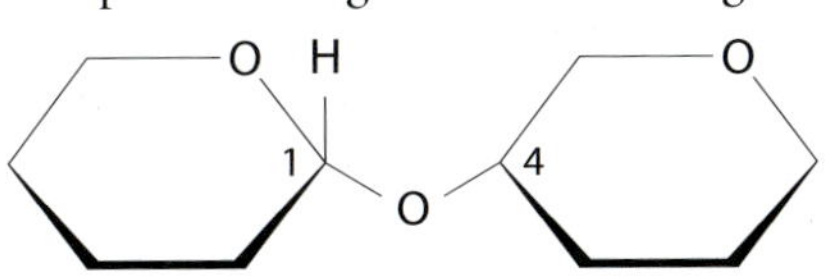

legame 1-4
legame α-glicosidico

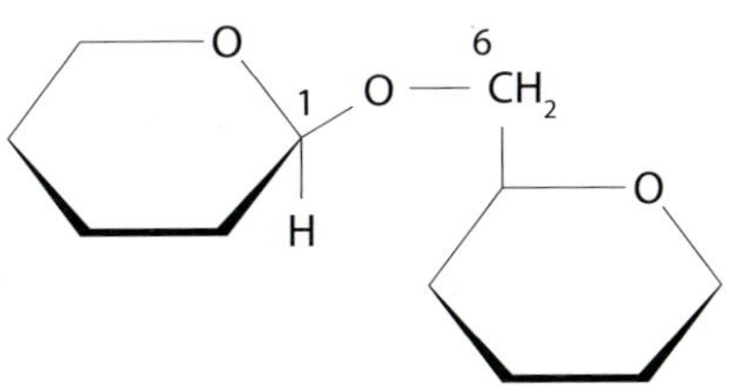

legame 1-6
legame β-glicosidico

I disaccaridi possono essere scissi, tramite la reazione di idrolisi, nei due monosaccaridi che lo formano. In natura questa reazione avviene a opera di enzimi specifici: alcuni sono addetti alla rottura del legame α-glicosidico, altri a quello β-glicosidico. I disaccaridi più comuni sono formati dall'unione di due esosi; fra questi vi sono il saccarosio, il lattosio, il maltosio e il cellobiosio.

IL SACCAROSIO Il **saccarosio** è il comune zucchero da tavola. È di origine vegetale e industrialmente viene preparato dalla canna da zucchero o dalla barbabietola da zucchero. Dal punto di vista chimico è formato da α-D-glucosio, in forma piranosidica, e da β-D-fruttosio, in forma furanosidica. La particolarità di questo disaccaride è che il legame glucosidico è formato tra i due ossidrili anomerici e per questa ragione è uno zucchero non riducente:

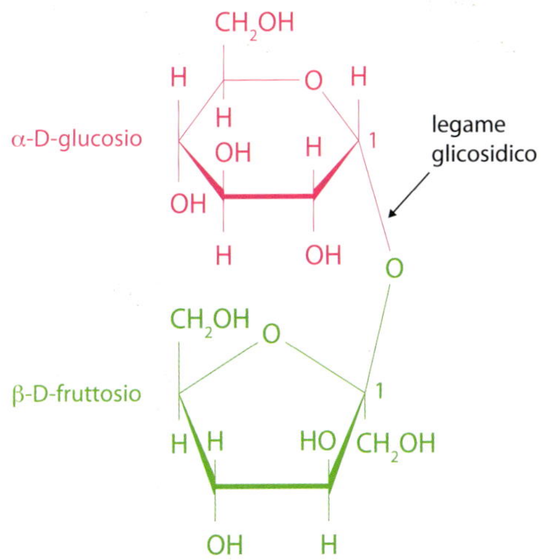

La scissione del saccarosio nei monosaccaridi di partenza fornisce una miscela di glucosio e fruttosio che risulta essere più dolce del saccarosio stesso. Questo perché il fruttosio è circa due volte più dolce del disaccaride ed è, infatti, il principale componente del miele. Per questo per la preparazione di tutti gli sciroppi zuccherini e dei canditi si procede con il riscaldamento dello zucchero in acqua con tracce di acido, come aceto o succo di limone.

IL LATTOSIO Il **lattosio** è lo zucchero presente nel latte degli animali, da cui il nome. È formato da una molecola di β-D-galattosio legato tramite il suo ossidrile anomerico all'OH in posizione 4 dell'α-D-glucosio (legame β-glicosidico, 1-4), entrambi nella forma piranosidica:

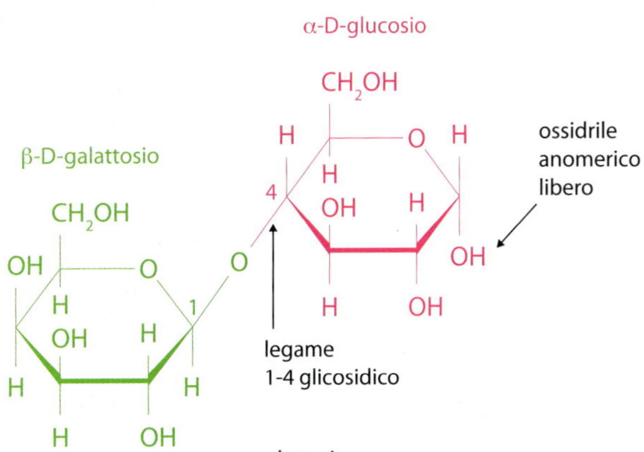

lattosio

Il lattosio è uno zucchero riducente, poiché l'ossidrile anomerico del glucosio è libero di reagire.

MALTOSIO E CELLOBIOSIO Il **maltosio** e il **cellobiosio** sono disaccaridi che vanno a costituire rispettivamente l'amido e la cellulosa, polisaccaridi che vedremo nel dettaglio nel paragrafo seguente. Entrambi sono formati da due molecole di glucosio in forma piranosidica e sono zuccheri riducenti, ma differiscono per la natura del legame glicosidico. Nel maltosio le due molecole di glucosio sono presenti in forma α, il legame è α-glicosidico, di tipo 1-4:

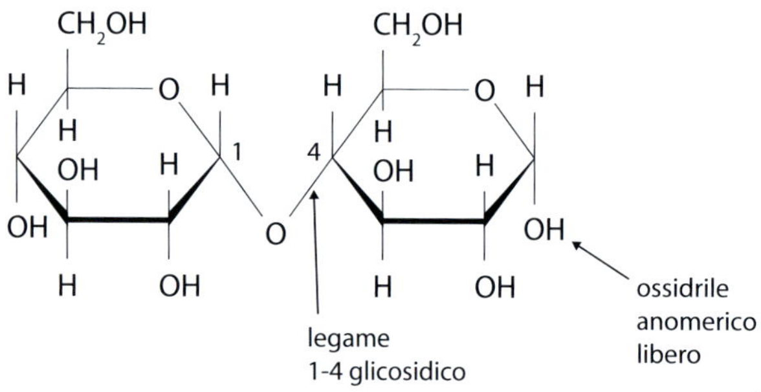

maltosio

Nel cellobiosio invece le due molecole di glucosio sono presenti in forma β, il legame è β-glicosidico di tipo 1-4:

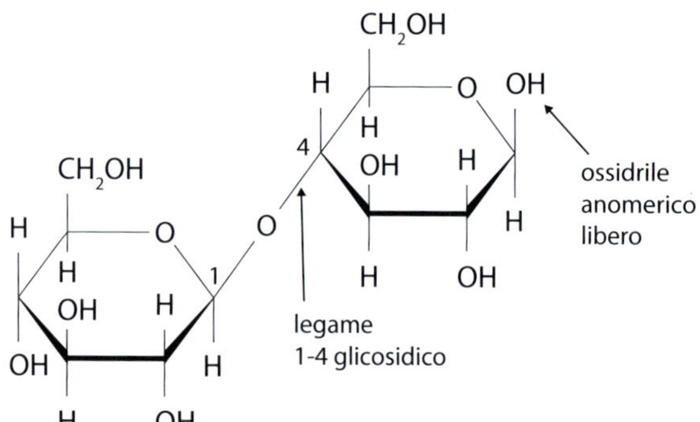

cellobiosio

6 Polisaccaridi

I **polisaccaridi** sono polimeri costituiti da monosaccaridi uniti tra loro da legami glicosidici. Vengono classificati in **omopolisaccaridi**, se sono costituiti da un unico monosaccaride, e in **eteropolisaccaridi**, se sono formati da monomeri diversi. I più importanti polisaccaridi dal punto di vista biologico sono l'*amido*, la *cellulosa* e il *glicogeno*.

L'**amido** costituisce la riserva energetica dei vegetali ed è la principale fonte di carboidrati nella dieta di un adulto, essendo presente in pane, pasta, patate, riso. È un polimero a elevato peso molecolare costituito da due frazioni: **amilosio** e **amilopectina**. L'amilosio è costituito da catene lineari di maltosio, mentre l'amilopectina è formata sia da maltosio sia da unità di glucosio unite tra loro con legami glicosidici di tipo 1-6. Questi ultimi legami fanno sì che all'interno dell'amido si formino ramificazioni ▸ 5.

La **cellulosa** è la sostanza organica più presente in natura, è il componente strutturale delle piante superiori, in cui costituisce il 50% del legno. È un polimero lineare costituito da cellobiosio. Il nostro organismo è capace di digerire l'amido e non la cellulosa, perché nel nostro apparato digerente sono presenti solo enzimi in grado di rompere i legami α-glicosidici, mentre i ruminanti digeriscono la cellulosa, perché nel loro stomaco sono presenti enzimi capaci di idrolizzare i legami β-glicosidici del cellobiosio.

Chimica Salute

L'intolleranza al lattosio

L'**intolleranza al lattosio** è una condizione in cui il consumo di latte e latticini provoca una reazione non allergica che si manifesta con disturbi gastrointestinali come gonfiore, dolore addominale e diarrea. Questo disturbo è dovuto all'incapacità dell'organismo di digerire il lattosio, lo zucchero del latte. La digestione del lattosio avviene nell'intestino tenue, ossia la prima parte dell'intestino. Qui intervene l'enzima β-galattosidasi, che rompe (idrolizza) il legame β-glicosidico del lattosio per formare il galattosio e il glucosio, i monosaccaridi che lo costituiscono ▸ A.

La produzione e l'attività di questo enzima iniziano a diminuire nella maggior parte delle persone intorno ai due anni di vita con una riduzione progressiva geneticamente programmata, ma i sintomi di intolleranza al lattosio raramente si sviluppano prima dei sei anni. Se questo enzima è assente o insufficiente, il latte rimane in parte indigesto e raggiunge il colon. Qui avviene la fermentazione batterica del lattosio, che produce grandi quantità di gas (CO_2 e H_2) e acidi organici irritanti. Questi provocano gonfiore, flatulenza, dolori addominali, nausea e diarrea. L'intolleranza al lattosio può essere **primaria** oppure **secondaria** o **transitoria**. Nel primo caso l'organismo non produce l'enzima β-galattosidasi per un difetto genetico, pertanto i sintomi dell'intolleranza si manifestano già nella prima infanzia. L'organismo può però anche soffrire di un'intolleranza transitoria, detta secondaria, per la temporanea perdita dell'enzima. Questa può essere dovuta a infezioni o lesioni del tratto gastrointestinale o a mutazioni dietetiche repentine. L'enzima β-galattosidasi, infatti, è considerato un enzima inducibile, capace cioè di aumentare numericamente in rapporto alla stimolazione del suo substrato. In altre parole, quando la dieta prevede soltanto una modesta e saltuaria introduzione di latte e latticini, la stimolazione alimentare può rappresentare uno stimolo insufficiente per la produzione dell'enzima adeguato alle necessità. Chi soffre di questa intolleranza può mangiare formaggi stagionati, yogurt e cibi cotti contenenti il latte, perché il lattosio è già stato idrolizzato nei suoi componenti durante la cottura oppure è già fermentato. Nel caso di intolleranza transitoria è sufficiente consumare latte e latticini in piccole quantità e aumentarle progressivamente in modo da stimolare la produzione dell'enzima. Per chi soffre di intolleranza primaria è comunque necessario garantire un sufficiente apporto di galattosio e glucosio che sono fondamentali per lo sviluppo. Il primo è essenziale per la formazione delle strutture nervose nel bambino, mentre il glucosio è la fonte di energia primaria dell'organismo. Per questo sono presenti in commercio latti delattosati in cui il lattosio si trova, per la maggior parte (70-75%), già idrolizzato.

A L'idrolisi del lattosio a opera dell'enzima

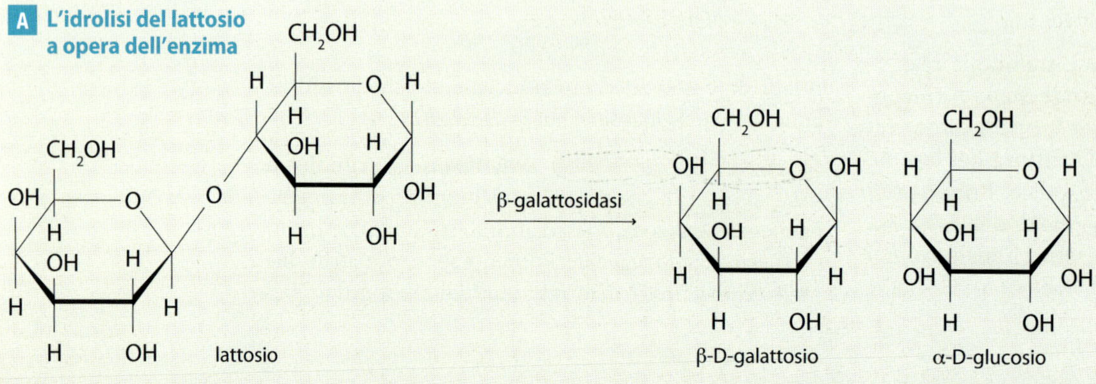

Il glicogeno ha la funzione di riserva energetica negli animali, dove si trova nel fegato e nei muscoli. È formato da catene altamente ramificate di α-glucosio che forma legami 1-4 e 1-6 ▶ 6. Questo polimero si forma nell'organismo quando il glucosio nel sangue è in eccesso, e viene trasportato al fegato e ai muscoli, dove viene impiegato per formare il glicogeno. Al momento in cui all'organismo è necessaria energia, allora il glicogeno viene riconvertito in glucosio.

6 **Rappresentazione schematica del glicogeno**

I punti in rosso indicano le ramificazioni dovute ai legami 1-6.

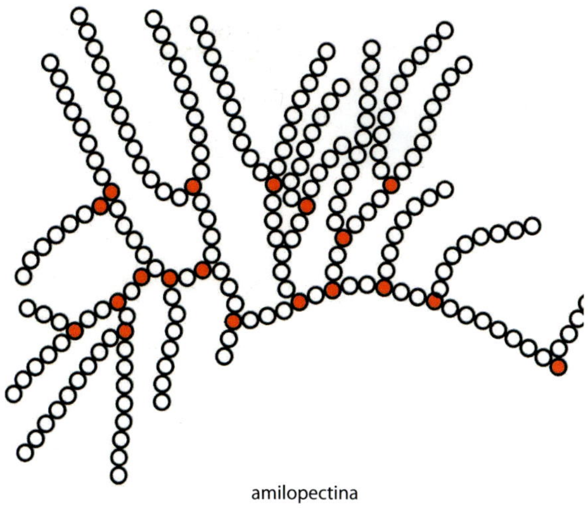

5 **Le ramificazioni dell'amido**

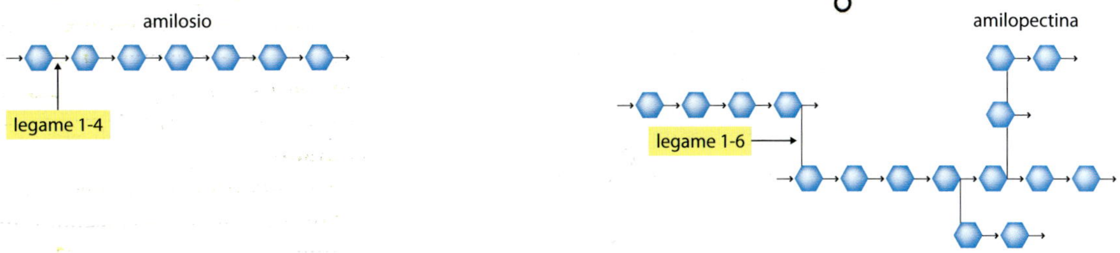

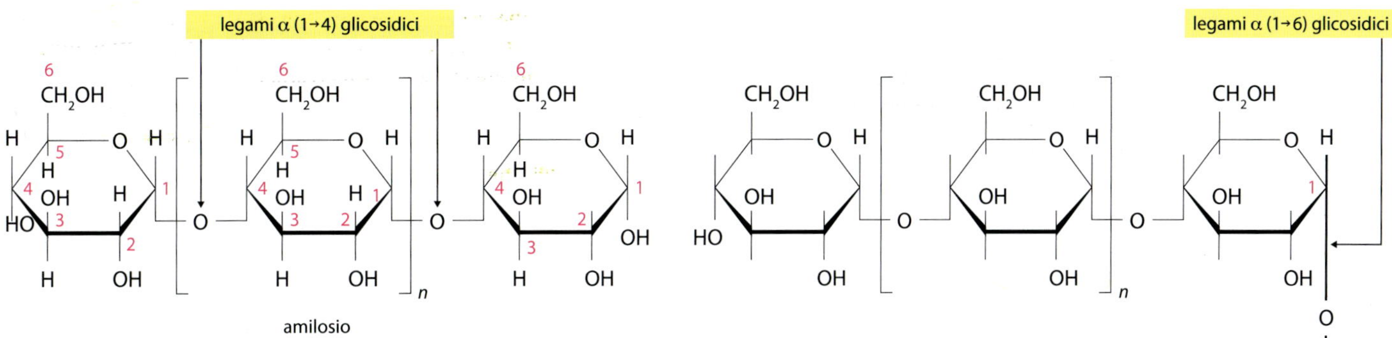

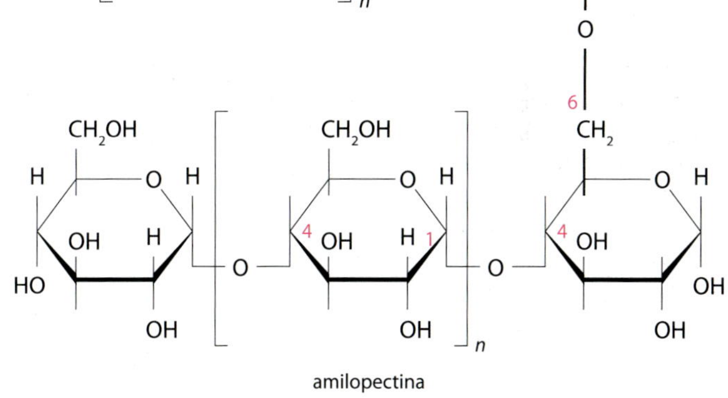

AREA OPERATIVA

Domande chiave

1. Quale relazione esiste tra monosaccaridi, oligosaccaridi e polisaccaridi?
2. Com'è possibile distinguere i saccaridi D da quelli L?
3. Quali strutture sono presenti in una soluzione acquosa di un aldoso?
4. Come si forma il legame glicosidico?
5. È possibile ossidare un chetoso? Perché?

Ragiona

1. In laboratorio come puoi distinguere il saccarosio dal lattosio?

Risolvi i problemi

1. Rappresenta le proiezioni di Haworth dell'anomero β-piranosidico del D-galattosio e dell'anomero β-furanosidico del D-fruttosio.
2. Scrivi la reazione dell'α-D-mannosio in forma piranosidica con alcol etilico.
3. Indica il prodotto della seguente reazione.

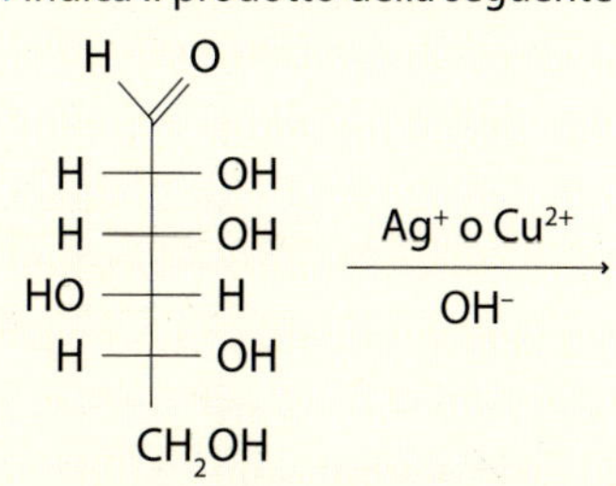

D-gulosio

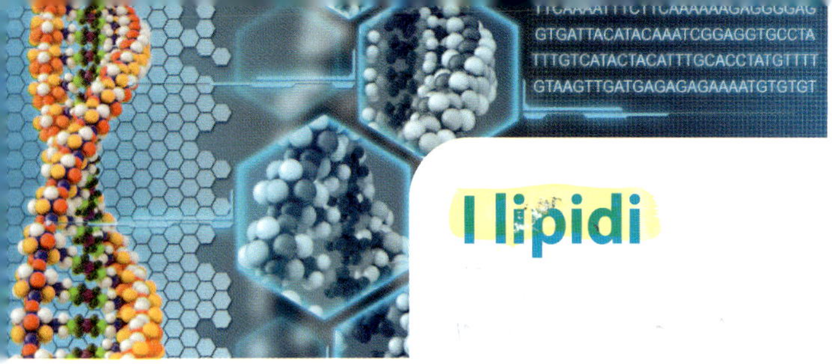

I lipidi

1 Caratteristiche generali

I **lipidi** sono biomolecole che comprendono una vasta gamma di composti organici accomunati dall'*insolubilità in acqua* e dalla *solubilità in solventi organici apolari* causata dal prevalere nella struttura della parte idrocarburica, apolare. Sono classificati in base alla loro struttura in **saponificabili** e **insaponificabili**. Fanno parte della prima classe i lipidi che contengono la funzione esterea o ammidica e che subiscono la reazione di saponificazione, cioè l'idrolisi per riscaldamento con basi forti. Appartengono a questa classe i trigliceridi, le cere, i fosfolipidi e i glicolipidi; tali composti dal punto di vista chimico sono acidi grassi che differiscono per il tipo di sostituente a cui sono legati. Appartengono invece ai lipidi insaponificabili i terpeni, gli steroidi e le vitamine liposolubili.

Dal punto di vista biologico i lipidi hanno molte funzioni importanti:

- sono componenti strutturali delle membrane cellulari;
- svolgono un ruolo di riserva energetica;
- hanno un ruolo funzionale, in quanto sono indispensabili agli organismi viventi per il riconoscimento cellulare.

2 Proprietà degli acidi grassi

Gli **acidi grassi** sono i componenti principali dei lipidi saponificabili, determinandone le caratteristiche. Dal punto di vista chimico sono acidi carbossilici a catena lineare con un numero pari di atomi di carbonio compreso tra 4 e 30 ▶ 1.

Gli acidi grassi sono formati da una parte polare costituita dal gruppo funzionale carbossilico (testa) e una parte apolare formata dalla catena idrocarburica (coda); vengono spesso schematizzati come nella figura ▶ 2.

La catena idrocarburica può essere sia satura sia insatura, conferendo caratteristiche diverse al composto:

- gli acidi saturi sono flessibili, in quanto ogni singolo legame dello scheletro ha una completa libertà di rotazione;
- gli acidi insaturi presentano una struttura rigida dovuta ai doppi legami, che non permettono la libera rotazione intorno al legame.

Le catene idrocarburiche degli acidi grassi possono affiancarsi e interagire con forze intermolecolari; questo influisce sullo stato fisico dei composti a temperatura ambiente. Nel caso di acidi saturi le molecole riescono ad affiancarsi in maniera ottimale, le forze intermolecolari sono maggiori e i composti sono solidi; nel caso di acidi insaturi la presenza di angoli nella catena idrocarburica fa sì che le forze attrattive fra le molecole siano più deboli e per questa ragione gli acidi grassi insaturi sono liquidi a temperatura ambiente ▶ 3.

La maggior parte degli acidi grassi insaturi contiene un solo doppio legame di tipo *cis*. Tra quelli con più di un'insaturazione i più importanti sono l'acido linoleico, il linolenico e l'arachidonico. Questi sono detti *acidi grassi essenziali*, perché il nostro organismo non è in grado di sintetizzarli ed è quindi necessario introdurli con la dieta.

3 Trigliceridi

I **trigliceridi**, o **triacilgliceroli**, sono esteri formati per esterificazione del glicerolo con tre molecole di acido grasso uguali, *trigliceridi semplici*, o diverse, *trigliceridi misti*. Le caratteristiche chimiche e fisiche di questi composti dipendono dal tipo e dalla posizione reciproca degli acidi grassi che li costituiscono. In generale, a parità di numero degli atomi di carbonio degli acidi che li costituiscono, quelli con più doppi legami hanno punto di fusione più basso. Questo è dovuto alla rigidità della catena idrocarburica causata dalla presenza dell'insaturazione, che implica una maggiore difficoltà nell'impaccamento allo stato solido.

I trigliceridi saturi sono solidi a temperatura ambiente, vengono chiamati *grassi* e sono prevalentemente di origine animale ▶ 4A; quelli insaturi sono liquidi, sono di

1 Le strutture dei più importanti acidi grassi

Per questi composti vengono impiegati nomi che richiamano la loro origine.

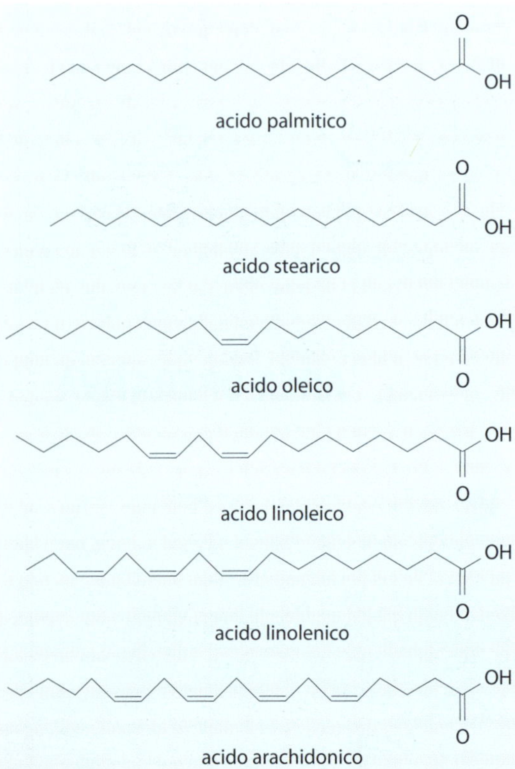

2 Schematizzazione degli acidi grassi

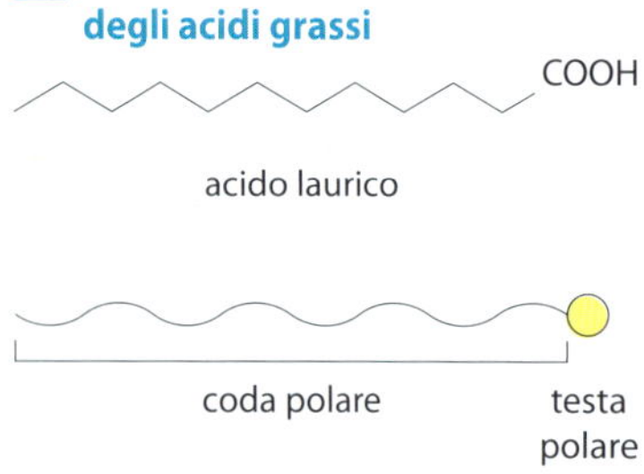

3 Acidi grassi saturi e insaturi

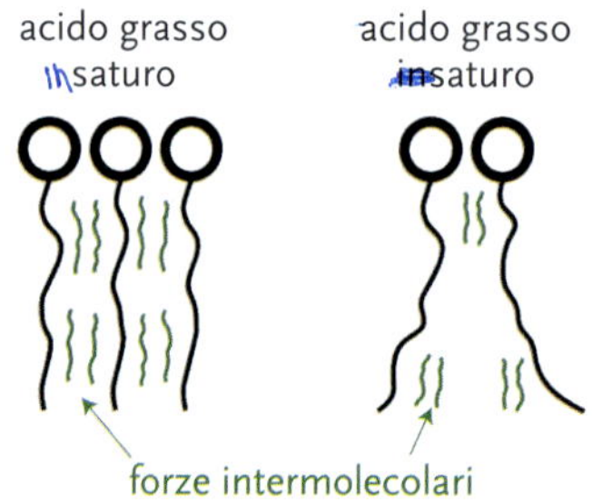

Le forze intermolecolari negli acidi grassi saturi sono più forti che in quelli insaturi, per questo i primi sono solidi e i secondi liquidi.

origine vegetale e vengono chiamati *oli* ▶ 4B. I trigliceridi insaturi possono essere saturati per semplice reazione di idrogenazione, cioè per addizione di idrogeno in presenza di catalizzatori metallici. Con questa reazione è possibile ottenere trigliceridi solidi a partire da quelli liquidi ▶ 5.

Questo processo viene detto **indurimento** ed è molto impiegato industrialmente per la produzione di margarine per uso alimentare. I trigliceridi, per reazione con basi forti, formano i saponi (reazione di saponificazione).

4 Cere

Le **cere** sono miscugli solidi di esteri ottenuti per esterificazione di acidi grassi con alcoli a elevato peso molecolare. Hanno la caratteristica di essere morbide e plasmabili a caldo, ma dure a freddo. In natura hanno un ruolo essenzialmente protettivo sulla pelle, sui peli e sulle penne degli animali e sulle foglie e i frutti dei vegetali. La cera d'api ▶ 6 è composta essenzialmente da esteri dell'acido palmitico con alcoli a lunga catena costituiti da 26 a 34 atomi di carbonio, tra cui il principale è il palmitato di miricile, che si forma per reazione dell'acido palmitico, $C_{15}H_{31}COOH$, con alcol miricilico, $C_{30}H_{61}OH$:

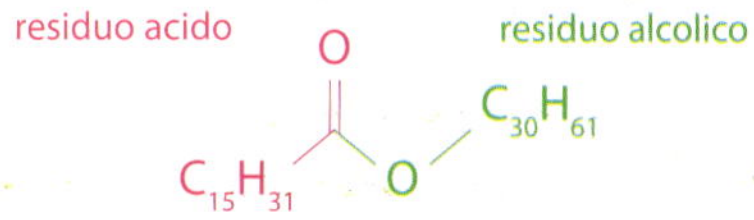

palmitato di miricile

6 La cera d'api

4 Formule di struttura e spaziali dei trigliceridi

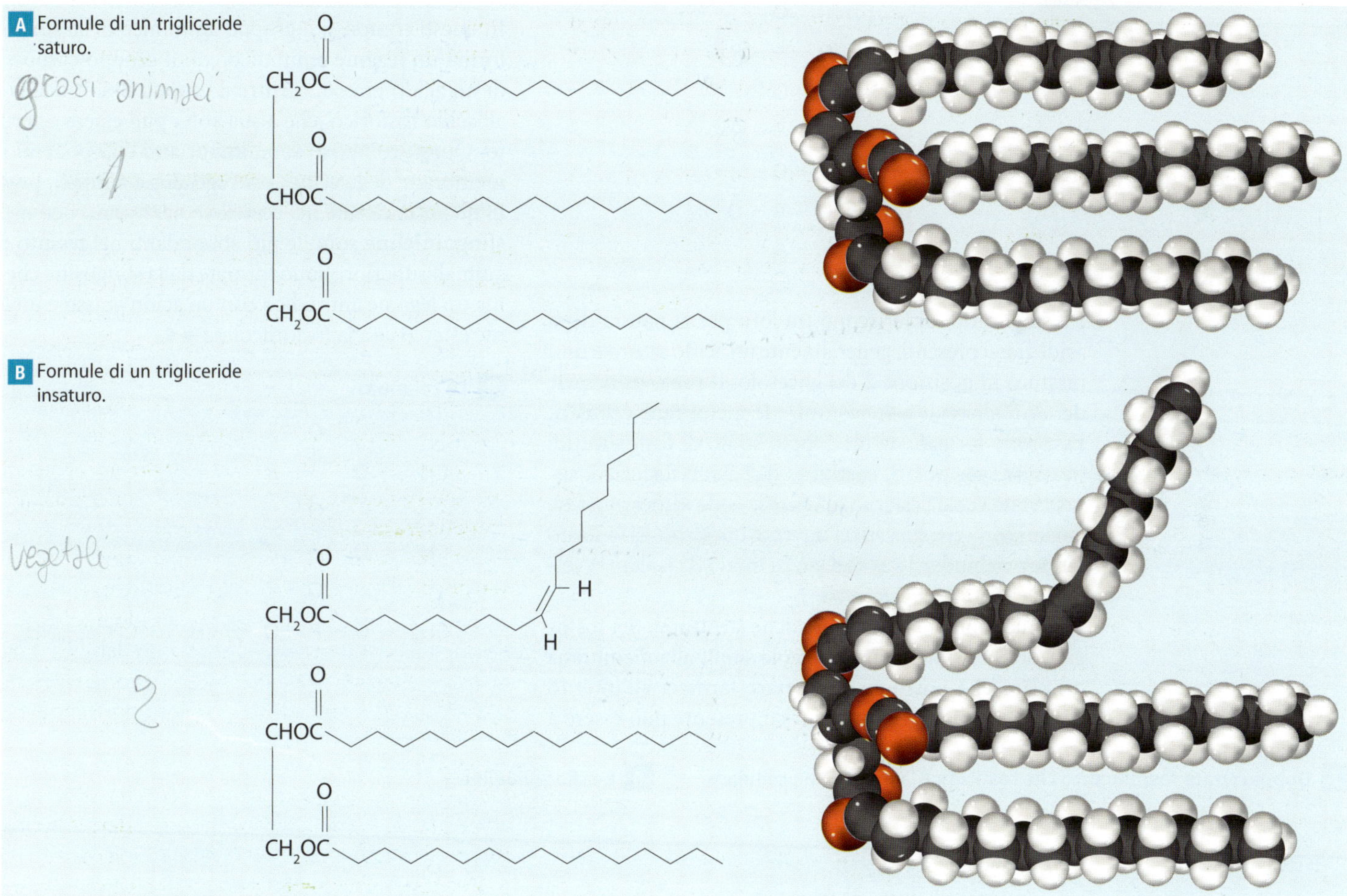

5 Reazione di idrogenazione di trigliceridi insaturi

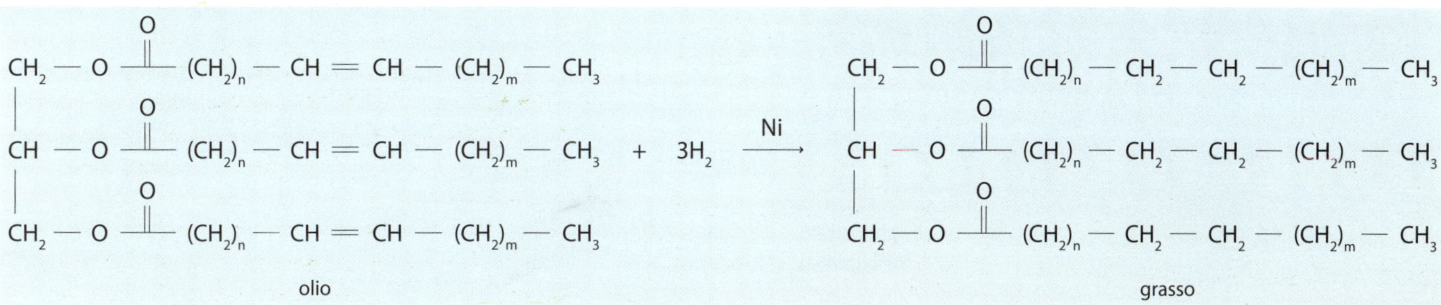

La cera di carnauba, che si ricava dalle foglie di una palma sudamericana, è formata essenzialmente da cerotato di miricile (acido cerotico $C_{25}H_{51}COOH$ e alcol miricilico):

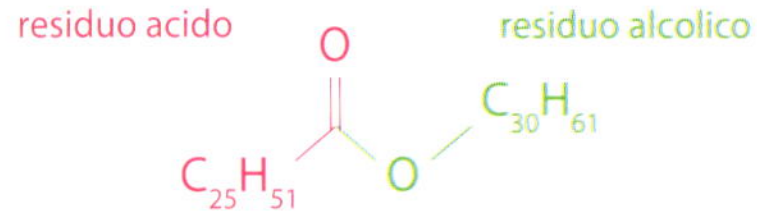

cerotato di miricile

5 Fosfolipidi

I **fosfolipidi** comprendono i **fosfogliceridi** e gli **sfingofosfolipidi**. I primi sono costituiti da una molecola di glicerolo in cui due gruppi ossidrilici sono esterificati con acidi grassi, mentre il terzo è esterificato con acido fosforico, H_3PO_4. Nelle membrane biologiche si trovano sotto forma di anioni:

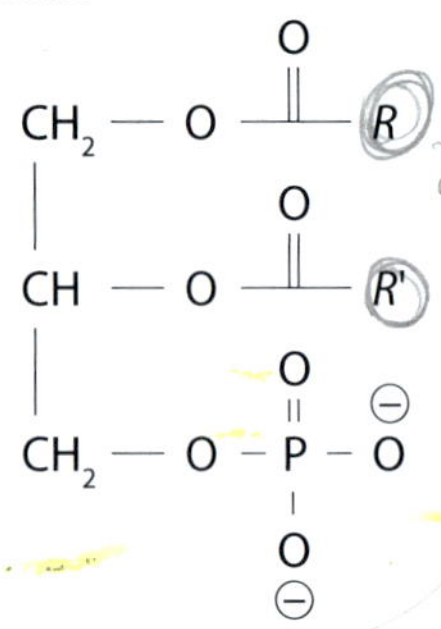

I fosfogliceridi differiscono tra loro per la natura degli acidi grassi presenti, generalmente un acido saturo e uno insaturo in posizione 2 del glicerolo. Il ruolo principale dei fosfogliceridi è di costituire le membrane cellulari. Esse sono formate da un doppio strato di fosfogliceridi in cui le teste polari, costituite dall'acido fosforico, sono rivolte verso l'esterno, mentre le code idrocarburiche apolari sono rivolte verso l'interno; questo doppio strato tende a richiudersi su se stesso in modo da isolare la cellula dall'ambiente esterno ▶ 7.

I chimici imitano le caratteristiche strutturali dei fosfogliceridi per sintetizzare vescicole simili alla membrana cellulare che possono trasportare farmaci all'interno dell'organismo. L'acido fosforico presente può essere a sua volta esterificato in modo da formare molecole con ruoli strutturali più specifici. Ad esempio, se l'acido fosforico viene esterificato con 2-amminoetanolo si ottiene una cefalina, un composto che va a costituire i tessuti del cervello ▶ 8.

Gli sfingofosfolipidi sono lipidi in cui al posto del glicerolo è presente la *sfingosina*, un amminoalcol con 18 atomi di carbonio:

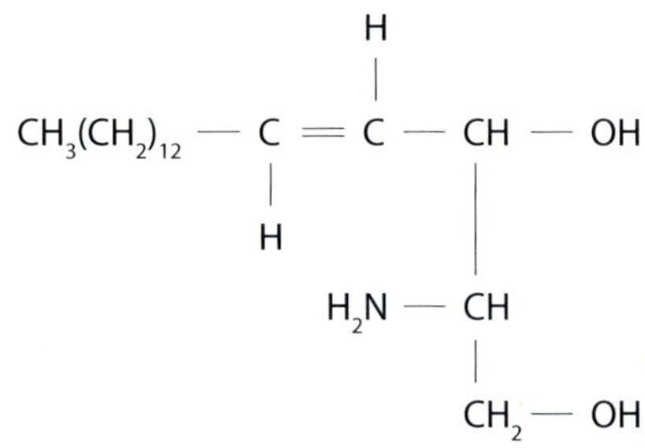

In questi composti il gruppo amminico della sfingosina forma un legame ammidico con il gruppo carbossilico di un acido grasso, mentre il gruppo ossidrilico si lega all'acido fosforico, che a sua volta può essere esterificato. Questi composti sono importanti componenti nelle membrane delle cellule sia vegetali sia animali, presenti in quantità elevate nel cervello e nel tessuto nervoso. Le **sfingomieline** sono le più abbondanti nel tessuto degli animali superiori; sono formate dalla sfingosina che forma un legame ammidico con un acido grasso e un legame estereo con la fosforilcolina ▶ 9.

8 La cefalina

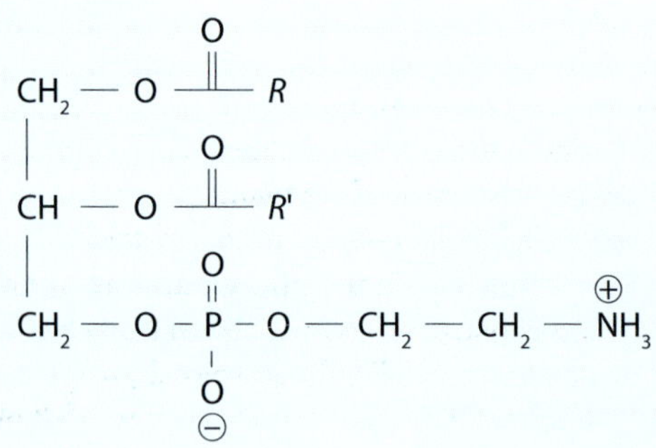

7 Doppio strato fosfolipidico che costituisce la membrana cellulare

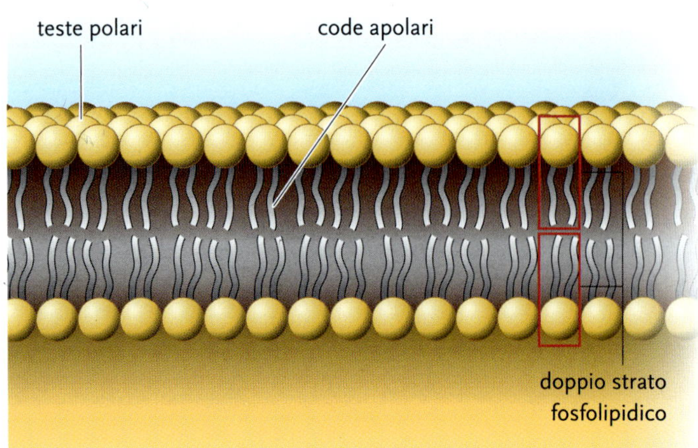

9 Le sfingomieline

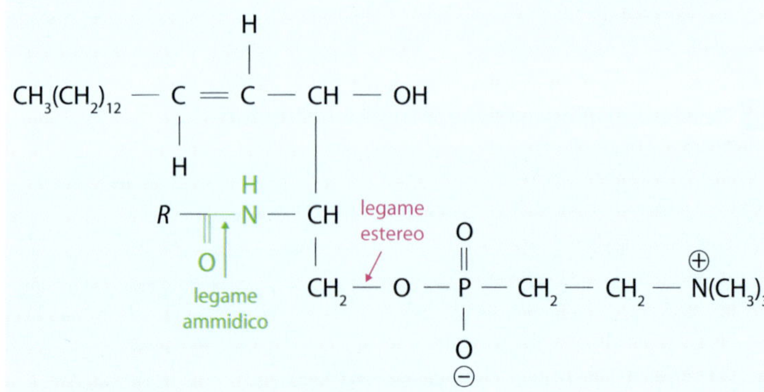

6 Glicolipidi

I **glicolipidi** vanno a costituire la membrana cellulare e sono divisi in due classi:

- *glicogliceridi*, costituiti da una molecola di glicerolo legata a due acidi grassi e a uno zucchero:

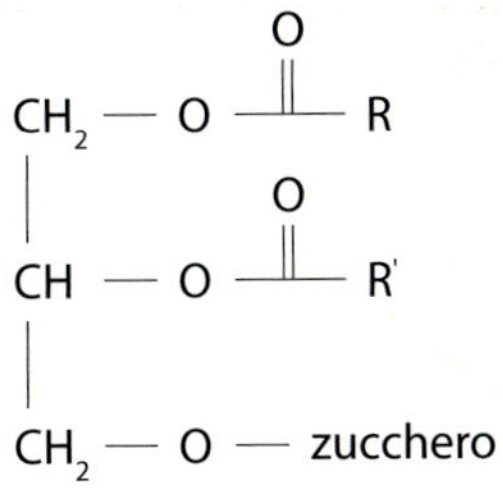

- *sfingoglicolipidi*, formati da una molecola di sfingosina legata a una molecola di acido grasso e uno zucchero:

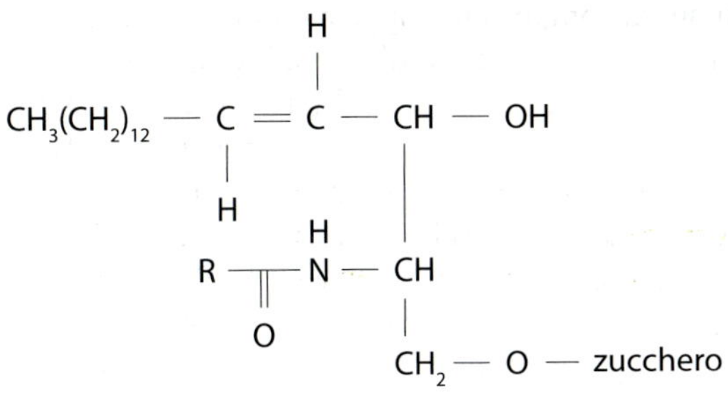

Spesso, anziché una sola molecola di zucchero ve ne sono alcune, a formare piccole catene.

7 Terpeni

I **terpeni** sono composti largamente diffusi nel regno vegetale, hanno odori o aromi caratteristici e sono componenti degli oli essenziali delle piante. Possono essere sia lineari sia ciclici. Sono esempi di terpeni aciclici il citrale, il linalolo e il mircene, contenuti rispettivamente nell'olio di limone, nell'olio di rosa e nell'olio di lauro ▶ 10.
Sono invece terpeni ciclici il mentolo, il pinene e il carvone, componenti principali rispettivamente dell'olio essenziale della menta piperita, della trementina e dell'olio di cumino ▶ 11.
Fra i terpeni ve ne sono alcuni presenti nel regno animale, tra cui il più importante è lo squalene, isolato per la prima volta dal fegato di pescecani, ma che si trova anche nell'olio di oliva e in alcuni vegetali ▶ 12.

8 Steroidi

Gli **steroidi** sono derivati dell'idrocarburo tetraciclico saturo ciclopentanperidrofenantrene:

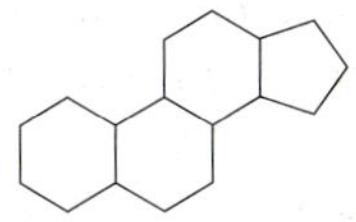

Sia dal mondo animale sia da quello vegetale ne è stata isolata una grande varietà, ciascuna con una funzione o attività caratteristica. Tra di essi possono variare per il numero e la posizione di diversi gruppi funzionali, come doppi legami o funzioni alcoliche.
Gli steroidi contenenti un gruppo ossidrile vengono detti **steroli**; ne sono un esempio il *colesterolo*, di origine animale, e il *sitosterolo*, di origine vegetale ▶ 13.
Il colesterolo è fondamentale negli organismi perché è il precursore della sintesi sia degli acidi biliari, che aiutano a digerire i lipidi nell'intestino, sia degli ormoni sessuali maschili e femminili.

9 Vitamine liposolubili

Le **vitamine liposolubili** sono molecole organiche che l'uomo non può sintetizzare e che quindi deve assumere con la dieta; sono indispensabili all'organismo per regolare numerosi processi metabolici. Le vitamine liposolubili più importanti sono la A, la D, la E e la K.
La vitamina A o retinolo è presente solo negli organismi animali e gioca un ruolo fondamentale nel meccanismo della visione ▶ 14.

10 I terpeni aciclici

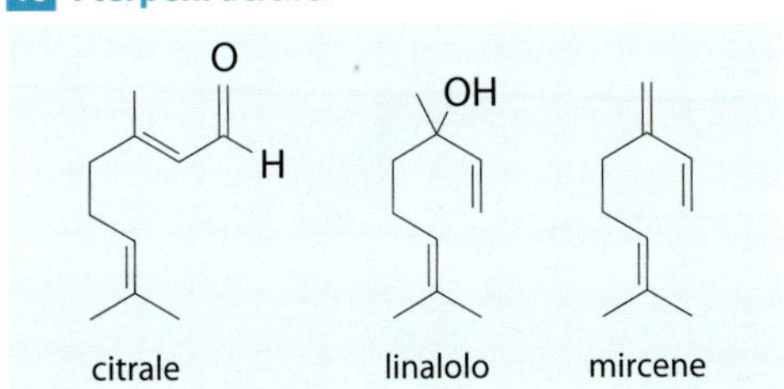

12 Lo squalene

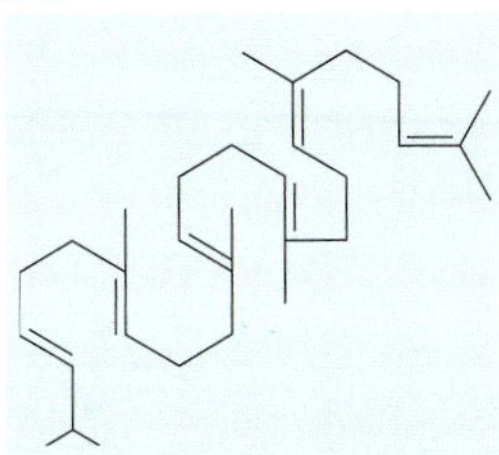

14 La vitamina A

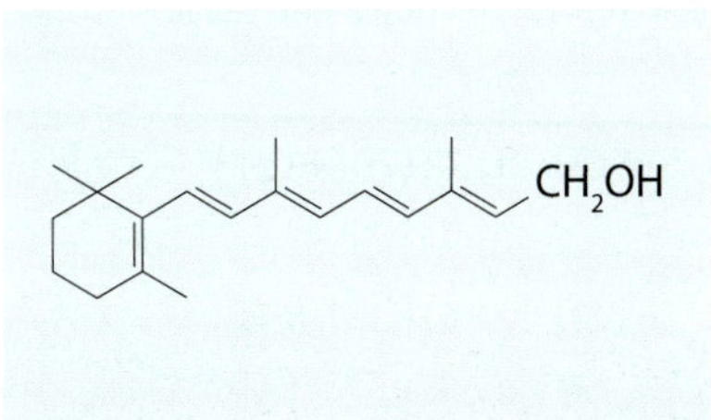

11 I terpeni ciclici

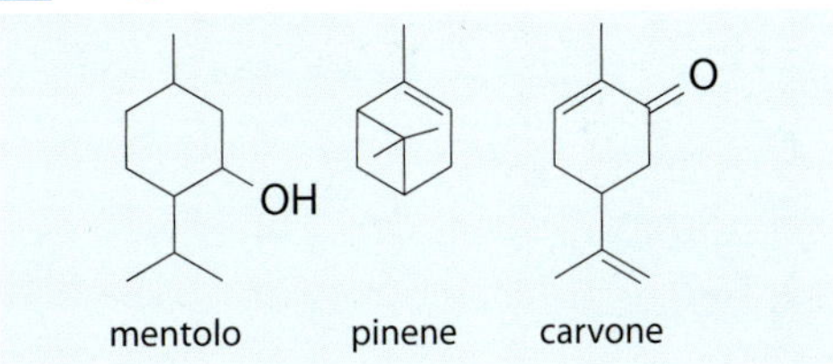

13 Esempi di steroli

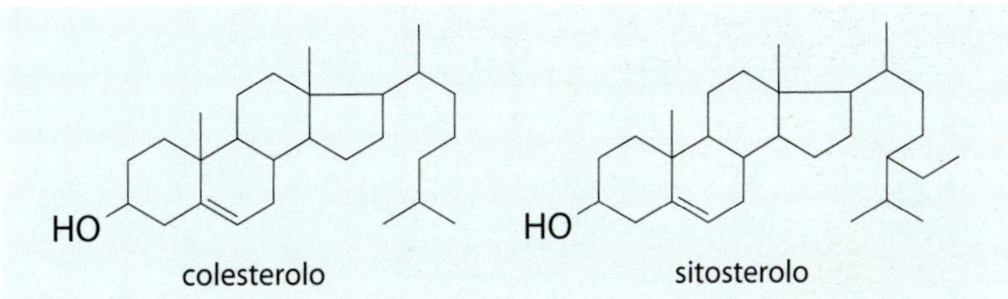

Chimica Salute

Omega-3 e le malattie cardiache

Negli ultimi anni i ricercatori hanno studiato la relazione che esiste fra il tipo di alimentazione e le malattie cardiache. È stato scoperto che una dieta ricca di grassi e colesterolo favorisce l'insorgenza di malattie cardiache e l'arteriosclerosi. In particolare è stata studiata l'alimentazione delle popolazioni dell'Alaska, che hanno una percentuale bassissima di malattie cardiache benché la loro dieta sia ricca di grassi. Qual è allora la differenza? La loro alimentazione è ricca di pesce e la composizione dei grassi presenti in questo alimento è diversa da quella dei grassi di origine sia animale sia vegetale. L'olio di pesce è ricco di **acidi grassi polinsaturi** (PUFA, *PolyUnsaturated Fatty Acids*) che appartengono alla famiglia degli **omega-3**. Appartengono a questa famiglia gli acidi grassi in cui la prima insaturazione è presente nel terzo atomo di carbonio a partire dall'atomo di carbonio terminale rispetto alla numerazione nella nomenclatura tradizionale ▶ **A**, per questo viene utilizzata l'ultima lettera dell'alfabeto greco (omega).
Gli studiosi hanno così preso in considerazione altre popolazioni che hanno un'alimentazione ricca di pesce, come i giapponesi e gli eschimesi, e anche in queste le malattie cardiache sono molto inferiori. I ricercatori hanno quindi cercato una relazione tra l'origine delle malattie cardiache e la composizione dell'olio di pesce. Le malattie cardiache sono causate da delle ostruzioni dei vasi sanguigni; questi «muri» sono formati dalle piastrine che si aggregano tra loro. Gli omega-3 modificano la tendenza delle piastrine ad aggregarsi, abbassando così il rischio di queste malattie cardiache.
L'olio di pesce contiene i principali omega-3: l'**acido linolenico, l'acido eicosapentanoico** (EPA) e l'**acido docosaesanoico** (DHA) ▶ **A**. L'acido linolenico è un acido grasso essenziale, perché il nostro organismo non è in grado di sintetizzarlo ma deve assumerlo con la dieta. L'EPA e il DHA vengono originati dal metabolismo dell'acido linolenico, ma la capacità dell'organismo di sintetizzarli, come del resto molte altre funzioni biologiche, tende a calare con l'avanzare dell'età. Un'alta presenza di questi acidi nel sangue riduce la probabilità di malattie cardiache.
Da queste ricerche risulta, quindi, che mangiare regolarmente il pesce, in particolare merluzzo e salmone (che contengono maggiori quantità di EPA e DHA), può ridurre la possibilità di malattie cardiache.

A Le strutture dei principali omega-3

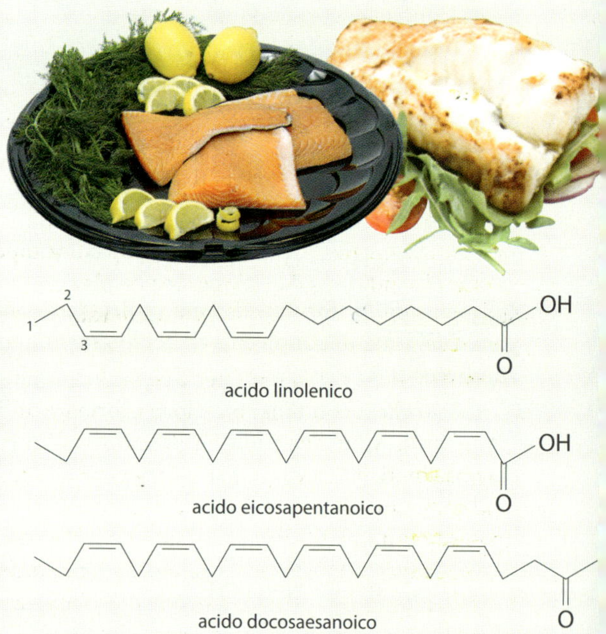

AREA OPERATIVA

Domande chiave

1. In che cosa differiscono i lipidi saponificabili da quelli insaponificabili?
2. Quali sono le caratteristiche principali degli acidi grassi?
3. Da che cosa sono costituiti i grassi e gli oli?
4. Qual è la funzione principale di fosfolipidi e glicolipidi? Ci sono somiglianze strutturali fra di essi?
5. Qual è la struttura presente in tutti gli steroidi? In che cosa differiscono?

Ragiona

1. Se in laboratorio dovessi sciogliere dei lipidi, quali delle seguenti miscele di solventi useresti? Perché?
   a. acqua - alcol etilico
   b. acido cloridrico - acqua
   c. acetone - etere etilico
2. Quali tra i seguenti lipidi sono insaponificabili? Motiva la tua risposta.
   a. Squalene.
   b. Margarina.
   c. Linalolo.
   d. Cerotato di miricile.

Risolvi il problema

1. Scrivi i prodotti delle seguenti reazioni e indica che reazioni sono.

a.

$$\begin{array}{l} CH_2-O-\overset{O}{\overset{\|}{C}}-(CH_2)_6-CH=CH-(CH_2)_4-CH=CH_2CH_3 \\ | \\ CH-O-\overset{O}{\overset{\|}{C}}-(CH_2)_3-CH=CH-(CH_2)_5-CH_3 \qquad + 3H_2 \xrightarrow{Ni} \\ | \\ CH_2-O-\overset{O}{\overset{\|}{C}}-(CH_2)_{12}-CH=CH-(CH_2)_2-CH_3 \end{array}$$

b.

$$\begin{array}{l} CH_2-O-\overset{O}{\overset{\|}{C}}-(CH_2)_6-CH=CH-(CH_2)_4-CH_3 \\ | \\ CH-O-\overset{O}{\overset{\|}{C}}-(CH_2)_8-CH_3 \qquad + 3H_2O \xrightarrow{NaOH} \\ | \\ CH_2-O-\overset{O}{\overset{\|}{C}}-(CH_2)_{12}-CH_3 \end{array}$$

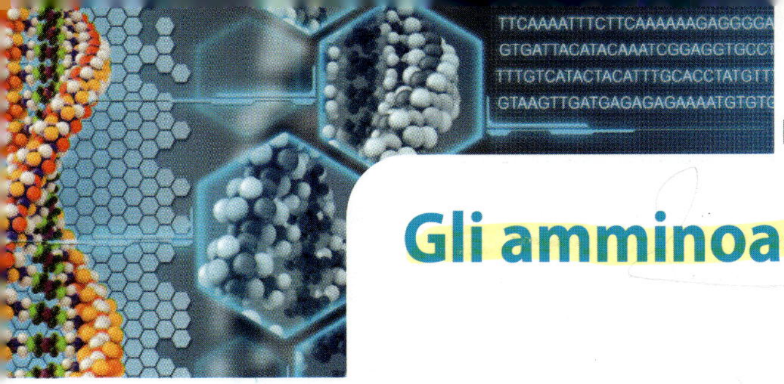

LEZIONE 4

Gli amminoacidi e le proteine

1 Caratteristiche generali

Le **proteine** sono uno dei costituenti principali delle cellule sia animali sia vegetali. Queste biomolecole svolgono ruoli strutturali, come la cheratina, che costituisce le unghie, i capelli, le corna e le piume, e sono responsabili del funzionamento di molti processi cellulari, come l'amilasi presente nella saliva, che si occupa di rompere l'amido, iniziandone la digestione. Le proteine sono polimeri costituiti da circa venti **amminoacidi**. Questi si legano tra loro in sequenze diverse a formare proteine con caratteristiche e funzioni specifiche, come le lettere dell'alfabeto che si combinano tra loro a formare un'infinità di parole. Con il termine «proteine» si indicano le catene polimeriche costituite da un numero di amminoacidi superiore ai cinquanta, se la sequenza è formata da poche unità di amminoacidi si parla di *peptidi*. Il nostro organismo è in grado di sintetizzare molti degli amminoacidi necessari per formare le proteine, ma alcuni vengono assunti soltanto tramite l'alimentazione e vengono pertanto definiti *amminoacidi essenziali*.

2 Struttura e proprietà degli amminoacidi

Gli amminoacidi, come indica il nome, sono composti contenenti due gruppi funzionali, quello amminico, $—NH_2$, e quello carbossilico, —COOH. In quelli che costituiscono le proteine, questi due gruppi sono legati allo stesso atomo di carbonio a cui è legata anche una catena laterale, —*R*, differente per ciascun amminoacido ▶ 1.

Gli amminoacidi naturali sono denominati con nomi comuni, nel caso in cui sia necessario scrivere la sequenza di un peptide o di una proteina per semplicità vengono indicati con una sigla o una lettera ▶ 2.

1 Struttura degli amminoacidi

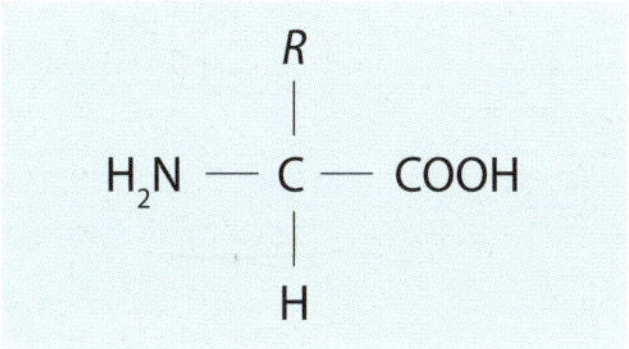

2 Strutture, nomi e sigle dei venti amminoacidi naturali classificati in base alle caratteristiche delle catene laterali

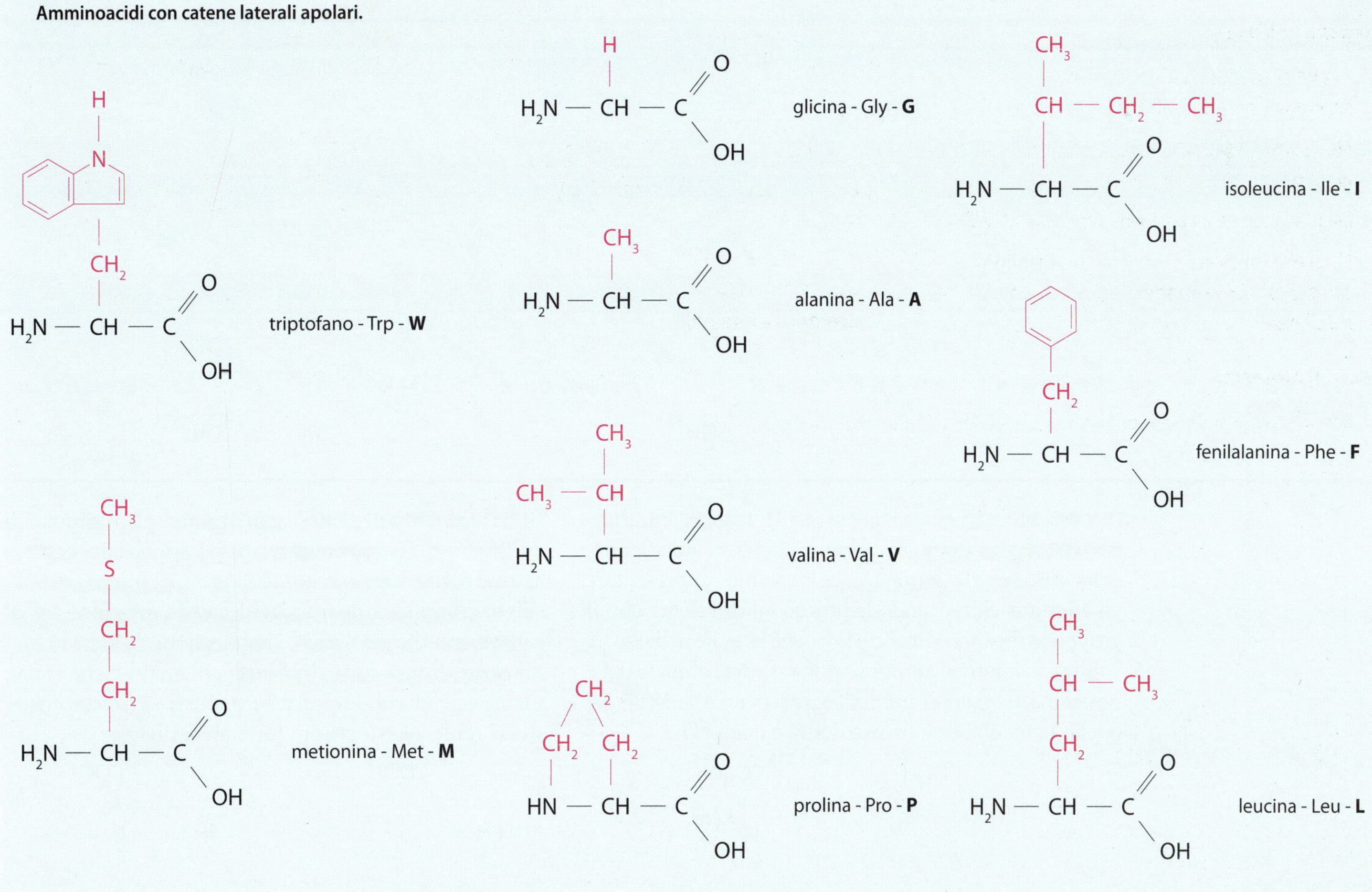

Amminoacidi con catene laterali neutre polari.

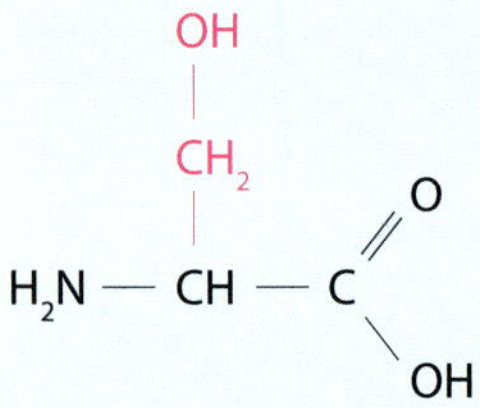
serina - Ser - **S**

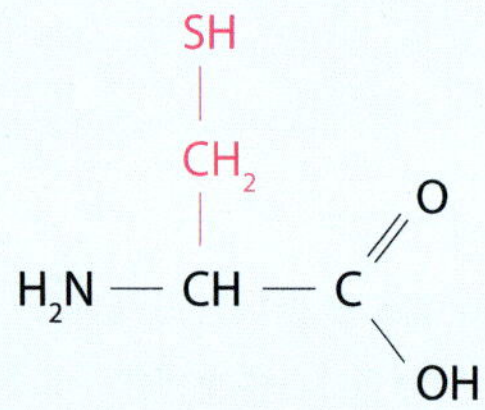
cisteina - Cys - **C**

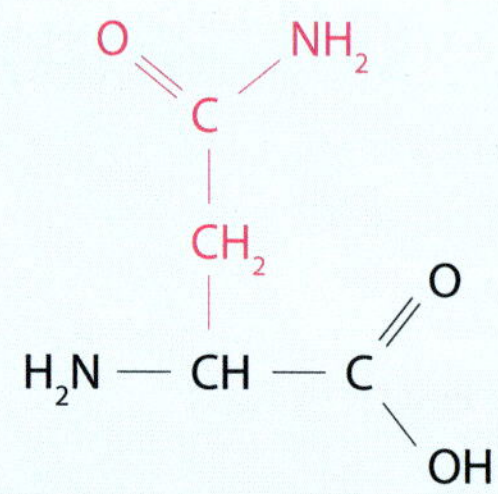
asparagina - Asn - **N**

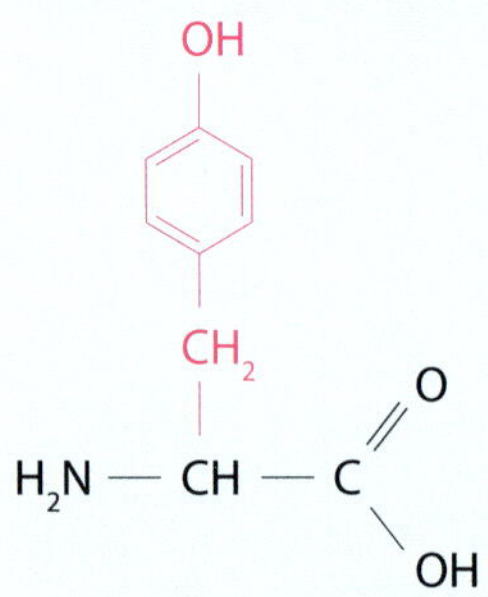
tirosina - Tyr - **Y**

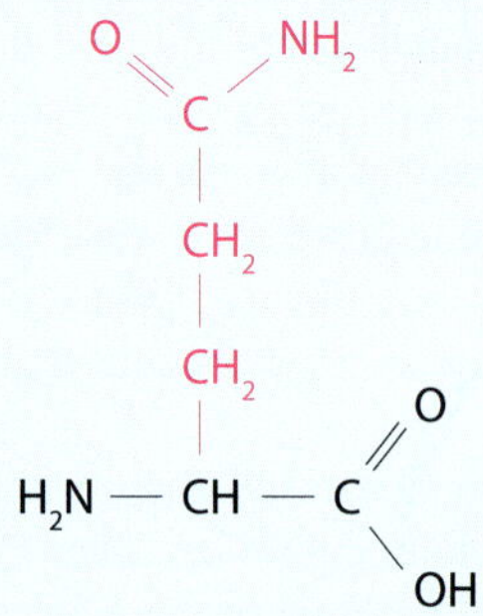
glutammina - Gln - **Q**

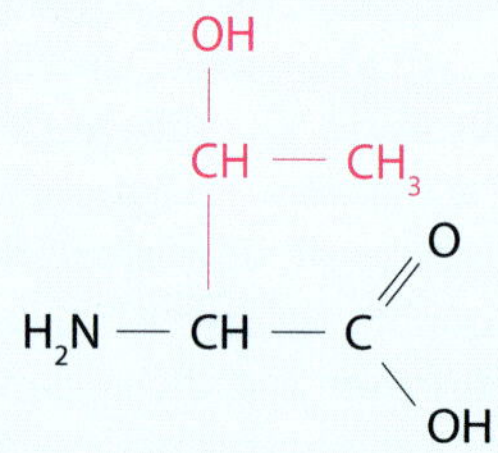
treonina - Thr - **T**

Amminoacidi con catene laterali acide.

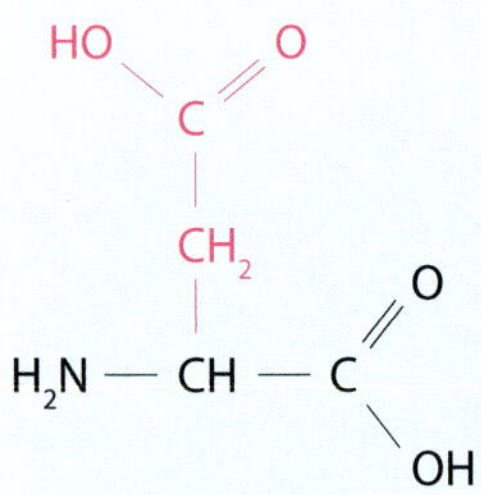
acido aspartico - Asp - **D**

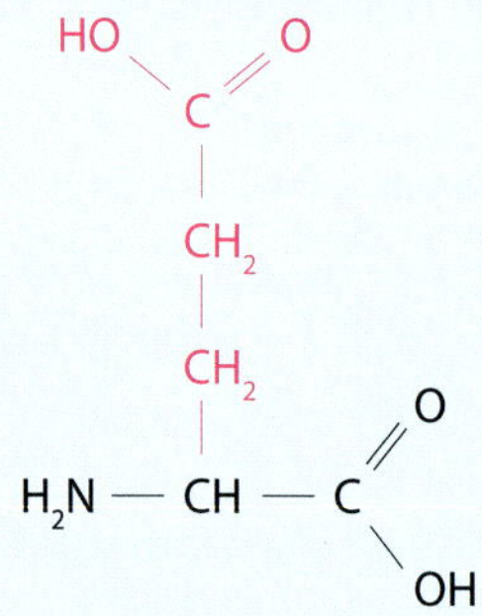
acido glutammico - Glu - **E**

Amminoacidi con catene laterali basiche.

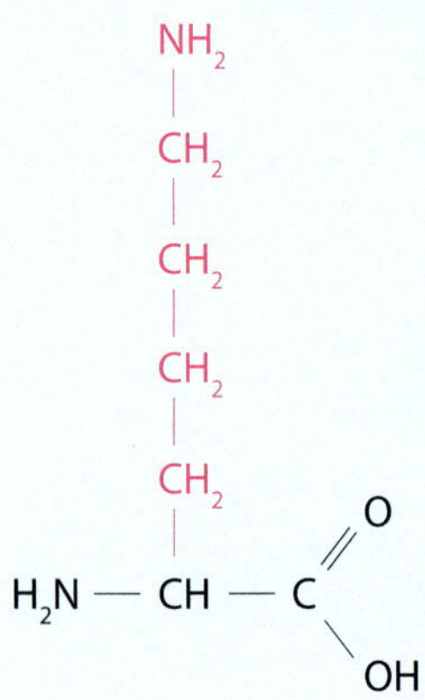
lisina - Lys - **K**

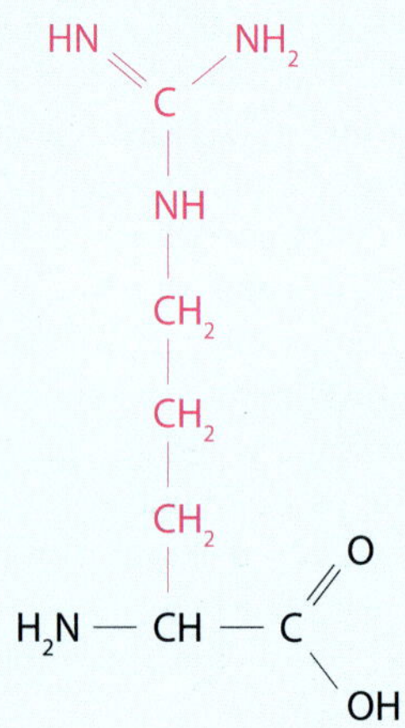
arginina - Arg - **R**

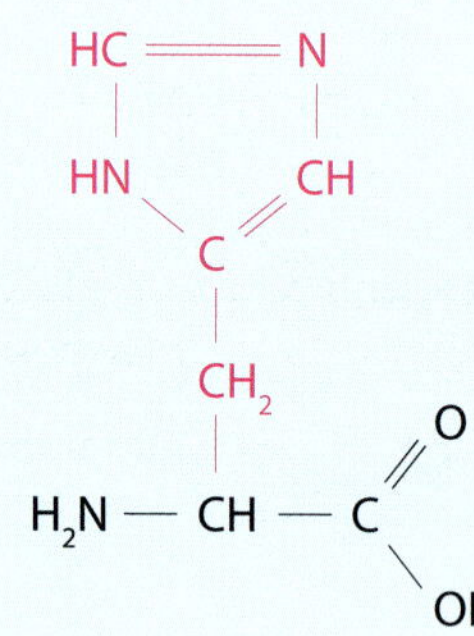
istidina - His - **H**

A eccezione della glicina, in cui $R = H$, tutti gli amminoacidi hanno un atomo di carbonio chirale e, quindi, possono esistere nelle forme D e L. Possiamo rappresentare gli amminoacidi secondo le proiezioni di Fischer con il gruppo carbossilico in alto e la catena laterale in basso; la configurazione dell'amminoacido sarà determinata dalla posizione del gruppo amminico: se si trova a sinistra sarà quello L, mentre se si trova a destra è quello D:

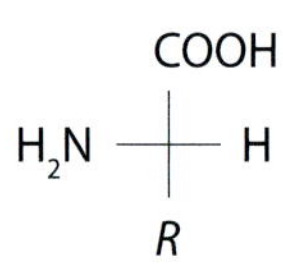
L-amminoacido

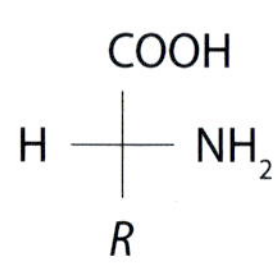
D-amminoacido

In natura sono presenti esclusivamente amminoacidi della serie L. Gli amminoacidi possono dare una reazione *acido-base intramolecolare*: il gruppo carbossilico, comportandosi da acido, cede uno ione H^+ al gruppo amminico basico. In questo modo si ha la formazione di uno **ione dipolare**, chiamato *zwitterione*, una specie in cui due cariche opposte si trovano nella stessa molecola su gruppi funzionali diversi:

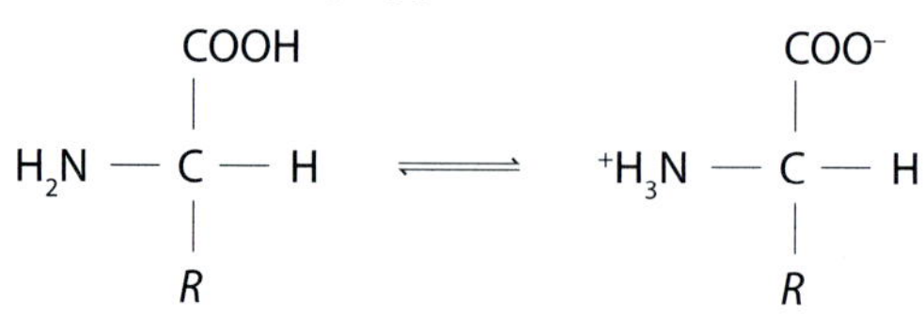
amminoacido — forma ionica dipolare

La specie zwitterionica degli amminoacidi permette di comprendere il loro comportamento *anfotero*: al variare del pH si comporteranno da acido o da base. In soluzione acida si ha un comportamento basico, l'amminoacido acquistando ioni H^+ forma una specie in cui è protonato sia il gruppo amminico sia il gruppo carbossilico, con carica complessiva positiva:

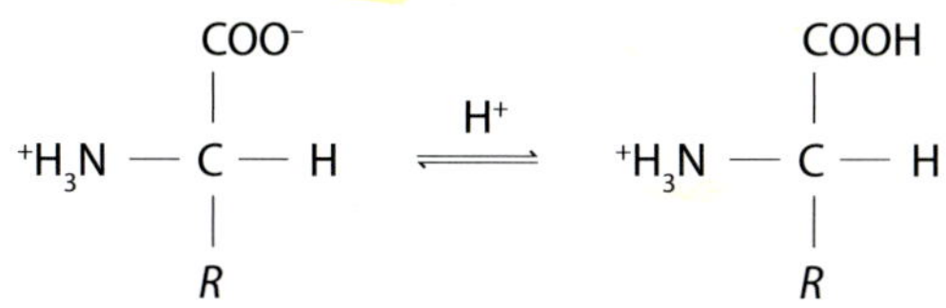

forma ionica dipolare

In ambiente basico, invece, l'amminoacido si comporta da acido cedendo un protone e formando una specie con carica negativa:

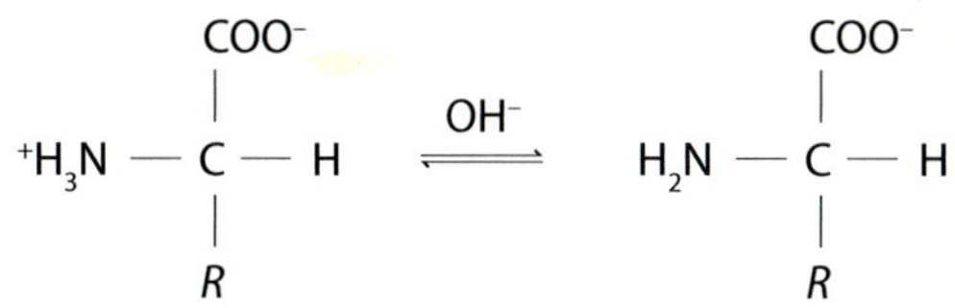

forma ionica dipolare

A pH intermedio l'amminoacido sarà presente in forma zwitterionica; questo valore di pH viene chiamato **punto isoelettrico**, *pI*. La carica dell'amminoacido in soluzione dipende anche dalla natura della catena laterale, in base a questo possono essere suddivisi in:

- **apolari**, in cui le catene laterali non interagiscono con l'acqua e non sono carichi a pH fisiologico;
- **polari**, in cui le catene laterali possono formare legami a idrogeno con l'acqua, ma non sono carichi a pH fisiologico;
- **acidi**, in cui sono presenti nel residuo —R funzioni acide supplementari e, quindi, hanno una carica negativa;
- **basici**, in cui sono presenti in catena funzioni basiche supplementari per cui risultano carichi positivamente.

Riportiamo nella figura ▶ 2 tutti gli amminoacidi naturali secondo questa classificazione.

3 Il legame peptidico

Nei peptidi e nelle proteine gli amminoacidi sono legati tra loro con **legami ammidici**, chiamati anche **peptidici**. Il legame ammidico si forma tramite una reazione di condensazione tra il gruppo carbossilico di un amminoacido e il gruppo amminico di un altro, con eliminazione di una molecola di acqua ▶ 3.

Si è così format[illegible] acidi, chiamat[illegible] con altri ammi[illegible] amminico e ca[illegible] polimeri si scr[illegible] con il gruppo a[illegible] acido *N*-termi[illegible] bossilica libera[illegible] Per indicare i[illegible] elencano gli a[illegible] da quello *N*-t[illegible] le sigle o le let[illegible]

Gl[illegible]

Le proprietà ac[illegible] pendono dal gru[illegible] li, ma soprattutto dalla natura delle catene laterali degli amminoacidi che lo costituiscono. Il legame peptidico può essere scisso in laboratorio trattando il polimero con acido cloridrico al 20% per alcuni giorni. Nel nostro organismo lo stesso processo avviene grazie a particolari enzimi, le proteasi, che durante il processo di digestione scindono le proteine negli amminoacidi che le costituiscono.

4 Le proteine

Nel corpo umano esistono oltre 100 000 tipi di **proteine** che svolgono funzioni diverse. La specifica attività di ciascuna di esse dipende dalla struttura della proteina stessa. L'organizzazione tridimensionale di queste biomolecole dipende da quattro tipi di organizzazione: struttura primaria, secondaria, terziaria e quaternaria, che vanno a definire la conformazione naturale della proteina.
Nel caso in cui la proteina perda questo tipo di conformazione, si ha la perdita parziale o completa della sua attività biologica, e si parla in questo caso di **denaturazione**. Questo processo può avvenire a causa di:

- elevato aumento della temperatura, che provoca la rottura di legami deboli;
- variazioni del pH, che influenza la carica degli amminoacidi presenti;
- solventi organici, che possono modificare l'aggregazione della proteina in soluzione.

La struttura della proteina è di fondamentale importanza affinché essa svolga la sua attività biologica, ed è quindi necessario conoscerla per comprenderne il funzionamento. Vediamo nel dettaglio le caratteristiche di ogni tipo di struttura delle proteine.

3 Reazione di condensazione con formazione del legame peptidico

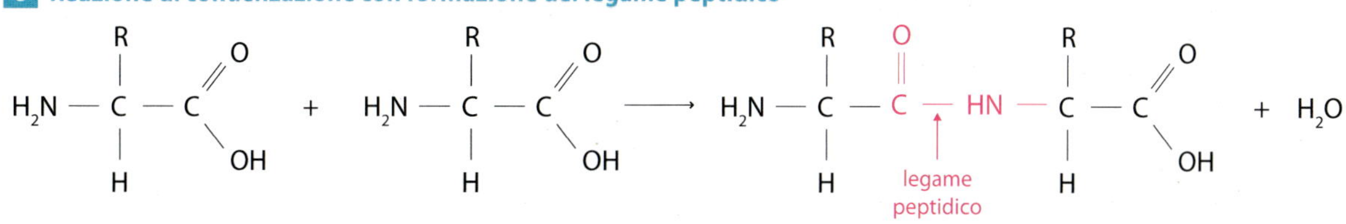

LA STRUTTURA PRIMARIA La **struttura primaria** di una proteina è data dalla sequenza con cui gli amminoacidi si legano tra loro. Lo scheletro della proteina contiene tutte le informazioni che determinano tutti i livelli strutturali successivi. Un'alterazione nella sequenza degli amminoacidi può portare all'inattività della proteina stessa.

LA STRUTTURA SECONDARIA Una volta che è completa la catena degli amminoacidi che costituisce la proteina, questa si ripiega su se stessa in modo da favorire la formazione del maggior numero di legami a idrogeno tra il gruppo C═O e quello NH del legame peptidico:

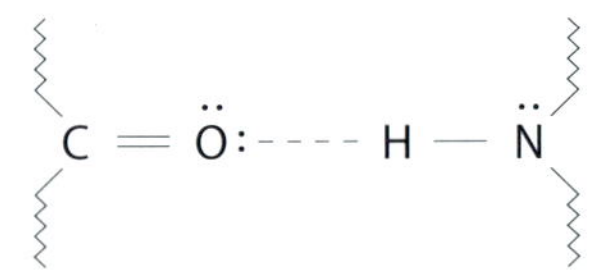

La struttura tridimensionale che si crea grazie alla formazione dei legami a idrogeno costituisce la **struttura secondaria** della proteina. La grande quantità di legami a idrogeno che si formano rende la struttura della proteina molto stabile. Due strutture secondarie molto comuni sono l'α-elica e il foglietto β, soperte da **Linus C. Pauling** (1901-1994) e **Robert B. Corey** (1897-1971) nel 1951 a seguito di esperimenti ai raggi X. La struttura ad α-elica somiglia a una molla: la catena proteica si avvolge a spirale su se stessa in modo che si formino legami a idrogeno lungo linee parallele all'asse dell'elica, le catene laterali si dispongono esternamente a essa ▸ 4.

Questo tipo di struttura si ritrova spesso in tratti di proteine in cui sono presenti amminoacidi con residui voluminosi e che si possono quindi disporre in modo più efficiente per la struttura della proteina. Le α-cheratine sono proteine in cui la struttura principale è quella ad α-elica e, come abbiamo detto, hanno funzione strutturale: costituiscono la parte proteica di pelle, unghie, corna, capelli e piume. La struttura a foglietto β è una disposizione tipo «fisarmonica» della proteina: due tratti di catena si piegano su se stessi per favorire la formazione dei legami a idrogeno ▸ 5.
In questo caso le catene laterali degli amminoacidi si dispongono sopra e sotto il piano del foglietto e sono quindi tra loro vicine; pertanto questo tipo di struttura è favorito nel caso di amminoacidi con residui laterali non troppo grandi. Il foglietto β è presente nella proteina *fibroina*, la componente principale della seta. Nelle proteine è possibile trovare entrambi i tipi di struttura secondaria, spesso intervallati da parti di catena che sono organizzate in maniera diversa, apparentemente casuale.

LA STRUTTURA TERZIARIA La **struttura terziaria** definisce la forma della proteina stessa e consiste in un ulteriore ripiegamento e avvolgimento della catena proteica. Questo tipo di struttura è dovuto a legami disolfuro, interazioni idrofobiche e legami ionici. I legami disolfuro sono legami covalenti che si formano per ossidazione del gruppo —SH, presente nell'amminoacido cisteina. Quando nelle proteine due cisteine si trovano sufficientemente vicine, si ha la formazione di questo legame; il nuovo residuo ottenuto viene chiamato *cistina* ▸ 6.

4 Struttura ad α-elica

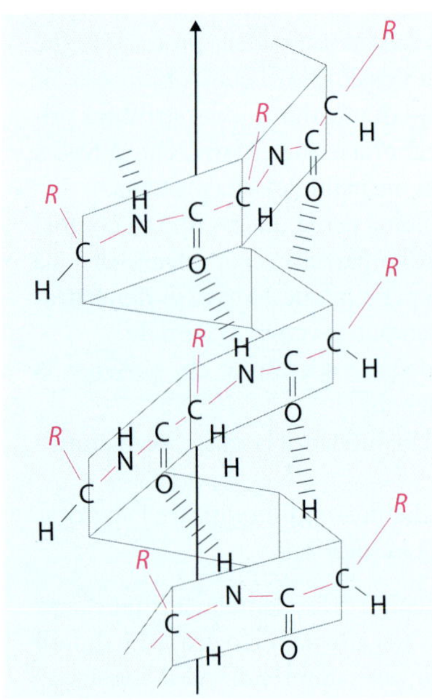

5 Struttura a foglietto β

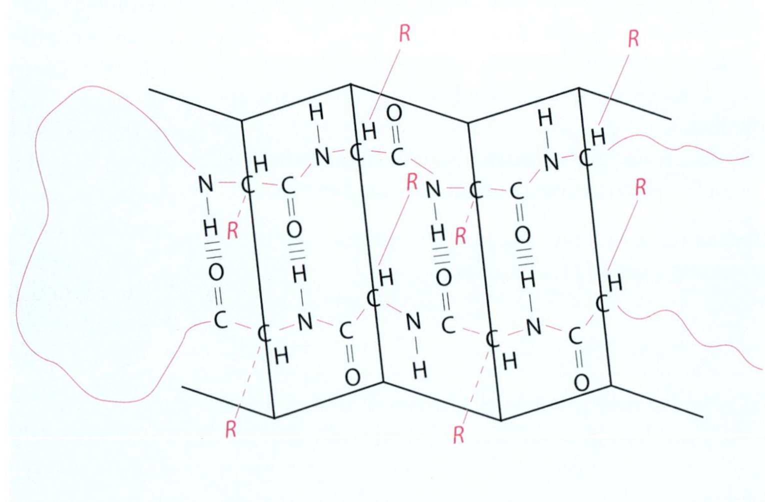

6 Formazione della cistina

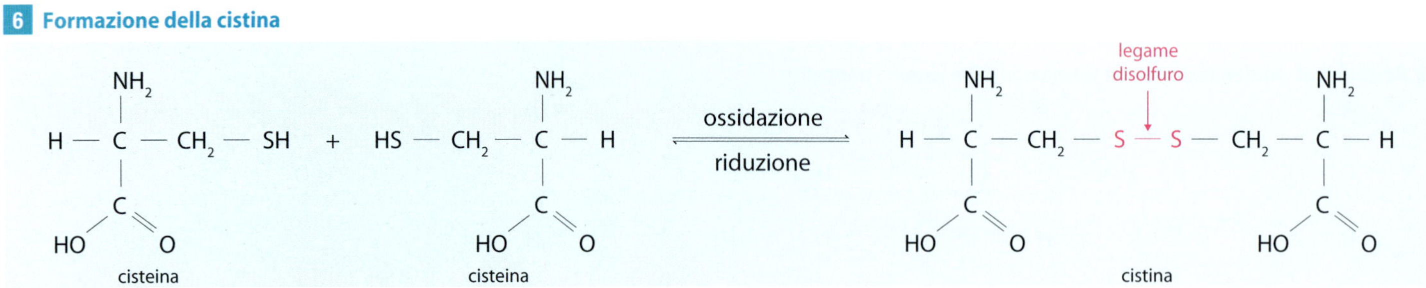

La proteina che costituisce i capelli, un'α-cheratina, è ricca di cistina: le α-eliche che la costituiscono si avvolgono l'una sull'altra per formare filamenti multipli tenuti insieme da legami disolfuro ▶ 7. Durante la permanente viene fatta perdere la conformazione naturale delle proteine dei capelli riducendo i legami S—S, i bigodini danno ai capelli una nuova conformazione e vengono formati nuovi legami disolfuro grazie a un'ossidazione.
La struttura terziaria è data anche da interazioni idrofobiche. Questo tipo di interazione si crea in ambiente acquoso tra le catene laterali degli amminoacidi che hanno carattere idrofobo e che tendono a interagire fra loro: la catena proteica si ripiegherà in modo da lasciare a contatto con l'acqua i residui idrofili e da racchiudere verso l'interno quelli idrofobi ▶ 8. Le proteine in cui sono presenti queste interazioni sono caratterizzate da un'elevata solubilità in acqua, proprio perché nella struttura vengono posti esternamente i residui idrofili.
Un altro tipo di legame che contribuisce alla struttura terziaria è quello ionico. Questo si forma tra amminoacidi i cui residui sono carichi in ambiente fisiologico, ad esempio tra il glutammato e l'arginato ▶ 9.
L'insieme di questo tipo di interazioni contribuisce a determinare la forma della proteina. In base alla struttura terziaria le proteine vengono classificate in **fibrose**, in cui prevalgono strutture direzionate, e **globulari**, in cui si ha la forma «raggomitolata». Le proteine dei capelli, precedentemente descritte, sono di tipo fibroso, mentre l'albumina è di tipo globulare. Questa proteina è fondamentale nell'organismo umano, in quanto è responsabile del trasporto attraverso il sangue di molte sostanze, come metalli, amminoacidi e acidi grassi. L'albumina è costituita prevalentemente da α-eliche, che sono legate tra loro da legami disolfuro, che conferiscono la forma a cuore tipica di questa proteina ▶ 10.

7 Struttura delle proteine dei capelli

Le α-eliche si avvolgono l'una all'altra e sono tenute insieme da legami disolfuro.

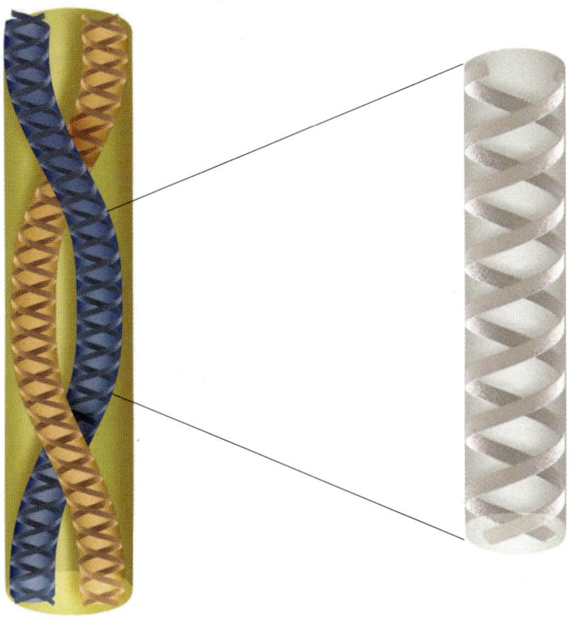

8 Interazioni idrofobiche che si formano tra le catene laterali apolari degli amminoacidi in ambiente acquoso

TESTO-IMMAGINE

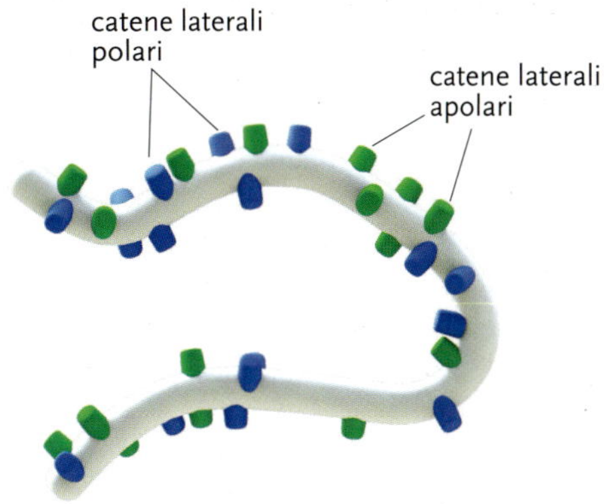

Nella catena proteica sono presenti catene laterali polari e apolari.

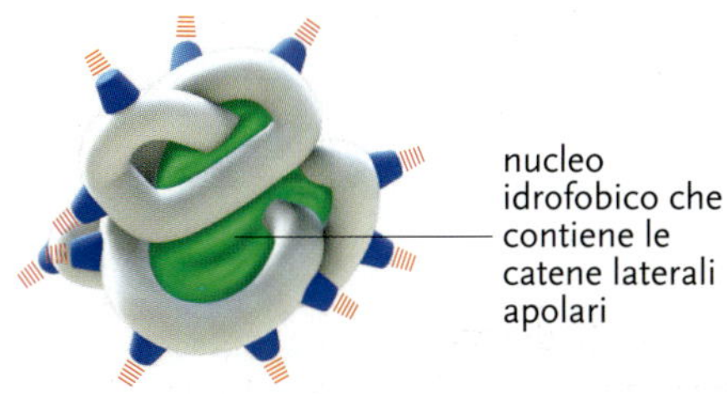

La catena si ripiega in modo da lasciare esternamente i residui idrofili.

9 Formazione del legame ionico tra arginato e glutammato

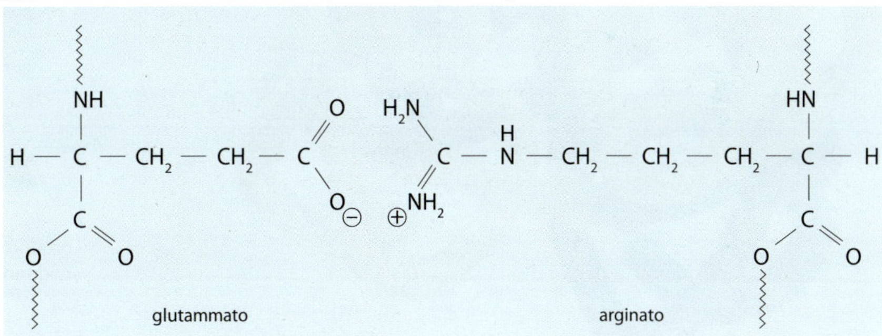

10 Struttura della proteina albumina

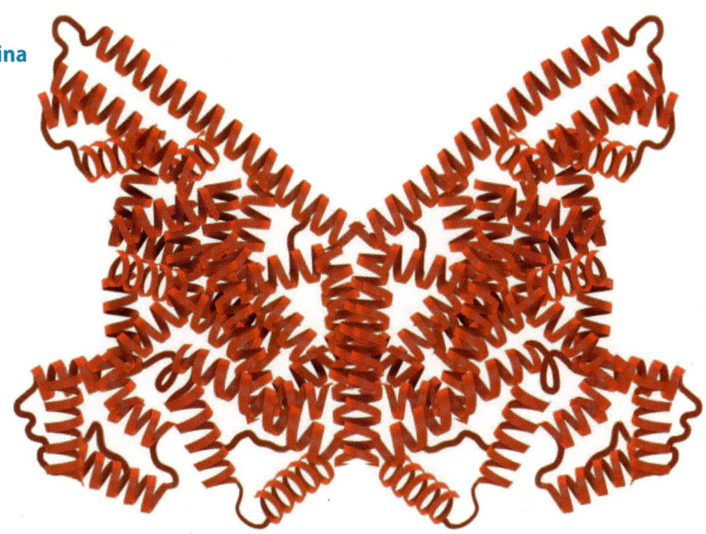

LA STRUTTURA QUATERNARIA Alcune proteine sono formate da più catene polipeptidiche, dette *subunità*, che interagiscono tra loro con legami non covalenti: in questo caso si ha la **struttura quaternaria**, che non è presente in tutte le proteine. Ogni subunità mantiene nella proteina la propria struttura terziaria, ma questa può svolgere la sua funzione biologica solo se associata alle altre. L'emoglobina è la proteina responsabile del trasporto dell'ossigeno nel sangue ed è l'esempio più importante di proteina con struttura quaternaria. È costituita da quattro subunità globulari aggregate in una geometria tetraedrica; ciascuna subunità contiene un gruppo non proteico, *gruppo eme*, in cui viene legato l'ossigeno ▶ 11.

5 Enzimi

Gli **enzimi** sono proteine che svolgono il ruolo di catalizzatori nelle reazioni che avvengono nelle cellule sia animali sia vegetali. Grazie a essi sono possibili reazioni in condizioni di temperatura e pH che altrimenti non avverrebbero o sarebbero troppo lente. Gli enzimi, a differenza dei catalizzatori inorganici, sono caratterizzati da un'elevata **specificità**: ciascuno di essi catalizza una sola reazione. Questo è possibile perché all'interno della struttura proteica è presente una piccola regione, chiamata **sito attivo**, responsabile del riconoscimento della molecola su cui l'enzima deve agire; questa molecola viene definita **substrato**. Per capire la specificità di un enzima, lo si può paragonare a una serratura che riconosce solo un'unica chiave: il sito attivo è caratterizzato dalla presenza di amminoacidi in grado di interagire con il substrato e da dimensione e forma tridimensionale della cavità in cui la molecola deve entrare affinché la reazione avvenga.
L'azione dell'enzima avviene in tre passaggi ▶ 12:

- l'enzima si avvicina al substrato, la struttura del sito attivo si modifica in modo da legarsi al meglio alla molecola (*modello dell'adattamento indotto*) e si forma un intermedio enzima-substrato (ES);
- il substrato viene trasformato nei prodotti;
- l'enzima rilascia i prodotti ed è pronto per reagire nuovamente.

Gli enzimi vengono denominati con il nome del substrato su cui agiscono e la reazione che catalizzano, ad esempio la *DNA polimerasi* è responsabile della sintesi di frammenti di DNA.

11 Struttura dell'emoglobina

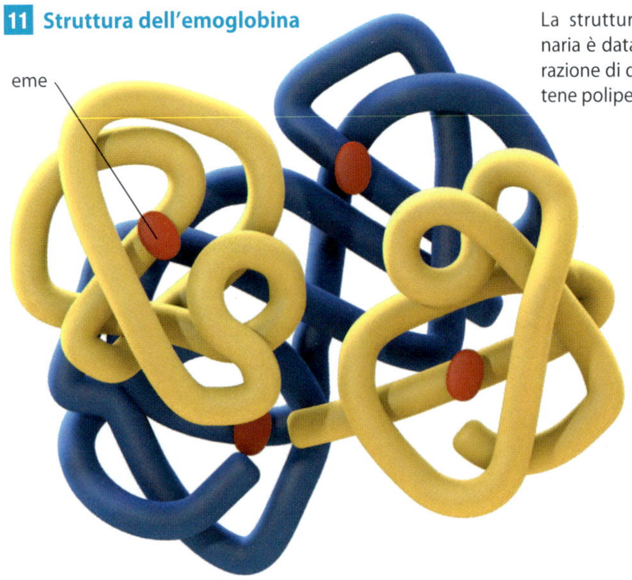

La struttura quaternaria è data dall'interazione di quattro catene polipeptidiche.

12 TESTO-IMMAGINE L'azione degli enzimi

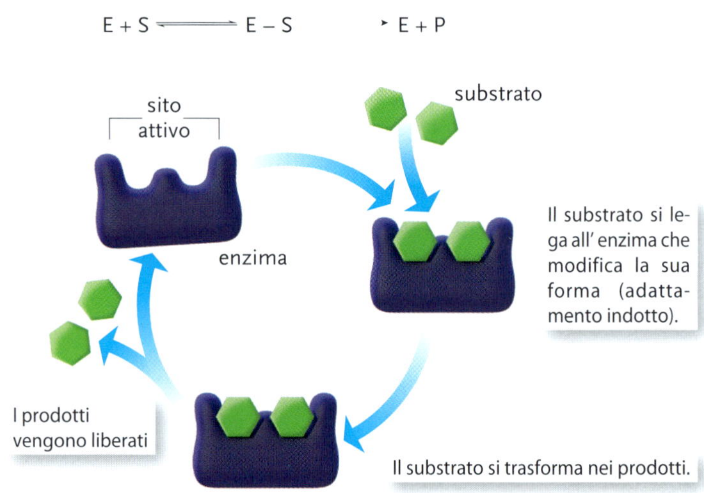

AREA OPERATIVA

Domande chiave

1. Quali sono le principali caratteristiche degli amminoacidi?
2. Come si forma il legame peptidico?
3. Che cos'è la denaturazione e da che cosa è provocata?
4. Quali sono le più comuni strutture secondarie? Descrivile.
5. Qual è la funzione degli enzimi? In che cosa consiste la loro specificità?

Ragiona

1. Dato il peptide
   Thr-Ala-Leu-Asp-Lys-Arg-Glu-Phe
   determina:
   a. quali residui in soluzione acquosa si rivolgono all'esterno;
   b. se possono essere presenti legami ionici e tra quali amminoacidi;
   c. se è più probabile una struttura ad α-elica o a foglietto β.

Risolvi i problemi

1. Scrivi la struttura del tetrapeptide
   Cys-Val-Asp-His
   e indica quali interazioni intermolecolari possono formare gli amminoacidi che lo costituiscono.
2. Scrivi la struttura della fenilalanina e della tirosina in ambiente fortemente basico e fortemente acido.

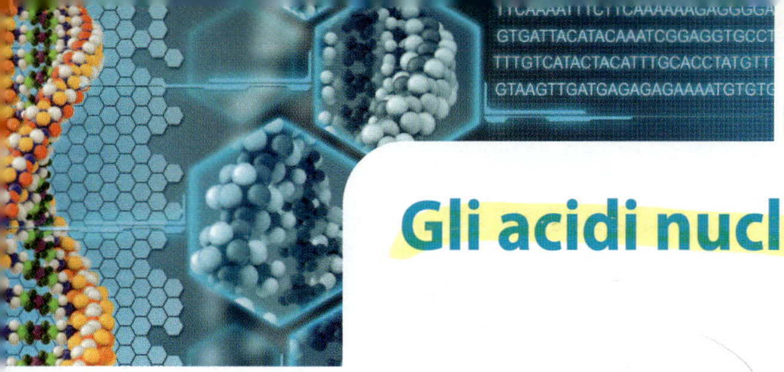

Gli acidi nucleici

1 I nucleotidi

Gli **acidi nucleici** sono le biomolecole che contengono l'informazione genetica e sono responsabili del suo trasferimento. Sono chiamati così perché sono stati isolati per la prima volta dal nucleo della cellula. È oggi noto che sono presenti anche in altri organuli della cellula, come i ribosomi. Gli acidi nucleici più importanti sono l'**acido deossiribonucleico** (**DNA**) e l'**acido ribonucleico** (**RNA**). Dal punto di vista chimico sono polimeri le cui unità monomeriche costitutive sono i **nucleotidi**, la cui sequenza caratterizza ogni molecola e definisce l'informazione genetica.
I nucleotidi sono costituiti da tre componenti:

- una base azotata;
- uno zucchero;
- una molecola di acido fosforico.

Le basi azotate sono composti eterociclici costituiti da carbonio, azoto e idrogeno, che derivano dai composti *pirimidina* e *purina*:

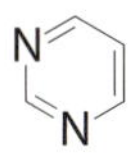

pirimidina

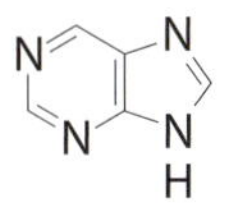

purina

Le basi più importanti derivanti dalla pirimidina sono la **citosina**, la **timina** e l'**uracile**, mentre quelle derivanti dalla **purina** sono l'**adenina** e la **guanina**:

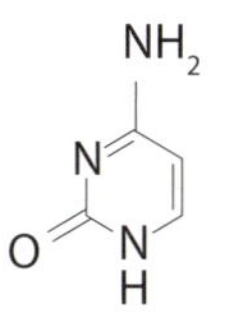

citosina (C)

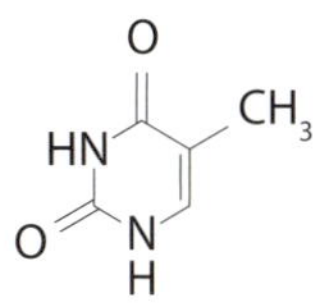

timina (T)

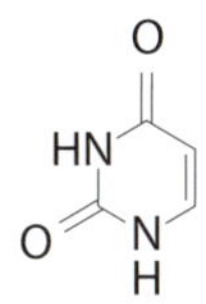

uracile (U)

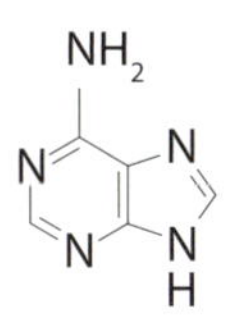

adenina (A)

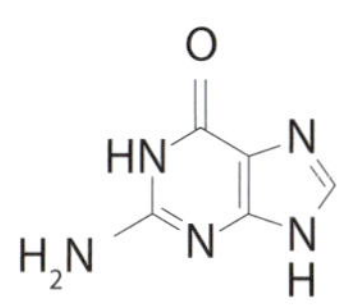

guanina (G)

Lo zucchero presente è un aldopentoso, il D-ribosio o il D-2-deossiribosio:

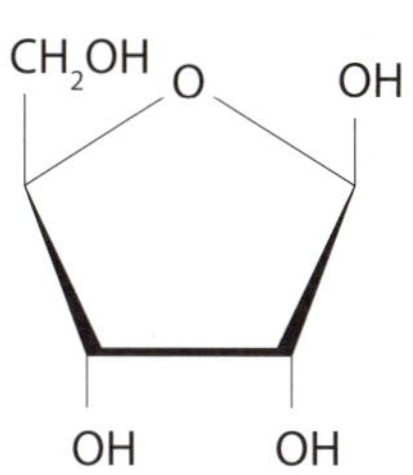

D-ribosio

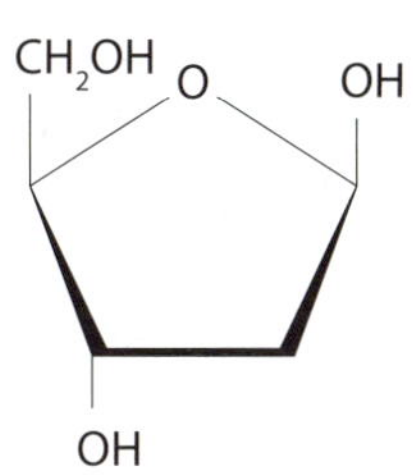

D-2-deossiribosio

La base azotata si lega allo zucchero: il gruppo ossidrile in posizione 1' del pentoso reagisce con l'atomo di azoto 1 delle basi pirimidiniche o con quello in posizione 9 di quelle puriniche con eliminazione di una molecola di acqua; si forma così un legame *N*-β-glicosidico. I nucleotidi, che andranno a formare gli acidi nucleici, si formano per reazione del gruppo ossidrilico in posizione 5' dello zucchero con l'acido fosforico (H_3PO_4), con eliminazione di una molecola di acqua. Il legame che si forma è di tipo estereo e coinvolge il gruppo fosfato; per questo è chiamato *fosfoestereo*.

▶ Vedi anche la struttura del DNA e dell'RNA a pagina **E72**.

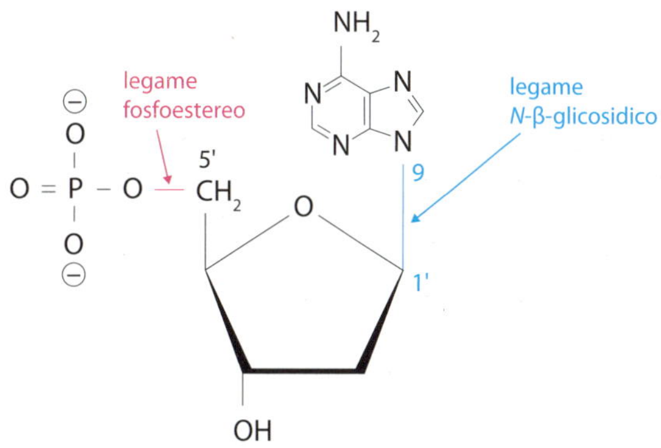

deossiadenosin monofosfato

I nucleotidi si legano tra loro a formare catene polimeriche tramite legami fosfoesterei tra un ossidrile in posizione 3' e un ossigeno del gruppo fosforico del successivo:

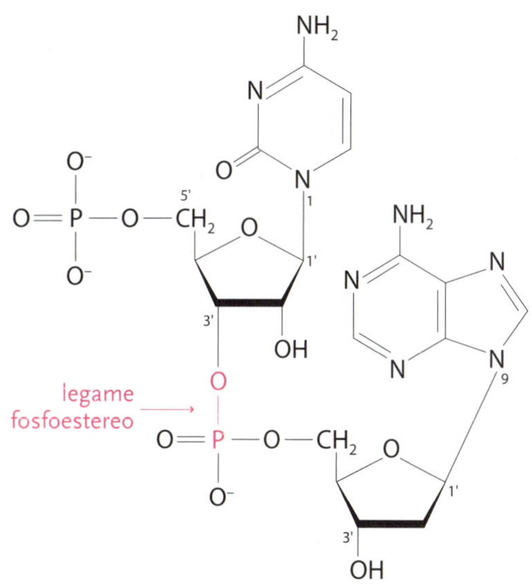

Alle estremità del polinucleotide avremo un gruppo fosforico legato all'atomo di carbonio in posizione 5' (*estremità 5'*) e l'ossidrile legato al carbonio 3' (*estremità 3'*).

AREA OPERATIVA

Domande chiave

1. Come sono formati i nucleotidi?
2. Come si legano tra loro i nucleotidi per formare gli acidi nucleici?
3. Da quali composti derivano le basi azotate?

LE LEZIONI IN SINTESI

1 Le biomolecole

Le principali classi di **biomolecole** presenti in tutti gli organismi, dai più semplici ai più complessi, sono: proteine, carboidrati, lipidi e acidi nucleici. Molte di queste molecole sono caratterizzate da **stereoisomeria ottica**, ovvero differiscono unicamente per la disposizione spaziale degli atomi e sono l'una l'immagine speculare dell'altra, non sovrapponibili. Molecole di questo tipo sono dette **chirali** e sono caratterizzate dalla presenza di almeno un atomo di carbonio legato a quattro sostituenti diversi, chiamato **stereocentro** o **centro stereogenico**.

2 I carboidrati

I **carboidrati**, chiamati anche **glucidi** o **saccaridi**, sono aldeidi e chetoni poliossidrilati. Vengono classificati in base alla complessità della loro struttura in **monosaccaridi**, costituiti da un'unica unità di poliidrossialdeide o poliidrossichetone, **oligosaccaridi**, costituiti da due a dieci unità di monosaccaride, e **polisaccaridi**, formati da più unità monosaccaridiche. I monosaccaridi sono carboidrati che non possono essere scissi in unità più semplici. Le reazioni dei saccaridi sono quelle tipiche della funzione carbonilica e ossidrilica. La reazione di **acetalizzazione** consiste nella reazione dell'ossidrile anomerico con un alcol per dare la forma acetalica dello zucchero. Il legame tra il carbonio anomerico e la funzione —OR è detto **legame glicosidico**. I disaccaridi si formano per reazione di un ossidrile anomerico di uno zucchero con l'OH di un altro con formazione di un legame glicosidico. Per caratterizzare un disaccaride è necessario conoscere la forma dello zucchero che reagisce (furanosidica o piranosidica), la natura del carbonio anomerico (α o β) e la posizione del gruppo ossidrilico dell'altro zucchero (in genere la 4 o la 6). I disaccaridi più importanti sono il *saccarosio*, il *lattosio*, il *maltosio* e il *cellobiosio*. I polisaccaridi sono polimeri in cui l'unità ripetitiva sono i monosaccaridi. I più importanti sono l'*amido*, la *cellulosa* e il *glicogeno*.

3 I lipidi

I **lipidi** sono una classe di composti organici caratterizzati dall'insolubilità in acqua e dalla solubilità in solventi organici apolari. Sono classificati in **saponificabili** e **insaponificabili**. I primi sono composti che contengono la funzione esterea o ammidica e che possono quindi subire la reazione di saponificazione; comprendono *gliceridi*, *cere*, *fosfolipidi* e *glicolipidi*; i lipidi insaponificabili invece comprendono *terpeni*, *steroidi* e *vitamine liposolubili*. Gli **acidi grassi** sono i componenti principali dei lipidi saponificabili. Sono acidi carbossilici a catena lineare con un numero pari di atomi di carbonio compreso fra 4 e 30.

4 Gli amminoacidi e le proteine

Le **proteine** sono polimeri costituiti da venti diversi **amminoacidi** che si combinano a formare proteine con funzioni differenti. Gli amminoacidi sono composti contenenti il gruppo funzionale amminico e quello carbossilico, che si legano tra loro tramite **legami peptidici** per reazione di condensazione. L'attività biologica di una proteina dipende dalla struttura tridimensionale, cioè dalla sua conformazione naturale. Nel caso in cui la proteina perda questa conformazione si parla di **denaturazione**. La conformazione della proteina è data da livelli di organizzazione sempre più complessi definiti come struttura *primaria*, *secondaria*, *terziaria* e *quaternaria*. Gli **enzimi** sono proteine che svolgono il ruolo di catalizzatori delle reazioni che avvengono nelle cellule.

5 Gli acidi nucleici

Gli **acidi nucleici** sono polimeri che differiscono per la sequenza con cui si legano i quattro nucleotidi che li formano. I **nucleotidi** sono formati da una base azotata, uno zucchero e una molecola di acido fosforico; questi si legano tra loro per formare catene polimeriche tramite legami fosfoesterei tra un ossidrile di uno zucchero e il gruppo fosforico di un altro nucleotide. L'**acido deossiribonucleico**, **DNA**, è l'acido nucleico più importante presente in tutti i nuclei delle cellule.

THE CHAPTER IN REVIEW

- The main classes of **biomolecules** that are present in all organisms are: **proteins**, **carbohydrates**, **lipids** and **nucleic acids**.
- **Proteins** are polymers formed by **amino acids**, and can perform their biological function only if they maintain their natural structure.
- **Carbohydrates** are polyhydroxy aldehydes and ketones that have functions related to both energy and structure.
- **Lipids** are divided into **saponifiable**, which have an ester functional group, and **non-saponifiable**.
- The most important **nucleic acids** are **DNA** and **RNA**.

Termini chiave *Key Terms*

Acetalizzazione *Acetalisation*
Acidi grassi *Fatty acids*
Acidi nucleici *Nucleic acids*
Acido deossiribonucleico *Deoxyribonucleic acid*
Amminoacidi *Amino acids*
Biomolecola *Biomolecule*
Chirale *Chiral*
Denaturazione *Denaturation*
Enzima *Enzyme*
Lipidi *Lipids*
Monosaccaridi *Monosaccharides*
Nucleotidi *Nucleotides*
Proteine *Proteins*
Stereocentro *Stereocenter*

LE MAPPE DELL'UNITÀ

Competenza disciplinare ❯ Riconoscere e stabilire relazioni tra i concetti

Completa gli schemi

A

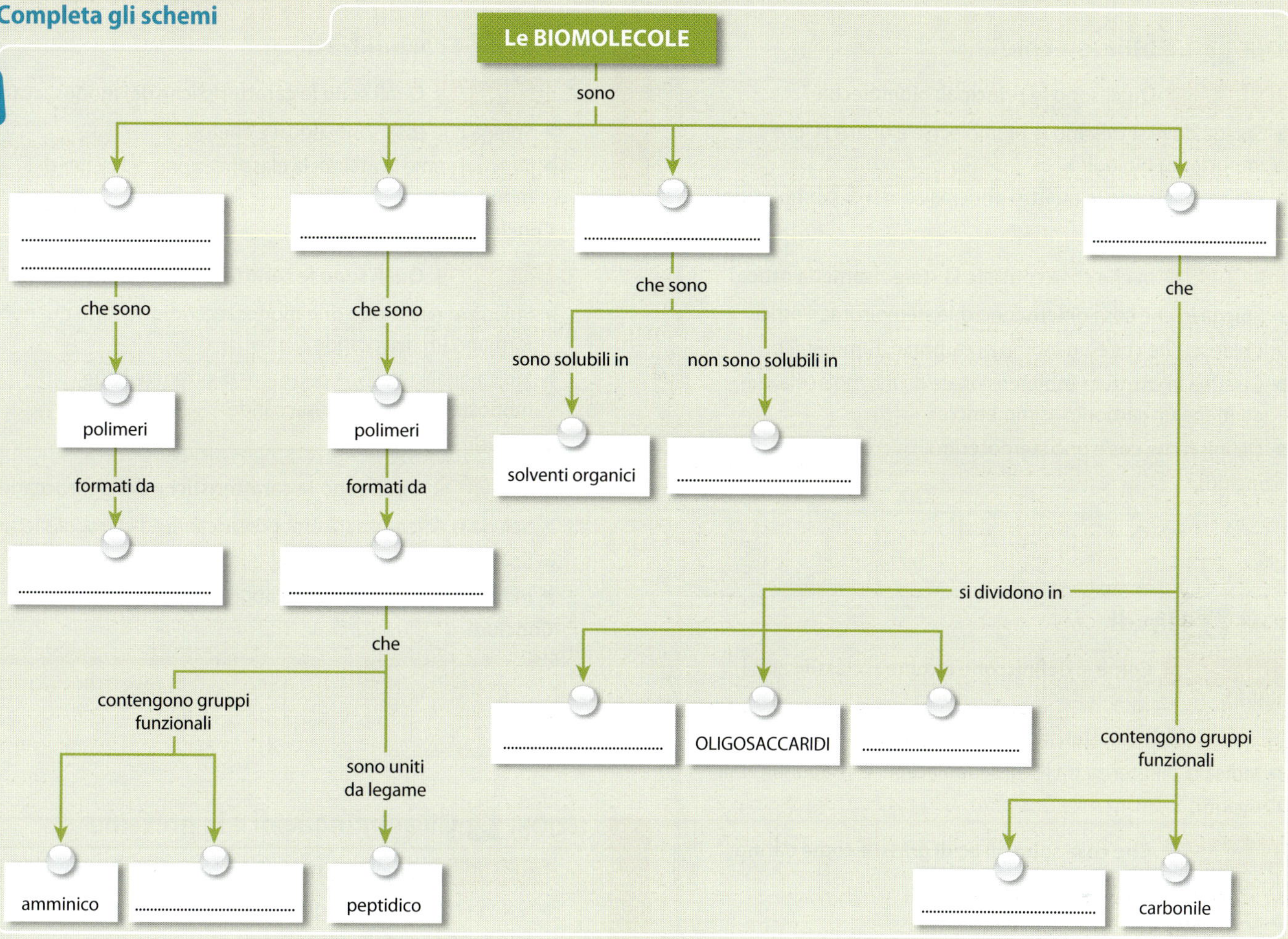

B

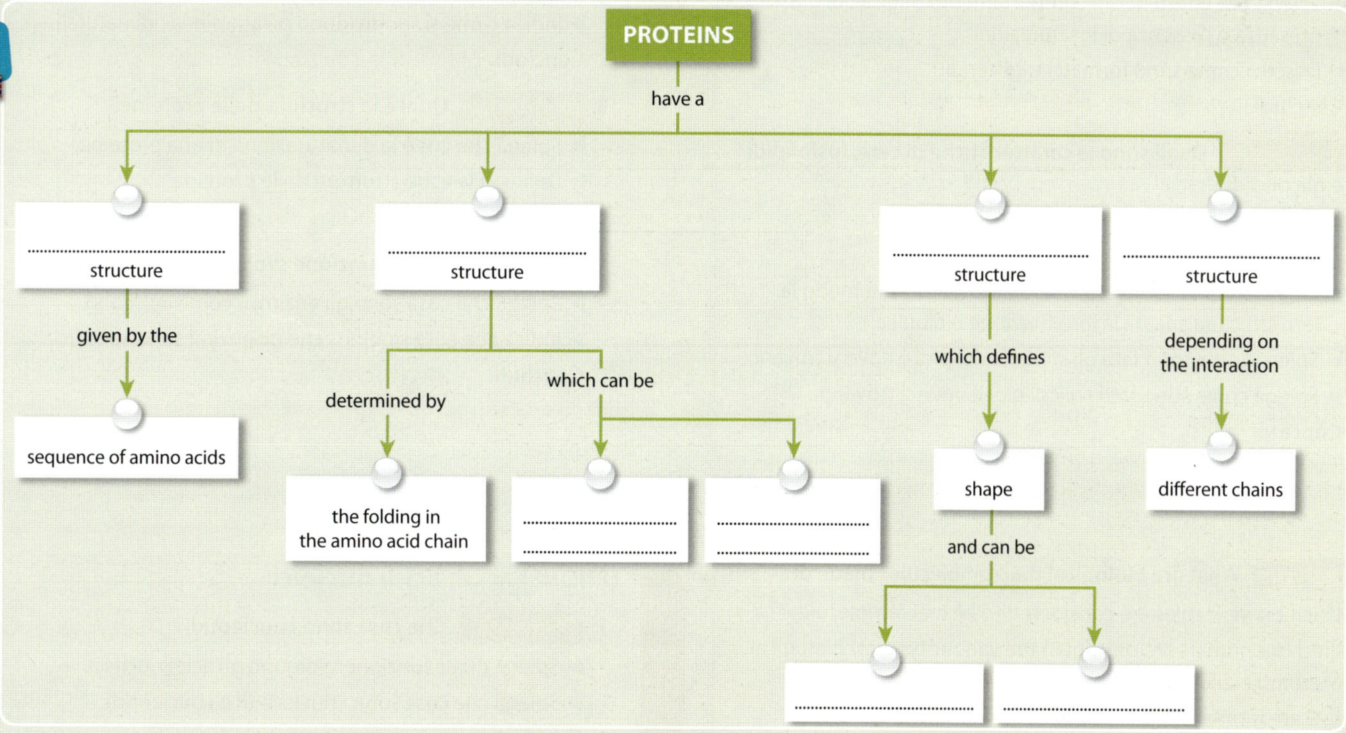

C Progetta e disegna una mappa che abbia come nodo centrale «i lipidi».

PROVE D'INTERROGAZIONE

Competenza disciplinare ▶ Effettuare connessioni logiche e comunicare in forma orale

LEZIONE 1 Le biomolecole

A. **Domanda: Quali sono le principali biomolecole?**
- Spiega dove si trovano le biomolecole e qual è la loro importanza biologica.
- Indica quali sono le quattro principali classi di biomolecole.

Concludi.

B. **Domanda: In che cosa consiste la stereoisomeria ottica?**
- Spiega in che cosa differiscono due stereoisomeri ottici.
- Chiarisci che cos'è un atomo di carbonio asimmetrico.
- Disegna la struttura tridimensionale di una molecola che contiene un carbonio asimmetrico.
- Definisci che cos'è uno stereocentro.

Concludi.

LEZIONE 2 I carboidrati

A. **Domanda: Quali sono le caratteristiche dei monosaccaridi?**
- Spiega che cosa sono aldosi e chetosi.
- Descrivi come si utilizza la classificazione di Fischer dei monosaccaridi.

Concludi.

B. **Domanda: Quali sono le caratteristiche dei disaccaridi?**
- Spiega in che modo due monosaccaridi si legano quando formano un disaccaride.
- Indica quale reazione permette di ottenere i due monosaccaridi da un disaccaride.

Concludi.

C. **Domanda: Quali sono le caratteristiche dei polisaccaridi?**
- Spiega la differenza tra omopolisaccaridi ed eteropolisaccaridi.
- Spiega com'è fatto l'amido.
- Indica qual è la funzione biologica del glicogeno.

Concludi.

LEZIONE 3 I lipidi

A. **Domanda: Come si definiscono e come si classificano i lipidi?**
- Spiega quale caratteristica accomuna i lipidi.
- Indica la differenza tra lipidi saponificabili e insaponificabili.

Concludi.

B. **Domanda: Che cosa sono gli acidi grassi e come danno luogo ai trigliceridi?**
- Descrivi la natura chimica degli acidi grassi.
- Spiega che effetti ha sul comportamento degli acidi grassi la presenza o l'assenza di insaturazioni.
- Descrivi come sono formati i trigliceridi.

Concludi.

C. **Domanda: Quali sono le caratteristiche di cere, fosfolipidi e glicolipidi?**
- Indica da che cosa sono formate le cere e quali caratteristiche fisiche possiedono.
- Chiarisci come sono fatti i fosfogliceridi e in che modo la loro struttura spiega la loro funzione biologica.
- Spiega come sono fatti gli sfingofosfolipidi e dove si trovano.
- Spiega come sono fatti i glicolipidi e dove si trovano.

Concludi.

LEZIONE 4 Gli amminoacidi e le proteine

A. **Domanda: Quali caratteristiche hanno gli amminoacidi?**
- Spiega che cosa sono gli amminoacidi e in quale caso vengono chiamati «essenziali».
- Indica come si suddividono gli amminoacidi naturali.

Concludi.

B. **Domanda: Qual è la struttura delle proteine?**
- Spiega che cos'è la denaturazione di una proteina.
- Definisci le varie strutture delle proteine.

Concludi.

C. **Domanda: Quale funzione svolgono gli enzimi?**
- Spiega che cosa sono gli enzimi e come agiscono.
- Indica che cosa significa che gli enzimi sono specifici.

Concludi.

Question: What are biological macromolecules made of?
- Which biomolecules are considered to be macromolecules?
- Which monomers are present in the various types of biological macromolecules?
- How are monomers joined in macromolecules?

Conclude your exposition.

LEZIONE 5 Gli acidi nucleici

A. **Domanda: Che cosa sono i nucleotidi?**
- Spiega quale funzione svolgono gli acidi nucleici.
- Spiega che cosa sono i nucleosidi e i nucleotidi.

Concludi.

TEST E QUESITI

Competenza disciplinare ▶ Applicare le conoscenze acquisite (es. 1-8)
Applicare il linguaggio scientifico (es. 9)
Spiegare in forma scritta fenomeni e processi (es. 10-15)

Scegli la risposta corretta

1. Sono macromolecole…
   - A solo le proteine.
   - B proteine e acidi nucleici.
   - C proteine, acidi nucleici e polisaccaridi.
   - D tutte le biomolecole.
2. Due molecole costituiscono una coppia di enantiomeri quando…
   - A contengono centri stereogeni.
   - B sono immagini speculari non sovrapponibili.
   - C contengono atomi di carbonio asimmetrici.
   - D sono mesoforme.
3. I carboidrati sono…
   - A aldosi.
   - B monosaccaridi.
   - C idrati del carbonio.
   - D aldeidi o chetoni con legati gruppi ossidrile.
4. L'amido e la cellulosa sono…
   - A entrambi polimeri del glucosio.
   - B monosaccaridi.
   - C entrambi polimeri del saccarosio.
   - D polimeri formati da monosaccaridi diversi.
5. I lipidi saponificabili…
   - A sono i lipidi che si sciolgono in acqua.
   - B contengono la funzione esterea o ammidica.
   - C sono i trigliceridi.
   - D sono quelli che possono essere idrogenati.
6. Il legame peptidico è il legame…
   - A che si forma nella catena di amminoacidi di una proteina e ne provoca il ripiegamento.
   - B che determina la struttura terziaria delle proteine.
   - C tra gruppo amminico e gruppo acido degli amminoacidi.
   - D che si forma tra gruppi amminici e gruppi carbossilici degli amminoacidi nelle proteine.
7. Le strutture secondarie più comuni delle proteine sono quelle…
   - A fibrose e globulari.
   - B ad α elica e a foglietto β.
   - C che coinvolgono diverse catene di amminoacidi.
   - D che si creano grazie al legame peptidico.
8. Gli acidi nucleici si ottengono dall'unione di…
   - A nucleotidi.
   - B amminoacidi.
   - C basi azotate.
   - D nucleosidi.

Metti in relazione

9. Completa la tabella scrivendo i termini mancanti.

Primo termine		Secondo termine
....	svolgono il ruolo di	catalizzatori biologici.
Nella denaturazione	una proteina perde	....
Gli oli	sono	....
....	in soluzione acquosa sono	in forma ciclica.
....	è formato da	glucosio e fruttosio
Dall'idrolisi acida degli oligosaccaridi	si ottengono	....

Rispondi utilizzando i termini indicati

10. Da che cosa e come sono formati i nucleotidi?
    legame fosfoestereo – aldopentoso – azoto 1 o 9 – basi azotate – legame N-β-glicosidico
11. Gli amminoacidi che costituiscono le proteine sono molecole chirali con particolari caratteristiche strutturali e chimiche, quali sono?
    ione dipolare – serie L – catena laterale – basi azotate – glicina – punto isoelettrico – ambiente basico
12. Quale legame caratterizza i disaccaridi e i polisaccaridi? Descrivi le caratteristiche di questo legame.
    omopolissacaridi – forma α o β – acetalizzazione – mutorotazione – zuccheri riducenti – carbonio anomerico – maltosio

13. Quali sono le caratteristiche dei trigliceridi?
saturi – grassi – olio – insaturi – idrogenazione – acidi grassi

Rispondi e motiva la tua risposta

14. Quali legami si possono formare per formare la struttura terziaria nella sequenza di amminoacidi seguente?
Cys-Gln-Thr-Thr-Ser-Glu-Cys-Gly-HIs-Arg

Rispondi alla domanda in base all'estensione richiesta

15. I saccaridi possono essere suddivisi in zuccheri riducenti e non riducenti. Spiega da dove deriva questa classificazione. (**massimo 10 righe**)

In English Competenza trasversale Usare la lingua inglese in un contesto scientifico

Complete the following sentences

1. Polysaccharides are carbohydrates formed by chains of ....
2. The sequence of amino acids in a protein determines its ....

Choose the right answer for the following questions

3. Lactose is formed from…
   - A β-D-galactose and α-D-glucose.
   - B two molecules of glucose.
   - C two molecules of galactose.
   - D glucose and fructose.

4. Peptide bonds in proteins form by…
   - A nucleophilic addition.
   - B nucleophilic substitution.
   - C condensation reaction.
   - D polymerisation.

Answer in a few words

5. What are terpenes' characteristics?
....
....
....
....

IL MIO ESAME DI STATO

Esercizi di simulazione della **Terza Prova**

1. **Tipologia A della Terza Prova**
Che cosa sono gli acidi grassi? Descrivi le principali caratteristiche strutturali. (**massimo 15 righe**)

2. **Tipologia A della Terza Prova**
Descrivi le caratteristiche dei polisaccaridi che conosci. (**massimo 15 righe**)

3. **Tipologia B della Terza Prova**
La specificità delle proteine dipende dalla struttura della proteina stessa. Descrivi i vari livelli di struttura che caratterizzano una proteina.

4. **Tipologia C della Terza Prova**
Scegli la risposta corretta.
Nel composto qui sotto:

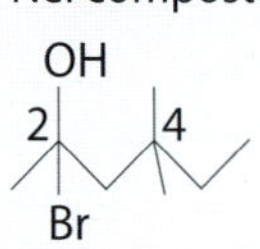

   - A gli atomi di carbonio 2 e 4 sono centri stereogenici.
   - B non sono presenti atomi di carbonio chirali.
   - C è un amminoacido.
   - D solo l'atomo di carbonio in posizione 2 è chirale.

Proposte per l'incremento dei crediti scolastici (cumulabili nel voto d'esame)

5. Gli enzimi sono i catalizzatori delle reazioni che avvengono nelle cellule sia animali sia vegetali. Nell'industria chimica, in particolare quella alimentare, vengono spesso impiegati sia nei processi dove sono necessari catalizzatori altamente specifici, sia come componenti dei prodotti finali. Scrivi una tesina su questo tema tenendo conto dei seguenti argomenti:
   - la storia dell'impiego degli enzimi;
   - le tecniche di produzione di enzimi in laboratorio;
   - il meccanismo di azione degli enzimi: come varia il profilo di una reazione grazie al loro impiego;
   - le reazioni per le quali possono essere maggiormente utilizzati;
   - la possibilità di integrare alimenti con questi enzimi per particolari diete;
   - impatto ambientale nell'utilizzo di enzimi come catalizzatori.

LABORATORIO

Competenza disciplinare Saper organizzare ed eseguire attività sperimentali in laboratorio

SAGGIO DI FEHLING

Hai bisogno di:

- guanti protettivi
- occhiali protettivi
- piattello riscaldante
- provette e portaprovette
- spatolina
- cilindro graduato da 50 ml
- becher da 250 ml
- bacchetta di vetro
- acqua distillata
- contagocce
- glucosio
- saccarosio
- fruttosio
- lattosio
- reattivo di Fehling A [Xn] come solfato rameico puro
- reattico di Fehling B [C]

Il saggio di Fehling mette in evidenza la presenza degli zuccheri riducenti, ovvero degli zuccheri che presentano una funzione aldeidica. Il reattivo di Fehling è una soluzione fortemente basica di ioni rameici (Cu^{2+}): viene preparato al momento dell'uso mescolando volumi uguali di reattivo A e di reattivo B e presenta un'intensa colorazione blu. Gli ioni rameici ossidano a ione carbossilato il gruppo carbonilico delle aldeidi e contemporaneamente si riducono a ossido rameoso (Cu_2O); si forma così un precipitato rosso mattone:

$$R-\overset{\overset{\large O}{\|}}{C}-H + 2Cu^{2+} + 5OH^- \longrightarrow RCOO^- + Cu_2O\,(\text{solido}) + 3H_2O$$

Il saggio darà esito positivo solo in presenza di zuccheri riducenti. Per questo se il saggio è negativo non è detto che non siano presenti zuccheri.

Attenzione **Non versare l'idrossido di sodio sulle pelle e sui vestiti. Evitarne particolarmente il contatto con gli occhi.**

Procedura

Metti a scaldare 150 ml di acqua in un becher.

Prepara il reattivo di Fehling in un cilindro graduato mescolando 10 ml di reattivo di Fehling A e la stessa quantità di Fehling B.

In una provetta metti una punta di spatola di glucosio e scioglila con circa 5 ml di acqua distillata. Aggiungi 4 ml del reattivo di Fehling preparato e agita bene con una bacchetta di vetro.

Scalda la provetta nel bagnomaria precedentemente preparato per tre minuti e osserva l'eventuale formazione del precipitato rosso di ossido rameoso.

Ripeti la procedura per tutti gli zuccheri a disposizione.

Preparazione dei reattivi di Fehling

I due reattivi possono essere preparati in laboratorio se non si hanno a disposizione. Il reattivo A può essere preparato disciogliendo 7 g di solfato rameico pentaidrato ($CuSO_4 \cdot 5H_2O$) in un matraccio da 100 ml e portando a volume. Il reattivo B è una soluzione acquosa contenente tartrato di sodio e potassio (sale di Seignette) e idrossido di sodio: si può preparare disciogliendo 35 g di tartrato di sodio e potassio e 10 g di idrossido di sodio in un matraccio da 100 ml e portando a volume.

Rispondi alle domande

a. Annota in una tabella per quali zuccheri impiegati si osserva la precipitazione dell'ossido rameoso.
b. Che tipo di carboidrato è il fruttosio? Ti aspettavi il risultato ottenuto? Prova a spiegare il risultato sperimentale.
c. Che tipo di carboidrato è il saccarosio? Prova a spiegare il risultato sperimentale.
d. Se alla soluzione acquosa di saccarosio aggiungi qualche goccia di acido cloridrico, ti aspetti che il risultato cambi? Perché?

Saggio di Fehling positivo in presenza di fruttosio (provetta sinistra), negativo in presenza di saccarosio (provetta destra)

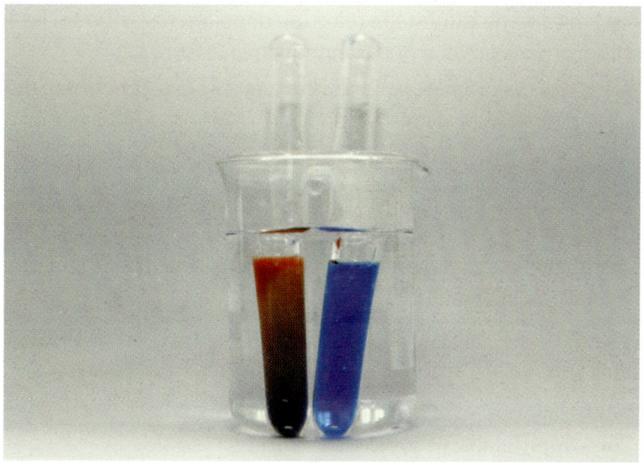

La fucina delle idee

Competenza trasversale ▶ Porsi in modo critico e consapevole di fronte ai problemi scientifici

I BIOMATERIALI

I **biomateriali** sono sostanze o combinazioni di sostanze, diverse da un farmaco, impiegate per trattare, migliorare o sostituire qualsiasi tessuto, organo o funzione del corpo umano. Possono essere impiegati sia in impianti permanenti o protesi, sia in dispositivi a contatto con l'uomo per un tempo determinato ▶ Tabella 1.

Alcuni dispositivi medici possono essere utilizzati identicamente per qualsiasi paziente che ne abbia necessità, altri invece devono essere realizzati per il singolo caso clinico, con forma, dimensioni e caratteristiche individuali; questo aumenta la difficoltà della progettazione e della scelta dei materiali. Le proprietà principali che un biomateriale deve avere sono:

- **biofunzionalità**, cioè la capacità di riprodurre una funzione dal punto di vista fisico e meccanico;
- **biocompatibilità**, cioè l'attitudine di un materiale a essere ben tollerato dall'organismo in cui deve operare, svolgendo allo stesso tempo la funzione per cui ne è stata necessaria l'applicazione.

Le altre proprietà richieste dai biomateriali dipendono dalla funzione per cui verranno utilizzati. I materiali più impiegati sono i **metalli**, in particolare in campo ortopedico e odontoiatrico, e i **polimeri** ▶ A. Questi ultimi sono i composti di sintesi attualmente più studiati per l'impiego come biomateriali a causa della loro spiccata lavorabilità, ma soprattutto per la loro somiglianza con le biomolecole. Gli svantaggi principali nell'uso dei polimeri sono la possibile presenza di sostanze, come i monomeri, che possono essere rilasciate nell'organismo e la facilità di assorbimento di acqua e di biomolecole. Della gamma di polimeri disponibili solo una decina è attualmente impiegata. Molti studi recenti sono stati effettuati sul **polietilene** per il suo impiego come protesi ortopediche all'anca e al ginocchio. I ricercatori stanno studiando una metodologia per rendere il più omogenea possibile la reticolazione del polietilene in modo da migliorarne la resistenza, così da eliminare i danni provocati dai detriti dovuti all'usura.

Altro esempi di biomateriali polimerici sono i **poliacrilati**, che mostrano biocompatibilità e stabilità chimica elevate. Sono impiegati per le lenti a contatto, per protesi dentarie e cementi ossei. Il più importante è il **polimetilcianoacrilato** (PMCA).

Esso viene impiegato per suturare le ferite e i vasi sanguigni; il suo limite è che durante la reazione di polimerizzazione si ha lo sviluppo di calore che può danneggiare i tessuti.

La scienza dei biomateriali si è strutturata solo recentemente ed è quindi tuttora in via di sviluppo.

Tabella 1 Esempi di utilizzo di biomateriali

Problema	Esempio
sostituzione organi danneggiati da patologie, traumi, tempo	protesi d'anca, dializzatore renale
assistenza, guarigione	suture, lastre e viti
aumento della funzione	pacemaker, lente intraoculare
aiuto diagnostico	sonde, cateteri
correzione handicap cosmetico	chirurgia plastica

Dall'originale

È a nanoparticelle la vaccinazione per tutta la vita

La chimera per tutto il mondo dell'immunologia è di riuscire a stimolare il sistema immunitario di un individuo una sola volta ma in modo da proteggerlo per tutta la vita: vaccini virali come quelli per il vaiolo o la febbre gialla, per esempio, forniscono una protezione immunitaria efficace ma che dura solo alcuni decenni. Ora gli studiosi dell'Emory Vaccine Center hanno progettato nanoparticelle che imitano i virus sia nelle dimensioni sia nella struttura e che hanno dimostrato di poter indurre una protezione immunologica a vita nei topi.

L'idea di partenza era di sfruttare l'effetto di stimolo sul sistema immunitario del più efficace vaccino mai realizzato, quello per la febbre gialla. Le particelle ottenute da polimeri biodegradabili hanno componenti in grado di attivare due diverse parti del sistema immunitario innato. Molti anni fa, la ricerca permise di stabilire che il vaccino per la febbre gialla agiva stimolando simultaneamente diversi recettori TLR (*Toll Like Receptor*) nel sistema immunitario.

[«Le Scienze», 24 febbraio 2011]

A Percentuali di impiego di varie sostanze come biomateriali

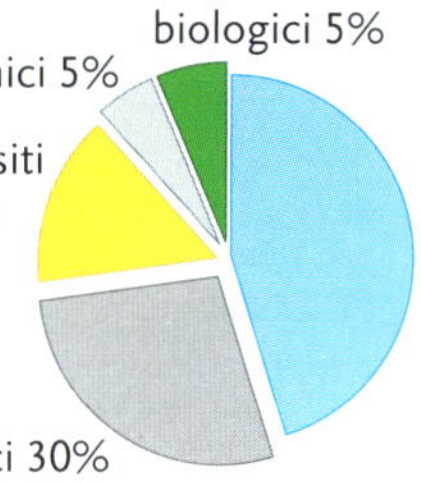

LA RICERCA È APERTA

▶ **Collegamenti con: medicina, ingegneria, biologia, scienza dei materiali**

Negli argomenti esposti puoi individuare molti temi interessanti da approfondire. Eccone alcuni.

- Le applicazioni delle nanotecnologie in medicina.
- Il futuro della medicina è il rilascio controllato di farmaci nel nostro organismo: quali polimeri possono essere utilizzati?
- Le recenti scoperte in campo medico che hanno migliorato la qualità della vita.
- I nuovi materiali.
- I polimeri biodegradabili.

Sitografia consigliata

www.lescienze.it

www.enco-journal.com/journal/ej28/barbucci.html
Articolo *Biomateriali e qualità della vita* scritto da Rolando Barbucci (Università di Siena) sul sito di «Enco Journal», periodico sulla tecnologia dei materiali da costruzione.

www.sciencedirect.com/science/journal/01429612

Professore per un giorno!

Be a teacher!

Competenza trasversale ▶ Presentare argomenti scientifici con l'utilizzo di strumenti multimediali

Prepara la presentazione di una lezione in **PowerPoint** sul tema indicato nella diapositiva ▶ 1. Usa la diapositiva ▶ 2 come modello per realizzarne altre sui temi indicati.

- diapositiva 3: *I cicloalcani*
- diapositiva 4: *Gli alcheni*
- diapositiva 5: *Gli alchini*
- diapositiva 6: *Gli idrocarburi aromatici*

Puoi progettare altre diapositive se lo ritieni necessario. Puoi utilizzare anche le immagini presenti nel volume, selezionandole dalle pagine del libro digitale. Una volta preparate le diapositive, allenati a **esporre la tua lezione in 15 minuti**.

Prepare a **PowerPoint** presentation using the topic in slide ▶ 1. Study slide ▶ 2 carefully. Use it as a framework for your own slides on the following topics.

- diapositiva 3: *Cycloalkanes*
- diapositiva 4: *Alkenes*
- diapositiva 5: *Alkynes*
- diapositiva 6: *Aromatic hydrocarbons*

You can add as many slides as you think appropriate. In your last slide, come to your own **conclusions**. From your digital book you can select all the images you may need to prepare your own presentation. Once everything is ready, train yourself to **present your lesson in 15 minutes**.

1

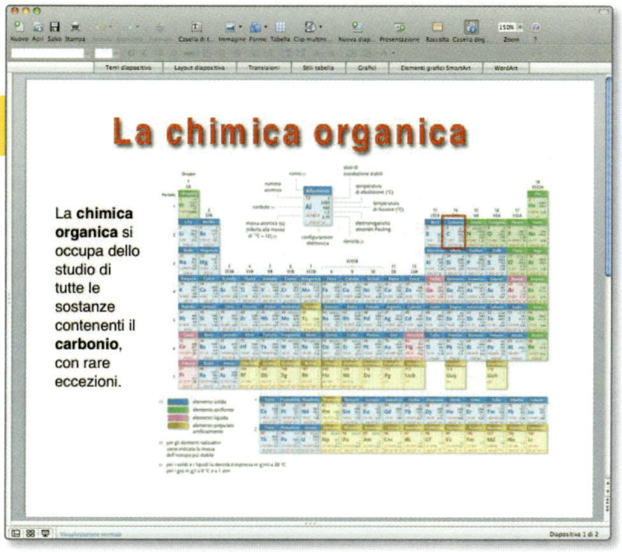

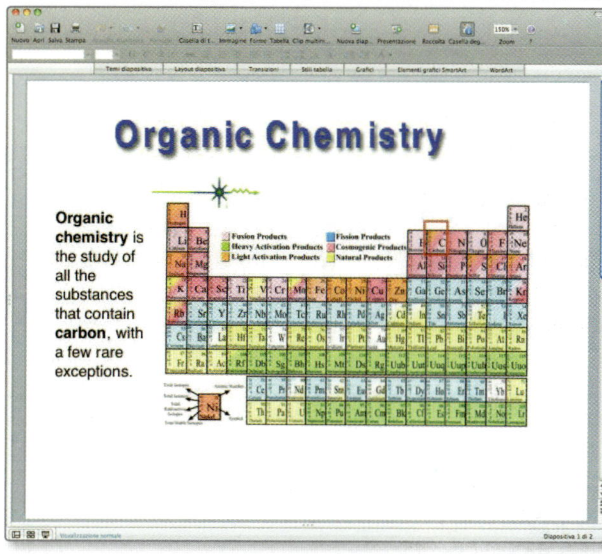

1

2

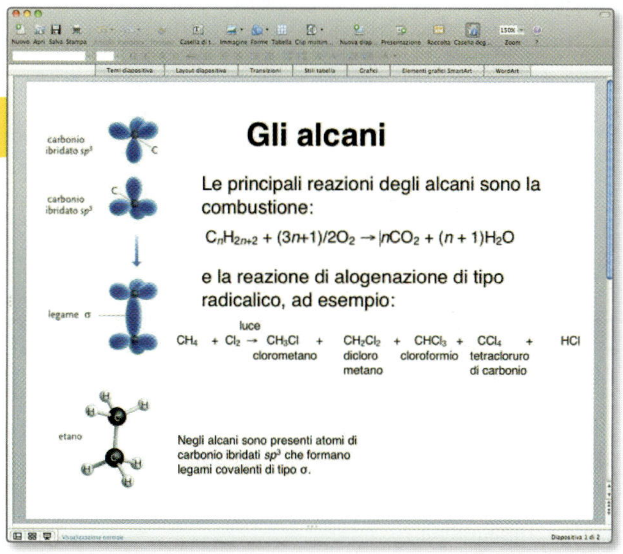

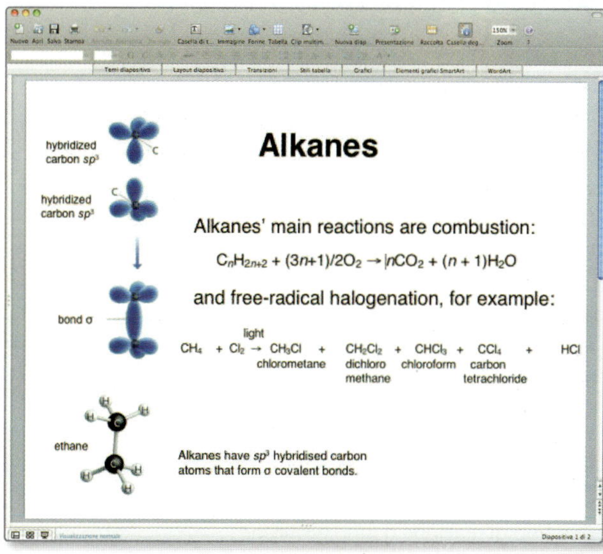

2

Le mie presentazioni

Prepara altre presentazioni sui seguenti temi:

- i principali polimeri di sintesi;
- le caratteristiche dei derivati degli acidi carbossilici;
- i lipidi saponificabili.

My presentations

Prepare other presentations on these topics:

- the main synthetic polymers;
- the features of carboxylic acid derivatives;
- saponifiable lipids.

Laurea in Medicina

1. Si definiscono «amminoacidi essenziali» quelli che...
   - A sono presenti in tutte le proteine.
   - B non possono essere sintetizzati dall'organismo umano.
   - C hanno un elevato contenuto energetico.
   - D contengono solo gruppi laterali apolari.
   - E sono indispensabili per definire la struttura proteica.

2. Qual è la formula bruta del dimetilchetone?
   - A C_3H_3O
   - B C_3H_2O
   - C C_3H_6O
   - D C_3H_4O
   - E $C_3H_3O_2$

3. Qual è la formula bruta dell'aldeide propionica (propanale)?
   - A C_3H_6O
   - B C_3H_5O
   - C C_2H_4O
   - D $C_2H_3O_2$
   - E $C_3H_6O_2$

4. Per quanti atomi di idrogeno il benzene differisce dal cicloesano?
   - A 2
   - B 3
   - C 4
   - D 5
   - E 6

5. Quale tra le seguenti formule di composti organici rappresenta un generico estere?
   - A *RCOR'*
   - B *RCOOR'*
   - C *RCOOH*
   - D *ROR'*
   - E *ROH*

Laurea in Odontoiatria e Protesi dentaria

6. Il saccarosio è un...
   - A disaccaride formato da glucosio e ribosio.
   - B polisaccaride del glucosio.
   - C polisaccaride del glucosio e del galattosio.
   - D isomero del glucosio.
   - E disaccaride formato da glucosio e fruttosio.

7. Indica quale delle seguenti è una vitamina liposolubile.
   - A K
   - B B1
   - C B2
   - D C
   - E Biotina

8. Indica a quale classe di composti, tra quelle elencate, appartiene la molecola $CH_3—O—CH_3$.
   - A Alcol
   - B Estere
   - C Chetone
   - D Alcano
   - E Etere

9. Che tipo di reazione danno gli alcani?
   - A Sostituzione nucleofila.
   - B Addizione elettrofila.
   - C Non danno nessuna reazione.
   - D Sostituzione radicalica.
   - E Sostituzione elettrofila.

10. Gli enantiomeri sono isomeri...
    - A che sono l'uno l'immagine speculare dell'altro.
    - B geometrici.
    - C ottici che non sono l'uno l'immagine speculare dell'altro.
    - D strutturali senza particolari proprietà.
    - E conformazionali.

11. Gli alcoli sono caratterizzati da punti di ebollizione più alti dei corrispondenti alcani. Questo a causa...
    - A della possibilità di formare dei legami a idrogeno.
    - B della polarità della molecola.
    - C del tipo di legame tra O—C.
    - D di ragioni non ben conosciute.
    - E dell'elevata simmetria delle molecole.

Laurea in Medicina Veterinaria

12. La molecola di un trigliceride è costituita da...
    - A tre molecole di glicerolo.
    - B tre molecole di glicerolo e una molecola di acido grasso.
    - C una molecola di glicerolo e tre molecole di un acido grasso.
    - D tre molecole di glicerolo e tre molecole di un acido grasso.
    - E una molecola di glicerolo e due di un acido grasso.

13. Qual è la formula bruta dell'etanale?
    - A $C_2H_3O_2$
    - B $C_3H_2O_2$
    - C C_2H_4O
    - D C_3HO_2
    - E C_3H_2O

14. Qual è la formula bruta del cicloesano?
    - A C_6H_{10}
    - B C_6H_{14}
    - C C_6H_6
    - D C_6H_{12}
    - E C_6H_8

15. Quale dei seguenti liquidi è miscibile con un egual volume di acqua?
    - A Etere etilico.
    - B Alcol metilico.
    - C Olio di paraffina.
    - D Cloroformio.
    - E Etere di petrolio.

16. Il gruppo alchilico che ha formula $—CH_2CH_2CH_3$ si chiama...
    - A propino.
    - B pronano.
    - C propanale.
    - D propene.
    - E propile.

17. Quale dei seguenti composti *non* è di natura lipidica?
    - A Chitina.
    - B Testosterone.
    - C Tripalmitina.
    - D Vitamina.
    - E Colesterolo.

18. Nel GPL usato come carburante per motori a scoppio la lettera P sta per...
    - A propene.
    - B propanolo.
    - C propandiolo.
    - D propantriolo.
    - E propano.

PARTE **E**

Biotecnologie
ed ecologia applicata

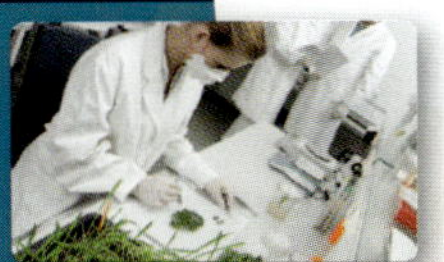

UNITÀ **E1**

Le biotecnologie

UNITÀ **E2**

L'ecologia applicata

UNITÀ
E1 Le biotecnologie

Osserva... Con le tecniche di ingegneria genetica è possibile inserire uno o più geni di un organismo nel genoma di un altro, creando i cosiddetti *organismi geneticamente modificati* o *OGM*. Queste tecnologie cercano di trasferire determinate caratteristiche da un organismo a un altro, come nelle piante la resistenza agli stress ambientali o agli insetti.
La prima pianta geneticamente modificata risale a più di vent'anni fa e da oltre un decennio, in alcuni paesi del mondo, l'agricoltura utilizza gli OGM.
Negli scorsi anni, campagne mediatiche anti-OGM hanno reso celebri alcune piante geneticamente modificate mai esistite, come la fragola-pesce.
La fragola-pesce consisterebbe in una pianta di fragola, modificata tramite l'inserimento di un gene di pesce, con lo scopo di conferirle resistenza al gelo. Si tratta di un esperimento che in realtà non è mai stato realizzato, una vera e propria leggenda metropolitana. Nessun ricercatore ha mai pubblicato studi su questa chimera; nessuna azienda ha mai affermato di essere interessata a sviluppare un prodotto del genere; nessuna multinazionale biotech ha mai annunciato lo sviluppo di fragole antigelo.
La fragola-pesce è dunque, come altri, un OGM mai esistito, che però è diventato negli anni una vera e propria icona del movimento anti-OGM.

Una panoramica sulle biotecnologie

1 Che cosa sono le biotecnologie?

Le **biotecnologie** sono un insieme di tecnologie diverse che utilizzano organismi viventi di origine microbica, vegetale e animale, o loro componenti, per ottenere la sintesi, la degradazione o la trasformazione di materie prime.
Già 8000 anni fa i nostri antenati iniziarono a sfruttare microrganismi come batteri, lieviti e funghi per trasformare il latte in formaggio e yogurt, l'uva in vino, il grano in pane, tramite la fermentazione.
L'utilizzo dei microrganismi da parte dell'uomo è progressivamente aumentato: molti antibiotici con cui ci curiamo dalle infezioni e le vitamine aggiunte a molti alimenti sono prodotti da batteri; gli agricoltori fanno un ampio uso di microrganismi per combattere gli insetti parassiti o per migliorare la resa delle colture; i vaccini sono costruiti utilizzando virus o batteri uccisi o attenuati.
Attualmente le biotecnologie vengono utilizzate in un'ampia varietà di settori industriali; le tecnologie disponibili sono talmente avanzate da consentire manipolazioni a livello molecolare, che permettono modificazioni molto più mirate e specifiche.

2 La biodegradazione

La **biodegradazione** comprende una serie processi chimici e biologici che, grazie all'azione di microrganismi, portano alla decomposizione di sostanze. La biodegradazione è estremamente importante per la purificazione dell'ambiente: gli inquinanti presenti nel terreno e nell'acqua, infatti, possono essere eliminati dai *microrganismi demolitori*.
La *biodegradabilità* delle sostanze è molto variabile: le sostanze di origine naturale, in genere, si decompongono completamente, mentre quelle di origine industriale (come i detersivi, la plastica, la gomma, i diserbanti, gli antiparassitari) sono estremamente resistenti all'attacco dei microrganismi.
La diffusione di materiali non biodegradabili è una delle prime cause di inquinamento del nostro pianeta.
L'utilizzo intenzionale di batteri per degradare sostanze che devono essere smaltite aiuta da anni ad attenuare l'impatto che l'attività dell'uomo ha sull'ambiente.
Alcune popolazioni di microrganismi vengono utilizzate per decontaminare e purificare l'ambiente dai prodotti inquinanti, risultando fondamentali per una serie di problematiche ambientali, come lo smaltimento dei rifiuti tossici o la dispersione in mare di petrolio fuoriuscito dalle petroliere o dalle piattaforme petrolifere ▶ 1.

3 Gli anticorpi monoclonali

La **tecnologia degli anticorpi monoclonali**, o MAb (Ab sta per anticorpo, M per monoclonale) utilizza la capacità di un organismo di produrre anticorpi monoclonali contro una determinata sostanza. Gli anticorpi monoclonali vengono usati per identificare e quantificare molecole di varia natura.
I test di gravidanza ▶ 2 utilizzano un anticorpo monoclonale che rivela la presenza dell'ormone hCG (gonadotropina corionica) prodotto dalla placenta.

2 Gli anticorpi monoclonali

I test di gravidanza utilizzano anticorpi specifici contro l'ormone hCG.

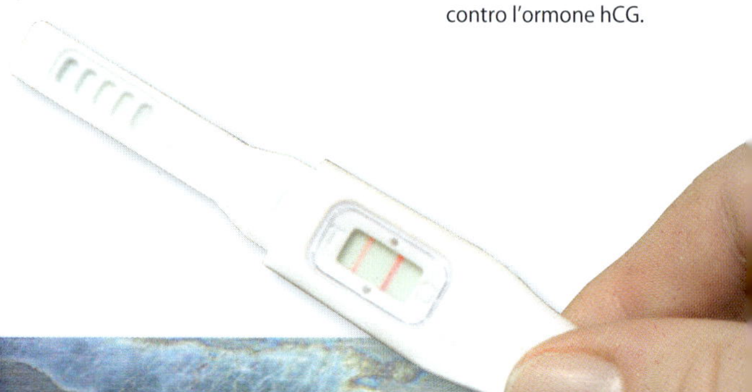

1 Esplosione di una piattaforma petrolifera nel golfo del Messico

Questa fotografia mostra il disastro ambientale avvenuto nel golfo del Messico nel 2010, in seguito all'esplosione di una piattaforma petrolifera. Alcuni microrganismi vengono utilizzati per la decontaminazione dell'ambiente.

In campo medico gli anticorpi monoclonali trovano un ampio utilizzo, in particolare nella prevenzione, nella diagnosi e nella terapia di alcune patologie. Grazie alla loro purezza, alla specificità e alla disponibilità illimitata trovano attualmente importanti applicazioni in ambito oncologico, poiché permettono di individuare in modo specifico i tessuti che prendono origine da cellule tumorali.

4 Le colture cellulari

Tra le biotecnologie, un'applicazione è quella che comporta l'allestimento di **colture cellulari**, che consentono la crescita di cellule in appositi terreni.
Le colture di cellule vegetali sfruttano la capacità delle piante di generare un'altra pianta completa a partire da una singola cellula (*totipotenza*). Gli scienziati sono in grado di inserire in una cellula vegetale un gene per una determinata caratteristica utile, ad esempio la resistenza a un parassita. Moltiplicando la cellula tramite coltura cellulare si forma una pianta che avrà la nuova caratteristica introdotta con il gene: sarà resistente a un determinato parassita. Le colture di cellule vegetali possono essere utilizzate anche per produrre grandi quantità di una particolare proteina, normalmente presente nella pianta.
Anche le cellule animali vengono coltivate: zigoti bovini, figli di animali geneticamente selezionati, vengono moltiplicati mediante colture prima di essere impiantati in madri surrogate.
A livello industriale, per le colture cellulari (ma anche per i processi di fermentazione) vengono utilizzati i **bioreattori** ▶ 3, grandi apparecchi dove, in appositi terreni sterili e mantenendo sotto controllo alcuni parametri, vengono fatte crescere cellule oppure si svolgono reazioni biochimiche per opera di microrganismi.

I ricercatori sono riusciti recentemente a coltivare le cellule staminali embrionali.
Tutti gli animali, in età adulta, mantengono nei loro tessuti una parte di cellule, le **cellule staminali adulte**, che, anziché specializzarsi, restano indifferenziate. Quando un tessuto necessita dell'apporto di nuove cellule, alcune cellule staminali adulte si dividono. Da ogni cellula se ne ottengono due: l'una rimane immatura, l'altra si specializza. Nell'adulto le cellule staminali del midollo osseo possono differenziarsi in tutti i tipi cellulari del sangue e le cellule staminali del fegato nelle diverse cellule epatiche, ma le cellule staminali di un tessuto non possono differenziarsi in cellule staminali di un altro tessuto. Quindi, dalle cellule staminali del midollo osseo non possono differenziarsi cellule epatiche o muscolari.
Attualmente si ritiene che le uniche cellule in grado di dare origine a qualsiasi tessuto del corpo siano quelle presenti nell'embrione: le **cellule staminali embrionali**.
L'utilizzo delle staminali a favore della salute dell'uomo potrebbe portare a risultati insperati. La moltiplicazione di cellule staminali in vitro potrebbe consentire di ricreare tessuti danneggiati o non funzionanti a causa di malattie o lesioni di altra natura.
Il prelievo di cellule staminali embrionali avviene dopo circa 14 giorni dalla fecondazione e non consente la sopravvivenza dell'embrione. Questo fatto, naturalmente, ha aperto ormai da anni un ampio dibattito sull'utilizzo delle cellule staminali embrionali per la ricerca e l'eventuale cura di patologie gravi, come le malattie del sangue, il morbo di Parkinson, le lesioni del midollo spinale e molte altre.
Il sangue del cordone ombelicale costituisce una fonte di cellule staminali emopoietiche adulte, che sono attualmente utilizzate per curare alcune malattie, come la leucemia linfocitica acuta e altre patologie che interessano in particolare i bambini. Il sangue viene raccolto dal cordone ombelicale subito dopo la nascita, mediante un prelievo dalla vena ombelicale. Una volta raccolto, ne vengono calcolati il volume e la quantità di leucociti e poi viene congelato. Oggigiorno è possibile donare il sangue del cordone ombelicale.

3 Un bioreattore

BioParole

Staminale
dall'inglese *staminal*, derivato dal latino *stamen*, «stame»
Staminal

DOMANDE CHIAVE

1. Che cos'è la biodegradazione?
2. Quale tecnologia utilizza la capacità che un organismo ha di produrre anticorpi?
3. Come si chiamano le cellule indifferenziate presenti nei tessuti di un individuo adulto?

Osserva e RISPONDI

Nella figura sono rappresentate colture cellulari che producono ognuna un tipo di anticorpo. Come si chiamano gli anticorpi ottenuti da ogni clone?

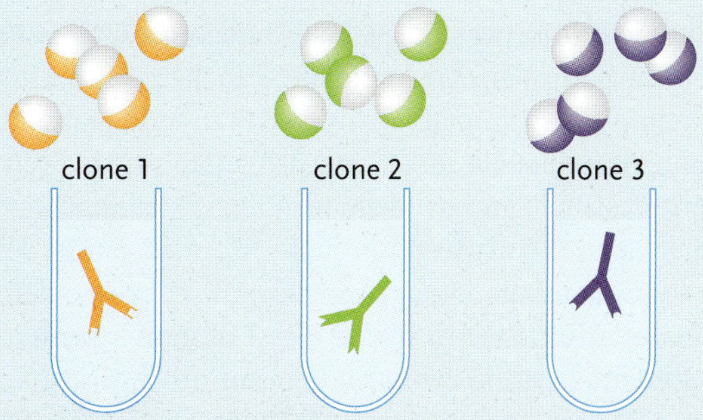

LEZIONE 2

Le tecniche dell'ingegneria genetica

BioParole

Restrizione
dal latino *restringere*, «tirare indietro»
Restriction

1 La manipolazione del DNA

Nell'ambito delle biotecnologie, le tecniche che consentono di tagliare e unire tra loro sequenze di DNA provenienti da organismi diversi vengono definite **tecnologie del DNA ricombinante** (o **ingegneria genetica**). Per *DNA ricombinante* si intende un DNA formato dall'unione di due DNA, provenienti da organismi differenti.
Si tratta di tecniche di biologia molecolare molto specifiche e precise, tanto da consentire di tagliare, modificare e trasferire anche un singolo gene, intervenendo così su proteine e caratteri di particolare interesse.
Il *codice genetico*, salvo alcune eccezioni, è universale: tutti gli organismi, sia procarioti sia eucarioti, hanno lo stesso sistema di lettura del codice genetico. Per questo motivo è possibile prelevare un gene da un organismo e inserirlo nel genoma di un altro organismo, anche evolutivamente molto lontano.
I primi esperimenti sul DNA ricombinante risalgono agli anni Settanta del XX secolo. La scoperta di enzimi batterici, gli *enzimi di restrizione*, in grado di tagliare il DNA in punti molto precisi, e dei cosiddetti *vettori molecolari* (plasmidi e virus), capaci di trasportare brevi sequenze di DNA da un organismo a un altro, permise di isolare e moltiplicare singoli geni, allo scopo di studiarli o di ottenere più copie del prodotto proteico corrispondente ▶ 1.
Gli sviluppi tecnologici nell'ambito del DNA ricombinante hanno permesso di creare cromosomi dotati di combinazioni geniche che forse naturalmente non si sarebbero mai formate.
Le tecniche utilizzate sono già presenti in natura: i batteri, ad esempio, si scambiano normalmente segmenti di DNA, mediante processi come la coniugazione, la trasduzione o la trasformazione batterica; i fagi sono in grado di inserire il proprio genoma in quello dell'ospite: spesso quando si distaccano portano via anche tratti di DNA batterico, trasportandoli così da un batterio a un altro.
Le tecniche moderne di ingegneria genetica sono diverse ed estremamente sofisticate e consentono di modificare il DNA con precisione e velocità estreme. Oggi è possibile isolare da un intero genoma uno specifico gene, riprodurlo in un numero di copie praticamente illimitato e determinarne la sequenza. Il gene può anche essere trasferito in cellule in coltura per studiare la sua funzione e, utilizzando tecniche particolarmente raffinate, è anche possibile inserirlo in piante o animali, in modo da renderlo parte integrante ed ereditabile del genoma dell'organismo ricevente.
I progressi nell'ambito delle tecnologie dell'ingegneria genetica hanno avuto un impatto in tutti i campi della biologia, consentendo ai ricercatori di scoprire e determinare la funzione di nuove classi di geni e proteine, di studiare la storia evolutiva dei genomi eucariotici, di comprendere i meccanismi che stanno alla base dello sviluppo di una pianta o di un animale a partire da una singola cellula.
Per descrivere le tecnologie del DNA ricombinante, analizzeremo come si isolano singole sequenze di DNA da interi genomi, come si ottiene un numero elevato di copie tramite il *clonaggio genico* e la *reazione a catena della polimerasi* e come queste tecniche servano per studiare i geni e i loro prodotti proteici.
Nell'ambito delle applicazioni dell'ingegneria genetica, studieremo infine l'utilizzo di queste tecnologie per la manipolazione di cellule e di interi organismi.

1 Il fago lambda
Il batteriofago lambda, più noto come *fago lambda*, è un virus a DNA che infetta i batteri; viene utilizzato spesso negli esperimenti di ingegneria genetica come vettore molecolare.

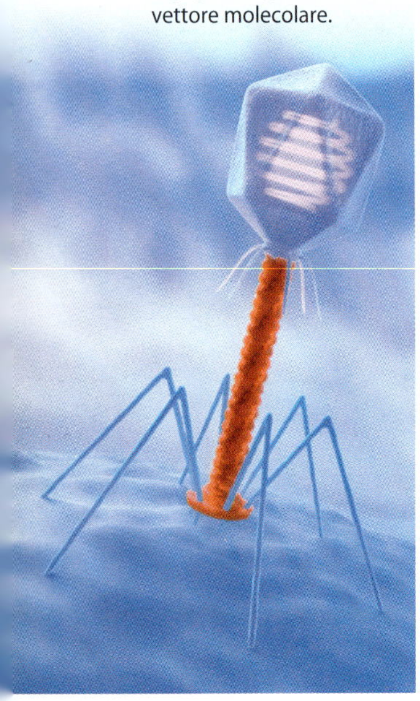

2 Gli enzimi di restrizione

Finché non sono state sviluppate le tecniche del DNA ricombinante, la chiave per capire l'attività delle cellule pareva inaccessibile. Anche dopo la scoperta che l'informazione genetica era codificata nella sequenza del DNA, non era possibile studiare singolarmente i geni, poiché non erano disponibili tecniche che consentissero di isolare tratti di DNA dall'intero genoma.
Fu la scoperta di una classe di enzimi batterici, gli *enzimi di restrizione*, che permise di risolvere questo problema, dando un impulso enorme alla ricerca genetica e allo sviluppo di nuove tecnologie.
Gli **enzimi di restrizione** o **nucleasi di restrizione** rappresentano le «forbici molecolari» del biotecnologo: catalizzano l'idrolisi di un legame fosfodiesterico nella doppia elica di DNA e lo fanno in sequenze precise di poche coppie di nucleotidi, creando frammenti di diverse dimensioni.
Gli enzimi di restrizione esistono già in natura: sono presenti nei batteri, dove vengono utilizzati contro le infezioni dei virus, poiché frammentano il DNA estraneo rendendolo non infettante. Il DNA batterico si protegge dall'azione dei propri enzimi di restrizione «metilando» le sequenze del proprio DNA che altrimenti verrebbero tagliate: l'aggiunta di gruppi metile ($—CH_3$), infatti, da parte di enzimi chiamati *metilasi*, rende queste sequenze non riconoscibili dalle endonucleasi.
Il processo di taglio del DNA da parte di un enzima di restrizione è detto *digestione enzimatica* e consiste nella rottura dei legami tra il gruppo ossidrile all'estremità 3' di un nucleotide e il gruppo fosfato all'estremità 5' del nucleotide successivo. Ogni enzima di restrizione taglia una sequenza specifica: l'enzima *Eco RI* riconosce e taglia il DNA a livello della sequenza 5'-GAATTC-3', mentre la sequenza riconosciuta dall'enzima *Hind III* è 5'-AAGCTT-3'. Le sequenze bersaglio sono generalmente corte, da 4 a 8 coppie nucleotidiche, e i siti di taglio si trovano casualmente in qualsiasi molecola di DNA.
Molti siti di taglio sono *palindromi*, ossia sequenze che risultano identiche nei due filamenti, ma in direzione

opposta, ad esempio: 5'-AAGCTT-3' su un filamento, 3'-TTCGAA-5' sull'altro.
Invece di tagliare le molecole in maniera netta, alcuni enzimi di restrizione eseguono un taglio sfalsato che dà origine a due estremità coesive (capaci cioè di riformare legami) a singolo filamento. Un qualsiasi DNA tagliato con questi enzimi può essere facilmente attaccato a un'altra molecola di DNA tagliata dallo stesso enzima ▶ 2.
I biologi molecolari hanno attualmente a disposizione una grande quantità di enzimi di restrizione, purificati da microrganismi differenti. Utilizzando più enzimi contemporaneamente è possibile tagliare il DNA a livello di sequenze differenti, ottenendo frammenti, i cosiddetti **frammenti di restrizione**, di lunghezza diversa.

3 La separazione dei frammenti di restrizione

Dopo aver tagliato una molecola di DNA, spesso occorre separare i frammenti di restrizione che si ottengono. Per farlo generalmente si utilizza un sistema chiamato **elettroforesi su gel**, che permette di separare i frammenti in base alla loro lunghezza. La miscela dei frammenti di restrizione viene caricata in appositi pozzetti a un'estremità di un gel di *agarosio* o di *poliacrilammide*, fatto solidificare in apposite vaschette. Il gel forma una sorta di setaccio, dotato di pori microscopici. Viene quindi applicato un campo elettrico attraverso il gel e, poiché i gruppi fosfato conferiscono al DNA una carica negativa, i frammenti migrano nel gel dall'elettrodo negativo verso l'elettrodo positivo.
La velocità di migrazione dipende dalla dimensione dei frammenti: quelli più grandi migrano più lentamente rispetto a quelli più piccoli, perché ostacolati nel procedere dalla matrice del gel.
Nel giro di poche ore i frammenti si distribuiscono nel gel in base alla dimensione, formando una serie di bande incolonnate, dove ogni banda è costituita da DNA della stessa lunghezza (e quindi dello stesso peso molecolare). Poiché le bande sul gel risultano invisibili, esistono metodi diversi per poterle visualizzare. Uno di questi consiste nell'esporre la miscela di DNA a un colorante che diventa fluorescente alla luce ultravioletta e, una volta terminata la corsa, porre il gel su un apparecchio che emette raggi UV ▶ 3.
L'elettroforesi consente anche di isolare uno specifico frammento che si vuole studiare: è sufficiente tagliare con un bisturi il pezzettino di gel che contiene la banda d'interesse.

4 Il sequenziamento dei frammenti

Con la tecnica del **sequenziamento** è possibile determinare in modo semplice e veloce la sequenza nucleotidica di un segmento di DNA. Grazie a questa metodica è stata determinata la sequenza di centinaia di migliaia di geni. I genomi di alcuni organismi, come quello del moscerino della frutta *Drosophila melanogaster*, quello del lievito *Saccharomyces cerevisiae* e anche quello dell'uomo, sono stati interamente sequenziati.
Esistono metodi diversi per il sequenziamento, ma il più utilizzato è il **metodo dideossi**, che si basa sulla sintesi di DNA in vitro, in presenza di dideossiribonucleosidi trifosfati terminatori di catena. Viene utilizzato l'enzima DNA polimerasi per produrre copie parziali del frammento di DNA da sequenziare; ogni nuovo filamento di DNA sintetizzato si interrompe a livello di un certo nucleotide (A, G, C o T). Al termine del processo si ottengono segmenti di DNA che differiscono tra lo-

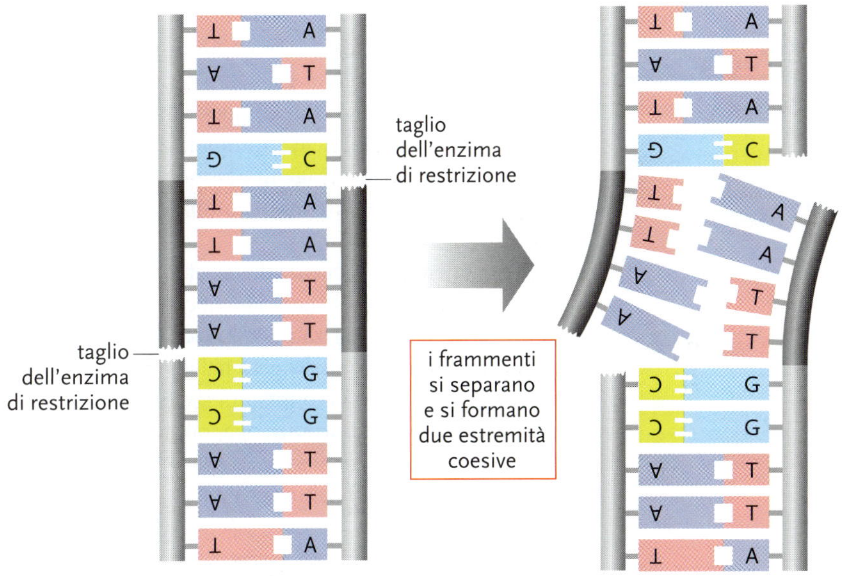

2 Enzimi di restrizione in azione
Ogni enzima di restrizione taglia in un sito specifico. Poiché il taglio è sfalsato, le due estremità sono coesive.

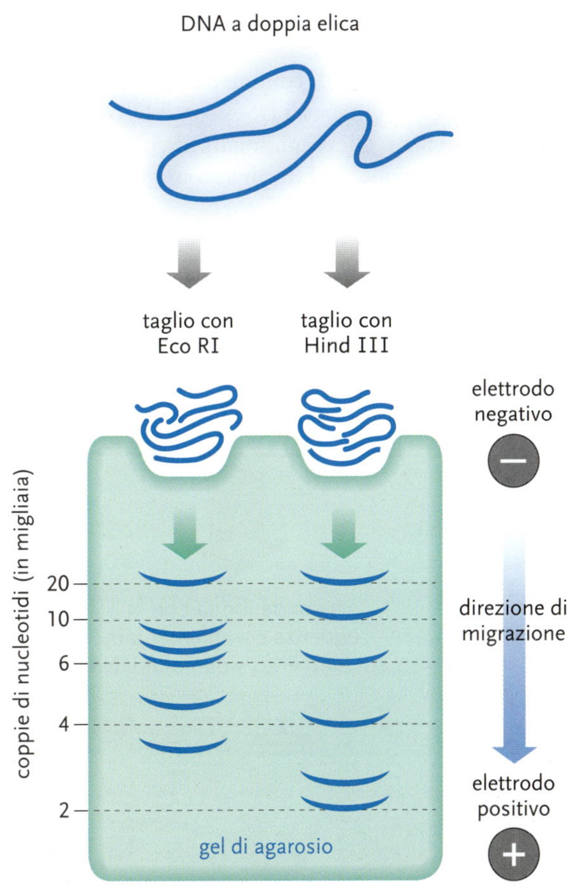

3 Elettroforesi su gel di agarosio
In questa illustrazione si suppone di tagliare la stessa molecola di DNA con due enzimi diversi, *Eco RI* e *Hind III*. Si separano quindi i frammenti ottenuti su gel di agarosio. I frammenti migrano verso l'elettrodo positivo a velocità diverse: i frammenti grandi sono più lenti, quelli piccoli più veloci. Alla fine si ottengono specifiche «bande», che corrispondono a un frammento di una lunghezza ben precisa.

Il gel viene immerso in un colorante che si lega al DNA e che, illuminato da luce ultravioletta, rende visibili le bande.

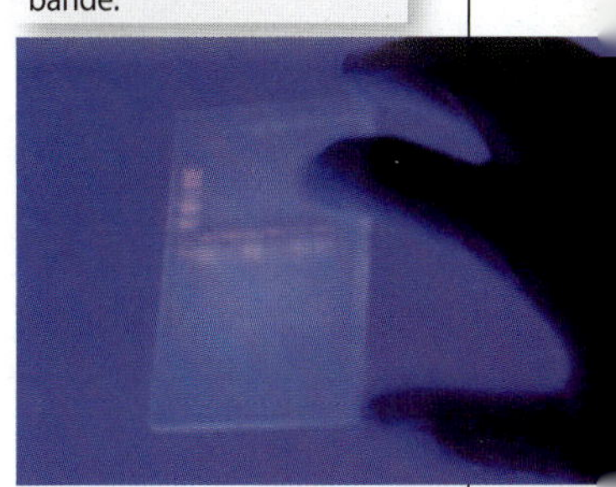

4 Analisi automatizzata di una sequenza

Mediante la tecnica del *sequenziamento automatico* è possibile stabilire l'ordine esatto dei nucleotidi in un segmento di DNA. Ogni picco di un colore corrisponde a una base riportata in alto.

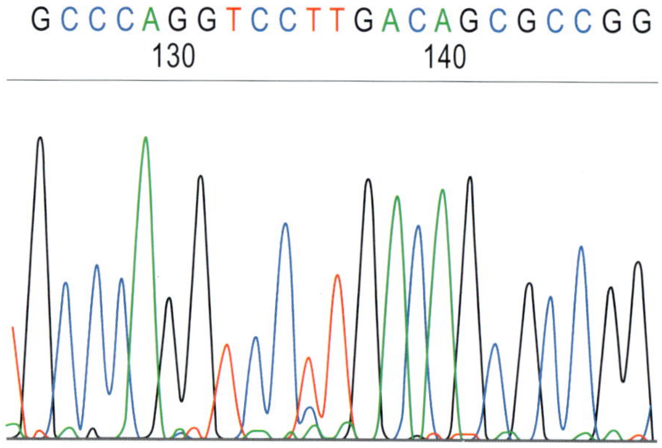

BioParole

Ibridazione dal francese *hybridation*, derivato dal latino *hybrida*, «ibrido»

Hybridization

ro per un solo nucleotide. Le copie vengono separate mediante elettroforesi su gel e la sequenza del DNA originale emerge dall'ordine di questi frammenti. Oggi questo metodo è totalmente automatizzato: dispositivi meccanici mescolano i reagenti e fanno migrare le copie di DNA su gel, leggendo poi in automatico l'ordine dei nucleotidi ▶ 4.

Una volta ottenuta la sequenza di un determinato segmento di DNA, sorge il problema di identificare con precisione i geni che vi sono localizzati e scoprire la loro funzione. Individuare la posizione dei geni nei genomi batterici è più semplice, poiché i cromosomi sono privi di introni (sequenze non codificanti); generalmente si vanno a cercare sequenze particolari, come le triplette di inizio (di solito ATG) e di terminazione (TAA; TAG; TGA) dei geni.

Per i genomi più complessi, come quelli di piante e animali, il lavoro diventa molto più complicato, per la presenza di introni, spesso di grandi dimensioni, inseriti tra le regioni codificanti dei geni, gli esoni. Può essere utile individuare i segmenti di confine tra introni ed esoni, o confrontare le sequenze di DNA con il DNA di organismi imparentati. Gli esoni, infatti, si conservano nel corso dell'evoluzione, mentre gli introni sono soggetti a mutazioni continue.

5 L'ibridazione

Il DNA viene denaturato e una sonda marcata con un isotopo radioattivo va a legarsi alla sequenza complementare sul filamento singolo di DNA.

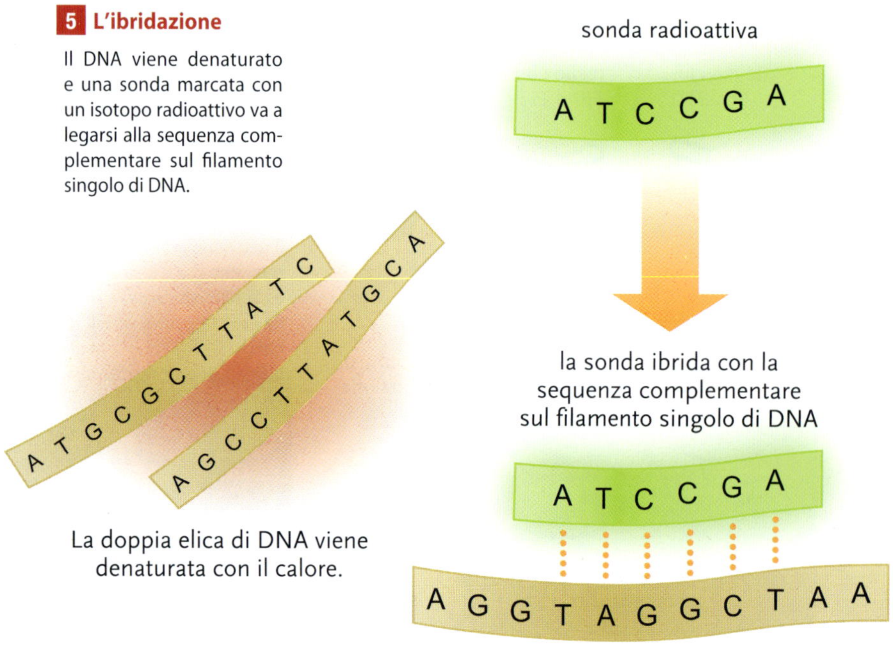

5 L'ibridazione degli acidi nucleici

Dopo che si è identificato un gene, risulta spesso importante cercare di capire in quali tessuti del corpo viene espresso o se il gene ha una mutazione responsabile di una determinata malattia.

Questi studi possono essere affrontati utilizzando la tecnica dell'**ibridazione degli acidi nucleici**, che sfrutta una proprietà fondamentale del DNA: l'appaiamento tra filamenti con sequenze nucleotidiche complementari. I due filamenti di una doppia elica restano uniti grazie ai legami a idrogeno tra le basi; si tratta di legami deboli che si rompono facilmente (*denaturazione*) riscaldando la molecola a 90 °C. Un trattamento ad alte temperature separa le due catene senza compromettere i legami covalenti che uniscono l'uno all'altro i nucleotidi di ogni singolo filamento. Se si abbassa progressivamente la temperatura, i filamenti riformano i legami a idrogeno e si ricostituisce la doppia elica; questo processo prende il nome di *rinaturazione* o *ibridazione*.

Qualsiasi filamento singolo di acido nucleico (RNA o DNA) può essere ibridato con un altro filamento singolo, purché essi abbiano sequenze complementari: si formano così ibridi DNA/DNA, RNA/RNA o misti DNA/RNA. Questo principio fornisce la base a tecniche di ibridazione estremamente sensibili, che permettono di rilevare la presenza di sequenze specifiche di DNA o di RNA.

Le sequenze complementari al segmento che si vuole identificare, dette **sonde**, vengono sintetizzate in laboratorio e rese fluorescenti con sostanze specifiche o marcate con un isotopo radioattivo. Dopo aver denaturato con il calore il DNA, questo viene miscelato con la sonda; questa va a ibridarsi con la sequenza complementare, che può essere così individuata ▶ 5.

DOMANDE CHIAVE

1. Che cos'è il DNA ricombinante?
2. Come si ottengono i frammenti di restrizione?
3. Quale tecnica permette di determinare la sequenza di un segmento di DNA?

Osserva e RIFLETTI

Quali sono le caratteristiche della sequenza riportata che fanno comprendere che si tratta di una sequenza di riconoscimento di un enzima di restrizione?

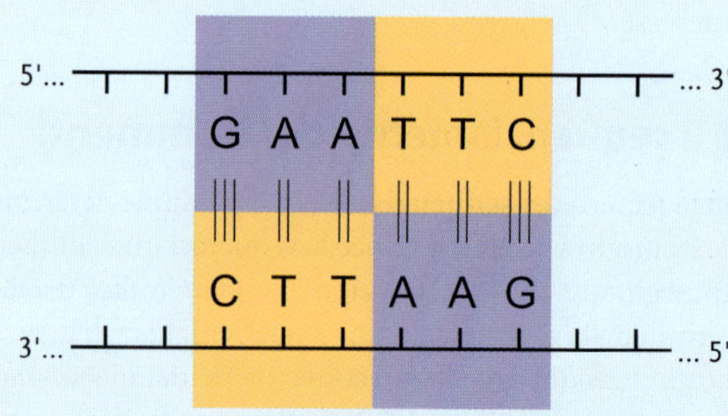

LEZIONE 3

Il clonaggio genico

1 Produrre molte copie di un gene

In biologia molecolare il termine **clonaggio genico** o **clonaggio del DNA** (da non confondere con *clonazione*, che indica la «copia» di interi organismi) si riferisce a una tecnica che consente di produrre molte copie identiche di un gene o di una sequenza ben determinata di DNA. Con questa procedura il gene d'interesse, grazie alla produzione di molte copie identiche, può essere isolato dal resto del genoma. Riuscire a ottenere da un genoma un segmento ben definito di DNA è molto importante, poiché rappresenta il punto di partenza per comprendere le funzioni del materiale ereditario.

Esistono vari metodi che consentono di clonare un determinato gene. Uno di questi consiste nell'introduzione del gene da copiare in un batterio in rapida proliferazione, in modo tale che, ogni volta che il batterio duplica il proprio DNA, crei una copia anche del gene estraneo (o **gene esogeno**).

Il gene può essere introdotto in un batterio mediante *trasformazione*, la capacità naturale dei batteri di assumere segmenti di DNA dall'ambiente attraverso la membrana plasmatica. Il segmento assunto viene spesso incorporato nel genoma dell'ospite mediante ricombinazione. I batteri assumono generalmente il DNA di batteri morti appartenenti al proprio ceppo, ma in laboratorio è possibile indurre un batterio ad assumere il DNA che interessa clonare, anche appartenente a un organismo non affine ▶ 1. Il batterio può inglobare DNA nudo, cioè privo di involucro, di qualsiasi origine; questa metodica permette al ricercatore di ottenere copie di geni estratti anche da genomi complessi come quello umano.

2 I vettori molecolari: virus e plasmidi

Anche se generalmente il DNA esogeno assunto da un batterio viene incorporato nel genoma batterico, in laboratorio risulta più semplice clonare un gene se questo si mantiene separato dal DNA dell'ospite. Per evitare che nel genoma batterico venga integrato il gene d'interesse, quest'ultimo viene inserito in un **vettore molecolare**, una molecola capace di trasportarlo nella cellula ospite e di mantenerlo separato dal genoma batterico. I vettori più utilizzati in questa procedura sono i *virus* (in particolare i batteriofagi) e i *plasmidi*.

I vettori, per svolgere al meglio la loro funzione, devono essere piccoli e avere sequenze adatte a legare il frammento che porta il gene studiato. Una volta entrato nella cellula ospite, il vettore si moltiplica in modo autonomo e con esso anche il frammento di DNA esogeno, consentendo così di ottenere più copie identiche del gene (clonaggio genico).

Nei virus e nei plasmidi utilizzati in ingegneria genetica sono state introdotte modifiche alla struttura originale, allo scopo di facilitare l'inserimento, la trascrizione e l'espressione dei geni.

I primi vettori utilizzati nelle manipolazioni sono stati i **virus**, proprio per la loro semplicità strutturale e la loro capacità di penetrare facilmente all'interno delle cellule, replicandosi ed esprimendo i propri geni. Per i virus patogeni, è anche possibile ottenere virus attenuati, incapaci cioè di scatenare la malattia nell'ospite, grazie alla sostituzione dei geni che causano la patologia con geni innocui.

I **plasmidi** ▶ 2 sono piccole molecole circolari di DNA di circa un migliaio di coppie di basi presenti nel citoplasma delle cellule batteriche (ma separate dal cromosoma batterico), dove sono in grado di replicarsi autonomamente, grazie alla presenza di una propria origine di replicazione. Un plasmide adatto come vettore di clonaggio deve avere un sito di taglio per un enzima di restrizione, in modo che possa aprirsi e inserire il gene esogeno.

I vettori plasmidici vengono scelti generalmente con una caratteristica selezionabile (come la resistenza agli antibiotici), che permette di identificare con precisione i batteri che hanno incorporato il plasmide ricombinante.

Bio Parole
Clonaggio
dal greco *klón*, «germoglio»
Cloning

1 Assunzione di DNA per trasformazione

I batteri possono assumere dall'ambiente frammenti di DNA rilasciati da batteri morti appartenenti alla stessa specie. In laboratorio è possibile far inglobare a un batterio anche DNA proveniente da altri organismi.

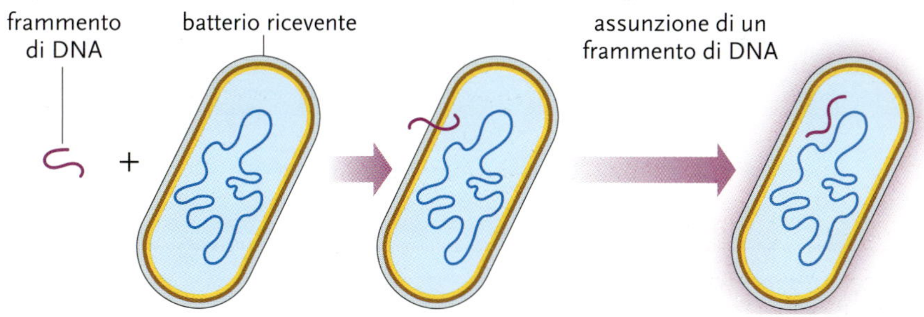

2 Plasmidi batterici I plasmidi vengono utilizzati come vettori per il clonaggio genico.

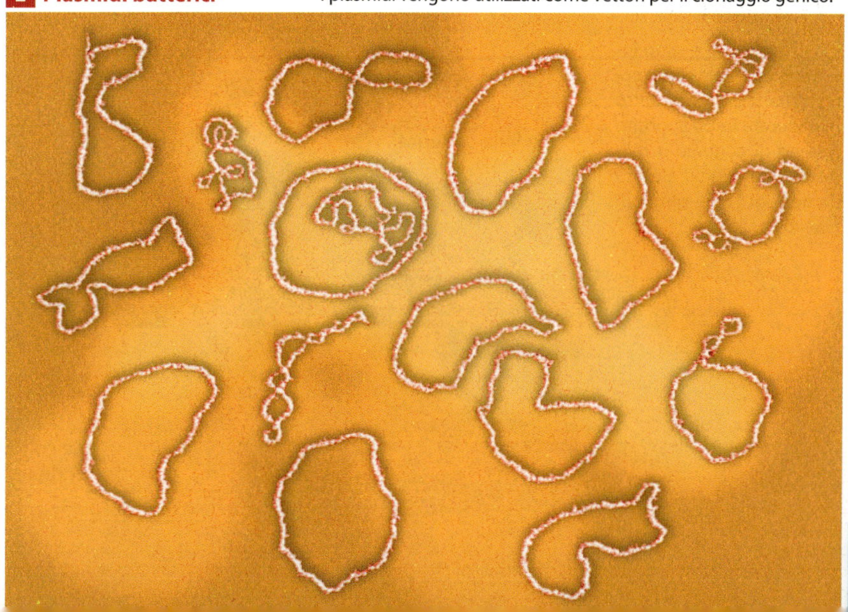

3 Il «montaggio» del DNA ricombinante

Per inserire in un plasmide il gene che si vuole clonare, è necessario trattare il DNA plasmidico purificato con una endonucleasi di restrizione (la stessa utilizzata per ottenere dal DNA di origine il gene o frammento d'interesse). Il plasmide viene tagliato in un solo punto e le estremità libere vengono unite con quelle del gene esogeno, grazie all'azione di un enzima: la *DNA ligasi*. Si forma così una molecola stabile di *DNA ricombinante* ▶ 3.
Nelle cellule, la **DNA ligasi** è un enzima con la funzione di unire tra loro, durante la duplicazione del DNA, i frammenti di Okazaki. Viene ampiamente utilizzato nella tecnologia del DNA ricombinante, poiché consente al biologo di congiungere due frammenti qualsiasi di DNA mediante legami covalenti ▶ 4.

La DNA ligasi è in grado di unire in provetta anche DNA provenienti da organismi diversi, formando molecole che in natura non esistono.
Dopo aver inserito il gene esogeno nel vettore, il plasmide viene introdotto per trasformazione in un batterio (generalmente *Escherichia coli*, ampiamente utilizzato in ingegneria genetica) e si fa crescere il batterio in un apposito terreno, dove si moltiplicherà molto rapidamente ▶ 5. A ogni ciclo di divisione batterica raddoppia anche il numero di copie della molecola di DNA ricombinante. Dopo circa 24 ore si ottengono centinaia di milioni di copie del plasmide e quindi del gene.
I batteri vengono in seguito lisati e viene purificato il DNA plasmidico. Le copie del gene esogeno vengono recuperate tagliando il plasmide con l'apposito enzima di restrizione e separando il gene mediante elettroforesi su gel.

3 Inserimento di un gene esogeno in un vettore plasmidico

Il plasmide viene tagliato con un enzima di restrizione e viene inserito il gene esogeno. Le estremità vengono unite, mediante legame covalente, dalla DNA ligasi.

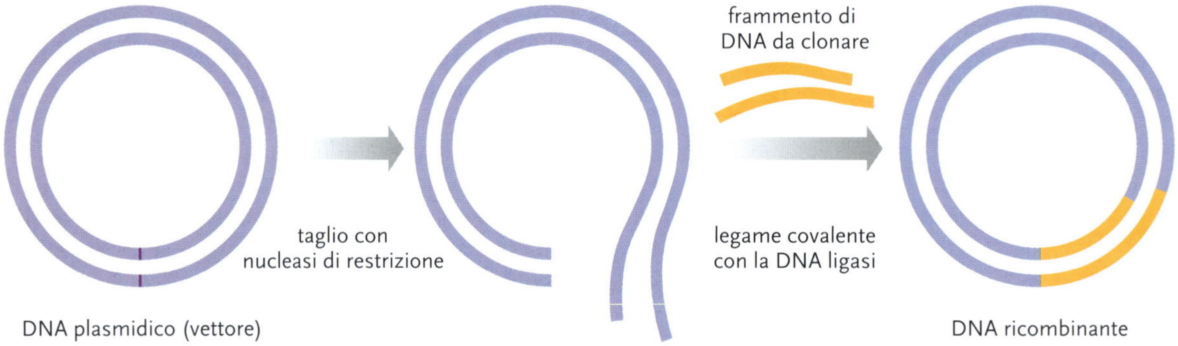

4 La DNA ligasi L'enzima DNA ligasi catalizza la congiunzione di due frammenti di DNA di qualsiasi origine, ricostruendo (con consumo di ATP) l'ossatura zucchero-fosfato tra i nucleotidi.

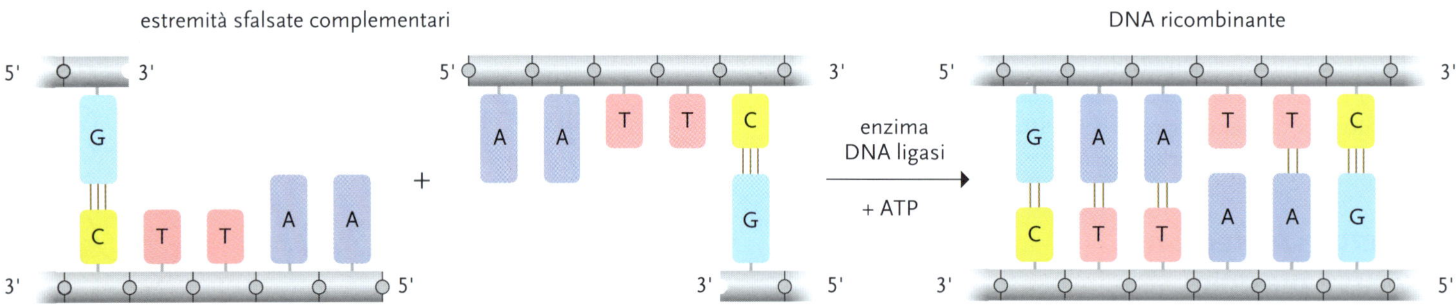

5 La coltura batterica

Il batterio in cui è stato inserito il plasmide con il gene d'interesse viene fatto moltiplicare in un apposito terreno di coltura, in modo da ottenere un elevato numero di copie del DNA ricombinante.

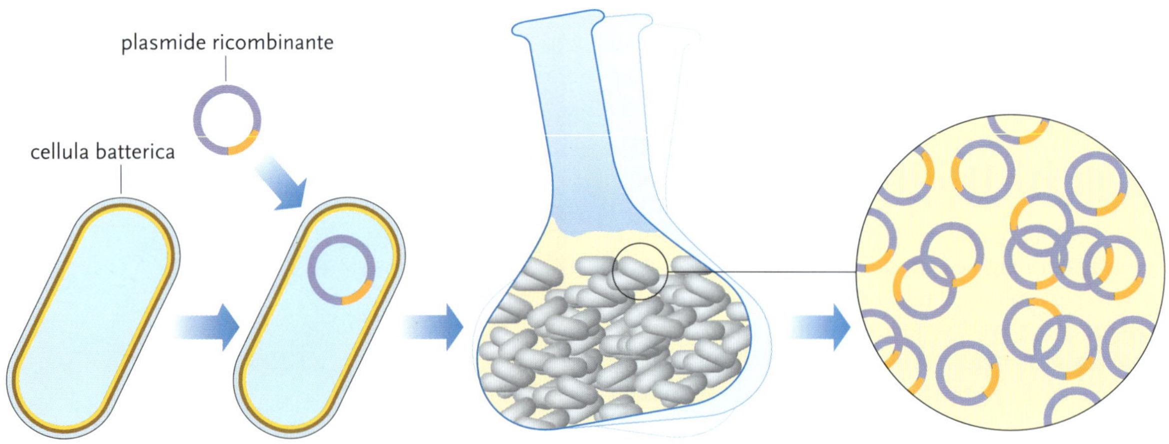

La coltura cellulare produce centinaia di migliaia di batteri.

Dai batteri lisati si isolano moltissime copie di plasmide.

4 Le «biblioteche» del DNA

Con il clonaggio genico è possibile, dunque, produrre grandi quantità di un determinato segmento di DNA. Ma come possiamo identificare uno specifico gene che vogliamo clonare?

Viste le enormi dimensioni della molecola di DNA, per rendere più semplice la ricerca di un gene che si vuole clonare, il primo passo consiste nel suddividere il DNA genomico in frammenti più piccoli, che possano essere maneggiati più facilmente.

Uno dei procedimenti più utilizzati consiste nell'estrarre il DNA da un tessuto e nel tagliarlo con una nucleasi di restrizione, formando migliaia di frammenti. In condizioni sperimentali adeguate si inserisce ognuno dei frammenti in un vettore plasmidico adatto. Il vettore generalmente utilizzato in queste procedure è chiamato **BAC** (**cromosoma artificiale batterico**), un vettore plasmidico di *E. coli*.

I plasmidi ricombinanti vengono messi in una coltura di *E. coli* a una concentrazione tale da far sì che ogni batterio inglobi un solo plasmide. Tutti i frammenti vengono così clonati e nel loro insieme formano una **genoteca genomica**.

Come si fa a trovare un gene in questa libreria composta da tutti i frammenti clonati? Si può utilizzare una specifica sonda, complementare al gene che cerchiamo, e farla ibridare con i nostri frammenti, in modo da individuare il clone corretto.

A seconda del tipo di tecnica utilizzata per frammentare il DNA genomico, si possono costruire molte genoteche genomiche diverse.

Un altro tipo di banca del DNA è la **genoteca di cDNA** (*DNA complementare*). Anch'essa, come quella genomica, è composta da cloni di frammenti di DNA, ma con una differenza sostanziale: il DNA di una genoteca di cDNA non è DNA genomico ma DNA copiato da RNA messaggeri estratti da uno specifico tessuto.

Per preparare una genoteca di cDNA si estrae l'mRNA dalle cellule e, utilizzando la tascrittasi inversa, si copiano, ottenendo così molecole di DNA complementare (cDNA). Questi cDNA vengono poi clonati come i frammenti delle genoteche genomiche, per produrre una genoteca di cDNA.

Poiché le cellule dei vari tessuti producono differenti molecole di mRNA, per ogni tipo di tessuto si otterrà una diversa genoteca di cDNA.

Un'importante differenza tra i due tipi di librerie del DNA è che le genoteche genomiche contengono grandi quantità di introni, mentre i cloni di cDNA contengono solo sequenze codificanti.

5 La reazione a catena della polimerasi (PCR)

Per molte applicazioni del clonaggio genico è attualmente disponibile un metodo rapido ed economico chiamato **reazione a catena della polimerasi** (in sigla **PCR**, dall'inglese *Polymerase Chain Reaction*) ▶ **6**.

Questa procedura, che non richiede l'utilizzo di cellule, consente di replicare in maniera selettiva una determinata sequenza nucleotidica. Anche partendo da concentrazioni minime di DNA, al termine del procedimento (detto **amplificazione**) si ottengono moltissime copie della sequenza d'interesse. Con la reazione a catena della polimerasi, è possibile amplificare in provetta molecole di DNA fino a un miliardo di volte, ricavando così una grande quantità di geni specifici utilizzabili per il clonaggio o il sequenziamento.

La PCR impiega l'enzima DNA polimerasi per copiare le molecole di DNA e richiede che sia nota la sequenza nucleotidica almeno della porzione iniziale e finale del gene da clonare.

Perché la PCR possa avvenire, sono necessarie brevi sequenze nucleotidiche, denominate **inneschi** (o ***primers***), complementari a sequenze del gene o dei geni che devono essere amplificati. Questo per dare il segnale di inizio e di fine della replicazione alla DNA polimerasi. Guidata dagli inneschi e grazie a una serie di cambi di temperatura che ottimizzano il processo di copiatura, la DNA polimerasi produce moltissime copie della sequenza voluta.

La PCR è molto sensibile e riesce ad amplificare anche una singola molecola di DNA. Questo, però, la rende soggetta a errori dovuti a contaminazioni da DNA esterno, come DNA batterico (se non si lavora in sterilità) o DNA dell'operatore che prepara la reazione.

6 Lo strumento per la PCR

La reazione a catena della polimerasi viene eseguita in provette inserite in una apposita macchina che modifica in maniera ciclica le temperature, allo scopo di ottimizzare il processo di copiatura.

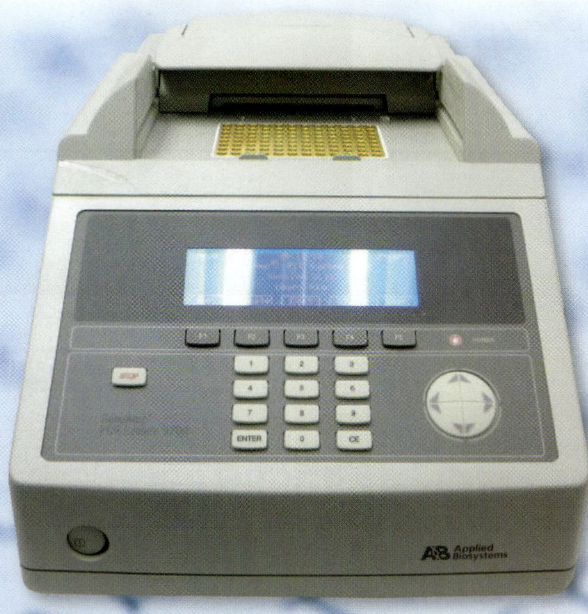

BioParole

Genoteca
dal greco *ghénos*, «nascita, stirpe» o *ghénesis*, «generazione» e *théke*, «ripostiglio, scrigno»
Gene library

BioPlus

Profilo genetico e crimine

Da alcuni anni troviamo spesso sui quotidiani notizie che parlano di casi criminali risolti mediante l'utilizzo dell'«analisi del DNA». Questo sofisticato esame analizza il **profilo genetico** (o ***DNA fingerprinting***) ▶ **A**. È una tecnica che consente di estrarre il DNA da qualsiasi traccia biologica (sangue, capelli, sperma, frammenti di tessuto anche in minima quantità, saliva su mozziconi di sigaretta). Una volta purificato, il DNA viene amplificato tramite PCR e sequenziato, allo scopo di disegnare il profilo genetico di un determinato resto biologico e confrontarlo con il profilo della vittima e di eventuali sospettati ▶ **B**.

Il DNA presenta alcune regioni denominate *loci polimorfici* (dal greco, «molte forme»), che sono particolarmente variabili nella popolazione. Alcuni di questi loci sono ripetizioni in serie (o, come si dice, «in tandem») di una stessa sequenza di poche basi azotate, come una parola scritta sulla molecola di DNA molte volte di seguito, e prendono il nome di **DNA ripetitivo**. Quando le sequenze ripetute sono lunghe da 9 a 100 basi si parla di **minisatelliti** o **VNTR** (*Variable Number of Tandem Repeats*), quando sono lunghe da 1 a 6 basi vengono chiamate **microsatelliti** o **STR** (*Short Tandem Repeats*). Minisatelliti e microsatelliti non codificano per alcuna proteina, ma hanno la particolarità di avere un numero di ripetizioni variabile (e quindi lunghezza diversa) da un individuo all'altro. Nel DNA esistono numerosi loci costituiti da queste sequenze ripetute: si stima che nel genoma umano siano presenti più di 100 000 loci STR, ma gli scienziati ne hanno scelti solo alcuni per analizzare le tracce biologiche nelle scene del crimine: quelli che risultano particolarmente variabili nella popolazione.

I microsatelliti sono attualmente i più utilizzati in ambito forense. Per analizzare gli STR, vengono amplificati uno alla volta tramite PCR gli STR che si vogliono studiare e poi ne viene valutata la lunghezza tramite sequenziamento. Un individuo può avere, per un determinato STR, 12 ripetizioni della sequenza AGTA su un allele e 10 sull'altro, una seconda persona 7 ripetizioni su un allele e 8 sull'altro. E così via per gli altri STR presenti su altri loci (generalmente se ne analizzano almeno 13). L'insieme di queste regioni variabili forma il *profilo genetico* o **impronta genetica** di un individuo. Il profilo genetico, fatta eccezione per i gemelli monozigoti, è unico in ogni persona.

Una volta ottenuti i risultati di un caso, analizzando tutti i campioni biologici a disposizione, si comparano i profili genetici ricavati da tracce biologiche con i profili genetici di vittime o di persone sospette. Il risultato di compatibilità o di incompatibilità del DNA può risultare determinante nella risoluzione di un caso criminale.

L'analisi del profilo genetico viene utilizzata non solo nell'ambito delle indagini di polizia, ma anche per altri scopi, come negli esami di attribuzione di paternità, per studi genetici di resti umani antichi o per l'identificazione delle vittime negli incidenti di massa.

Dopo il drammatico attacco alle torri gemelle di New York, l'11 settembre 2001, una squadra di esperti ha lavorato allo scopo di identificare 20 000 resti umani tramite il confronto con campioni biologici o oggetti posseduti dalle vittime (spazzole, spazzolini da denti), oppure mediante il confronto con il DNA dei parenti più stretti. È stata la più estesa indagine sui profili del DNA mai eseguita fino a oggi.

B I rilievi di tracce di DNA

Il **RIS** (**Reparto Investigazioni Scientifiche**) è composto dai Carabinieri che svolgono attività tecnico-scientifica nell'ambito delle indagini preliminari. È supportato dalle unità **SIS** (**Sezioni Investigazioni Scientifiche**), specializzate nel sopralluogo preliminare sulla scena del crimine.

A Profilo genetico del DNA

Dal confronto tra profili genetici è possibile risalire alla paternità di un bambino o identificare un resto biologico.

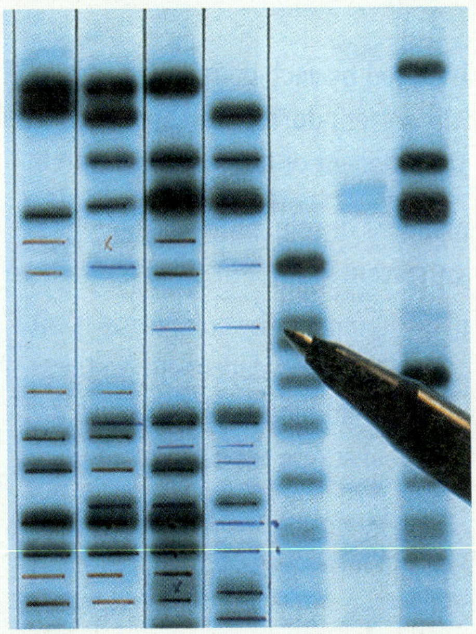

DOMANDE CHIAVE

1. Che cos'è il clonaggio genico?
2. Quali sono i due principali vettori molecolari utilizzati nell'ingegneria genetica?
3. Quali enzimi vengono utilizzati per unire due DNA di origine diversa?

Osserva e RISPONDI

Nell'immagine è rappresentato un apparecchio PCR per l'amplificazione del DNA. Qual è la differenza principale tra questa e le altre tecniche di clonaggio?

Gli organismi geneticamente modificati

1 Che cosa sono gli organismi geneticamente modificati?

Gli **organismi geneticamente modificati** (**OGM**) sono microrganismi, piante o animali il cui genoma è stato modificato attraverso l'introduzione di un gene, raramente più di uno, preso da un altro organismo.

Le applicazioni degli OGM investono numerosi ambiti diversi: la medicina, l'ecologia, il settore agroalimentare e zootecnico. Dal punto di vista medico le tecnologie dell'ingegneria genetica hanno consentito la produzione di farmaci ricombinanti e di vaccini sicuri.

Il loro impiego rappresenta un grande avanzamento tecnologico, che si scontra però con problemi etici, e non solo; infatti, essendo tecniche utilizzate da relativamente pochi anni, non si conoscono ancora del tutto i possibili effetti che questi nuovi prodotti possono avere sull'uomo e sull'ambiente.

Prima dello sviluppo della tecnologia del DNA ricombinante, la maggior parte dei farmaci umani, di natura proteica, era disponibile in quantità molto limitate, sia per gli elevati costi di produzione sia perché il loro meccanismo d'azione non era ben caratterizzato. Inoltre, i prodotti ottenuti per estrazione dal sangue o da tessuti dell'uomo o di animali erano a rischio di trasmissione di malattie infettive da parte di microrganismi patogeni eventualmente presenti nei donatori. Con la tecnologia del DNA ricombinante questi inconvenienti vengono eliminati.

I rischi maggiori che si temono nell'utilizzo degli OGM riguardano le possibili interazioni degli organismi geneticamente modificati con gli altri organismi, sia dal punto di vista sanitario sia, soprattutto, da quello ecologico: si ritiene che l'uso indiscriminato degli OGM metta a rischio la biodiversità e dunque tutto l'ecosistema.

Gli OGM di interesse medico appartengono essenzialmente a due categorie: quella dei batteri o di cellule isolate, che producono in coltura sostanze utili a scopo terapeutico o immunologico, e quella degli organismi transgenici, attualmente utilizzati soltanto nella ricerca.

2 Colture di cellule ricombinanti

Le cellule e gli organismi manipolati mediante le tecniche del DNA ricombinante vengono usati per sintetizzare specifiche proteine, particolarmente utili in campo medico. Per ottenere una certa proteina, il gene che la codifica viene inserito in un batterio, in un lievito o in un altro tipo di cellula facilmente coltivabile e viene fatto moltiplicare in colture cellulari. La proliferazione della cellula modificata crea molte copie del gene e quindi elevate quantità del prodotto corrispondente ▶ 1.

In tale tipo di procedimento gli organismi utilizzati più spesso sono i batteri. Questo perché l'inserimento di geni estranei nei batteri risulta piuttosto facile grazie all'uso di fagi e plasmidi e perché la coltura batterica è semplice da allestire, cresce rapidamente ed è poco costosa, con una buona resa nella produzione della proteina che si vuole ottenere.

Tra gli OGM di interesse medico, rivestono una notevole importanza i batteri che producono l'**insulina umana**, un ormone che viene somministrato ai pazienti diabetici. L'insulina prodotta dal batterio *Escherichia coli* ▶ 2

1 Le colture batteriche

Facendo crescere in coltura batteri, lieviti o cellule di mammifero ricombinanti è possibile produrre grandi quantità di una determinata molecola.

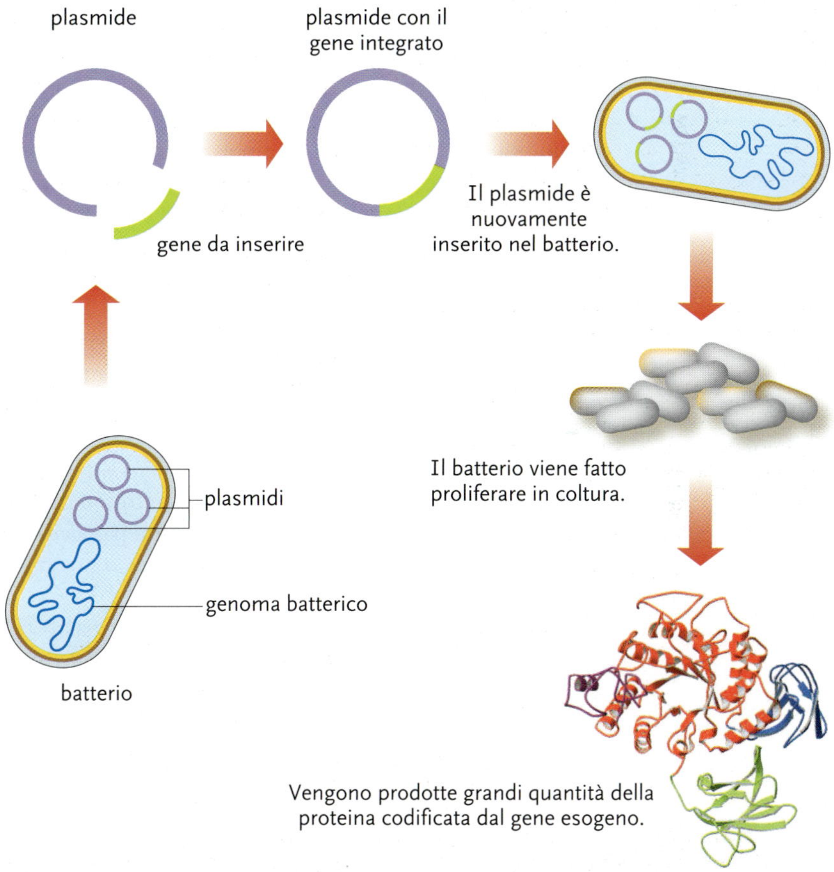

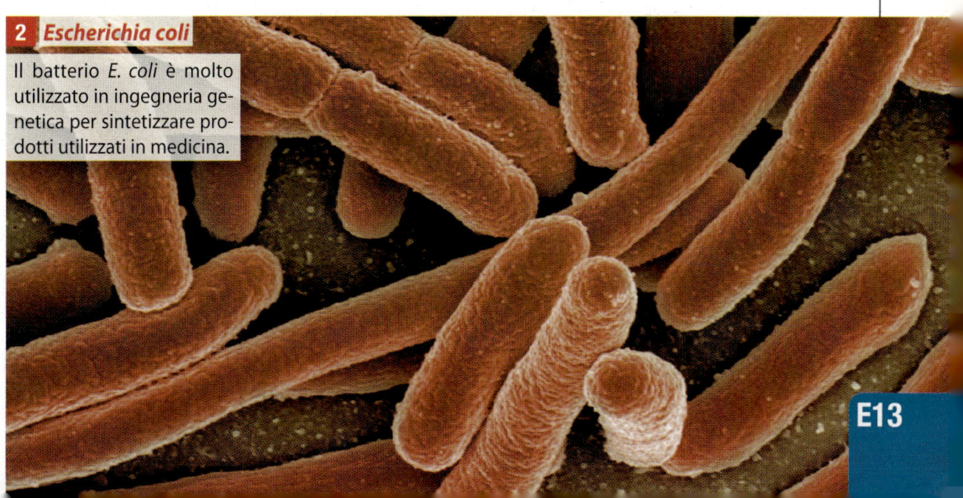

2 *Escherichia coli*

Il batterio *E. coli* è molto utilizzato in ingegneria genetica per sintetizzare prodotti utilizzati in medicina.

è un ormone di natura proteica prodotto normalmente dal pancreas; nei pazienti affetti da diabete mellito di tipo insulino-dipendente, un processo patologico ha distrutto le cellule produttrici di insulina e la sopravvivenza è affidata alla somministrazione di insulina esterna. Fino a qualche tempo fa si utilizzava insulina bovina, che però causava svariati effetti collaterali nei pazienti.

Nel 1982 è stata introdotta per la prima volta nel mercato l'insulina umana *ricombinante*, cioè prodotta da batteri OGM in cui era stato inserito il gene che codifica per l'insulina.

L'insulina prodotta dal batterio ricombinante è identica a quella secreta dalle cellule del pancreas umano, può essere somministrata senza pericolo per un periodo molto lungo e non scatena alcuna reazione immunitaria nei pazienti diabetici.

Altre importanti proteine utili in ambito medico, prodotte dal batterio *E. coli*, sono l'*interleuchina-2*, l'*ormone della crescita umano* (HGH) e il *fattore di crescita epidermico* (EGF).

Quando la produzione di un farmaco o di una proteina risulta troppo complessa per un batterio ricombinante, si utilizzano i lieviti o le cellule animali, che, per quanto più difficili da coltivare e manipolare, presentano possibilità di sintesi più sofisticate. Il lievito *Saccharomyces cerevisiae*, usato per preparare il pane e la birra, è un organismo eucariote che cresce piuttosto bene in coltura e che viene utilizzato per produrre alcuni tipi di interferoni e il vaccino per l'epatite B.

Sia l'*eritropoietina umana* (EPO), un ormone che stimola la formazione di globuli rossi nel sangue, sia i *fattori della coagulazione VIII* e *IX*, proteine che vengono somministrate agli emofilici che ne sono carenti, sono prodotti coltivando cellule ricombinanti di mammifero ▶ Tabella 1.

I vaccini tradizionali presentano spesso controindicazioni dovute all'inoculazione di microrganismi patogeni (o parti di essi) uccisi o attenuati, poiché spesso possono avere effetti collaterali.

Negli ultimi anni molti vaccini tradizionali sono stati sostituiti con **vaccini ricombinanti**. Il primo vaccino ottenuto con la tecnologia del DNA ricombinante è stato quello per l'epatite B, prodotto e immesso sul mercato nel 1986.

Per creare un vaccino ricombinante si inserisce un gene dell'agente patogeno che codifica per una specifica proteina antigenica in un batterio innocuo, in modo che produca la proteina corrispondente. Questo vaccino non presenta i rischi comunemente associati con l'uso di microrganismi patogeni vivi attenuati e dà pochissimi effetti collaterali, oltre a essere più facile da produrre rispetto ai vaccini tradizionali.

L'ingegneria genetica permette di eliminare alcuni rischi legati alla produzione dei farmaci: l'ormone della crescita per trattare il nanismo veniva un tempo estratto dall'ipofisi dei cadaveri umani e poteva trasmettere encefalopatie virali; i fattori coagulanti, prodotti da sangue umano, sono stati responsabili di numerosi contagi del virus HIV e di epatiti virali, e i vaccini attenuati potevano tornare virulenti e scatenare effetti collaterali gravi. Oggi gli OGM permettono la fabbricazione di farmaci esenti da qualsiasi tipo di contaminazione.

3 La terapia genica

Il principio su cui si basa la **terapia genica** è quello di inserire nelle cellule di pazienti affetti da malattie genetiche una copia normale e funzionante del gene mutato, in modo che vada a integrarsi in maniera stabile nel patrimonio genetico dell'individuo.

I vettori più efficienti finora testati per trasportare geni sani nell'uomo si sono dimostrati alcuni virus in grado di inserirsi nel DNA dell'ospite, come il *virus della leucemia murina di Moloney* e il *virus del sarcoma murino di Moloney*. Prima del loro utilizzo nell'uomo, i virus devono essere manipolati per attenuarne la pericolosità.

Il DNA estraneo difficilmente può essere inserito direttamente nel paziente: generalmente si prelevano alcune cellule dal midollo osseo, si manipolano in coltura inserendo il gene sano e poi si reimpiantano.

Da anni in fase sperimentale, la terapia genica ha raggiunto alcuni importanti risultati. Risale al 1990 il primo esperimento riuscito su una bambina di quattro anni affetta da immunodeficienza Ada-Scid, una grave sindrome genetica che compromette il sistema immunitario, causata dall'assenza dell'enzima adenosina deamina-

Tabella 1 Alcune proteine prodotte con l'ingegneria genetica e utilizzate in medicina

Prodotto	Impiego
insulina umana	trattamento del diabete insulino-dipendente
ormone della crescita umano (HGH)	trattamento dei difetti della crescita
fattore VIII	trattamento dell'emofilia
eritropoietina	trattamento di gravi forme di anemia
interferoni alfa e gamma	trattamento del cancro e delle infezioni virali
interleuchina-2	trattamento del cancro
attivatore tissutale del plasminogeno	trattamento di ictus e infarti
fattore di crescita epidermico (EGF)	trattamento di ulcere e ustioni
fattore di crescita derivato dalle piastrine	rimarginazione delle ferite
vaccini (epatite B, influenza, pertosse, meningite)	prevenzione di alcune malattie infettive
ormone follicolo stimolante umano (FSH)	trattamento dell'infertilità, stimolazione della crescita follicolare

si. Da allora diversi giovani sono stati curati mediante terapia genica, ma l'ambito obiettivo di curare tutte le malattie genetiche e magari anche le patologie acquisite, come l'AIDS, pare ancora lontano, specie quando i geni coinvolti sono più di uno o quando un gene mutato provoca disfunzioni a molti organi diversi.

4 Gli animali transgenici

Un tipo diverso di OGM, anch'esso di interesse medico, è l'**animale transgenico**, un animale nel quale è stato inserito un gene esogeno. Grazie a modificazioni genetiche operate su vacche, pecore o capre, è possibile ottenere la sintesi di farmaci direttamente nel loro latte ▶ 3. Le manipolazioni su questi animali sono però molto difficili da realizzare e il costo delle tecniche è enorme. Inoltre, esiste il rischio di trasmissione di virus e prioni dai ruminanti all'uomo: per questo motivo ci sono rigide e costose norme di allevamento per tali animali.
Gli animali transgenici sono usati soprattutto per studiare e perfezionare nuove terapie farmacologiche di malattie umane che non hanno modelli animali più facilmente accessibili. Nel maiale transgenico è stato inserito il gene dell'anemia falciforme, una grave malattia genetica umana. Questi maiali, che vengono cresciuti in ambienti appositi e sotto controllo veterinario in quanto malati, vengono studiati per testare gli effetti di nuove terapie innovative.

5 L'ingegneria genetica in agricoltura

L'allevatore e l'agricoltore, fin dai tempi antichi, cercano di migliorare le razze animali e le specie di piante utilizzando il metodo della *selezione artificiale*. Per selezionare una varietà animale o vegetale di cui apprezzano le qualità, incrociano tra loro organismi che hanno quella determinata caratteristica e tentano poi di migliorarla ulteriormente, aggiungendo uno o più caratteri supplementari presenti in un'altra varietà.
Le tecniche di ingegneria genetica consentono invece di selezionare direttamente il gene d'interesse, che viene introdotto negli animali o nelle piante che si vuole esprimano la caratteristica corrispondente.
L'uso delle tecniche del DNA ricombinante è anche la via più semplice per superare le barriere d'incompatibilità tra specie diverse e consente di trapiantare particolari geni e costruire i genotipi desiderati.
Anche in agricoltura, il trasferimento di geni richiede vettori molecolari idonei. I più utilizzati sono i virus vegetali a DNA del gruppo *Caulimovirus* e alcuni plasmidi, tra cui il cosiddetto *plasmide Ti*, appartenente al batterio *Agrobacterium tumefaciens*.
I miglioramenti genetici nelle piante hanno puntato alla creazione di piante transgeniche con resistenza agli insetti, ai virus e agli erbicidi, nonché a una modificazione qualitativa della pianta stessa. Tali caratteristiche possono anche essere presenti insieme su uno stesso tipo di pianta transgenica. Rispetto all'utilizzo di insetticidi tradizionali questa tecnica presenta numerosi vantaggi: la pianta è totalmente protetta, radici comprese, e vengono uccisi selettivamente gli insetti specifici che la attaccano ▶ 4.
Mediante le tecniche del DNA ricombinante si possono anche aiutare le piante a difendersi dagli stress ambientali, fornendo loro resistenza ai metalli pesanti, all'acidità del suolo, ai sali, alle radiazioni ultraviolette, alle piogge eccessive, alla siccità.
Le piante transgeniche, però, rischiano di sovrastare le piante naturali che si sono sviluppate nel corso dell'evoluzione, con danni non prevedibili alla biodiversità.

Bio Parole

Transgenico
dal latino *trans*, «al di là, oltre» e dal greco *ghénos*, «nascita, stirpe» o *ghénesis*, «generazione»
Transgenic

3 Una capra transgenica
Il latte di pecore e capre transgeniche contiene proteine utili in medicina.

4 Il mais transgenico
Il mais transgenico produce una tossina batterica che lo protegge dagli insetti nocivi.

6 Gli alimenti OGM

Le metodiche dell'ingegneria genetica sono state usate anche per produrre OGM di interesse per l'alimentazione umana e animale.
Gli enzimi sintetizzati da alcuni microrganismi vengono utilizzati nella produzione di numerosi alimenti, come il pane, il formaggio e altri prodotti caseari, la birra, il vino o gli alcolici. Mediante batteri e lieviti geneticamente modificati è possibile rendere le birre più leggere, favorire la fermentazione del pane, influenzare il sapore e la stagionatura dei formaggi. Tuttavia, consumando questi alimenti fermentati si assorbono anche i microrganismi modificati; attualmente la legislazione europea li proibisce, consentendo solo l'utilizzo della produzione purificata di tali OGM, quindi dell'enzima estratto dal batterio, in modo tale da evitare che il microrganismo sia presente nell'alimento. In generale le regolamentazioni in materia di OGM, in particolar modo del Mercato Europeo, pongono importanti limitazioni alla produzione e al commercio di questi alimenti.
Il riso è l'alimento base di un terzo della popolazione mondiale: grazie all'addizione di qualche gene potrebbe diventare un alimento ricco di carotene, precursore della vitamina A e di ferro assimilabile, e risolvere così i problemi di carenze vitaminiche in numerose popolazioni del terzo mondo; questo progetto è già in corso di realizzazione.
Le biotecnologie, e in particolare l'ingegneria genetica, hanno fornito strumenti efficaci per affrontare problemi di salute, ambientali e alimentari, ma suscitano anche timori più o meno fondati nella popolazione.
Quale potrebbe essere il rischio per la salute, nell'ingerire un alimento OGM? I timori sono legati al fatto che una pianta transgenica possa rivelarsi pericolosa sia per la salute dell'uomo sia per l'ambiente. La tecnologia del DNA ricombinante potrebbe inserire involontariamente nei vegetali *allergeni*, ossia molecole che, se ingerite, causano reazioni allergiche. Le piante portatrici di geni esogeni potrebbero incrociarsi con piante non modificate presenti in prossimità delle piantagioni o danneggiare insetti utili.
La legge prevede che tutti i raccolti e gli alimenti geneticamente modificati debbano essere rigorosamente saggiati e controllati e vi sono regolamentazioni in materia di produzione e messa in commercio ▶ 5. Alcuni fattori importanti non sono però previsti, come una distanza minima tra i campi OGM e i campi non OGM.
I cibi OGM sono sul mercato statunitense da oltre dieci anni. La maggior parte del cibo consumato dagli americani è geneticamente modificato. In nessun paese che utilizza cibi OGM sono attualmente riportati casi (né nell'uomo né negli animali) di malattia o morte collegati a tali alimenti o problematiche di tipo ambientale.
Attualmente, però, non è possibile escludere che alla lunga distanza vi possano essere danni ambientali, all'uomo, agli animali o alle piante causati dagli OGM. Questa incertezza spinge molte associazioni a opporsi alla diffusione dei prodotti geneticamente modificati ▶ 6.

5 OGM e alimenti
La legge prevede che sugli alimenti geneticamente modificati venga indicato con chiarezza che sono OGM.

6 Greenpeace si oppone agli OGM

DOMANDE CHIAVE

1. Che cosa significa la sigla OGM?
2. Che cos'è un animale transgenico?
3. Che cos'è la terapia genica?

Osserva e RISPONDI

Questi due topi sono nati dalla stessa figliata, ma nell'uovo da cui è nato il topo in basso è stato introdotto il gene umano dell'ormone della crescita. Possiamo dire che il topo in basso è OGM? Perché?

LEZIONE 5

La clonazione

1 La clonazione animale

Mentre il clonaggio genico consiste nella produzione di numerose copie identiche di un determinato gene, la **clonazione** comprende una serie di procedure che hanno lo scopo di creare, a partire da un determinato individuo (animale o vegetale), organismi geneticamente identici a lui.
Si tratta di una sorta di riproduzione senza l'intervento dei gameti. In sostanza, viene prelevato il nucleo da una cellula somatica dell'individuo che si vuole clonare e viene fuso con un ovocita privato del proprio nucleo. Poiché il nucleo diploide della cellula somatica porta nel suo DNA tutto il patrimonio genetico, il nuovo individuo risulta, se non intervengono mutazioni, geneticamente identico al donatore del nucleo: in definitiva è un suo **clone**.
Per molti anni le piante sono state prodotte con la clonazione, prelevando una piccola parte da una pianta e riproducendo da essa una nuova pianta; la clonazione è stata utilizzata per un certo periodo anche per produrre frutta e verdura su scala commerciale. Più recentemente questa tecnologia è stata applicata anche agli animali.
I primi tentativi di clonazione di animali risalgono agli anni Settanta del XX secolo, quando *John B. Gurdon* dell'università di Cambridge diede il via ai primi esperimenti di clonazione di animali utilizzando le rane. Gurdon riuscì a far nascere da nuclei diploidi inseriti in ovociti di rana i girini, che però non riuscirono a svilupparsi fino allo stadio adulto.
Vari tentativi di clonazione furono condotti su altri anfibi, su topi e su pecore, ma sempre utilizzando il DNA di cellule prelevate da embrioni allo stadio di morula.

2 La pecora Dolly

Nel 1996 il genetista *Ian Wilmut*, che lavorava in un istituto di biotecnologie di Edimburgo (Scozia), riuscì a far nascere la pecora *Dolly* a partire da una cellula adulta differenziata di un'altra pecora ▶ 1.

1 La pecora Dolly
Nella foto Ian Wilmut con la pecora Dolly (26 febbraio 1997), il primo caso di clonazione di animale a partire da una cellula adulta differenziata.

BioSalute

Clonazione e bioetica

Nel 1997 in Gran Bretagna un team di scienziati annunciò la nascita della pecora *Dolly*, la prima pecora clonata.
La nascita della pecora Dolly, e in generale il tema della **clonazione animale**, aprirono in tutto il mondo un complesso dibattito sulla scienza, sulle sue potenzialità, sui suoi limiti. In realtà, già da tempo nei laboratori di ricerca genetica venivano eseguiti esperimenti di manipolazione sul DNA, che avevano portato alla creazione di nuovi tipi di piante e di animali. Ma la pecora Dolly fece particolarmente scalpore, al punto tale che in breve tempo dalla clonazione animale si passò a parlare di clonazione umana, che a detta degli scienziati era possibile e imminente.
Proprio in seguito a questo dibattito nacque in quegli anni una nuova disciplina scientifica e filosofica: la **bioetica**. Gli interrogativi posti da tale disciplina, che prendevano in considerazione questioni etiche e morali, furono molteplici: quando inizia e quando finisce una vita? È lecito utilizzare la clonazione a fini terapeutici? Quali sono i confini della medicina e della cura? È necessario imporre confini alla ricerca scientifica e tecnologica? Chi ha il compito di vigilare sulla ricerca scientifica?
In merito alla clonazione, le linee di pensiero erano due: quella di chi accettava forme di clonazione a scopo terapeutico e non riproduttivo, per favorire la cura di alcune malattie, e quella di chi si opponeva alla clonazione terapeutica in quanto la considerava il primo passo verso la clonazione riproduttiva.
In Italia e nel mondo esistono attualmente numerosi comitati di bioetica, composti da esperti in campo medico e legale, che vigilano sulle nuove frontiere della ricerca scientifica e tecnologica. I comitati etici si occupano di formulare linee guida per affrontare problemi di natura etica, sociale e giuridica e deliberano circa nuovi progetti di sperimentazione animale e clinico-farmaco-logica.

La National Bioethics Advisory Commission (la Commissione di bioetica americana) fu creata negli anni Novanta del XX secolo dal presidente Clinton, affinché si occupasse di controllare gli esperimenti scientifici sull'uomo, in particolare la ricerca sulla clonazione e sulle cellule staminali umane.

Dolly è stata un evento particolare non tanto per essere un clone, visto che i tentativi di clonazione di animali si svolgevano da anni, ma perché la fonte genetica utilizzata per produrla era, per la prima volta, una cellula adulta e non una cellula embrionale. Lo scalpore suscitato dalla nascita della pecora Dolly fu dovuto alla scoperta che cellule differenziate prelevate da organismi superiori adulti possono riacquistare le caratteristiche di totipotenza, tipiche delle cellule embrionali, necessarie a ricreare un individuo completo.

La tecnica utilizzata oggi per clonare gli animali, chiamata ***somatic cell nuclear transfer*** (trasferimento del nucleo delle cellule somatiche), è la stessa usata per clonare Dolly. Consiste nello stimolare con un trattamento ormonale un animale e prelevare un ovocita, a cui viene tolto il nucleo. Dall'animale donatore viene invece prelevata una cellula somatica (nel caso di Dolly una cellula della ghiandola mammaria di una pecora) e viene messa in contatto con l'ovocita: depolarizzando la membrana dell'ovocita, questo si fonde con il nucleo. La cellula che si ottiene viene infine impiantata nell'utero di una madre surrogata ▸ 2.

Oggi è possibile riprodurre in vitro organismi geneticamente identici partendo da cellule embrionali e scindendole nei primi stadi di sviluppo.

La pecora Dolly è morta nel 2003 in seguito a un'infezione polmonare. Dolly è stata imbalsamata ed è attualmente esposta a Edimburgo, presso il *National Museum of Scotland*.

3 Clonazione animale e salvaguardia delle specie in estinzione

La clonazione di animali ha permesso di apportare rapidamente notevoli miglioramenti al bestiame ed è uno strumento importante per la ricerca scientifica. La tecnologia del DNA ricombinante, insieme alla clonazione animale, fornisce agli scienziati eccellenti modelli animali per studiare le malattie genetiche, il cancro, l'invecchiamento e cercare di trovare nuovi trattamenti.

La clonazione animale è anche un utile strumento per la salvaguardia di specie a rischio di estinzione, come il panda gigante e la tigre siberiana.

2 TESTO-IMMAGINE La procedura di clonazione della pecora Dolly

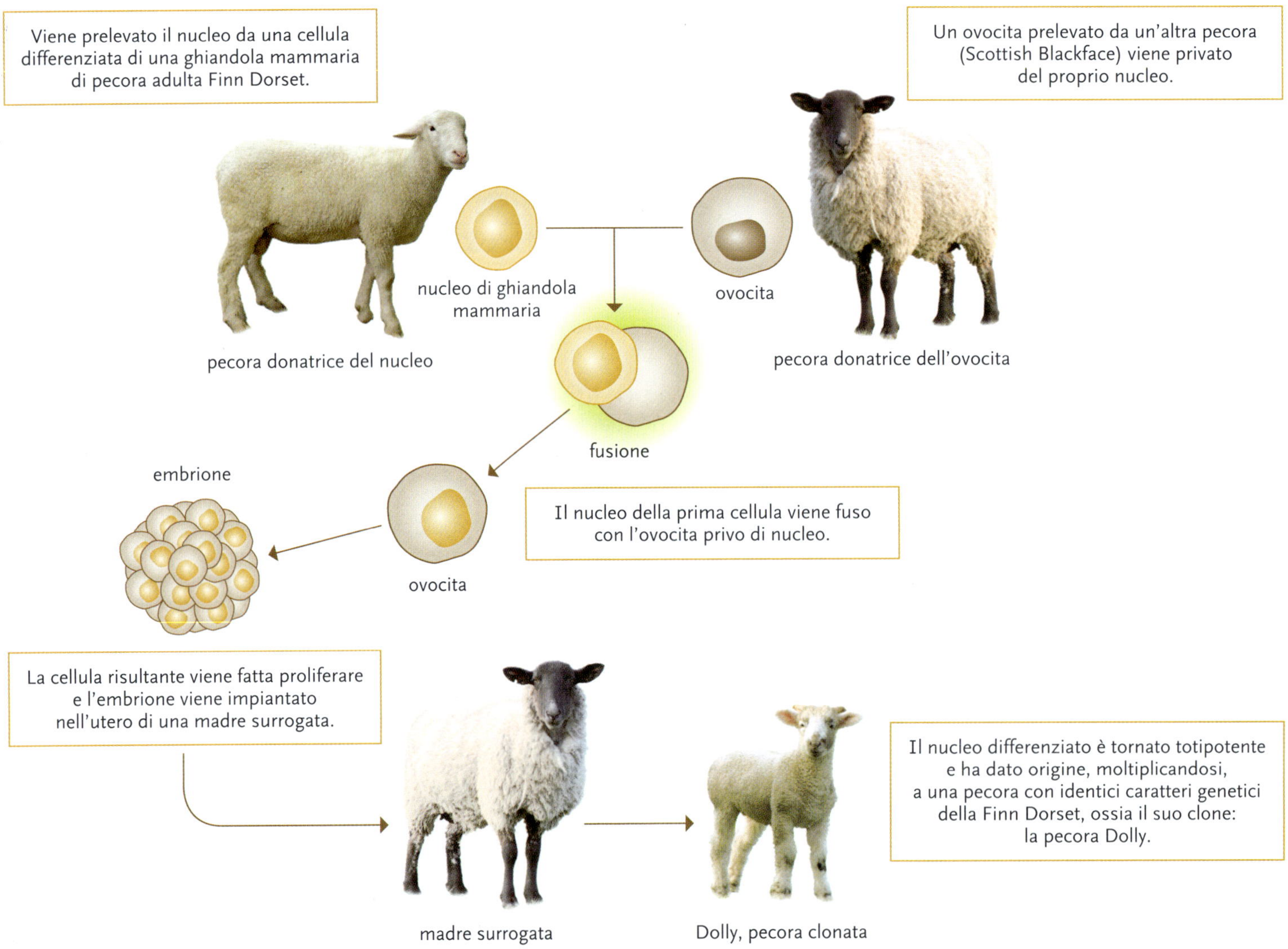

Il primo successo di clonazione a scopo di salvaguardia di specie in via d'estinzione si è avuto con un raro bovide, il *gaur*, di cui restano solo 35 000 esemplari in India, in Indonesia e nel Sud-Est asiatico.
Il piccolo gaur clonato, chiamato Noah ▶ **3**, è nato in seguito alla fusione di un nucleo di cellula epiteliale prelevata da un maschio di gaur con un ovocita di mucca. Noah, purtroppo, è morto poco dopo la nascita per una comune infezione.

4 La clonazione umana

La prima clonazione di un embrione umano è avvenuta negli Stati Uniti nel 2001, presso un istituto di Worcester, nel Massachusetts. Lo sviluppo dell'embrione si è però fermato precocemente, quando ancora era solo un agglomerato cellulare indifferenziato.
Il procedimento per clonare l'uomo è simile a quello utilizzato per la pecora Dolly. Il nucleo di un ovocita viene eliminato e sostituito con il nucleo di una cellula somatica di un individuo adulto. L'ovocita viene quindi stimolato affinché si divida. Allo stadio di blastocisti si procede con l'impianto in utero, affinché l'embrione prosegua lo sviluppo fino alla nascita ▶ **4**.
La tecnica di clonazione umana eseguita con lo scopo di ottenere cellule staminali consiste nel mettere in un terreno di coltura l'embrione allo stato di blastocisti, facendolo proliferare come un normale tessuto. Questo consente di ottenere un numero elevato di cellule indifferenziate.
La comunità scientifica ritiene che, allo stato attuale delle nostre conoscenze, la clonazione umana sia troppo pericolosa; resta comunque una pratica vietata dalla legge in molti paesi. I tentativi di clonazione fino a oggi hanno portato come risultato embrioni deformati e aborti. Anche nella clonazione animale i successi ottenuti, rispetto agli esperimenti eseguiti, sono pochissimi: la pecora Dolly è stata l'unico clone nato su 277 tentativi. E molti ritengono che fosse affetta da invecchiamento precoce.

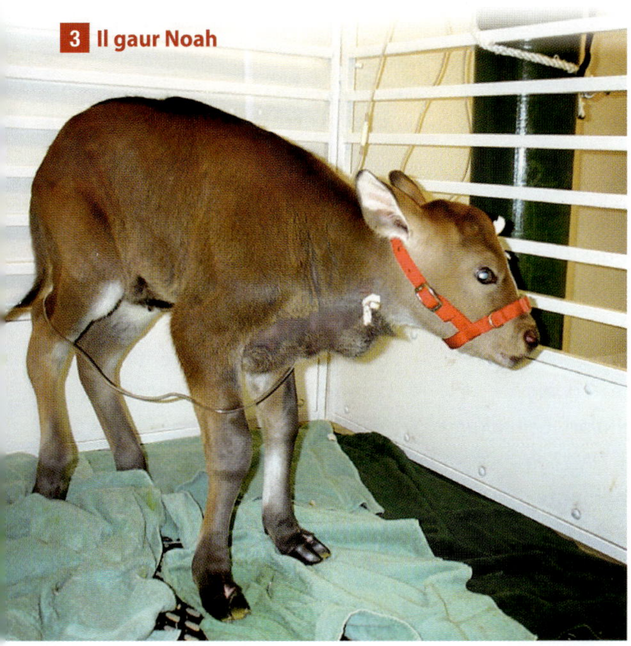

3 **Il gaur Noah**

Nell'ambito della clonazione ci sono ancora molti interrogativi cui la scienza oggi non può rispondere da sola. Oltre all'aspetto scientifico, il dibattito sulla clonazione e in generale sulla creazione di esseri transgenici vegetali e animali comprende anche aspetti etici, morali e religiosi. Le preoccupazioni sollevate dai tentativi di clonare l'uomo sono legate da un lato al timore di creare esseri portatori di gravi malformazioni, dall'altro che la clonazione umana, con l'ausilio delle tecniche del DNA ricombinante, possa essere utilizzata con il fine di selezionare caratteristiche genetiche per migliorare la specie umana. Il termine **eugenetica** indica una branca molto dibattuta della genetica, che si propone il progressivo miglioramento della composizione genica dell'uomo.

4 **Un embrione umano**

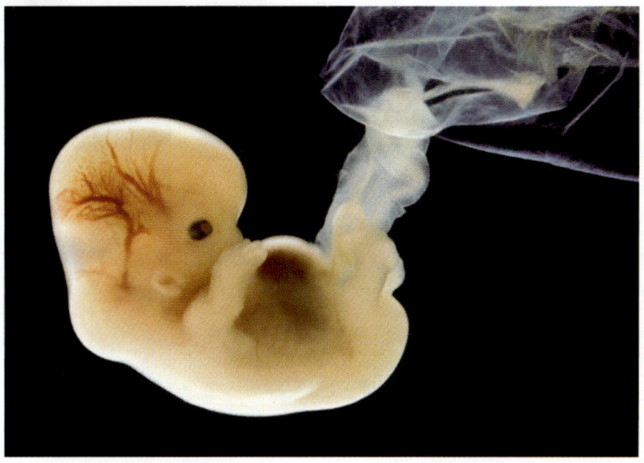

DOMANDE CHIAVE

1. Che cos'è la clonazione?
2. Come si chiamala tecnica utilizzata per clonare la pecora Dolly?
3. Come si possono ottenere cellule staminali umane tramite la clonazione?

Osserva e RIFLETTI

Per creare la pecora Dolly, da quale cellula è stato estratto il nucleo inserito poi nell'ovocita?

LE LEZIONI IN SINTESI

1 Una panoramica sulle biotecnologie

Le **biotecnologie** comprendono un insieme di tecnologie che utilizzano organismi viventi per ottenere la sintesi, la degradazione o la trasformazione di materie prime. Vengono utilizzate in un'ampia varietà di settori industriali, come la **biodegradazione**, la **tecnologia degli anticorpi monoclonali** e le **colture cellulari**.

2 Le tecniche dell'ingegneria genetica

Il **DNA ricombinante** è un DNA formato dall'unione di due DNA provenienti da organismi differenti. Le tecniche che consentono il trasferimento di DNA da un organismo a un altro sono dette **tecnologie del DNA ricombinante** o **ingegneria genetica**. Gli «strumenti» utilizzati in ingegneria genetica per trasferire geni da un organismo a un altro sono gli **enzimi di restrizione**, le **DNA ligasi** e i **vettori molecolari**. Per separare i frammenti di restrizione si utilizza l'**elettroforesi su gel**, mentre per stabilire la sequenza nucleotidica di un segmento di DNA si usa la tecnica del **sequenziamento**. Per identificare una mutazione è possibile utilizzare la tecnica dell'**ibridazione**.

3 Il clonaggio genico

Il **clonaggio genico** o **clonaggio del DNA** è una tecnica che consente di produrre molte copie identiche di un gene o di una sequenza di DNA. I vettori molecolari più utilizzati sono i *virus* e i *plasmidi*, che trasportano il gene d'interesse nel batterio. Questo viene quindi fatto moltiplicare in coltura in modo da ottenere molte copie del gene. Le **genoteche genomiche** sono «banche» del DNA ottenute tagliando il DNA con endonucleasi di restrizione e clonando i frammenti ottenuti. Le **genoteche del cDNA** sono invece costituite da DNA copiato a partire da RNA messaggeri estratti da uno specifico tessuto.

4 Gli organismi geneticamente modificati

Gli **organismi geneticamente modificati** (**OGM**) sono microrganismi, piante o animali il cui genoma è stato modificato attraverso l'inserimento di un gene preso da un altro organismo. Le applicazioni degli OGM investono la medicina, l'agricoltura, il settore alimentare e quello zootecnico. In ambito medico gli OGM hanno consentito di creare vaccini sicuri e farmaci ricombinanti in grandi quantità. In agricoltura, l'ingegneria genetica viene utilizzata per creare piante con caratteristiche particolari, come la resistenza ad alcuni insetti. Gli alimenti OGM sono soggetti a una stretta regolamentazione, soprattutto in Europa.

5 La clonazione

La **clonazione** comprende una serie di procedure che hanno lo scopo di creare, a partire da un determinato animale o vegetale, organismi geneticamente identici a lui. La tecnica utilizzata per clonare gli animali si chiama ***somatic cell nuclear transfer*** e consiste nel trasferimento del nucleo di una cellula adulta in un ovocita privato del proprio nucleo. Questa tecnica è stata utilizzata per clonare la pecora Dolly.

THE CHAPTER IN REVIEW

- **Biotechnologies** are a set of technologies that use living organisms to achieve synthesis, degradation or transformation of raw material.
- The techniques that allow us to transfer DNA from one organism to another are called **recombinant DNA technologies** or **genetic engineering**.
- **Genetic cloning** is a technique that allows us to produce many identical copies of a DNA sequence or gene. The most used molecular vectors are *viruses* and *plasmids*, which are able to carry a certain gene inside a bacterium, which then proliferates in laboratory culture.
- **Genetically modified organisms** (**GMOs**) are microorganisms, plants or animals in which the genome has been modified by inserting a gene taken from another organism.
- **Cloning** is aimed at recreating organisms that are genetically identical to a certain individual (animal or plant), starting from the individual itself.

Termini chiave *Key Terms*

Anticorpi monoclonali *Monoclonal antibodies*
Biodegradazione *Biodegradation*
Biotecnologie *Biotechnologies*
Clonaggio genico o clonaggio del DNA *Genetic cloning or DNA cloning*
Clonazione *Cloning*
Colture cellulari *Cell cultures*
DNA ligasi *DNA ligase*
DNA ricombinante *Recombinant DNA*
Elettroforesi su gel *Gel electrophoresis*
Enzimi di restrizione *Restriction enzymes*
Genoteche genomiche *Genomic library*
Ibridazione *Hybridisation*
Ingegneria genetica *Genetic engineering*
Organismi geneticamente modificati (OGM) *Genetically modified organisms (GMOs)*
Sequenziamento *Sequencing*
Vettori molecolari *Molecular vectors*

LE MAPPE DELL'UNITÀ

Competenza disciplinare Riconoscere e stabilire relazioni tra i concetti

Completa gli schemi

A

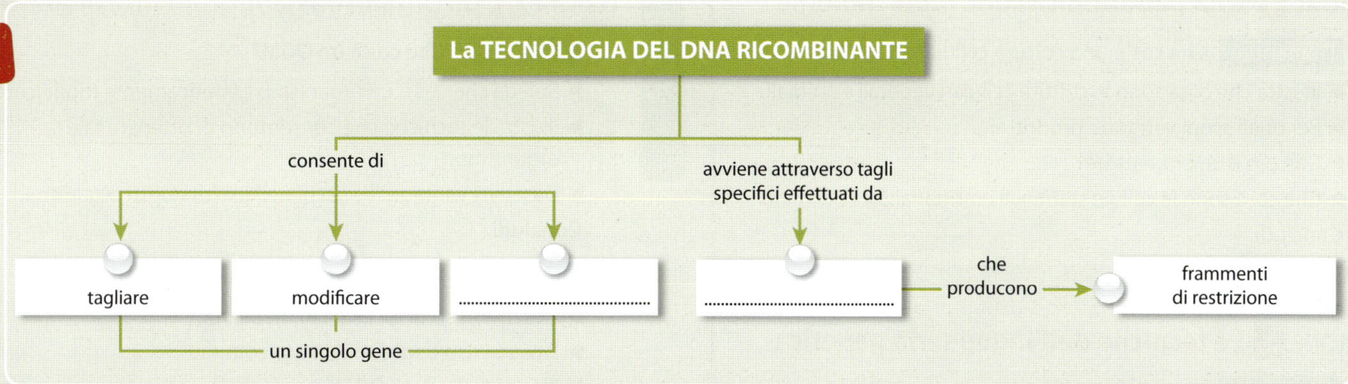

B

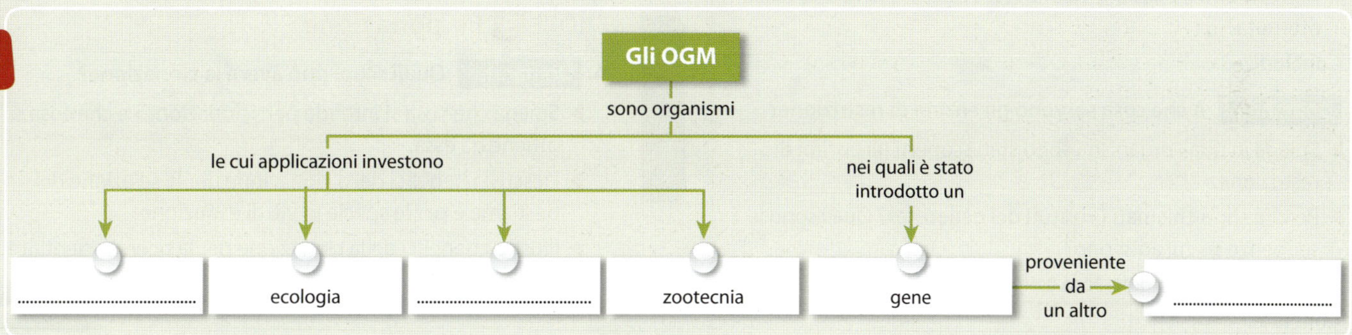

C

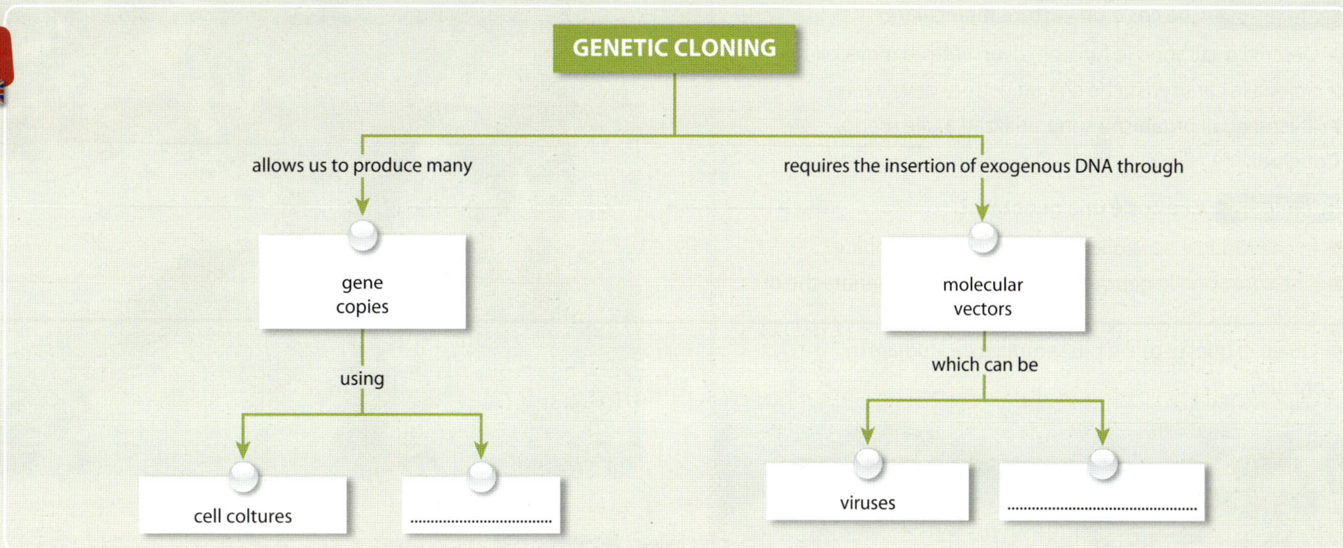

D Progetta e disegna una mappa che abbia come nodo centrale «la clonazione».

PROVE D'INTERROGAZIONE

Competenza disciplinare ▶ Effettuare connessioni logiche e comunicare in forma orale

LEZIONE 1 Una panoramica sulle biotecnologie

A. Domanda: Che cos'è una coltura cellulare?

- Illustra che cosa sono le colture cellulari vegetali e animali.
- Per quali scopi vengono prodotte?
- Che cos'è un bioreattore?
- Che cosa sono le cellule staminali embrionali?

Concludi.

LEZIONE 2 Le tecniche dell'ingegneria genetica

A. Domanda: Che cosa significa sequenziare il DNA?

- Illustra che cos'è una sequenza di DNA.
- Spiega il metodo dideossi.
- In che modo è possibile riconoscere un gene nella sequenza ottenuta?

Concludi.

B. Domanda: A che cosa servono gli enzimi di restrizione?

- Spiega in quali organismi sono stati scoperti gli enzimi di restrizione.
- Perché sono chiamati i «bisturi del genetista»? Quali sono le sequenze su cui agiscono?
- Qual è il risultato della loro azione sul DNA?

Concludi.

LEZIONE 3 Il clonaggio genico

A. Domanda: Che cos'è un vettore molecolare?

- Descrivi quali sono le funzioni di un vettore molecolare.
- Spiega le caratteristiche che un vettore deve avere.
- Illustra quali organismi sono utilizzati a tale scopo.

Concludi.

B. Domanda: Che cos'è una genoteca?

- In che modo è possibile isolare un gene da clonare?
- Che cosa sono le genoteche genomiche e le genoteche di cDNA?
- Quale di queste due è più semplice da studiare?

Concludi.

LEZIONE 4 Gli organismi geneticamente modificati

A. Domanda: Che cos'è un OGM?

- Spiega che cos'è un organismo geneticamente modificato.
- Illustra le tecniche che consentono di ottenere tale organismo.
- Descrivi i vantaggi e i rischi nell'uso di questi organismi.

Concludi.

B. Domanda: In quali settori vengono utilizzati gli OGM?

- Descrivi l'uso degli OGM in medicina.
- Illustra l'uso degli OGM in agricoltura.
- Illustra l'uso degli OGM in zootecnia.

Concludi.

LEZIONE 5 La clonazione

A. Domanda: Quali scopi può avere la clonazione?

- Spiega che cosa si intende per «clonazione» e che cosa si ottiene da essa.
- Descrivi i benefici della clonazione per la selezione del bestiame e per le specie in via di estinzione.
- Illustra i benefici della clonazione per la ricerca scientifica.

Concludi.

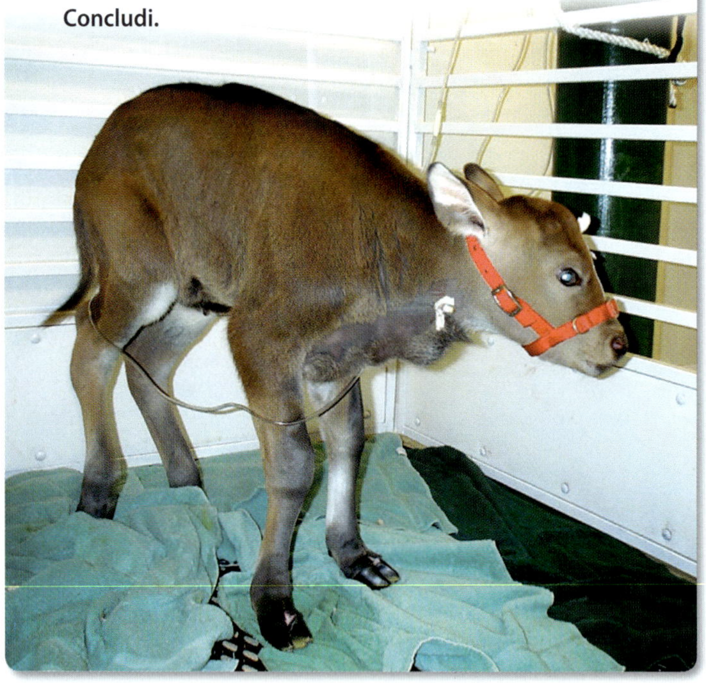

Question: What is the purpose of genetic engineering?

- Explain what manipulating DNA means.
- Describe genetic manipulation techniques in general.
- Describe the risks and benefits deriving from the use of such techniques.

Conclude your exposition.

TEST E QUESITI

Competenza disciplinare: Applicare le conoscenze acquisite (es. 1-9) Applicare il linguaggio scientifico (es. 10) Spiegare in forma scritta fenomeni e processi (es. 11-16)

Scegli la risposta corretta

1. Gli enzimi di restrizione…
   - A sono prodotti dai virus per difendersi dai batteri.
   - B tagliano specifiche sequenze nucleotidiche.
   - C metilano il DNA da proteggere.
   - D permettono il sequenziamento dei geni.
2. Un DNA ricombinante si ottiene…
   - A inserendo il nucleo di un organismo in una cellula uovo privata del nucleo.
   - B separando il DNA su gel di agarosio.
   - C inserendo un gene esogeno nel genoma di un altro organismo.
   - D ibridando il DNA con una specifica sonda.
3. Per inserire un gene tagliato con un determinato enzima di restrizione nel DNA ricevente è necessario…
   - A usare un diverso enzima di restrizione.
   - B tagliare la sequenza con vettori molecolari specifici.
   - C usare qualunque enzima di restrizione.
   - D usare lo stesso enzima di restrizione.
4. Per sequenziare un gene si usa…
   - A la metilazione.
   - B il metodo dideossi.
   - C un vettore molecolare.
   - D la genoteca genomica.
5. La tecnica che permette di ottenere molte copie di un gene si chiama…
   - A clonaggio.
   - B trasformazione.
   - C sequenziamento.
   - D clonazione.
6. Frammenti di restrizione possono essere separati con…
   - A la tecnica della metilazione.
   - B la PCR.
   - C l'elettroforesi su gel.
   - D l'ibridazione.
7. La PCR permette di…
   - A isolare sequenze specifiche di DNA.
   - B confrontare sequenze di DNA.
   - C amplificare il numero di copie di una sequenza di DNA.
   - D inserire il DNA esogeno in un organismo.
8. La pecora Dolly è un esempio di…
   - A clonaggio genico.
   - B coltura cellulare.
   - C clonazione animale.
   - D clonazione umana.
9. Una genoteca cDNA contiene…
   - A DNA copiato da RNA messaggeri.
   - B frammenti di DNA.
   - C un organismo clonato.
   - D colture batteriche contenenti sequenze complementari.

Metti in relazione

10. Completa la tabella scrivendo le strutture o le definizioni mancanti.

Struttura	Definizione
....	produzione di un numero elevato di copie di un gene
clonazione	....
....	cromosoma artificiale batterico: un vettore plasmidico utilizzato per le genoteche genomiche
PCR	....
....	organismo il cui genoma è stato modificato
biodegradazione	....
....	tecnica che consente di individuare la sequenza di nucleotidi di un tratto di DNA
genoteca genomica	....
....	sequenza di DNA ottenuta tramite enzimi di restrizione
ibridazione	....

Rispondi utilizzando i termini indicati

11. A che cosa serve una coltura cellulare?
    totipotenza – cellule – crescita – produzione – bioreattore
12. Quali sono gli scopi della clonazione animale?
    salvaguardia – miglioramento – allevamenti – ricerca – estinzione
13. In che modo i batteri possono assumere DNA?
    virus – trasformazione – gene – vettori – plasmide

Rispondi e motiva la tua risposta

14. Come si ottiene un filamento per la genoteca cDNA? Perché spesso è più corto del corrispondente gene sul DNA?
15. Quali tecniche vengono utilizzate per produrre molte copie di un gene? Quanti e quali vantaggi possiamo ottenere usando una coltura batterica?

Rispondi alla domanda in base all'estensione richiesta

16. Confronta le cellule staminali adulte e quelle embrionali e il loro uso in ingegneria genetica. Descrivi i vantaggi e le problematiche che possono insorgere nell'uso di entrambe. (**massimo 10 righe**)

In English Competenza trasversale Usare la lingua inglese in un contesto scientifico

Complete the following sentences

1. .... are considered the only cells that can originate any kind of tissue in the body.
2. Genetic improvements in plants have the goal of creating .... species that can resist against insects, viruses and herbicides.

Choose the right answer for the following questions

3. Monoclonal antibodies…
   - A act against a certain substance.
   - B act against various different substances.
   - C act against diseases caused by clones.
   - D are produced by transgenic animals.
4. Which of these substances can be produced through genetic engineering?
   - A An antibiotic.
   - B Insulin.
   - C A vaccine.
   - D Answers B and C are both correct.

Answer in a few words

5. What are the requirements for a plasmid to be considered a vector? How can you understand if a vector has integrated into a bacterium?

....

....

....

IL MIO ESAME DI STATO

Esercizi di simulazione della **Terza Prova**

1. **Tipologia A della Terza Prova**

   Sei un biologo molecolare di un'azienda biotecnologica e stai progettando l'uso di un batterio per produrre una specifica proteina. Elenca passo dopo passo le tecniche che utilizzerai a partire dall'inserimento del gene nel plasmide fino alla produzione della proteina. (**massimo 15 righe**)

2. **Tipologia B della Terza Prova**

   Che cos'è un OGM? Descrivi in che modo viene prodotto. Quali sono i vantaggi nell'uso di questi organismi? Esistono dei rischi? Ipotizzane alcuni.

3. **Tipologia C della Terza Prova**

   Scegli la risposta corretta.
   Le cellule che mantengono la totipotenza in un uomo adulto sono…
   - A le cellule staminali embrionali.
   - B le cellule nervose, perché sono perenni.
   - C le cellule staminali adulte.
   - D tutte le cellule del corpo.

4. **Tipologia C della Terza Prova**

   Scegli la risposta corretta.
   Quale tecnica permette di confrontare organismi apparentemente lontani evolutivamente?
   - A Le librerie genomiche.
   - B Il sequenziamento del DNA.
   - C L'ibridazione.
   - D La digestione chimica.

Proposte per l'incremento dei crediti scolastici (cumulabili nel voto d'esame)

5. Abbiamo studiato come la tecnologia del DNA ricombinante apra le porte a un nuovo tipo di terapia: la terapia genica. Si affaccia la speranza per molte persone di avere una cura definitiva per tutte le malattie genetiche in cui la mutazione di un gene rende alterato il fenotipo nelle cellule somatiche. Fai una ricerca utilizzando varie fonti e scrivi una tesina su questo tema tenendo conto dei seguenti argomenti:
   - approfondisci la differenza tra due principali tipi di terapia genica: correggere il difetto genetico presente nelle cellule somatiche oppure modificare le linee germinali di un individuo portatore della mutazione;
   - chiarisci la differenza nei risultati di queste due tecniche: indica se nel primo e nel secondo caso possiamo parlare di cura totale o se la malattia si ripresenterà anche nella progenie;
   - cerca notizie su quali terapie geniche sono state provate negli animali, spiegando in quali animali è stata sperimentata, contro quali malattie e con quale risultato;
   - cerca notizie su quali terapie geniche sono state provate nell'uomo e spiega perché la terapia genica della linea germinale è stata sperimentata solo sugli animali;
   - cerca notizie su quali terapie geniche sono oggi più promettenti, soffermandoti ad approfondire lo scottante problema dell'imprevedibilità del comportamento di un gene esogeno in una cellula il cui gene corrispondente è mutato.

OSSERVAZIONE E ANALISI

Competenza disciplinare
Riconoscere e descrivere strutture e fenomeni
Formulare ipotesi in base ai dati forniti

Osserva e analizza

1. Osserva con attenzione le fotografie a fianco: la gatta sulla destra è il clone della gatta sulla sinistra. Possiamo dire che il clone ha un unico genitore? Come spieghi il fatto che hanno un colore del mantello leggermente diverso?

2. Nella figura a fianco è rappresentata l'azione dell'enzima di restrizione Eco RI su due sequenze di DNA. Come si chiamano i frammenti che si ottengono e le loro estremità, che dopo il taglio risultano sfalsate? In quale caso è possibile far appaiare i due frammenti? Come si chiamano le due nuove molecole di DNA che si sono formate dopo l'appaiamento dei due frammenti di restrizione?

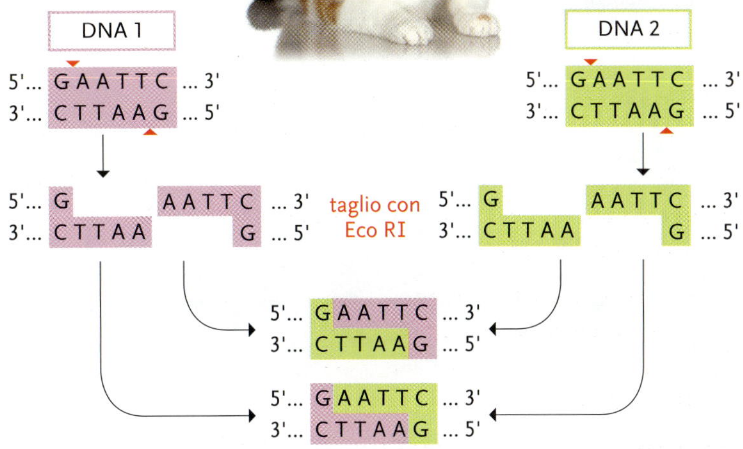

3. Nel disegno qui sotto è rappresentata un macchina PCR. A che cosa serve? Quali sostanze devono essere inserite nella provetta prima di mettere in funzione la macchina? Quante copie possiamo ottenere? Con quali altri sistemi è possibile ottenere copie di DNA?

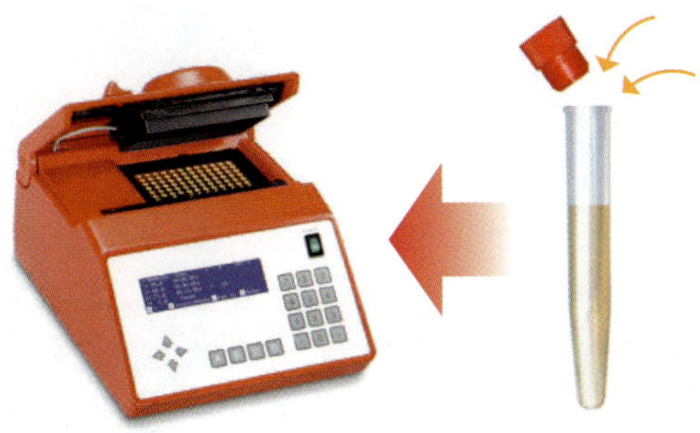

Analizza e interpreta

4. Osserva la figura a fianco, che rappresenta uno schema riassuntivo del clonaggio genico con l'uso di plasmidi, e rispondi.
   a. Con che cosa viene tagliato il DNA da clonare nel punto 3? E il plasmide nel punto 2?
   b. L'enzima usato deve essere lo stesso? Perché?
   c. Quale proprietà del DNA viene sfruttata nel punto 4, cioè per l'integrazione tra gene e plasmide?
   d. Quale enzima è usato per unire le estremità fra loro?

La tua analisi

a. Qual è il modo più semplice con cui il plasmide viene assunto dal batterio?
b. Come si chiama il batterio dopo l'inserzione del plasmide?
c. Come sono, da un punto di vista genetico, le cellule del punto 6 rispetto al batterio che le ha originate per proliferazione? Perché?
d. In che modo viene isolato il gene clonato? E come vengono isolate le singole copie?

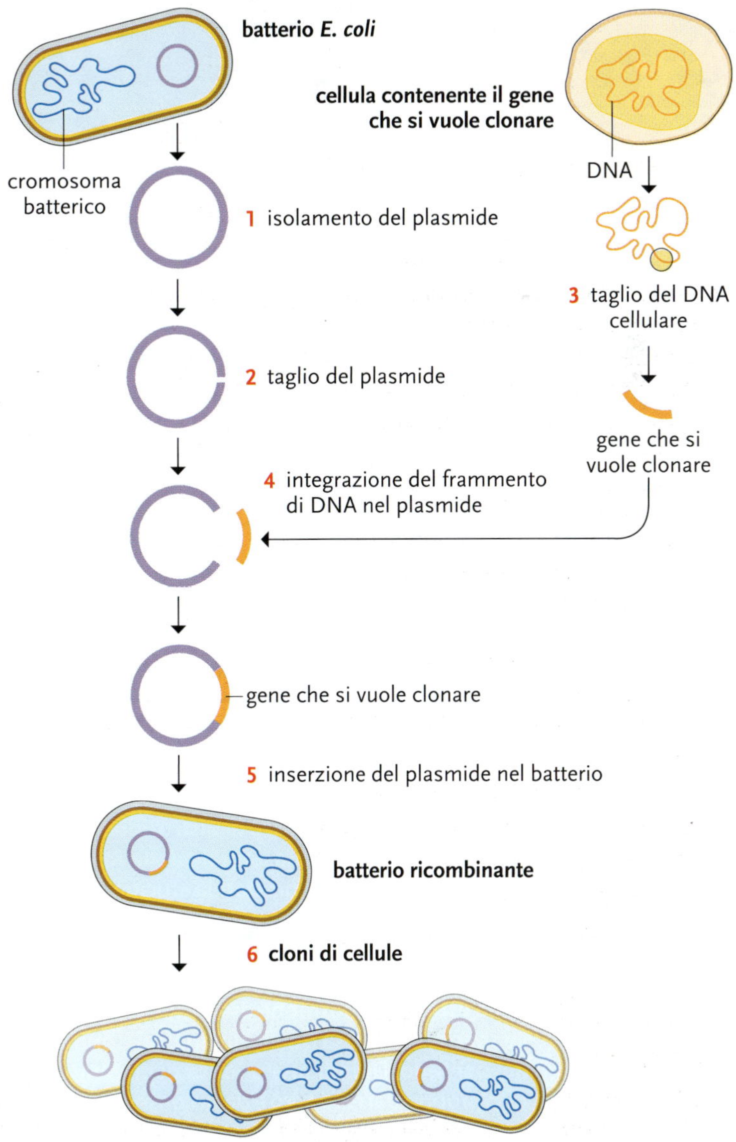

UNITÀ E2

L'ecologia applicata

Osserva... Nel corso della propria storia, la Terra ha assistito a cinque grandi estinzioni di massa. Le loro cause non sono note, ma si ritiene che i cambiamenti climatici siano i principali indiziati. Oggi gli scienziati temono di trovarsi agli inizi della **sesta grande estinzione**, ma questa volta le cause sarebbero da imputare principalmente all'uomo. Durante le precedenti estinzioni la biodiversità si è ridotta fino al 70-90% e sono stati necessari periodi di circa 5 milioni di anni per il recupero di tali perdite. Tuttavia, l'attuale processo di distruzione degli habitat da parte dell'uomo potrebbe portare alla perdita quasi totale delle foreste, delle barriere coralline, delle paludi e degli estuari (che sono stati la «fucina della vita» per centinaia di milioni di anni). Se questa tendenza non verrà interrotta, gli effetti potrebbero essere drammatici. Scomparirebbero infatti gli ambienti necessari a una ripresa dei processi evolutivi, in particolare agli eventi di diversificazione e di speciazione. Drammaticamente, la sesta estinzione potrebbe essere un processo irreversibile.

Le specie, compresa quella umana, possono sopravvivere solo se hanno habitat idonei per farlo. Quindi una priorità per l'uomo nell'immediato futuro sarà rappresentato proprio dal recupero e dalla conservazione degli habitat e della loro biodiversità.

YELLOWSTONE
NATIONAL
PARK
NATIONAL PARK SERVICE

Uno sguardo ai concetti chiave dell'ecologia

BioParole
Ecologia
dal greco *oikos*, «casa» e *loghía*, «studio, trattazione»
Ecology

1 L'ecologia, definizione ed equivoci

L'**ecologia** è comunemente definita come la *disciplina che studia le relazioni tra gli organismi viventi e l'ambiente.* Il termine fu coniato nel 1870 dal **Ernst Haeckel** (1834-1919) e, già nella definizione originale, il biologo tedesco metteva in evidenza l'approccio evolutivo di questa giovane branca della biologia. Secondo Haeckel infatti: «L'ecologia è lo studio di tutte quelle complesse interazioni descritte da Darwin come condizioni della lotta per la sopravvivenza». Questa disciplina è stata esclusivo oggetto di interesse per una ristretta cerchia di accademici fino agli anni Settanta del XX secolo, momento storico che ha coinciso con la nascita del *movimento ambientalista*, sorto in risposta al rapido aumento dei problemi ambientali, primo fra tutti l'inquinamento. Da allora, non solo gli scienziati ma anche l'opinione pubblica hanno dimostrato un crescente interesse per l'ecologia, portando però anche a un relativo fraintendimento del significato stesso del termine «ecologia». Questa parola infatti è stata – ed è tuttora – spesso identificata con il termine **ambientalismo**, un insieme di movimenti politici e sociali che operano per la difesa dell'ambiente. Nell'ambito del movimento ambientalista, e più in generale nell'opinione comune, l'ecologia viene vista come la «scienza che studia l'inquinamento». Questa definizione è estremamente riduttiva: circoscrive infatti l'ecologia alle interazioni dell'uomo con il pianeta, e in particolare alle interazioni negative. Benché lo studio di questo tipo di interazioni sia molto importante, anche le interazioni tra un orso e un salmone o tra una popolazione di api e un campo di fiori interessano l'ecologia ▶ 1. Oggetto di studio dell'ecologia sono infatti l'intera **biosfera** e le complesse relazioni che la caratterizzano a tutti i suoi livelli. Sebbene questa unità si focalizzi sull'**ecologia applicata**, ovvero sull'applicazione delle conoscenze ecologiche ai fini di *individuare le risposte e i comportamenti più idonei per conservare la biodiversità e rendere sostenibile l'impatto dell'uomo sul pianeta*, è bene ripassare alcuni concetti e termini chiave dell'ecologia.

2 Il concetto di biosfera

Quando abbiamo studiato la biologia animale e umana, abbiamo descritto i quattro livelli di organizzazione di un organismo: cellule, tessuti, organi, sistemi o apparati. Nell'ecologia possiamo individuare cinque livelli di organizzazione del vivente di livello superiore all'organismo: *popolazioni, comunità, ecosistemi, biomi, biosfera* ▶ 2.

1 Ecologia e ambientalismo: due concetti distinti

2 I livelli di organizzazione della vita superiori all'individuo

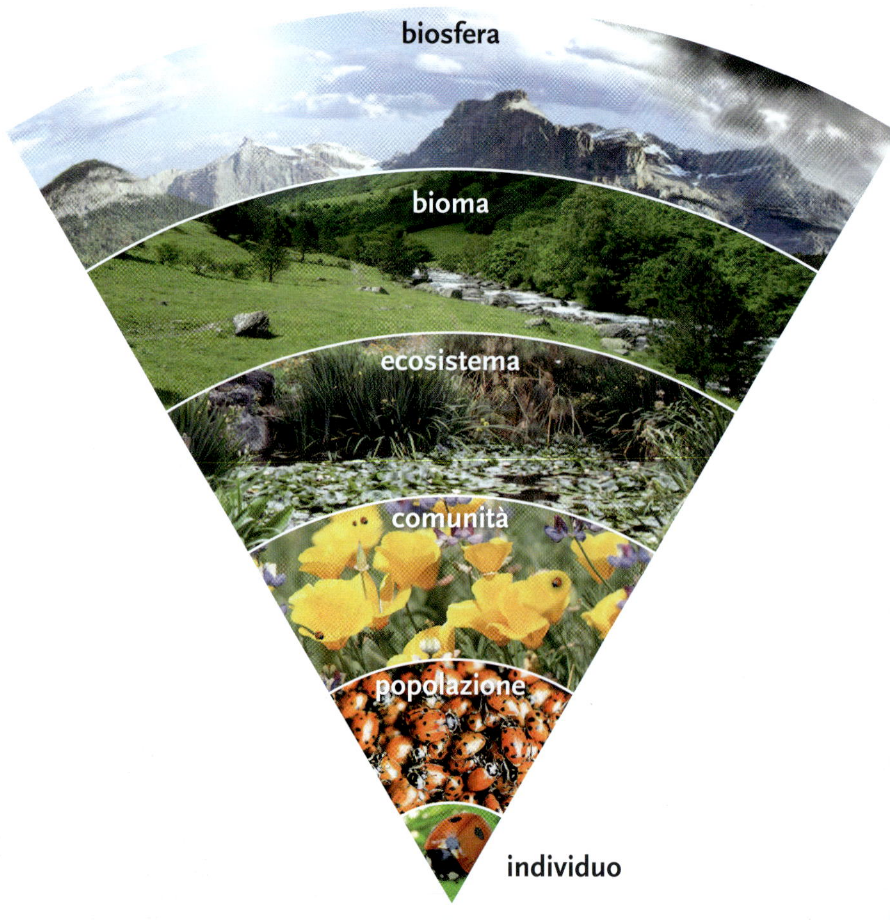

La **biosfera** è rappresentata dalla sottile porzione della superficie terrestre nella quale si concentra la vita. Tutti gli organismi vivono in questo strato estremamente ridotto del nostro pianeta ▶ 3. Dal punto di vista fisico la biosfera è formata di aria (lo strato inferiore dell'*atmosfera*), acqua (quasi tutta l'*idrosfera*) e terra (una piccola porzione, la più superficiale della *litosfera*). Gli organismi che vivono nella biosfera interagiscono tra loro e con l'ambiente fisico creando cicli di materia e flussi di energia che permettono, a livello globale, il mantenimento delle condizioni idonee alla vita. Entro un certo limite, i processi che allontanano dalle condizioni ottimali possono essere compensati con meccanismi di omeostasi; oltre questo limite il pianeta perde il suo equilibrio. Nonostante le ridotte dimensioni della biosfera, la varietà delle forme di vita che la popolano è enorme. Questa grande diversità è strettamente correlata all'eterogeneità degli ambienti geografici nei quali le varie specie si sono evolute.

3 La biosfera

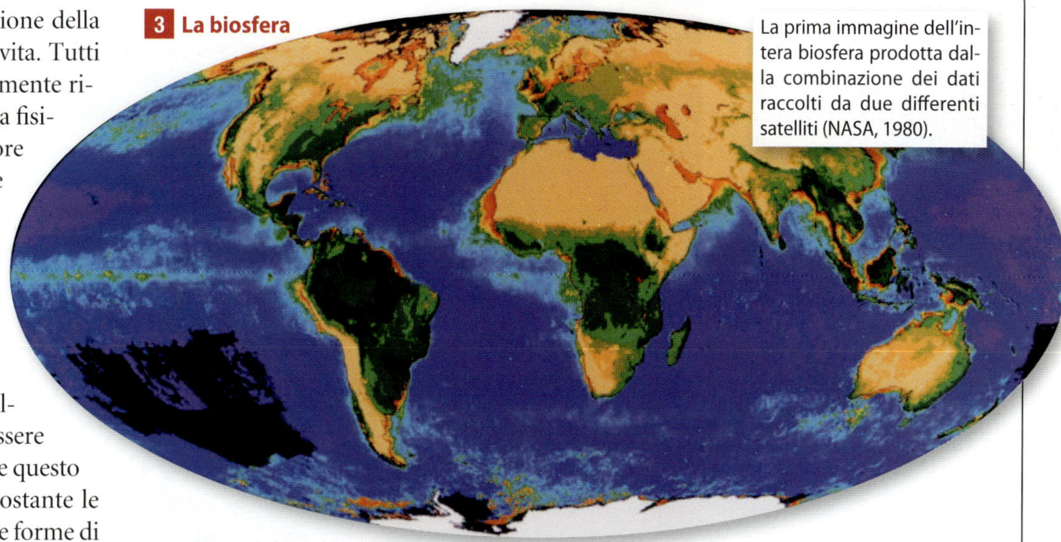

La prima immagine dell'intera biosfera prodotta dalla combinazione dei dati raccolti da due differenti satelliti (NASA, 1980).

4 La proporzione tra parti di superficie terrestre occupate da biomi acquatici e biomi terrestri

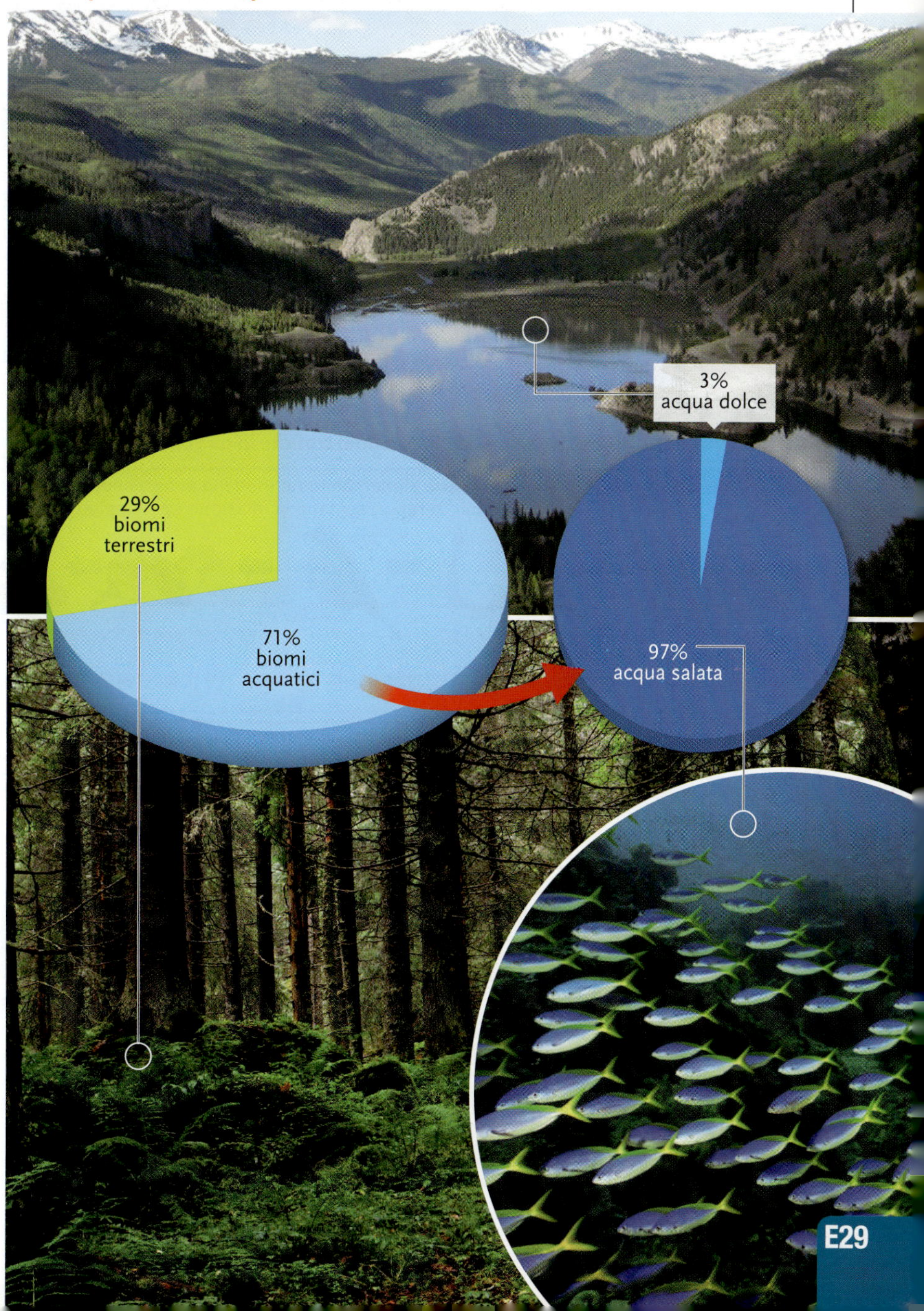

3 Il concetto di bioma

Nell'ambito della biosfera possiamo individuare una serie di subunità caratterizzate da un certo insieme di organismi e da un particolare set di condizioni climatiche. Le più vaste subunità della biosfera sono dette **biomi**. Nella determinazione di un bioma sono particolarmente importanti fattori quali la temperatura, le precipitazioni, la composizione del suolo, la presenza di rilievi. Attualmente sono stati individuati circa 40 biomi, tra *acquatici* e *terrestri*. L'acqua copre il 71% della superficie terrestre ed è suddivisa in un 97% di acqua salata e un 3% d'acqua dolce ▶ 4. La maggior parte della biosfera è occupata dunque dai **biomi acquatici**. È qui che è nata la vita ed è qui che si è evoluta per lunghissimo tempo, prima che alcuni organismi colonizzassero la terraferma. In base alla concentrazione salina, possiamo distinguere principalmente due tipi di biomi acquatici: i *biomi marini* e i *biomi di acqua dolce*. I **biomi terrestri** si presentano distribuiti con una certa regolarità in relazione alla latitudine. Gli animali e le piante che occupano lo stesso bioma in parti diverse del pianeta mostrano frequentemente adattamenti simili. I principali biomi terrestri sono otto: *tundra*, *taiga*, *foresta temperata decidua*, *foresta pluviale*, *prateria*, *savana*, *macchia mediterranea*, *deserto*.

4 Il concetto di ecosistema

Continuando a scendere nei livelli di organizzazione del vivente superiori all'organismo, dopo la biosfera e i biomi arriviamo all'**ecosistema**. Come abbiamo appena visto, gli ambienti presenti sul nostro pianeta sono molti e differiscono notevolmente dal punto di vista climatico, del suolo, della flora e della fauna: la tundra è molto diversa dal deserto e le specie presenti nella foresta pluviale non potrebbero mai vivere nella taiga. Nonostante queste differenze, tutti i sistemi naturali presentano

5 La struttura di un ecosistema

In ogni ecosistema possiamo distinguere una componente «vivente» (biocenosi) e una componente «non vivente» (biotopo).

alcune strutture e funzioni caratteristiche che li accomunano. Per analizzare queste caratteristiche comuni è utile fermarsi al livello di ecosistema. Quello di ecosistema, infatti, è un concetto molto importante: come la cellula rappresenta l'unità funzionale di un organismo, così l'ecosistema può essere definito l'*unità funzionale della biosfera*.

Per quanto riguarda la struttura, ogni ecosistema è formato essenzialmente da due componenti: una *componente biotica* («vivente»), la **biocenosi**, formata da una comunità di organismi (un insieme di popolazioni che coesistono in un certo luogo), e una *componente abiotica* («non vivente»), il **biotopo**, costituita dall'ambiente chimico-fisico circostante.

Le interazioni che avvengono all'interno di un ecosistema generano flussi di energia e cicli di materia. Fra le interazioni più importanti nel determinare la struttura di un ecosistema vi sono le interazioni di tipo *trofico*: ogni organismo è cibo per un altro organismo, che a sua volta è cibo per un altro organismo e così via ▸ **5**. Tali relazioni sono rappresentabili con vari modelli: **catene alimentari**, **reti alimentari**, **piramidi ecologiche** ▸ **6**.

BioParole

Biocenosi
dal greco *bíos*, «vita» e *kóinosis*, «comunanza»
Biocoenosis (or Biocenose)

Biotopo
dal greco *bíos*, «vita» e *tópos*, «luogo»
Biotope

6 Modelli per la rappresentazione delle relazioni trofiche in un ecosistema

UNA CATENA ALIMENTARE

La catena alimentare è un modello di tipo lineare in cui le frecce rappresentano la relazione «è mangiato da».

UNA RETE ALIMENTARE

Le reti alimentari sono rappresentazioni più complesse che mostrano le interazioni tra le diverse catene alimentari.

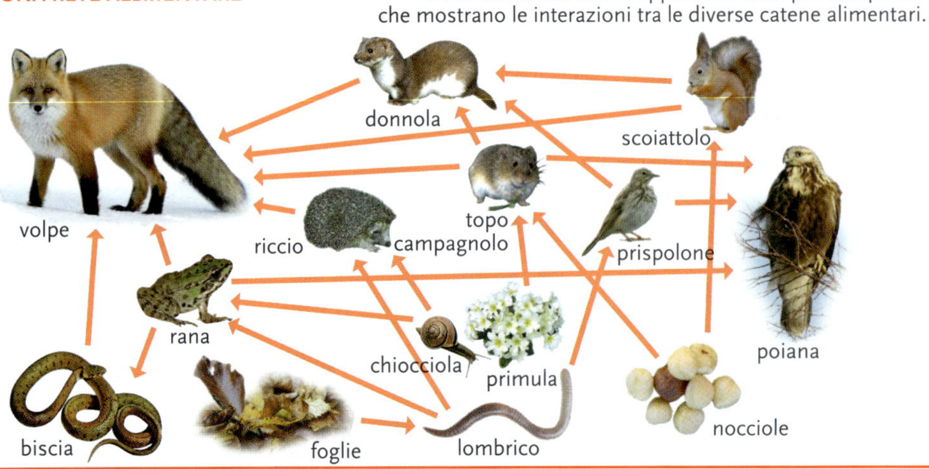

ALCUNE PIRAMIDI ECOLOGICHE

Nelle piramidi ecologiche ogni livello trofico è rappresentato da un gradino. La dimensione del gradino può indicare il numero di individui, la biomassa o l'energia.

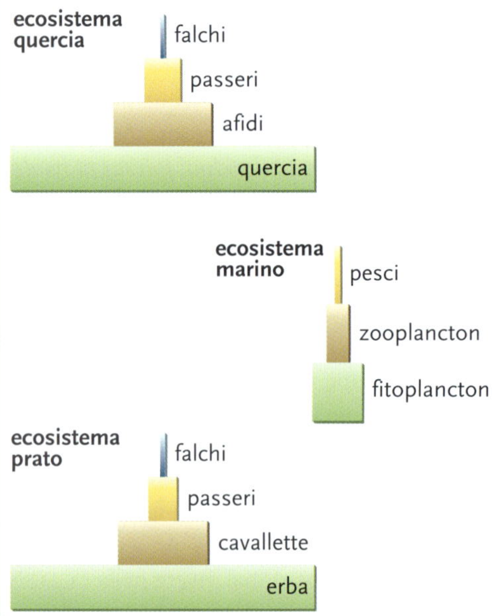

5 Il concetto di comunità

Una **comunità** è definita come *un insieme di popolazioni diverse che coesistono in un certo luogo*. Questa definizione richiama il concetto di **habitat**: ogni *spazio* in cui vivono una o più specie rappresenta infatti un habitat. La scogliera è l'habitat del granchio, l'apparato digerente è l'habitat del microrganismo, il deserto è l'habitat del cactus. Su una scogliera possono vivere anche patelle, paguri, alghe e molti altri organismi: uno stesso habitat può quindi essere condiviso da popolazioni di organismi appartenenti a diverse specie, ovvero da una comunità di organismi. Le specie che formano una comunità interagiscono tra loro.

La struttura e la dinamica delle comunità è determinata in buona parte dalle interazioni tra le varie specie. Tali interazioni, spesso di tipo alimentare, non hanno necessariamente effetti negativi per un individuo e positivi per l'altro. Distinguiamo principalmente quattro tipi di interazione tra organismi: **predazione**, **parassitismo**, **commensalismo** e **mutualismo** ▶ 7. Nelle ultime tre, gli organismi sono coinvolti in relazioni molto strette, che vanno complessivamente sotto il nome di **simbiosi**. A causa delle complesse interazioni tra componenti biotiche e abiotiche, una comunità di organismi che occupa un determinato biotopo non rimane costante nel tempo, e di conseguenza l'ecosistema nel suo complesso muta, si evolve. Le comunità cambiano gradualmente, trasformandosi nel tempo. L'intera sequenza di cambiamenti, dall'iniziale colonizzazione di una nuova area sino al formarsi di una comunità relativamente stabile, è detta **successione ecologica** ▶ 8. Una successione ecologica porta nel tempo alla costituzione di una comunità in equilibrio con l'ambiente fisico, chiamata **comunità climax**.

6 Il concetto di popolazione

Le **popolazioni** rappresentano il livello di organizzazione del vivente immediatamente superiore all'organismo: una popolazione è definita infatti come *l'insieme di organismi della stessa specie che vivono in una specifica area*.

7 TESTO-IMMAGINE I principali tipi di interazioni tra organismi

Il **predatore** si alimenta e migliora la sua possibilità di sopravvivenza, mentre la **preda** muore. L'interazione tra preda e predatore è generalmente cruenta e destinata a non durare nel tempo. Nella fotografia, un'aquila di mare che cattura un pesce.

Il **parassita** trae nutrimento dall'**ospite**, che risulta danneggiato dall'interazione. La vittima in genere non muore, anzi frequentemente il parassita vive sopra o all'interno dell'ospite. Nella fotografia, un merluzzo giallo parassitato da un'anilocra.

Le due specie, dette **mutualiste**, hanno bisogno l'una dell'altra e collaborano per migliorare le rispettive possibilità di sopravvivenza. Nella fotografia, una murena e un gambero pulitore.

Le due specie, dette **commensali**, coesistono a stretto contatto, anche se una sola trae un vantaggio dalla relazione con l'altra (che da parte sua non ne risente in particolar modo). Nella fotografia, due remore trasportate da una tartaruga marina.

8 Le fasi di una successione ecologica

9 I principali modelli di dispersione

Dispersione aggregata Gli individui sono distribuiti a gruppi. Il gruppo può favorire la sopravvivenza. È comune tra gli animali.

Dispersione uniforme È comune nelle coltivazioni, ma tra gli animali si trova raramente, solo in habitat molto uniformi.

Dispersione casuale È comune nelle piante. Si osserva tra gli animali quando tra gli individui di una popolazione vi sono poche interazioni.

10 Il modello di crescita logistica di una popolazione

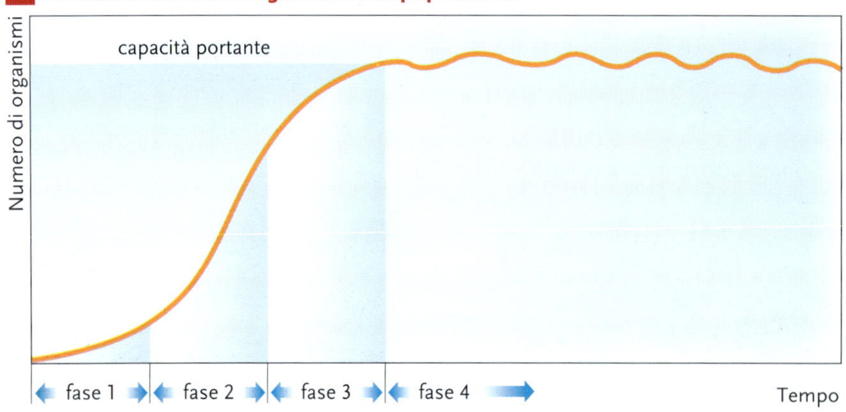

Fase 1 La popolazione comincia a crescere lentamente.

Fase 2 La popolazione cresce esponenzialmente raggiungendo il massimo tasso di crescita.

Fase 3 A causa dell'aumentata densità o di altri fattori, la crescita esponenziale si interrompe e la crescita diventa gradualmente sempre più lenta.

Fase 4 La popolazione smette di crescere e il numero di individui si stabilizza intorno a un certo valore. Questa è la massima dimensione che quel determinato ambiente può sostenere rispetto alla popolazione considerata ed è chiamata **capacità portante**.

Come la comunità richiama il concetto di habitat, così la popolazione richiama un altro importante concetto, quello di **nicchia ecologica**. Due concetti che è bene non confondere. Le specie che vivono in uno stesso habitat hanno spesso necessità simili, tuttavia *ogni specie* è caratterizzata da un set di caratteristiche (che includono le condizioni climatiche ottimali, il cibo consumato, lo spazio occupato) unico di quella specie. Così anche due specie che sembrano molto affini si distingueranno in qualche aspetto delle loro abitudini. In pratica ogni specie ha un preciso set di abitudini che determina il suo «ruolo» in un ecosistema: questo ruolo è definito appunto nicchia ecologica.

Ogni popolazione ha una sua struttura, che può essere descritta attraverso una serie di parametri: le **dimensioni**, ovvero il numero di individui che la costituisce; la **densità**, cioè il numero di individui per unità di area; il **tasso di crescita**, rappresentato dalla variazione del numero di individui nell'unità di tempo; la **dispersione**, cioè le modalità di distribuzione di una popolazione in una certa area ▶ 9.

Le dimensioni di una popolazione variano nel tempo, subendo incrementi o diminuzioni nel numero di individui. Una popolazione posta in condizioni ideali, ad esempio una colonia batterica in un terreno di coltura ricco di nutrienti, cresce rapidamente; ma questa crescita non è destinata a durare per sempre. Le popolazioni che si trovano in condizioni inizialmente favorevoli descrivono una curva di crescita dalla tipica *forma a S*, definita dal **modello di crescita logistica** ▶ 10.

In natura una popolazione animale segue un modello di crescita logistica quando, ad esempio, conquista un nuovo habitat, ricco di risorse e privo di predatori. I fattori che nel tempo subentrano a limitare la crescita della popolazione possono essere molti: la graduale riduzione del cibo, la diminuzione dello spazio, l'arrivo di predatori, l'aumento delle malattie, le variazioni climatiche ecc. Tutti questi fattori agiscono su quattro parametri che contribuiscono a regolare le dimensioni di una popolazione:

- il **tasso di natalità** (**N**);
- il **tasso di mortalità** (**M**);
- l'**immigrazione** (**I**);
- l'**emigrazione** (**E**).

Complessivamente, possiamo dunque dire che una popolazione aumenta se:

$N + I > M + E$.

Viceversa, una popolazione diminuisce se:

$N + I < M + E$.

DOMANDE CHIAVE

1. Che cos'è la biocenosi?
2. Come si chiama l'interazione che ha effetto +/+?
3. Che forma ha il modello di crescita logistica?

LEZIONE 2

Il processo di perdita della stabilità ecologica

1 Biodiversità e stabilità ecologica

La **stabilità** di un ecosistema è legata alla sua varietà biologica, ovvero alla sua **biodiversità**. La parola «biodiversità» riveste un significato molto ampio che include la varietà genetica, la ricchezza di specie e la complessità delle interazioni tra gli organismi. Più un ecosistema è ricco di biodiversità, più è stabile.

La stabilità è una caratteristica dei sistemi che per definizione indica *persistenza*. Una comunità biologica è stabile se persiste nel tempo, cioè se non subisce significative variazioni che superino le abituali oscillazioni dei rapporti numerici tra le varie forme viventi e dei tassi a cui si verificano i vari processi biologici (produzione, decomposizione, riciclo dei nutrienti). La stabilità di un ecosistema può essere valutata a diversi livelli.

RESISTENZA E RESILIENZA Sono le due maggiori forme di stabilità. La **resistenza** indica la capacità di un ecosistema di *resistere a cambiamenti* provocati da fattori di disturbo. La **resilienza** indica invece la capacità di un ecosistema di *tornare all'equilibrio* dopo un cambiamento. Questo parametro descrive, in pratica, la velocità con la quale un ecosistema ritorna nella condizione precedente a un evento perturbativo che possa aver spostato i rapporti numerici tra le forme di vita o alterato il tasso dei processi biologici che si svolgono in quell'ecosistema ▶ 1.

STABILITÀ LOCALE E STABILITÀ GLOBALE Sono gli aspetti spaziali della stabilità, dipendenti dalla frequenza e dall'estensione delle perturbazioni. La **stabilità locale** descrive la tendenza di una comunità di organismi a tornare al suo stato originale o prossimo a esso quando esposta a piccole perturbazioni. La **stabilità globale** descrive questa tendenza quando il sistema torna al suo stato originale dopo un esteso mutamento ambientale. Nell'ambito della stabilità sia locale sia globale, possiamo inoltre distinguere tra sistemi stabili solamente in un ristretto intervallo di condizioni ambientali (definiti *dinamicamente fragili*) e sistemi stabili all'interno di un intervallo piuttosto ampio di condizioni ambientali (definiti *dinamicamente robusti*).

La stabilità è associata alla *complessità* di un ecosistema o di una comunità. Esiste infatti una diretta proporzionalità tra complessità e stabilità. Un ecosistema complesso, ricco in biodiversità, offre alla comunità dei suoi organismi maggiori soluzioni alternative in caso di cambiamenti ambientali. Se in un determinato habitat esiste una complessa rete alimentare, in caso di improvvisa scomparsa di una fonte di cibo la stabilità potrà essere mantenuta con uno spostamento dell'attività trofica su altri «nodi» della rete. Inoltre, se più specie svolgono ruoli simili, alcune funzioni fondamentali quali la fotosintesi, la decomposizione o l'impollinazione verranno sempre garantite.

Gli ecosistemi mediterranei (ad esempio la macchia mediterranea), caratterizzati da forte variabilità dei fattori ambientali, hanno evoluto una forte resilienza a eventi naturali quali gli incendi, le forti mareggiate, il crollo di costoni rocciosi, e le specie tipiche di tali ambienti riescono a ricolonizzare velocemente le aree distrutte o fortemente degradate da questo tipo di eventi ▶ 2.

BioParole

Resilienza
dal latino *resiliens*, participio presente di *resilire*, «rimbalzare»
Resilience

2 Principali cause di perturbazione della stabilità ecologica

Le perturbazioni che minacciano la stabilità ecologica possono essere di tipo *naturale* (ad esempio un evento atmosferico, un incendio, una frana) o di tipo *antropico* (come l'inquinamento, la deforestazione, l'urbanizza-

1 Resistenza, resilienza e stabilità totale di un ecosistema

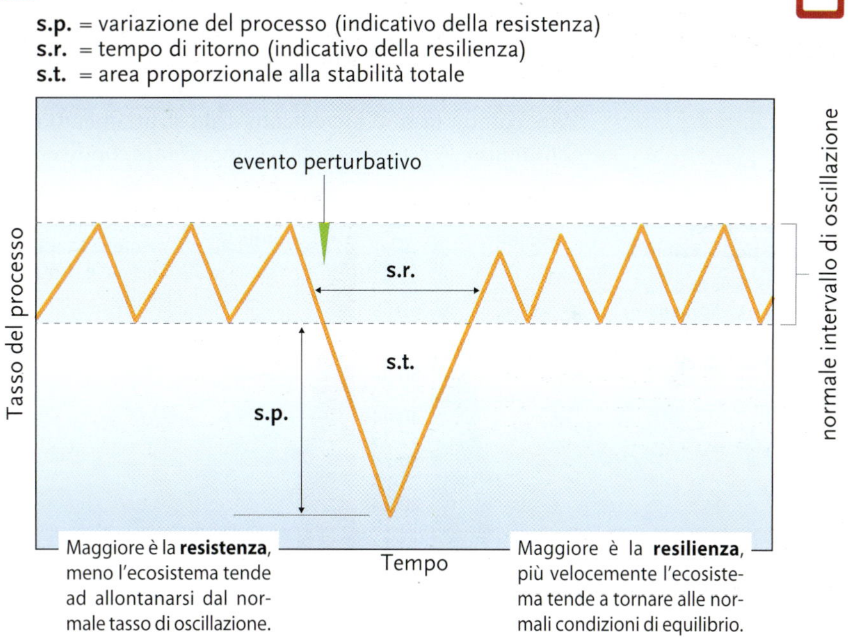

2 La macchia mediterranea, un ambiente ad alta resilienza

3 **La crescita della popolazione umana per continenti**

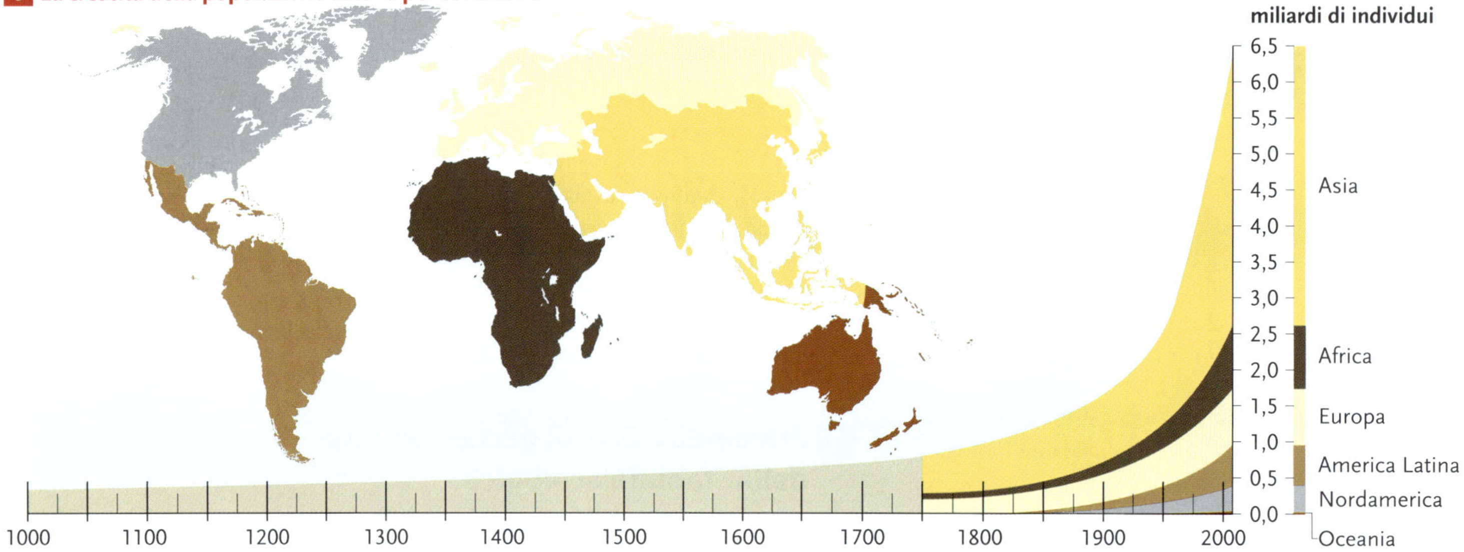

zione ecc.). In questa unità ci occuperemo degli effetti degli stress ambientali causati dall'uomo. Oggi, infatti, la diversità biologica è minacciata dall'incessante sfruttamento del mondo naturale da parte della nostra specie. Direttamente o indirettamente, la sola specie umana usufruisce del 40% della produttività degli ambienti terrestri e del 70% della produttività degli ambienti marini, con un tasso d'incremento dello sfruttamento del 2% annuo. Per questo motivo è importante conoscere e descrivere le principali minacce ambientali, quantificarne gli effetti e stabilire gli interventi per arrestare questo devastante fenomeno.

Dalla sua comparsa sulla Terra, l'uomo ha prodotto profondi cambiamenti sul territorio, sfruttando il suolo e le piante per l'agricoltura, addomesticando e selezionando gli animali per l'allevamento, alterando l'ambiente per renderlo più idoneo al proprio insediamento. A partire dalla rivoluzione industriale, l'impatto dell'uomo sul pianeta è rapidamente aumentato in conseguenza dell'esplosione demografica, dell'estensione della rete dei trasporti, dello sfruttamento dei giacimenti del sottosuolo, della modernizzazione dell'agricoltura. Tutto ciò ha provocato una serie di processi che stanno perturbando in vari modi gli equilibri ecologici globali. Vediamo più in dettaglio alcuni di questi processi.

IL SOVRAPPOPOLAMENTO L'aumento numerico della popolazione umana è stato di per sé il primo elemento di alterazione degli equilibri del pianeta. Dalle origini dell'agricoltura, circa 10 000 anni fa, la crescita della popolazione mondiale è stata estremamente lenta fino al XVI secolo. Sono stati necessari ben 16 secoli perché dai circa 250 milioni di persone che si stima abitassero la Terra nell'anno zero la popolazione raddoppiasse, arrivando ai circa 500 milioni del XVII secolo. Da quel momento in poi il tempo di raddoppio della popolazione è andato sempre diminuendo, tanto che nel 1999 la popolazione mondiale ha superato i 6 miliardi di abitanti e nel 2011 ha raggiunto i 7 miliardi ▸ 3. Riguardo ai tassi di crescita si registrano però notevoli differenze tra i paesi avanzati, spesso a «crescita zero», e i paesi in via di sviluppo, che contribuiscono per circa il 90% dell'incremento demografico, come risulta evidente nella figura ▸ 4 dalle *piramidi delle popolazioni* dei diversi continenti. Il sovrappopolamento, unito ad arretratezza, analfabetismo e mancanza di adeguate strutture igienico-sanitarie, costituisce sicuramente un grave problema a livello mondiale, aggravato dal fatto che l'80% delle risorse energetiche mondiali è utilizzato dai paesi industrializzati.

4 **Le piramidi delle popolazioni**

Le piramidi delle popolazioni mostrano la distribuzione dell'età e del sesso in popolazioni umane di differenti continenti

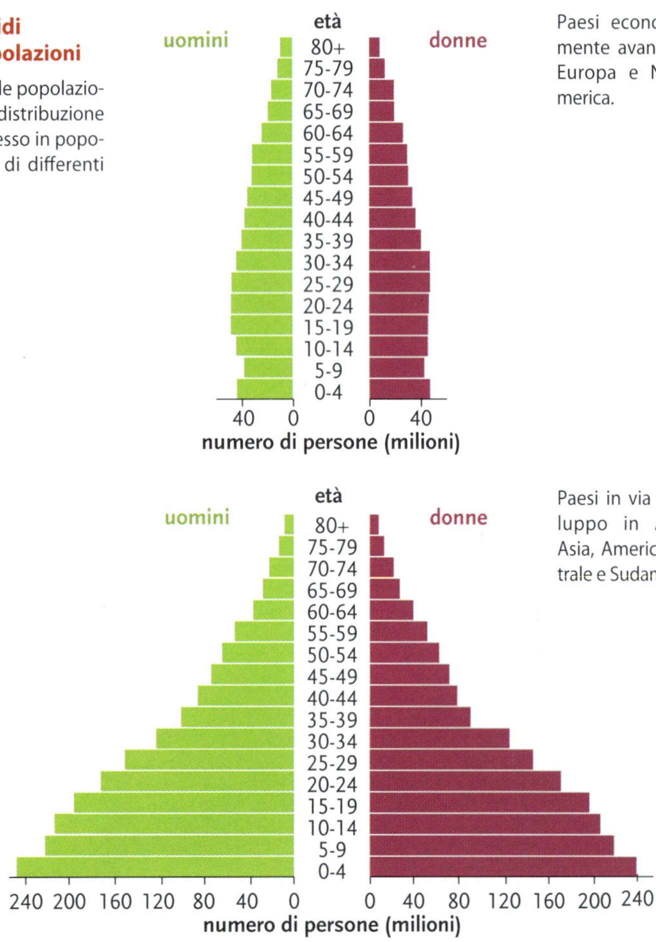

Paesi economicamente avanzati in Europa e Nordamerica.

Paesi in via di sviluppo in Africa, Asia, America centrale e Sudamerica.

LA DESERTIFICAZIONE ▶ 5 Con questo termine si intende il processo graduale attraverso il quale un territorio fertile e abitato si trasforma in una regione spopolata e sterile. Sebbene la desertificazione abbia origini antiche, è solo da pochi decenni che sono sorte serie preoccupazioni per il suo sviluppo accelerato su scala globale. Nell'attivare il processo di desertificazione svolgono un ruolo determinante le oscillazioni naturali (in primo luogo quelle climatiche), ma la causa decisiva è senza dubbio l'eccessiva pressione umana sulle risorse. In particolare, l'esplosione demografica dei paesi in via di sviluppo ha messo in crisi, negli ultimi decenni del XX secolo, l'economia tradizionale della maggior parte dei territori aridi e semiaridi, già profondamente alterata durante il dominio coloniale di questi paesi. Tuttavia la desertificazione non riguarda soltanto i paesi poveri e sovrappopolati del Terzo mondo, ma colpisce anche molti paesi sviluppati, quali Australia, Stati Uniti, Argentina. Esistono vari mezzi tecnici per combattere la desertificazione, quali il miglioramento delle tecniche di utilizzazione del suolo e il controllo dello sviluppo delle attività produttive e degli insediamenti nelle regioni a rischio. Secondo le stime più recenti, su scala planetaria il 75% dei pascoli e il 50% delle aree coltivate negli ecosistemi secchi sarebbero interessati dal processo di desertificazione: si tratta di ben 36 milioni di km^2, con oltre 300 milioni di abitanti!

LA DISTRUZIONE DELLE FORESTE ▶ 6 L'uomo da sempre ha eliminato gli alberi da determinate aree per ottenere legname o allo scopo di utilizzare i terreni per l'agricoltura o per la pastorizia. Nonostante gli immediati vantaggi economici, il disboscamento indiscriminato provoca tuttavia gravissimi inconvenienti, specie nelle regioni collinari o sui monti, dove le acque piovane, non più trattenute dalle radici e dall'humus prodotto dalle piante, precipitano a valle provocando frane, smottamenti e inondazioni. La

5 L'avanzata dei deserti

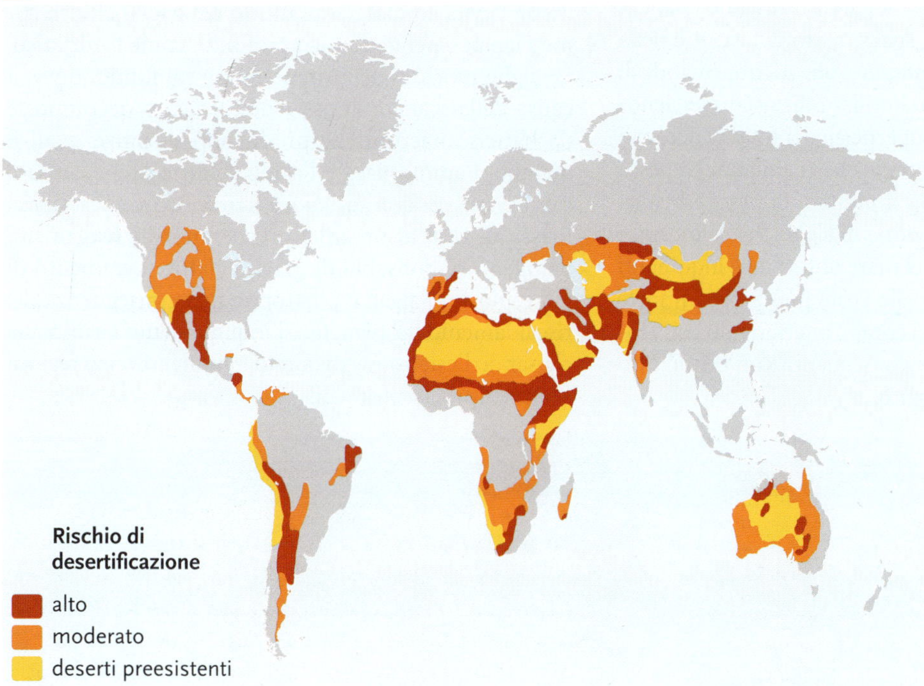

Aree colpite da desertificazione

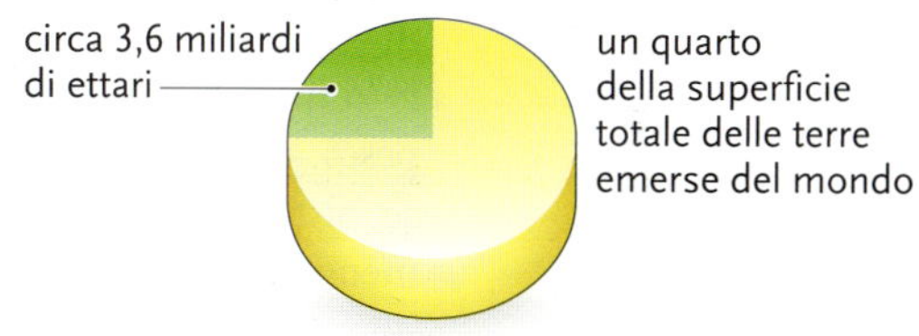

Popolazione colpita dalla desertificazione

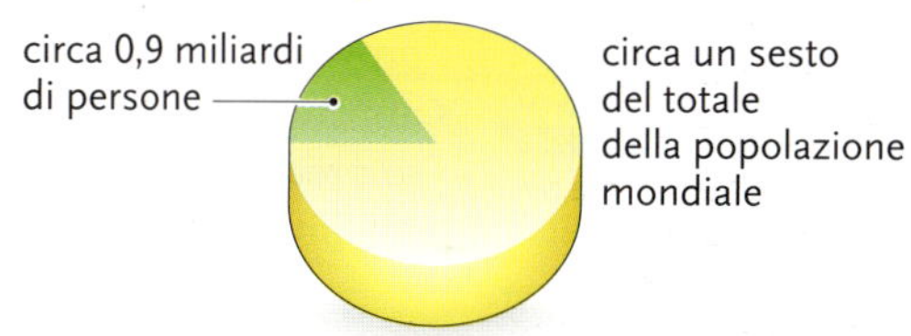

Percentuale di desertificazione sulla superficie agricola

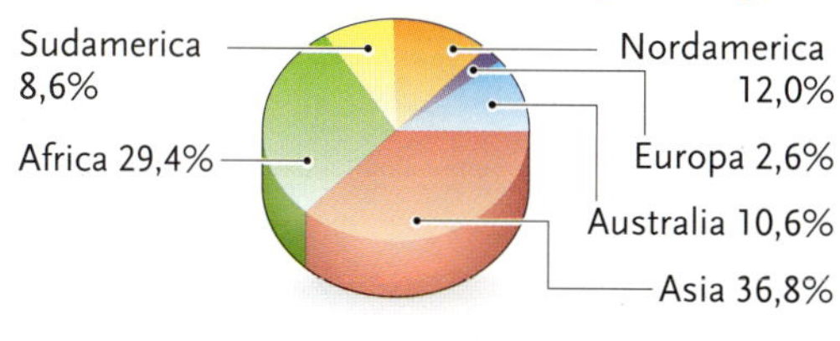

6 Il problema della deforestazione

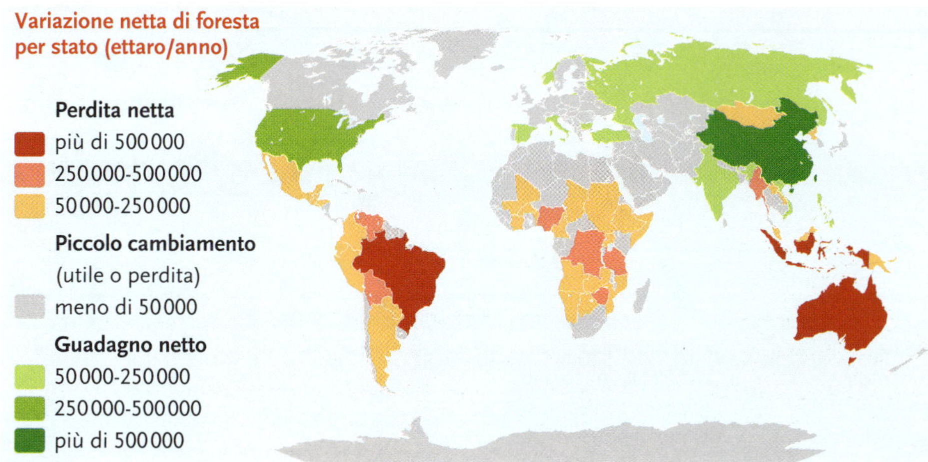

Cause della deforestazione in Amazzonia (2000-2005)

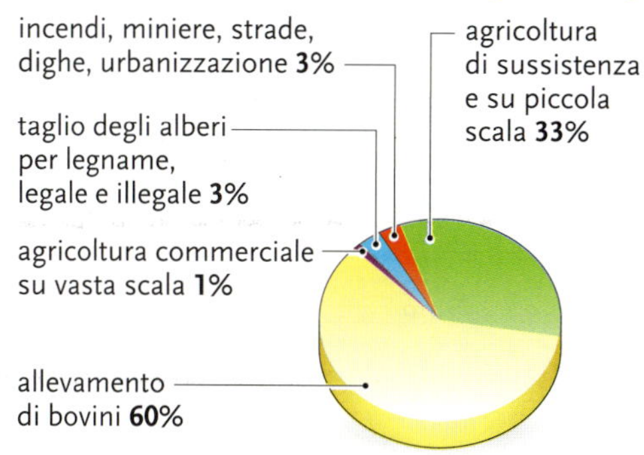

BioParole

Eutrofizzazione
dal greco *eu*, «buono» e *trophé*, «nutrimento»
Eutrophication

deforestazione è aumentata purtroppo esponenzialmente con lo sviluppo tecnologico della società umana: in Europa questo processo ha caraterizzato il periodo di storia che va dal Medioevo a oggi. Il fenomeno ha poi colpito in maniera disastrosa vasti territori asiatici, nordafricani e soprattutto sudamericani: è proprio nell'America meridionale che la superficie forestale ha subito la massima diminuzione. Oltre a svolgere un ruolo primario per la conservazione della biodiversità, le foreste sono fondamentali per la difesa del territorio e la conservazione delle acque, per evitare il pericolo di valanghe e contrastare la desertificazione, per stabilizzare le dune sabbiose e proteggere le zone costiere. Inoltre sono importanti serbatoi per l'assorbimento del carbonio.

LA DISTRUZIONE DELLE BARRIERE CORALLINE L'estensione delle barriere coralline ▶ 7 è pari a quella delle foreste tropicali sulla terraferma. Un terzo di queste barriere è già stato danneggiato e, continuando all'attuale ritmo di distruzione, entro il 2030 ne scomparirà circa la metà delle restanti. Le barriere coralline costituiscono l'habitat di un'enorme quantità di specie marine. Le cause della loro distruzione sono innumerevoli. Alcuni metodi di pesca, come gli esplosivi o l'utilizzo di sostanze velenose, distruggono gli strati superficiali dei fondali oceanici meno profondi e tutte le specie che vi abitano. La pesca intensiva inoltre ha ridotto il numero di pesci erbivori, il che causa una proliferazione di alghe che soffocano i coralli. Anche il rilascio nel mare di sostanze inquinanti provenienti dalle navi o dalle coste può avere un forte impatto sulle comunità dei coralli, interferendo con i loro processi di crescita e di conseguenza con l'equilibrio dell'intera comunità biologica.

L'EUTROFIZZAZIONE ▶ 8 Il ruolo delle **alghe** negli ecosistemi marini è fondamentale in quanto esse rappresentano la maggiore fonte di cibo per gli erbivori marini e, con la fotosintesi, forniscono una notevole percentuale dell'ossigeno disponibile per la respirazione di tutti gli organismi. Tuttavia, le alghe hanno rappresentato un grave problema ambientale per il fenomeno delle **fioriture algali**, crescite improvvise e incontrollate di alghe in acque calde. Le fioriture algali determinano un fenomeno noto come **eutrofizzazione**. L'eutrofizzazione è un processo di evoluzione degli ambienti acquatici verso uno stadio di squilibrio della biomassa per eccessivo sviluppo di vegetazione in seguito ad arricchimento delle acque in materiali organici, soprattutto fosfati. I fosfati e i nitrati sono sostanze altamente nutritive per le alghe che, in loro presenza, si accrescono a dismisura. Subito dopo la morte, le alghe sono però attaccate da batteri aerobi che le ossidano, liberando grandi quantità di anidride carbonica. In questo modo si crea nell'acqua una notevole diminuzione dell'ossigeno e ciò compromette la vita animale, soprattutto nei bacini chiusi, come i laghi, e nei mari poco profondi, come l'Adriatico. Le alghe morte si depositano infine sul fondo, dove, a causa della scarsità di ossigeno, vengono decomposte da batteri anaerobi che producono sostanze quali il metano, l'ammoniaca e l'acido solforico (che causa il caratteristico odore di «uova marce»). In questa gran massa di residui organici prosperano microrganismi patogeni, responsabili di gravi malattie. L'aumento di tali esplosioni algali è purtroppo una conseguenza del riscaldamento del pianeta, e l'inquinamento termico sta causando l'estensione di questo fenomeno verso regioni sempre più settentrionali.

7 Le barriere coralline a rischio

La carta fornisce un quadro delle principali cause della riduzione delle barriere coralline nel mondo.

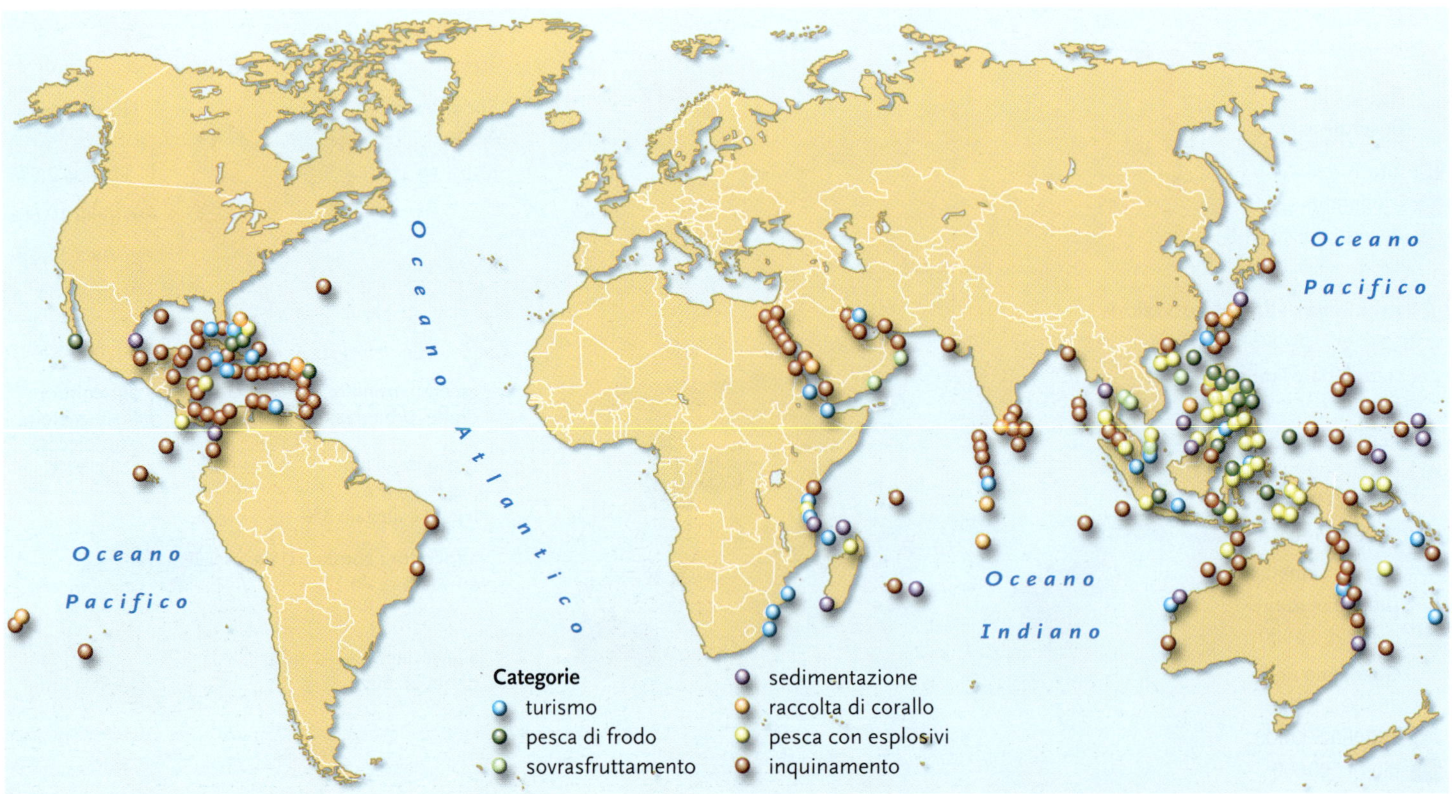

8 Il fenomeno dell'eutrofizzazione

Prodotti di scarico ricchi di fosfati e nitrati determinano un aumento indiscriminato della popolazione algale, che porta a un rapido squilibrio dell'ecosistema acquatico.

9 L'incidente della Exxon Valdez (1989)

Il riversamento di petrolio nel mare provocò la morte di 25 000 uccelli di mare, 2800 lontre, 300 foche, 250 aquile e 22 balene.

I DISASTRI AMBIENTALI La distruzione degli habitat a opera dell'uomo è un fenomeno lento e inesorabile che sembra toccare quasi ogni parte del globo. Accanto a questo processo capillare, che avviene a un ritmo noto e studiato dagli scienziati, si affiancano singoli eventi difficilmente prevedibili durante i quali, in un breve lasso di tempo, si ha la distruzione immediata o la contaminazione di ampi ecosistemi: si tratta dei cosiddetti «disastri ambientali». Nel corso degli ultimi decenni ci sono stati numerosi disastri ambientali causati dal **naufragio di petroliere** ▶ 9. Quando gli incidenti si verificano vicino alle coste, gli effetti negativi sono di grande evidenza. Gli uccelli e i mammiferi marini rimangono facilmente invischiati dalle masse oleose che si accumulano sulle coste o che stratificano sulla superficie del mare. Non è facile stabilire la quantità di idrocarburi che si perde ogni anno in mare, tuttavia le stime di tali perdite sembrano aggirarsi su una media di 4 milioni di tonnellate l'anno (di cui 600 000 tonnellate per il solo Mediterraneo). Nonostante i diversi interventi preventivi, gli incidenti tendono ad aumentare, perché si intensifica il traffico marittimo che dalle principali aree di produzione del greggio (Medio Oriente) conduce ai paesi importatori di petrolio come l'America, l'Europa, il Giappone e l'Australia.

DOMANDE CHIAVE

1. Com'è definita la resilienza di un ecosistema?
2. In quali continenti si è avuta la maggiore perdita netta di foreste?
3. Che percentuale della popolazione mondiale è colpita dal problema della desertificazione?

Osserva e RISPONDI

Che cosa rappresentano i due grafici? Completali indicando le variabili in ascissa e in ordinata.

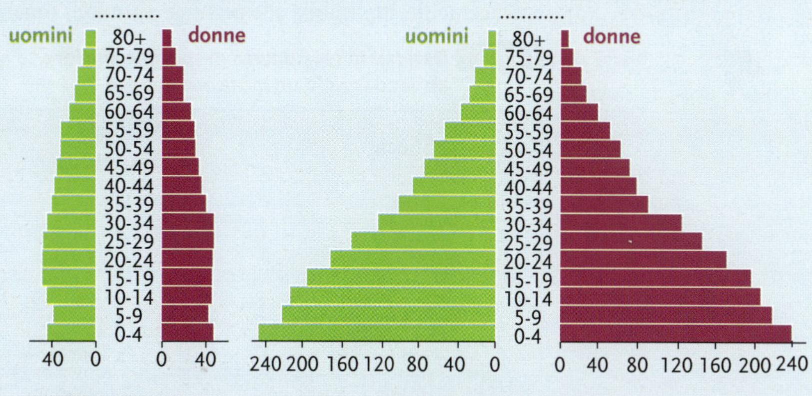

Il monitoraggio degli ecosistemi

1 Misurare la biodiversità

Se la biodiversità rappresenta la chiave della stabilità degli ecosistemi, è facile capire l'importanza di poterne dare una stima. La **ricchezza di specie** intesa come numero di specie presenti in un habitat può essere un indice di biodiversità, ma non ci dà una stima dell'abbondanza di individui di ogni specie. Ne risulta che un habitat con 6 specie ognuna rappresentata da 10 individui potrebbe apparire più ricco in biodiversità di un habitat con 5 specie ciascuna con 100 individui. Per questo motivo si preferisce usare un altro genere di indici, gli **indici di diversità**. Esistono vari indici di diversità calcolabili attraverso differenti formule matematiche. Tutti però tengono conto sia del numero di specie presenti sia dell'abbondanza. Anche se non esiste un accordo generale su quale sia l'indice più efficace, uno dei più utilizzati in ecologia è l'**indice di diversità di Simpson** (***D***). L'indice di Simpson può essere messo in relazione a vari parametri, quali il tasso di inquinamento, per stabilire l'effetto di tali parametri sulla biodiversità di un ecosistema.
La formula utilizzata per calcolare l'indice di Simpson è la seguente:

$$D = \frac{N(N-1)}{\Sigma n(n-1)}$$

dove N indica il numero totale di individui di tutte le specie, n è il numero totale di individui di una certa specie e Σ indica la sommatoria dei termini che seguono.

Supponiamo ad esempio che in un certo habitat siano stati rilevati i dati raccolti nella ▶ **Tabella 1**, dove ogni specie è rappresentata da una lettera. L'indice di diversità di questo habitat sarà il seguente:

$$D = \frac{24(24-1)}{10(10-1)+6(6-1)+3(3-1)+4(4-1)+1(1-1)} =$$

$$= \frac{24 \cdot 23}{10 \cdot 9 + 6 \cdot 5 + 3 \cdot 2 + 4 \cdot 3 + 1 \cdot 0} = \frac{552}{138} = 4$$

Un punto debole dell'indice di Simpson è che non tiene conto delle differenze tra le specie in termini di taglia: un elefante conta quanto un batterio. Inoltre non è sempre efficacemente applicabile alle piante e a tutti gli organismi per i quali non è facile stabilire il limite tra un individuo e l'altro. Altri indici di biodiversità tengono conto della biomassa e non dipendono dall'identificazione del singolo individuo.

Tabella 1 **Dati relativi al numero di specie e alla loro abbondanza in un ipotetico habitat**

Specie	Numero di individui
A	10
B	6
C	3
D	4
E	1
totale	*24*

2 Gli indicatori biologici

Il calcolo della biodiversità è senz'altro indicativo dello stato di salute dell'ambiente, ma comporta l'identificazione e il conteggio di tutti gli individui di un habitat. Per avere indicazioni più immediate esistono varie tecniche utilizzate in ecologia. In particolare, il termine **biomonitoraggio** indica l'insieme delle metodologie che si avvalgono di esseri viventi per trarre informazioni sullo stato dell'ambiente. Il biomonitoraggio può essere definito un monitoraggio «di tendenza», in quanto permette di ricavare indicazioni sulle condizioni di salute dell'ambiente valutando i danni subiti nel tempo da alcuni organismi presenti nell'area di studio o appositamente introdotti. Rispetto al monitoraggio chimico-fisico, che si basa sulla misura individuale dei vari parametri, il biomonitoraggio offre un vantaggio: misurando l'abbondanza degli organismi, rispecchia la somma dei fattori che agiscono simultaneamente su un ambiente. Alcuni organismi si sono dimostrati particolarmente efficaci come indici di qualità ambientale. Questi «organismi bersaglio», chiamati **indicatori biologici** o **bioindicatori**, sono specie che richiedono un particolare set di condizioni per sopravvivere. Cambiamenti nella presenza-assenza, nell'abbondanza, nella morfologia, nella fisiologia o nel comportamento di un bioindicatore denotano condizioni fisico-chimiche alterate rispetto al suo intervallo di tolleranza. Gli indicatori biologici vengono utilizzati per monitorare il suolo, l'acqua e l'atmosfera.
Un buon indicatore biologico deve mostrare i seguenti requisiti:

- relativa facilità d'identificazione;
- intervalli (*range*) di tollerabilità ristretti;
- ampia distribuzione;
- elevate densità;
- variabilità ecologica piuttosto bassa;
- mobilità limitata;
- ciclo vitale relativamente lungo.

La valutazione della qualità ambientale attraverso l'utilizzo di indicatori biologici diviene sempre più un tema di grande attualità sia nella ricerca ecologica di base sia in quella applicativa. L'uso degli indicatori biologici permette di evidenziare gli effetti sinergici di più fonti di stress e di registrare eventi di inquinamento anche intermittenti. Di contro, le analisi chimiche riescono a evidenziare le concentrazioni alterate di sostanze presenti nell'ambiente; il loro limite maggiore è che forniscono informazioni di tipo puntiforme e strettamente riferite al tempo del campionamento. I due tipi di analisi si

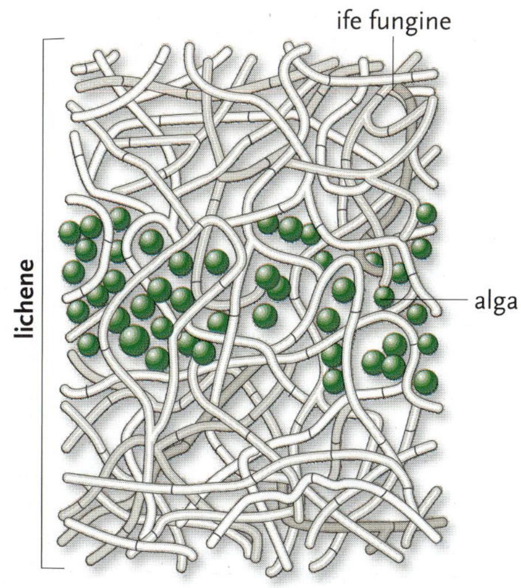

1 La struttura di un lichene

integrano a vicenda, fornendo informazioni diverse e complementari, per cui l'*approccio integrato* risulta particolarmente utile per conoscere lo stato degli ecosistemi.

3 Lo studio della qualità dell'aria attraverso i licheni epifiti

Tra i principali indicatori dell'inquinamento atmosferico troviamo i **licheni epifiti** (che vivono cioè sui tronchi degli alberi) ▶ 1. I licheni si formano per associazione di un fungo con un'alga verde-azzurra (cianobatterio) e crescono tipicamente sulle rocce o sui tronchi degli alberi. L'alga fornisce il nutrimento prodotto attraverso la fotosintesi, mentre il fungo offre protezione e ancoraggio al terreno: la simbiosi può essere così stretta che nel tempo diventa difficile distinguere le cellule batteriche da quelle fungine. I licheni sono particolarmente sensibili agli stress ambientali; questa particolare reattività si verifica in quanto:

- l'assorbimento delle sostanze avviene esclusivamente attraverso l'atmosfera;
- non è presente una cuticola, per cui gli inquinanti possono penetrare inalterati all'interno delle cellule;
- hanno una scarsa capacità di riparare rapidamente eventuali danni;
- il loro metabolismo resta attivo alle basse temperature e possono quindi subire danni anche durante l'inverno.

La metodologia per il rilevamento dell'inquinamento atmosferico con i licheni epifiti è basata su una misura della biodiversità, ossia sull'abbondanza delle specie licheniche. I valori di biodiversità vengono interpretati in termini di allontanamento rispetto alla «naturalità attesa». Tale allontanamento è causato dagli inquinanti (principalmente gas tossici, quali ossidi di zolfo e di azoto), che causano alle comunità licheniche una diminuzione nel numero di specie e una diminuzione della loro frequenza. I licheni rispondono infatti con relativa velocità alla diminuzione della qualità dell'aria e possono ricolonizzare in pochi anni ambienti urbani e industriali qualora si verifichino miglioramenti delle condizioni ambientali. La misura della **bioversità lichenica** (**BL**) viene intesa come somma delle frequenze delle specie licheniche in un reticolo di rilevamento di dimensioni fisse. Per una più facile interpretazione dei dati, a ciascun valore di biodiversità lichenica è possibile associare il grado di deviazione da condizioni naturali tramite una scala; inoltre al fine di una migliore visualizzazione dei risultati può essere effettuata un'elaborazione cartografica che mostri una suddivisione del territorio in esame in aree con biodiversità licheniche diverse: a ogni classe di naturalità/alterazione viene associato un colore ▶ 2.

2 Valori di biodiversità lichenica con le relative classi di qualità

La mappatura della qualità dell'aria nel comune di Firenze ottenuta con l'analisi della biodiverità lichenica (dati ARPAT).

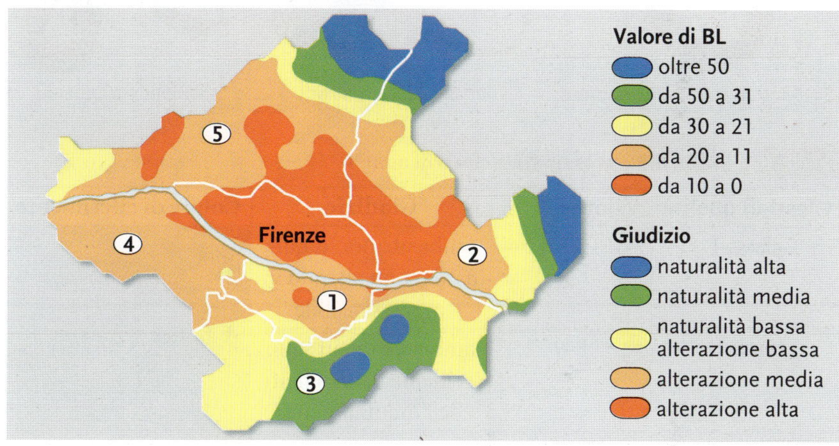

4 Lo studio della qualità dell'acqua attraverso le comunità di macroinvertebrati

Studi condotti su molti fiumi hanno mostrato che esistono relazioni tra le caratteristiche delle comunità di **macroinvertebrati** (invertebrati la cui taglia è uguale o superiore a 1 mm) e i livelli d'inquinamento delle acque. È quindi possibile formulare diagnosi della qualità di ambienti di acque correnti sulla base delle modificazioni nella composizione delle comunità di macroinvertebrati, indotte da fattori di inquinamento o da significative alterazioni fisiche dell'alveo. Infatti, poiché questi organismi sono poco mobili, non possono sottrarsi agli inquinanti (che, a causa dello scorrere dell'acqua, non vengono rilevati dalle analisi chimiche). Tra questi macroinvertebrati troviamo ▶ 3:

- insetti (larve di plecotteri, efemerotteri, ditteri, odonati, coleotteri ecc.);
- anellidi (vermi e sanguisughe);
- crostacei (gamberi, gammaridi e asellidi);
- platelminti (planarie);
- molluschi (bivalvi e gasteropodi).

3 Alcuni macroinvertebrati con funzione di biondicatori

Gli esemplari sono numerati da 1 a 6 in relazione al livello di inquinamento tollerato. La presenza delle specie 1 e 2, ad esempio, sarà un indicatore di un fiume in buone condizioni.

1 ninfa di plecottero

2 larva di efemerottero

3 crostaceo asellide

4 larva di dittero chironomide

5 larva di dittero sirfide

6 anellide tubificide

Tabella 2 L'indice IBE con le relative classi di qualità

Classi di qualità	Valore di IBE	Giudizio	Colore di riferimento
classe I	10-11-12	ambiente non inquinato o non alterato in modo sensibile	azzurro
classe II	8-9	ambiente in cui sono evidenti alcuni effetti dell'inquinamento	verde
classe III	6-7	ambiente inquinato	giallo
classe IV	4-5	ambiente molto inquinato	arancione
classe V	1-2-3	ambiente fortemente inquinato	rosso

Mentre nei fiumi incontaminati si incontrano tutti questi organismi, nelle acque inquinate le specie più sensibili scompaiono e quelle più resistenti diventano predominanti. Quindi anche una specie che tende ad aumentare numericamente o in termini di biomassa in un contesto inquinato è un buon bioindicatore.

5 L'indice biotico esteso

Gli indicatori biologici possono essere utilizzati a diversi livelli: organismo, specie, comunità. Ecosistemi naturali con una buona qualità ambientale sono in genere caratterizzati da comunità complesse, le cui componenti sono in stretta relazione e dipendenza le une dalle altre e capaci di rispondere a piccole perturbazioni senza esserne danneggiate. L'alterazione degli equilibri in un ecosistema, per cause sia naturali sia antropiche, può causare effetti tali da indurre la scomparsa delle specie più esigenti e sensibili e l'insediamento di altre con range di tolleranza più ampi. La struttura delle comunità viene così alterata in modo più o meno irreversibile, in base all'entità e alla durata della perturbazione. Condizioni di stress prolungato portano allo sviluppo di comunità semplificate e caratterizzate dalla dominanza di poche specie tolleranti.
Gli indici di qualità ambientale che combinano il valore di indicatore di alcune specie con la ricchezza di specie della comunità sono detti **indici biotici**. Essi valutano se la comunità di un certo ambiente corrisponde a quella attesa in condizioni di qualità ottimale. Gli indici biotici analizzano la struttura dell'intera comunità, valutando sia il numero totale di specie che la compongono, sia la presenza di «specie chiave» sensibili all'inquinamento.
Il primo indice biotico applicato alla valutazione della qualità delle acque superficiali fu sviluppato in Inghilterra nel 1964; in Italia l'indice biotico più usato nel classificare la qualità delle acque di un fiume è un indice derivato dall'indice inglese e noto come **IBE** (**indice biotico esteso**), sviluppato nel 1997 ▶ Tabella 2.

Bio Ambiente

Un caso studio: l'effetto delle acque di scarico su granchi e molluschi delle mangrovie africane

Le foreste di mangrovie svolgono un ruolo cruciale per la stabilità ecologica di molti ecosistemi costieri tropicali ▶ A. Vi abitano moltissimi pesci e crostacei che forniscono un'enorme varietà di nutrimento per l'intera comunità costiera. Le radici delle mangrovie inoltre proteggono la costa da eventi climatici catastrofici, quali gli tsunami. Recenti studi sembrano far emergere un ulteriore ruolo ecologico di questi ecosistemi. Il suolo delle mangrovie parrebbe infatti svolgere un ruolo fondamentale nello smaltimento dei prodotti di rifiuto. Per di più, le acque di scarico urbane sembrano non danneggiare né la componente vegetale né la comunità bentonica di questo ecosistema. Tuttavia, prima di promuovere l'utilizzo delle mangrovie come «depuratori naturali» per le acque inquinate, gli scienziati hanno ritenuto necessario investigare più a fondo la loro tolleranza agli scarichi urbani. Un gruppo di ecologi italiani ha realizzato uno studio sulle differenze, in termini di macrofauna, tra ecosistemi di mangrovie africane di aree periurbane e di aree non influenzate dagli scarichi cittadini. I dati raccolti hanno mostrato un consistente aumento nella biomassa dei granchi nelle zone periurbane; inoltre gli ecosistemi di mangrovia periurbani mostrano maggiore ricchezza di specie di granchi di quelli non urbani. L'abbondanza di gasteropodi, al contrario, diminuisce significativamente. Il fatto che la struttura della comunità bentonica nei siti periurbani sia differente rispetto alla normale struttura di comunità in contesti non inquinati suggerisce l'utilizzo degli organismi analizzati, granchi e molluschi, come bioindicatori dello stato di salute dell'ambiente.

A Una mangrovia

I valori decrescenti dell'indice vanno intesi come un progressivo allontanamento da una condizione ottimale o attesa, definita dalla composizione della comunità in condizioni di «buona efficienza dell'ecosistema».
L'IBE è un metodo che fornisce una valutazione sintetica della qualità ambientale di un corso d'acqua basandosi sulla composizione della comunità di macroinvertebrati bentonici. Questo indice richiede una determinazione sistematica dei macroinvertebrati fino al livello tassonomico di famiglia o genere. In seguito alla determinazione del materiale raccolto viene compilata una lista faunistica generale e si procede all'applicazione dell'IBE. Il punteggio assegnato tramite l'IBE può essere tradotto in cinque classi di qualità, ognuna rappresentabile con un colore. Questa informazione, opportunamente trasferita su base cartografica, consente di ottenere una zonazione del fiume in funzione dello stato di qualità ambientale. Si tratta di un indice d'immediata fruibilità e di grande sintesi.

DOMANDE CHIAVE

1. Che cos'è l'indice di Simpson?
2. Che cos'è un bioindicatore?
3. Come si chiama l'indice biotico più usato in Italia?

Osserva e RISPONDI

Quale indicatore è rappresentato nella fotografia? La sua assenza è indice di quale tipo di inquinamento?

Bio Ambiente

Il monitoraggio del Tevere

Per tutto il suo corso fino alle porte di Roma, il Tevere presenta un tasso di inquinamento chimico e biologico piuttosto basso rispetto al Po o ad altri fiumi, scorrendo placido attraverso Toscana, Umbria e alto Lazio, senza quasi toccare i centri abitati. Di fatto, nell'alto Lazio il paesaggio fluviale appare quasi idilliaco: la gente pesca carpe e tinche tra i canneti e si ha l'impressione di trovarsi su un fiume sostanzialmente sano ▶ **A**.
È alle porte della capitale che la situazione cambia drasticamente: all'improvviso spuntano baracche, rifiuti, strutture fatiscenti e abusi di ogni genere. È da qui che il tasso di inquinamento da *colibatteri* (batteri presenti nelle feci) e sostanze chimiche sale a livelli altissimi. In pratica, 700 000 persone riversano i loro rifiuti organici nel Tevere, direttamente o attraverso i suoi tributari.
Le conseguenze sono devastanti non solo per gli ultimi 40 km di fiume, ma anche per il litorale romano, dove i divieti di balneazione si moltiplicano di anno in anno.
Per questo motivo il Tevere è attualmente al centro di un piano di monitoraggio della qualità delle acque e rappresenta un «bacino pilota» per l'Italia nell'ambito dell'attuazione delle linee guida della direttiva europea 2000/60 ▶ **Tabella A**.

A Tevere nell'alto Lazio

Tabella A Tabella dei valori ottenuti nel tratto urbano durante la campagna di studio per l'indice IBE (2006)

Stazione di campionamento	Classe di qualità	Valore di IBE	Giudizio	Colore di riferimento
T1	III-IV	5-6	inquinato	giallo-arancio
T2	IV	4	molto inquinato	arancione
T3	IV	5	molto inquinato	arancione
T4	IV	5	molto inquinato	arancione
T5	IV	4	molto inquinato	arancione
T6	IV	4	molto inquinato	arancione
T7	V	2	fortemente inquinato	rosso

Il contributo dell'ecotossicologia

1 Il problema del bioaccumulo

Quando il fattore di perturbazione ecologica è una sostanza tossica, si hanno in genere gravi problemi collegati alla *persistenza degli effetti*. I progressi dell'industria chimica hanno portato alla sintesi di un enorme numero di nuove molecole. Gli organismi viventi non sono però «compatibili» con molte di queste molecole: i sistemi enzimatici non sono in grado di demolirle e tali molecole possono persistere a lungo negli ecosistemi. Per valutare gli effetti acuti o cronici di queste sostanze, occorre considerare il loro impatto sull'ecosistema sia sotto l'aspetto abiotico (volatilizzazione, solubilizzazione, assorbimento) sia sotto quello biotico (catena alimentare). I fenomeni di trasporto ambientale e le relazioni trofiche possono infatti modificare in maniera sostanziale l'impatto di una sostanza sull'ecosistema, allargando la scala spaziale e temporale dell'inquinamento (è per questo che ritroviamo sostanze inquinanti anche in zone non soggette a inquinamento diretto).

Il fenomeno dell'accumulo di sostanze tossiche, o **bioaccumulo**, è legato proprio a questi due aspetti. Se il bioaccumulo avviene attraverso la *componente abiotica*, direttamente dal mezzo in cui l'organismo vive (tipicamente dall'acqua), si parla di **bioconcentrazione**. Se il bioaccumulo avviene invece attraverso la *componente biotica*, a causa dell'ingestione lungo le catene trofiche, il fenomeno è detto **biomagnificazione**. Un caso storico di biomagnificazione è rappresentato dal DDT ▶ 1. Il **DDT**, introdotto negli anni Quaranta del XX secolo, è stato il primo pesticida sintetico usato su larga scala. Tra gli anni Settanta e Ottanta il DDT fu messo al bando nella maggior parte dei paesi sviluppati: primi furono Norvegia e Svezia nel 1970, tra gli ultimi il Regno Unito, nel 1984. In Italia l'utilizzo fu vietato nel 1969 ma, fino al 1997, veniva regolarmente prodotto in

1 TESTO-IMMAGINE Un caso di biomagnificazione: il DDT

Il **DDT** è efficace ed economico, ma non è facilmente smaltibile. Quando viene assorbito da un organismo, si immagazzina nel tessuto adiposo e, di conseguenza, tende a diventare più concentrato negli animali dei livelli trofici più alti. Nei predatori ai vertici della catena alimentare il livello di DDT è tale da uccidere l'organismo o impedirne la riproduzione.

ppm = parti per milione

Bio Ambiente

Test di tossicità

Ci sono molte maniere diverse per saggiare la tossicità di una sostanza nei confronti di un determinato organismo. Una volta, la maggior parte dei test di tossicità misurava il *numero di organismi uccisi* da una determinata dose o concentrazione. Più recentemente c'è stata una tendenza a misurare anche altri effetti, quali:

- la *riduzione del numero di uova deposte o di giovani nati*;
- la *diminuzione della crescita corporea* (biomassa o lunghezza del corpo);
- il *malfunzionamento di alcuni processi fisiologici* (respirazione o sintesi di enzimi).

Con gli animali terrestri di solito si vanno a vedere gli effetti di una certa **dose** (misurata come peso della dose) che viene somministrata per via orale o attraverso la pelle, oppure iniettata. Per gli organismi acquatici si valutano gli effetti di una determinata **concentrazione** (peso per unità di volume) nell'acqua o nel mezzo circostante.

I seguenti parametri sono frequentemente usati per descrivere i risultati di un test di tossicità:

- **dose letale mediana** (**LD_{50}**) **/ concentrazione letale mediana** (**LC_{50}**), cioè la dose/concentrazione che uccide metà della popolazione saggiata;
- **dose mediana efficace** (**ED_{50}**) **/ concentrazione mediana efficace** (**EC_{50}**), cioè la dose/concentrazione che produce un determinato effetto (non necessariamente la morte) sul 50% della popolazione.

diversi stabilimenti chimici. In generale, a fare le spese del bioaccumulo sono gli organismi al vertice della catena alimentare, uomo compreso. Secondo l'Organizzazione Mondiale della Sanità (OMS), l'uomo assorbe il 90% degli inquinanti con l'alimentazione.

La maggior parte delle nuove molecole organiche proviene dall'industria petrolchimica, in quanto il petrolio è il punto di partenza di molte sintesi. Tra le sostanze tossiche vi sono i **metalli pesanti** (Hg, Cu, Cd, Zn), i **pesticidi**, i **policlorodifenili** (PCB) e i **solventi clorurati**. Essi possono venire accumulati negli organismi e produrre effetti dannosi quali la diminuzione della sopravvivenza e della natalità o anche la morte.

2 Definizione e applicazioni dell'ecotossicologia

Il bioaccumulo è oggetto di studio dell'**ecotossicologia**, una disciplina estremamente recente, definita come tale nel 1969. L'ecotossicologia, integrando *tossicologia*, *ecologia*, *biochimica* ed *etologia*, mira a quantificare gli effetti tossici causati dagli agenti inquinanti su popolazioni, comunità ed ecosistemi. L'ecotossicologia si pone infatti l'obiettivo di valutare gli effetti acuti o cronici di vari composti chimici, considerati ai diversi livelli trofici dell'ecosistema, collegandoli ai fenomeni di biaccumulo. Tutte le sostanze che non sono prodotte dall'organismo, e che non vengono neppure ingerite normalmente, sono dette **xenobiotici**. Tali sostanze possono essere naturali o di sintesi, e avere effetti positivi (farmaci) o negativi (sostanze tossiche) sull'organismo. L'ecotossicologia si occupa di questo secondo gruppo di xenobiotici, ovvero di quelle sostanze normalmente indicate con il termine di *veleni* o di *inquinanti*.

Anche gli ecotossicologi si avvalgono dei bioindicatori per il monitoraggio. Oltre alle comuni proprietà di un bioindicatore, gli organismi utilizzati negli studi di ecotossicologia devono avere la caratteristica di non regolare la concentrazione tissutale dello xenobiotico. Infatti, se nell'ecosistema la concentrazione dell'inquinante aumenta, questa deve aumentare anche nei tessuti dell'organismo. I bioindicatori sono quindi *organismi non regolatori*, che si differenziano dagli organismi regolatori, i quali mantengono costante la concentrazione tissutale degli inquinanti anche se questa varia nell'ambiente circostante. Tra gli animali, si prestano bene a tale scopo alcuni pesci grassi (come le anguille), molluschi sessili e filtratori (come i mitili) e alcuni crostacei. Tra i bioindicatori utilizzati in questo campo vi sono inoltre alghe e batteri bioluminescenti, come il *Photobacterium phosphoreum* ▶ **2**.

DOMANDE CHIAVE

1. Come viene definito il bioaccumulo che si verifica attraverso la componente biotica di un ecosistema?
2. Di che cosa si occupa l'ecotossicologia?
3. Che cos'è uno xenobiotico?

2 Il *Photobacterium phosphoreum*, un batterio usato nei test di ecotossicologia

Osserva e RAGIONA

Osserva la figura e immagina che cosa può succedere se nel mare viene scaricata una sostanza tossica non metabolizzabile dagli organismi. Spiega in modo chiaro di quale fenomeno si tratta.

BioParole

Xenobiotico
dal greco *xénos*, «estraneo» e *bíos*, «vita»
Xenobiotic

Tecniche di agricoltura ecologica

BioParole

Fitofago
dal greco *phytón*, «pianta» e *phaghein*, «mangiare»
Phytophagous

Entomofago
dal greco *éntomon*, «insetto» e *phaghein*, «mangiare»
Entomophagous

1 Una forma di agricoltura a basso impatto ambientale

Quando abbiamo parlato dei principali fattori antropici che hanno influito e influiscono sugli equilibri della biosfera, abbiamo elencato anche l'agricoltura: lo sfruttamento del suolo per usi agricoli altera infatti profondamente gli ecosistemi. L'agricoltura è peraltro alla base del sostentamento dell'umanità. Dal momento che non è possibile e non è utile eliminare l'agricoltura, è necessario allora arrivare all'utilizzo di tecniche agricole che sfruttino al massimo la naturale fertilità del suolo, favorendola con interventi limitati e promuovendo la biodiversità. Ciò che viene attuato dall'agricoltura convenzionale è normalmente il contrario di quanto appena detto: la produttività del suolo viene infatti enormemente potenziata con concimi artificiali e altri interventi di larga portata, mentre la biodiversità è gradualmente ridotta, selezionando o addirittura creando artificialmente (come nel caso degli organismi geneticamente modificati) un ristretto numero di specie ritenute più idonee per il mercato. Per questo motivo si è gradualmente affermata negli ultimi decenni una forma di agricoltura alternativa, definita con vari termini: *agricoltura biologica, agricoltura organica, eco-agricoltura* o *agricoltura ecologica*. Sebbene la definizione «agricoltura biologica» sia probabilmente la più usata, è in realtà impropria: tutta l'agricoltura, infatti, basandosi su processi di produttività di organismi viventi, è «biologica».

L'**agricoltura ecologica** è una pratica o un sistema agricolo che prevede il solo utilizzo di sostanze naturali ed esclude l'uso di composti chimici non presenti in natura, quali fertilizzanti, pesticidi, diserbanti. Per quanto riguarda i concimi, nell'eco-agricoltura il suolo è nutrito esclusivamente con sostanze organiche e difende le piante dagli attacchi di parassiti favorendo lo sviluppo dei loro competitori naturali. Diversamente dall'agricoltura convenzionale, l'agricoltura ecologica si fonda su un modello di sviluppo pensato per durare nel tempo e che sia in grado di adattarsi ai cambiamenti ambientali. Tutela inoltre la biodiversità, recuperando e favorendo lo sviluppo dei prodotti tipici del luogo. L'eco-agricoltura, essendo un'agricoltura a basso costo basata sulle risorse locali, è applicabile con facilità anche nelle regioni più povere del pianeta. L'agricoltura ecologica è ufficialmente regolamentata in Europa a partire dal 1991.

1 Insetti entomofagi
Le coccinelle, sia da adulti sia da larve (vedi la fotografia), risultano attivi predatori di afidi e altri insetti fitofagi, dannosi alle colture.

2 Strategie di lotta biologica

Nell'ambito dell'eco-agricoltura, fra le tecniche più interessanti dal punto di vista ecologico vi sono senz'altro le cosiddette **strategie di lotta biologica**. Esse si basano sulla conoscenza degli organismi infestanti e dei loro predatori e parassiti. La lotta biologica è incentrata dunque su un concetto chiave dell'ecologia, quello di *competizione*. Il fenomeno della **competizione** è assai diffuso in natura. Due o più individui della stessa specie possono competere per moltissime cose: un rifugio, un partner, una fonte d'acqua, del cibo e altro ancora. Individuiamo così due tipi di competizione: la *competizione intraspecifica* e la *competizione interspecifica*. Le strategie di lotta biologica sfruttano entrambi questi tipi di competizione.

STRATEGIE BASATE SULLA COMPETIZIONE INTERSPECIFICA Queste tecniche sfruttano l'uso di antagonisti naturali. In ogni ambiente, infatti, un organismo ha «nemici» che ne limitano la crescita. Tali tecniche richiedono una conoscenza accurata della catena alimentare tipica di un certo ecosistema. Ad esempio, gli insetti che divorano le piante, detti **fitofagi**, vengono a loro volta mangiati da insetti carnivori, detti **entomofagi** ▶ 1. Molte tecniche di lotta biologica si basano innanzitutto sulla «mobilitazione» degli entomofagi, alleati dell'agricoltore nella difesa delle colture contro i fitofagi. Gli insetti utili vengono allevati, moltiplicati e commercializzati dalle *biofabbriche* e venduti all'agricoltore, che li distribuisce nei campi e nelle serre al momento del bisogno. Oltre agli insetti entomofagi, possono essere impiegati uccelli entomofagi e agenti patogeni (funghi, batteri, virus). Un esempio classico è quello del *Bacillus thuringiensis*, un batterio in grado di produrre una tossina letale per le larve di molti insetti parassiti.

STRATEGIE BASATE SULLA COMPETIZIONE INTRASPECIFICA Tra le tecniche utilizzate in questo ambito, troviamo le cosiddette **trappole a feromoni** ▶ 2. I feromoni sono sostanze usate nella comunicazione tra insetti di una stessa specie. I feromoni sessuali vengono utilizzati nella lotta biologica per realizzare vere e proprie «trappole» nelle quali i maschi di specie dannose, attratti dai feromoni femminili, vengono catturati riducendo al minimo gli accoppiamenti. Un'altra strategia basata sui feromoni sessuali è quella del *disorientamento*: un'inondazione di tali sostanze rende più difficile per i maschi intercettare le femmine e quindi accoppiarsi. Diversamente, la **tecnica dell'autocidio** si basa sull'immissione di maschi sterili che entrano in competizione con quelli fertili, riducendo il numero di accoppiamenti efficaci nella produzione di prole.

Nonostante l'evidente vantaggio della lotta biologica in termini di impatto ambientale, l'insieme di queste tecniche non è ancora sufficiente di per sé a garantire risultati adeguati ai ritmi produttivi dell'agricoltura moderna. Tra le principali limitazioni troviamo: difficoltà di controllare tutti gli organismi dannosi; possibilità che l'intervento non riesca ad annullare completamente i danni; durata eccessiva dei tempi necessari a ottenere risultati apprezzabili; successo limitato in ambienti aperti e non controllati; alti costi dei materiali utilizzati. Per tutti questi motivi, la lotta biologica viene normalmente affiancata dalla lotta chimica in quella che va complessivamente sotto il nome di **lotta integrata**.

2 Una trappola a feromoni

Una trappola per la cattura della carpocapsa del melo (*Cydia pomonella*): nella capsula al centro è contenuta una quantità di feromoni in grado di attirare i maschi di queste farfalle, estremamente dannose per le coltivazioni di mele e pere. Gli insetti cadono sul fondo della trappola e restano invischiati in uno strato di colla.

DOMANDE CHIAVE

1. Che cosa si intende per «lotta integrata»?
2. Quale tipo di competizione viene sfruttato nelle trappole a feromoni?
3. Che cosa si intende per «insetto entomofago»?

Osserva e RISPONDI

Nella figura è rappresentata una femmina di un imenottero (*Aphelinus mali*) mentre depone l'uovo in un afide (*Eriosoma lanigerum*). In quale tecnica di eco-agricoltura potrebbe essere usato questo imenottero?

Bio Ambiente

La certificazione biologica

Sempre più frequente è la presenza della dicitura «bio» su molti prodotti esposti nei supermercati. Ma chi ci garantisce che gli agricoltori che si definiscono biologici rispettino i criteri dell'eco-agricoltura? Ogni prodotto biologico deve essere certificato. La **certificazione** è un marchio apposto sull'etichetta di un prodotto biologico che dichiara e garantisce al consumatore la qualità biologica del prodotto, rilevata da controlli molto severi e rigorosi sui metodi di coltivazione, di lavorazione e di conservazione. In Italia esiste un certo numero di organismi di controllo autorizzati dal ministero delle Politiche agricole e forestali e preposti a certificare le produzioni biologiche. Affinché il prodotto riporti in etichetta la dicitura «da agricoltura biologica», è necessario che la percentuale di ingredienti biologici oscilli tra il 95 e il 100%, e comunque l'eventuale restante 5% provenga da sostanze permesse. Se la percentuale è più bassa (tra il 70 e il 95%), deve essere riportata espressamente.

A Prodotti a marchio biologico

La politica della conservazione

1 La biologia della conservazione

Per difendere gli ecosistemi sarebbe necessario impedire all'uomo di violarli. Ma talvolta a violarli sono contadini che cercano nuove terre o, più in generale, sono paesi in via di sviluppo che tentano di farsi strada nel mercato globale. Quale intervento sarebbe opportuno allora per salvaguardare i diritti di entrambi? Proteggere la biodiversità e salvare le comunità umane dalla povertà sono problemi di pari importanza. È per questo motivo che la protezione della biodiversità richiede scelte basate su valutazioni approfondite e un accurato bilancio tra costi e benefici. Per stabilire le strategie più idonee per la conservazione della natura, negli anni Ottanta del XX secolo si è sviluppata una disciplina, la **biologia della conservazione**, che studia le cause della diminuzione della biodiversità e ne individua i rimedi. Si tratta di una sintesi di discipline quali *biogeografia*, *ecologia*, *biologia evolutiva*, *genetica*, *biologia molecolare* e *tassonomia*, e fornisce le basi teoriche necessarie per gli interventi di salvaguardia e di ripristino della biodiversità, sia a livello locale sia su scala globale ▶ 1.

Partendo dall'idea di risolvere il «conflitto» tra necessità umane e tutela della biodiversità, la biologia della conservazione si pone come obiettivo una **politica di sviluppo sostenibile**, ovvero uno sviluppo che possa durare indefinitamente, basandosi sullo sfruttamento di risorse rinnovabili, sulla minimizzazione del danno ambientale e sul mantenimento dell'integrità delle comunità animali e vegetali. La Commissione mondiale su ambiente e sviluppo, nel 1987, definì testualmente lo sviluppo sostenibile come «lo sviluppo che soddisfa i bisogni del presente senza compromettere la capacità delle generazioni future di soddisfare i propri».

1 La biologia della conservazione è necessaria in una logica di sviluppo sostenibile

2 Le politiche internazionali

Sebbene le strategie locali siano fondamentali per costruire il futuro, e sebbene esistano piccole e grandi associazioni ambientaliste impegnate in progetti di conservazione, resta indubbio il peso delle decisioni politiche prese dai governi in materia di sviluppo sostenibile. Di fondamentale rilievo in questo senso è stata la Conferenza dell'ONU su Ambiente e sviluppo tenutasi nel 1992 a Rio de Janeiro ▶ 2, dalla quale è scaturito il programma d'azione noto come **Agenda 21** («cose da fare nel XXI secolo»). L'Agenda 21 è una sorta di manuale per lo sviluppo sostenibile del pianeta che prevede una pianificazione completa delle azioni da intraprendere, a livello mondiale, nazionale e locale, dalle organizzazioni delle Nazioni Unite, dai governi e dalle amministrazioni in ogni area in cui la presenza umana abbia impatti sull'ambiente.

Tra gli accordi internazionali mirati a ridurre l'impatto delle attività dell'uomo sul pianeta, il più noto è probabilmente il **Protocollo di Kyoto**, entrato in vigore il 16 febbraio 2005. Si tratta di un documento redatto e approvato nel corso della Convenzione quadro sui cambiamenti climatici tenutasi in Giappone nel 1997. Tale documento, sulla base del principio di comuni, ma differenziate responsabilità, impegna i paesi industrializzati

2 Conferenza sull'ambiente e lo sviluppo (Rio de Janeiro, 1992)

e quelli a economia in transizione a una riduzione delle emissioni dei principali gas a effetto serra rispetto ai valori del 1990. Gli obiettivi specifici sono stati quantificati per il periodo 2008-2012. All'entrata in vigore del protocollo, i paesi che si sono impegnati ad attuare politiche industriali e ambientali tendenti a ridurre il surriscaldamento del pianeta sono stati 141 (l'Italia ha aderito nel 2002). Tra i paesi non aderenti figurano gli Stati Uniti, responsabili del 36,2% del totale delle emissioni (nel marzo 2001). In principio, il presidente Bill Clinton aveva firmato il Protocollo durante gli ultimi mesi del suo mandato, ma George W. Bush, poco tempo dopo il suo insediamento alla Casa Bianca, ritirò l'adesione inizialmente sottoscritta.

L'India, la Cina e altri paesi in via di sviluppo, che hanno ratificato il protocollo, sono stati esonerati dagli obblighi del Protocollo di Kyoto, perché non sono stati tra i principali responsabili delle emissioni di gas serra durante il periodo di industrializzazione che si crede stia provocando oggi il cambiamento climatico. I paesi non aderenti sono responsabili del 40% dell'emissione mondiale di gas serra.

3 La valutazione del rischio di estinzione

Uno degli ambiti di maggiore attività della biologia della conservazione è quello della **tutela delle specie a rischio**. Proprio l'analisi dei problemi legati alla conservazione della biodiversità ha portato i ricercatori a intensificare il lavoro di classificazione. Una maggiore conoscenza delle specie viventi e delle relazioni ambientali che le legano tra loro, l'individuazione delle specie a rischio di estinzione e la definizione di criteri di sfruttamento sostenibile delle forme viventi potrebbero infatti limitare l'estinzione di molte specie oggi in pericolo. Fino a oggi sono state classificate meno di 2 milioni di specie viventi, ma stime attendibili indicano un numero totale di specie dell'ordine di 13-14 milioni ▶ 3.

Purtroppo, però, molte di queste specie potrebbero estinguersi prima che l'uomo sia in grado di classificarle. In particolare, sarebbero a rischio il 32% di tutte le piante gimnosperme (in gran parte conifere e cicadine), più del 18% degli uccelli, il 23% degli anfibi, circa il 23% dei mammiferi, con punte del 100% per alcuni ordini come i

3 Stima del rapporto tra specie conosciute e specie sconosciute

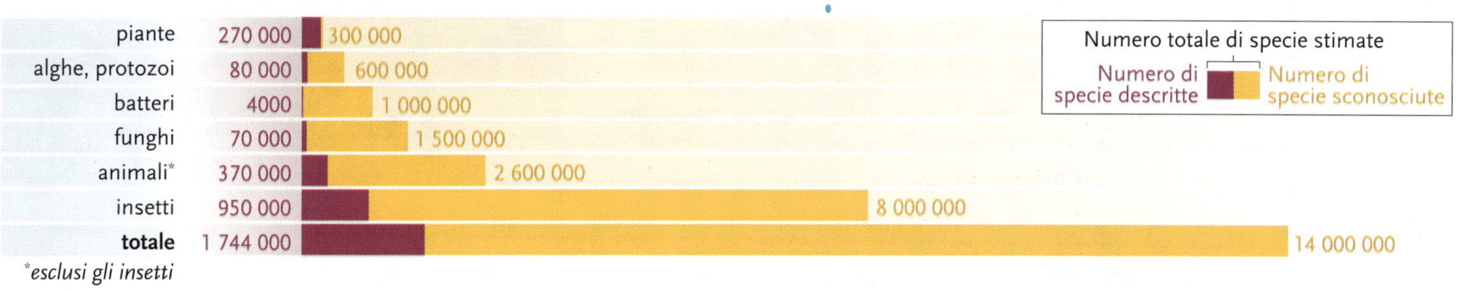

Bio Ambiente

L'effetto positivo delle politiche forestali europee

Nel panorama mondiale, l'Europa appare in controtendenza: grazie a opportune **politiche forestali**, la superficie verde è infatti addirittura in espansione. Nel XX secolo si è tentato di porre rimedio alla situazione di degrado forestale attraverso opere di rimboschimento: oggi boschi decidui di notevoli estensioni, coltivati e selezionati, arricchiscono, anche economicamente, molti paesi europei. Le politiche forestali toccano molti aspetti della protezione ambientale; poiché le foreste costituiscono l'habitat di numerose specie minacciate, sono un'importante fonte di materie prime e rappresentano un fondamentale serbatoio di assorbimento dell'anidride carbonica, gas responsabile dell'effetto serra. Il rimboschimento ha migliorato sensibilmente la situazione, e negli ultimi quarant'anni il volume complessivo della produttività forestale europea è aumentato del 43%. Da alcuni decenni quasi un quarto delle piante di tutto il continente sta soffrendo un altro grave attacco distruttivo, quello delle *piogge acide*, che provocano la perdita o la decolorazione delle foglie e poi la morte degli alberi. Le più colpite sono le foreste della Polonia, della Repubblica Ceca, della Slovacchia, dove gli alberi soffrono in modo particolare per le emissioni di biossido di zolfo delle centrali elettriche alimentate a carbone. È da notare che la ricaduta di elementi nocivi avviene solo in parte sui paesi che li hanno prodotti: a causa dei movimenti generali dell'atmosfera, oltre che della rotazione terrestre, le masse d'aria nell'emisfero settentrionale tendono infatti a dirigersi verso est.

Nonostante queste alterne vicende, la situazione europea appare oggi promettente, tanto che, anche nel nostro paese, nell'ultimo decennio le superfici boschive sono aumentate.

Distese boschive in Finlandia

proboscidati (elefanti africani e asiatici). Quando si parla di specie da tutelare è necessario però distinguere tra vari gradi di rischio ▶ 4. Nell'ambito delle specie a rischio si possono identificare infatti cinque categorie:

- **specie rare**, delle quali esistono piccole popolazioni in aree ristrette geograficamente; queste specie sono da tutelare, ma sono considerate comunque *a basso rischio di estinzione*;
- **specie vulnerabili**, che sono state seriamente danneggiate in passato e che non sono ancora riuscite a ritornare a valori stabili, oppure specie che stanno attualmente andando incontro a un rapido declino numerico a causa di un eccessivo sfruttamento e della distruzione del loro habitat; queste specie sono ritenute *a rischio di estinzione*;
- **specie in pericolo**, limitate a un numero di individui talmente basso da rischiare di scomparire nel medio periodo; per tale motivo queste specie sono valutate *ad alto rischio di estinzione*;
- **specie in stato critico**, che rischiano di scomparire rapidamente se le cause del loro declino numerico non vengono arrestate immediatamente; queste specie sono considerate *ad altissimo rischio di estinzione*;
- **specie estinte**, che non sono più state rinvenute in aree in cui prima erano presenti o in habitat affini.

Vengono complessivamente definite **specie minacciate** le specie che rientrano nelle tre categorie: vulnerabili, in pericolo e in stato critico.

4 Interventi di conservazione

Una volta individuate le specie minacciate è necessario pianificare **interventi di conservazione**. Questo genere di interventi si basa principalmente sul *recupero degli habitat naturali* o sulla *creazione di habitat idonei e protetti*. Tuttavia rientrano nella politica della conservazione anche azioni quali:

- la protezione legale delle specie cacciate indiscriminatamente ▶ 5;
- la proibizione del rilascio di specie non native in aree nelle quali queste rappresentino una minaccia per le specie locali;
- il controllo dell'inquinamento, dell'espansione urbana e dello sfruttamento del suolo in aree critiche per la biodiversità;

5 Bracconieri fermati dalla polizia locale in Zaire

4 Il panorama delle specie a rischio

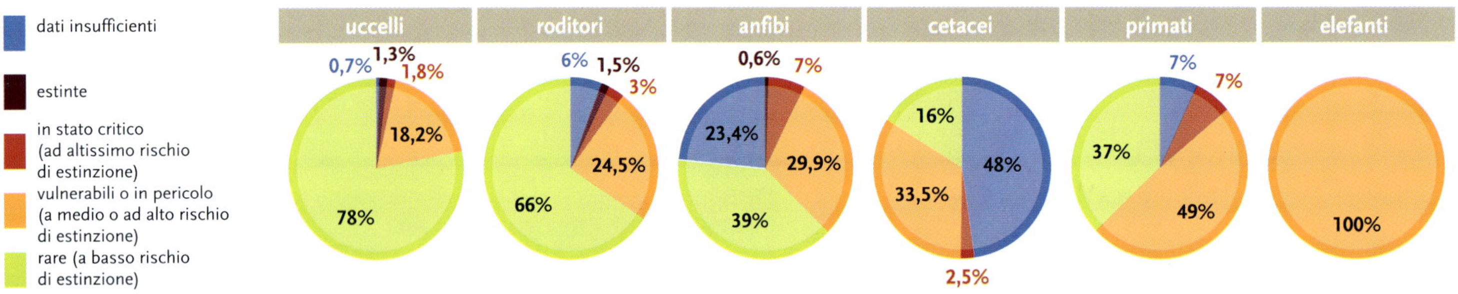

	uccelli	roditori	anfibi	cetacei	primati	elefanti
Numero approssimato di specie note	9917	2041	5743	81	296	2
Numero totale di specie a rischio	1986	549	2129	29	164	2

BioAmbiente

L'IUCN, Unione mondiale per la conservazione

L'**IUCN** (dall'inglese *International Union for the Conservation of Nature*) è considerata la più autorevole organizzazione in materia di conservazione della natura. Fondata nel 1948 con la finalità di supportare la comunità internazionale in materia ambientale, ha svolto da allora un ruolo fondamentale di coordinamento e di scambio di informazioni tra le organizzazioni membre. Il principale obiettivo del lavoro dell'IUCN è «influenzare, incoraggiare e assistere le società del mondo al fine di conservare l'integrità e la diversità della natura e di assicurare che qualsiasi utilizzo delle risorse naturali sia equo ed ecologicamente sostenibile». L'IUCN è responsabile, fra le altre cose, della pubblicazione della **Lista rossa IUCN**, ossia dell'elenco delle specie a rischio e della loro attribuzione a specifiche categorie di minaccia, nonché del sistema di classificazione internazionale delle aree protette, due strumenti indispensabili per l'identificazione di strategie e di azioni di politica ambientale a livello sia nazionale sia internazionale.

Il ruolo internazionale dell'IUCN è stato riconosciuto formalmente dalle Nazioni Unite, che hanno attribuito all'IUCN un posto di osservatore nell'Assemblea generale delle Nazioni Unite, dove rappresenta l'unica organizzazione specializzata nelle tematiche ambientali.

Il **Comitato italiano IUCN** è nato nel 1999 con la finalità di promuovere la collaborazione tra i membri IUCN e gli esperti italiani e di favorire una più ampia partecipazione dell'Italia alle politiche ambientali internazionali. L'Italia è stata tra l'altro il primo paese europeo ad aderire formalmente all'iniziativa IUCN *Countdown 2010*, nata per sensibilizzare il mondo politico e i cittadini riguardo all'obiettivo di ridurre rapidamente il tasso di perdita della biodiversità.

- l'individuazione di programmi per la tutela di una specie nel periodo riproduttivo (con ad esempio l'allestimento di aree protette per la deposizione delle uova in certi mesi dell'anno) ▶ **6**;
- la costituzione di banche del seme per specie seriamente minacciate.

Per quanto riguarda più nel dettaglio la creazione o il mantenimento di aree per la conservazione della biodiversità, possiamo distinguere ulteriormente tra vari tipi di intervento, ad esempio:

- le **riserve biogenetiche**, aree destinate alla conservazione di specie animali e vegetali rappresentative di una certa zona geografica;
- le **riserve della biosfera**, aree individuate dall'Unesco per la creazione di una rete di luoghi tutelati che rappresentino nel mondo i principali biomi; nel 2010 la rete constava di 580 riserve nei cinque continenti ▶ **7**, di cui 8 in Italia (tra cui quella del Circeo, quella della valle del Ticino e quella dell'arcipelago toscano);
- i **parchi nazionali**, aree progettate per la visita al pubblico di zone particolarmente belle e ricche di biodiversità; nei parchi nazionali le persone possono avvicinare gli animali in un contesto naturale e svolgere varie attività didattiche e ricreative appositamente previste;
- i **siti di interesse scientifico**, siti interessanti per la presenza di particolari specie o per le specifiche caratteristiche geologiche e destinati alla ricerca e allo studio da parte degli scienziati;
- gli **zoo**, luoghi nei quali gli animali vengono mantenuti, fatti riprodurre ed esposti al pubblico; gli zoo più moderni prevedono una progettazione che riproduca un contesto più naturale possibile e offrono varie opportunità didattiche per i visitatori.

6 Aree protette per la riproduzione delle tartarughe alle Galápagos

7 La rete mondiale delle riserve dalla biosfera

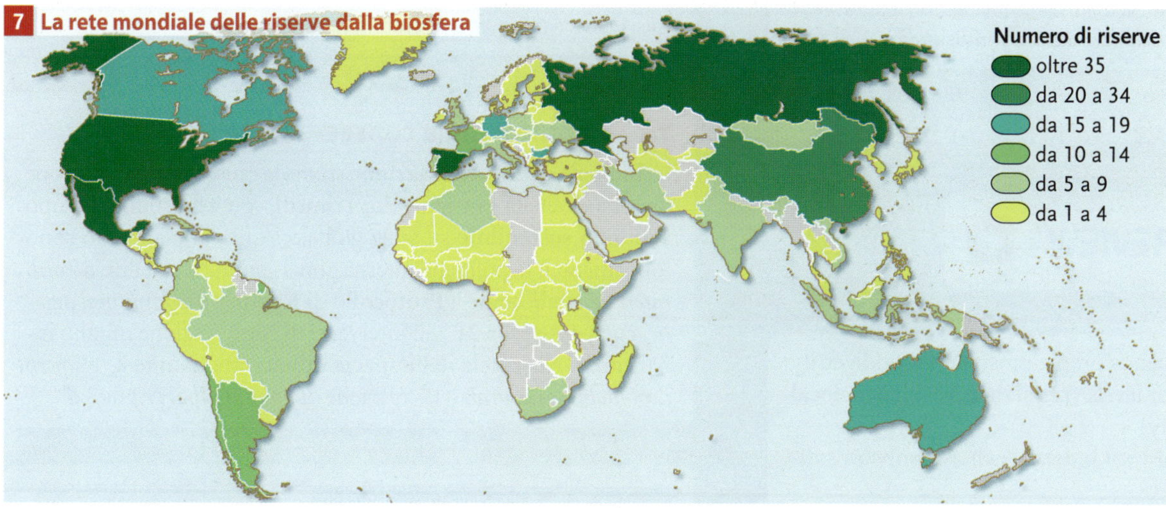

DOMANDE CHIAVE

1. Che cos'è l'Agenda 21?
2. Di che cosa si occupa la biologia della conservazione?
3. Quali sono le tre categorie di specie che si considerano «minacciate»?

Osserva e RISPONDI

Che cosa rappresenta la parte di ogni istogramma colorata in viola? E quella colorata in arancione? Che cosa ci dice complessivamente il grafico?

*esclusi gli insetti

LE LEZIONI IN SINTESI

1 Uno sguardo ai concetti chiave dell'ecologia

L'**ecologia** studia le relazioni tra gli organismi viventi e l'ambiente. L'**ecologia applicata** utilizza le conoscenze ecologiche per conservare la **biodiversità**. Uno dei concetti chiave dell'ecologia è quello di **biosfera** (la sfera in cui è presente la vita). Le più vaste subunità della biosfera sono i **biomi**, che possono essere *acquatici* o *terrestri*. L'unità funzionale della biosfera è l'**ecosistema**, costituito da **biocenosi** e **biotopo**. La **comunità** è un insieme di popolazioni che coesistono in un certo habitat. La **popolazione** è invece l'insieme di organismi della stessa specie che vivono in una specifica area. La crescita di una popolazione naturale è definita dal **modello di crescita logistica**.

2 Il processo di perdita della stabilità ecologica

La **stabilità ecologica** dipende dalla biodiversità di un ecosistema e può essere calcolata a più livelli. La **resistenza** indica la capacità di un ecosistema di *resistere ai cambiamenti*, mentre la **resilienza** indica la capacità di un ecosistema di *tornare all'equilibrio* dopo un cambiamento. Tali parametri possono essere calcolati a livello locale (**stabilità locale**) quando una comunità è esposta a piccole perturbazioni, o a livello globale (**stabilità globale**) quando il parametro è valutato dopo un'estesa perturbazione. Tra i processi che minacciano la stabilità ecologica possiamo ricordare il *sovrappopolamento*, la *desertificazione*, la *deforestazione*, la *distruzione delle barriere coralline*, l'*eutrofizzazione*, i *disastri ambientali*.

3 Il monitoraggio degli ecosistemi

Per misurare la biodiversità si usano indici quali l'**indice di diversità di Simpson**. Il **biomonitoraggio** è un insieme di tecniche che si avvale di **indicatori biologici** o **bioindicatori**, specie in grado di fornire indicazioni utili sullo stato di salute di un ecosistema. Attraverso i bioindicatori è possibile stabilire degli **indici biotici**, che permettono di quantificare il livello d'inquinamento di un ecosistema (in Italia si usa l'**IBE**, *indice biotico esteso*).

4 Il contributo dell'ecotossicologia

Uno degli aspetti più gravi dell'inquinamento degli ecosistemi è il **bioaccumulo** (l'accumulo di inquinanti), che può avvenire attraverso la *componente abiotica* (**bioconcentrazione**) oppure attraverso la *componente biotica* (**biomagnificazione**). Questi problemi sono oggetto di studio dell'**ecotossicologia**, una disciplina che mira a quantificare gli effetti tossici causati dagli agenti inquinanti su popolazioni, comunità ed ecosistemi.

5 Tecniche di agricoltura ecologica

Per limitare i danni provocati dall'agricoltura convenzionale, si è affermata negli ultimi decenni l'**agricoltura ecologica**, un insieme di tecniche che sfrutta al massimo la naturale fertilità del suolo. Una delle strategie utilizzate nell'agricoltura ecologica è la cosiddetta **lotta biologica**, che si attua tramite diverse tecniche basate sia sulla competizione interspecifica (*antagonisti naturali*) sia su quella intraspecifica (*trappole a feromoni*, *autocidio*).

6 La politica della conservazione

La **biologia della conservazione** studia le cause della diminuzione della biodiversità e ne individua i rimedi, con il fine ultimo di uno **sviluppo sostenibile** su scala globale. A livello planetario sono fondamentali le politiche internazionali mirate a stabilire *accordi internazionali*, come il **Protocollo di Kyoto**, e *programmi d'azione*, come l'**Agenda 21**. Gli interventi di conservazione mirano innanzitutto alla **tutela delle specie minacciate** tramite il *recupero degli habitat naturali* o la *creazione di habitat idonei e protetti*.

THE CHAPTER IN REVIEW

- **Ecological stability** depends on the ecosystem's biodiversity and can refer to different levels (**resistance**, **resilience**, **local stability**, **global stability**).
- Biodiversity is measured with indexes such as **Simpson's diversity index**.
- For a more immediate result there are various techniques, such as **biomonitoring** based on **bioindicators**.
- Bioindicators can be used to calculate **biotic indices**, which allow us to quantify an ecosystem's level of pollution.
- One of the worse aspects of an ecosystem's pollution is **bioaccumulation**, which is studied by **ecotoxicology**.
- Agriculture is one of the human activities that influences the biosphere the most. In order to limit the damage, the past few decades have seen the rise of **ecological agriculture**, which is based on techniques such as **biological control of pests**.
- On the global scale, **conservation biology** studies the reasons why biodiversity decreases and finds ways to remedy, working towards **sustainable development**.

Termini chiave *Key Terms*

Bioaccumulo *Bioaccumulation*
Biocenosi *Biocoenosis*
Biodiversità *Biodiversity*
Biologia della conservazione *Conservation biology*
Bioma *Biome*
Biomagnificazione *Biomagnification*
Biosfera *Biosphere*
Biotopo *Biotope*
Ecologia *Ecology*
Ecosistema *Ecosystem*
Ecotossicologia *Ecotoxicology*
Indicatori biologici (Bioindicatori) *Biological indicators (Bioindicators)*
Lotta biologica *Biological control of pests*
Resilienza *Resilience*
Resistenza *Resistance*
Sviluppo sostenibile *Sustainable development*

LE MAPPE DELL'UNITÀ

Competenza disciplinare ▶ Riconoscere e stabilire relazioni tra i concetti

Completa gli schemi

A

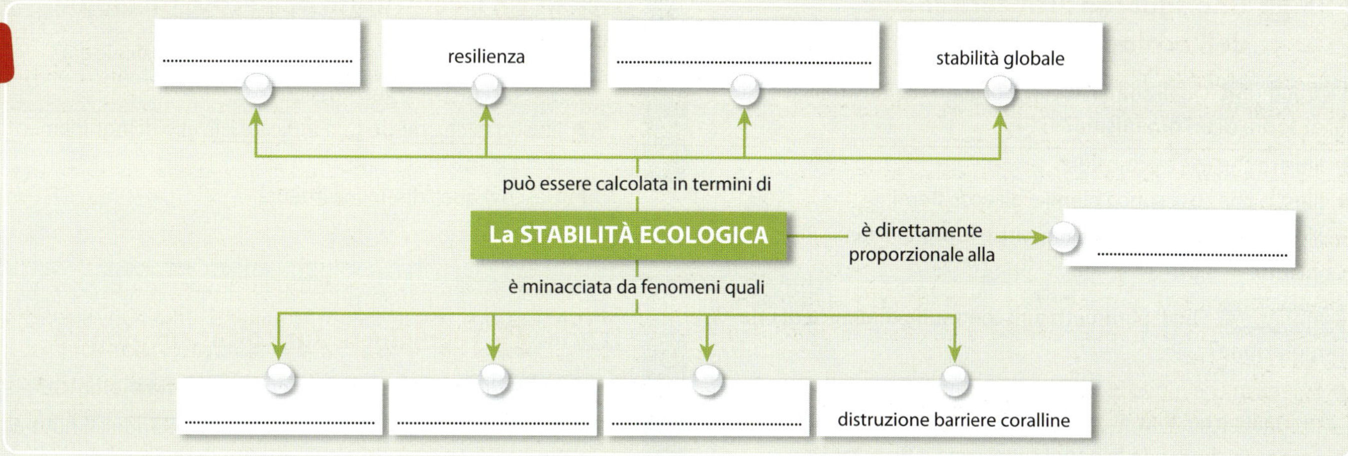

B

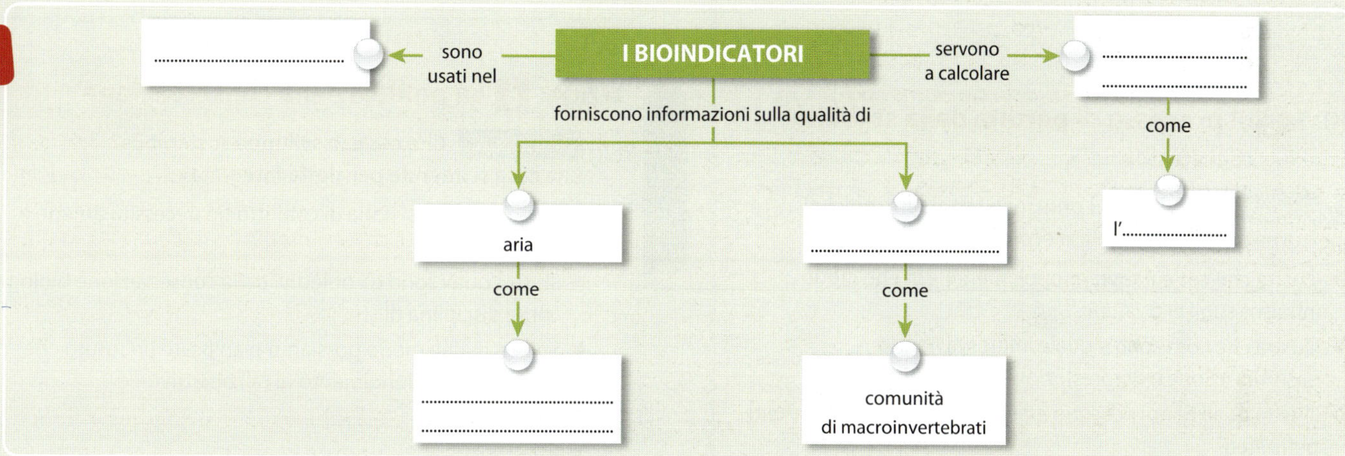

C

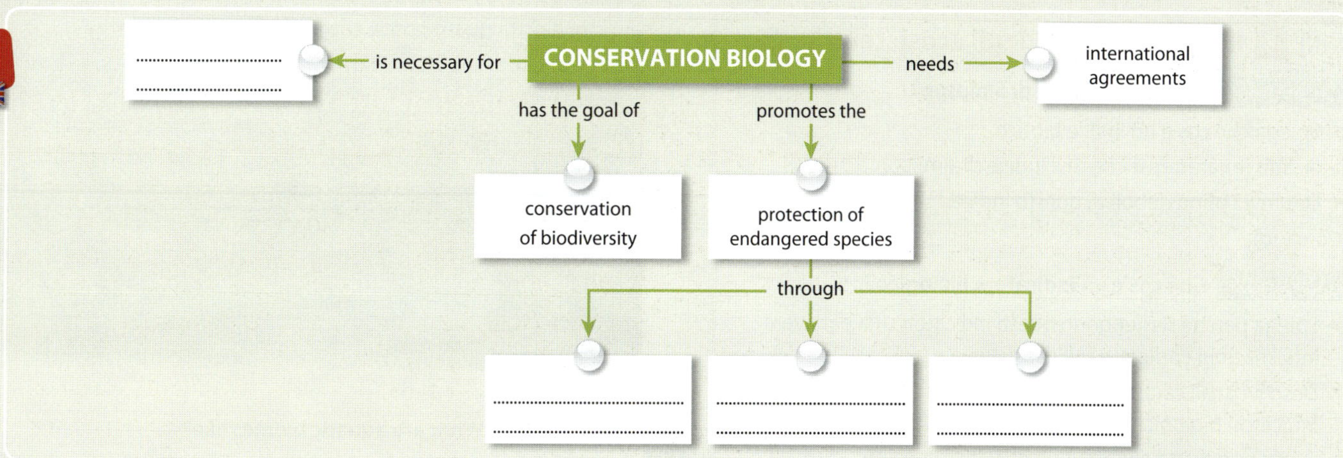

D Progetta e disegna una mappa che abbia come nodo centrale «l'agricoltura ecologica».

PROVE D'INTERROGAZIONE

Competenza disciplinare ▶ Effettuare connessioni logiche e comunicare in forma orale

LEZIONE 1 Uno sguardo ai oncetti chiave dell'ecologia

A. Domanda: Quali sono i livelli di organizzazione dei viventi al di sopra di un organismo?

- ▶ Illustra che cos'è la biosfera.
- ▶ Illustra che cosa sono i biomi e gli ecosistemi.
- ▶ Illustra che cosa sono le comunità e le popolazioni.

Concludi.

B. Domanda: Quali parametri agiscono sulla dinamica di una popolazione?

- ▶ Spiega in che modo le popolazioni sono influenzate da mortalità e natalità.
- ▶ Spiega in che modo le popolazioni sono influenzate da emigrazione e immigrazione.
- ▶ Quando una popolazione è in crescita?

Concludi.

LEZIONE 2 Il processo di perdita della stabilità ecologica

A. Domanda: Quali sono i principali fattori antropici di perturbazione della stabilità ecologica?

- ▶ Illustra che cos'è il sovrappopolamento e in che modo influisce sugli ecosistemi.
- ▶ Illustra che cosa sono e quale influenza hanno desertificazione e deforestazione.
- ▶ Illustra quali danni possono essere provocati dagli incidenti petroliferi.

Concludi.

LEZIONE 3 Il monitoraggio degli ecosistemi

A. Domanda: Che cos'è l'indice di Simpson?

- ▶ Spiega che cos'è un indice biotico.
- ▶ Illustra le caratteristiche dell'indice di Simpson.
- ▶ Descrivi i punti deboli di questo indice.

Concludi.

B. Domanda: Che cos'è un indicatore biologico?

- ▶ Spiega perché si ritengono questi indicatori utili per avere informazioni complete sull'ecosistema.
- ▶ Descrivi quali caratteristiche devono avere dei buoni indicatori biologici.
- ▶ Quale tipo di inquinamento è rilevabile con i diversi organismi?

Concludi.

LEZIONE 4 Il contributo dell'ecotossicologia

A. Domanda: Di che cosa si occupa l'ecotossicologia?

- ▶ Spiega che cos'è l'ecotossicologia.
- ▶ Illustra in che modo può indicare il livello di inquinamento di un ecosistema.
- ▶ Descrivi quali discipline integra.

Concludi.

LEZIONE 5 Tecniche di agricoltura ecologica

A. Domanda: Quali sono le tecniche di lotta biologica?

- ▶ Illustra la tecnica che prevede l'uso di antagonisti naturali.
- ▶ Illustra la tecnica che prevede l'uso di feromoni.
- ▶ Che cosa si intende per «lotta integrata»?

Concludi.

LEZIONE 6 La politica della conservazione

A. Domanda: Che cos'è lo sviluppo sostenibile? Che cosa si intende per «lotta integrata»

- ▶ Spiega perché si parla di conflitto tra necessità umane e biodiversità.
- ▶ Illustra quali sono gli obiettivi della conservazione biologica come disciplina di studio.
- ▶ Spiega in che modo possiamo pianificare un futuro che preveda il raggiungimento di tali obiettivi.

Concludi.

B. Domanda: Che cosa si intende per «specie a rischio»?

- ▶ Definisci le specie rare e quelle estinte.
- ▶ Definisci le specie vulnerabili, in pericolo e in stato critico.
- ▶ Illustra quali sono le specie minacciate.

Concludi.

Question: What are aquatic biomes like?

- ▶ Explain what a biome is.
- ▶ Which biomes are most extended?
- ▶ List the major terrestrial biomes.

Conclude your exposition.

TEST E QUESITI

Competenza disciplinare: Applicare le conoscenze acquisite (es. 1-10)
Applicare il linguaggio scientifico (es. 11)
Spiegare in forma scritta fenomeni e processi (es. 12-16)

Scegli la risposta corretta

1. L'obiettivo principale del Protocollo di Kyoto è...

A ridurre l'impatto delle attività dell'uomo sul pianeta.
B la salvaguardia delle specie rare.
C l'aumento della biodiversità.
D diminuire la popolazione umana mondiale.

2. Il principale fattore che influisce sulla stabilità degli ecosistemi è...

A la biocenosi.
B il bioma.
C la biodiversità.
D la biomagnificazione.

3. Quale tra le seguenti interazioni è propria di una comunità?

A Predazione.
B Antagonismo.
C Conservazione.
D Opportunismo.

4. Le riserve biogenetiche sono aree destinate alla conservazione di...

A tutte le specie animali.
B specie animali e vegetali rappresentative di una certa zona geografica.
C tutte le specie vegetali.
D specie animali e vegetali rappresentative di una specifica catena alimentare.

5. Se gli inquinanti vengono accumulati attraverso la catena alimentare, si parla di...

A biomagnificazione.
B bioconcentrazione.
C biotossicità.
D bioxenoticità.

6. Una delle principali cause di squilibrio dell'ecosistema è sicuramente...

A il sovrappopolamento.
B la dinamica del parassitismo.
C la politica di sviluppo sostenibile.
D l'ecotossicologia.

7. La biosfera è...

A la nicchia ecologica di organismi di superficie.
B l'insieme di tutti gli organismi animali.
C l'insieme di tutti gli organismi vegetali e animali.
D il sottile strato del pianeta in cui vivono tutti gli organismi.

8. Una popolazione aumenta se...

A natalità e mortalità equivalgono.
B natalità e immigrazione sono minori di mortalità ed emigrazione.
C natalità e immigrazione sono maggiori di mortalità ed emigrazione.
D la mortalità è compensata dall'immigrazione.

9. La sigla IBE sta per...

A indicatore biotico ecotossico.
B indicatore biologico ecocompatibile.
C indice biotossico esteso.
C indice biotico esteso.

10. L'indice di Simpson serve a misurare...

A il tasso di inquinamento atmosferico.
B la biomagnificazione.
C la biodiversità.
D il tasso di crescita di una popolazione.

Metti in relazione

11. Completa la tabella scrivendo le definizioni mancanti.

Struttura	Definizione
biodiversità	....
biomonitoraggio	....
Agenda 21	....
ecosistema	....
biosfera	....
biotopo	....
bioma	....
climax	....
biocenosi	....
biomagnificazione	....

Rispondi utilizzando i termini indicati

12. Perché si ritiene che la sesta estinzione potrà essere irreversibile?
scomparsa – ripresa – evoluzione – ambiente

13. In quale occasione e a quale fine è stato stipulato il Protocollo di Kyoto?
cambiamenti climatici – Giappone – accordi internazionali – riduzione – impatto

14. Che differenza c'è tra habitat e nicchia ecologica di una determinata specie?
habitat – spazio – specie – parametri – modo di vivere

Rispondi e motiva la tua risposta

15. I gerridi, o insetti pattinatori, «camminano sull'acqua» grazie alla tensione superficiale (un fenomeno fisico che determina nell'acqua, al limite con la fascia d'aria, una sorta di pellicola consistente). I detersivi alterano le caratteristiche dell'acqua, abbassandone ad esempio la tensione superficiale. Possiamo ipotizzare un possibile utilizzo dei gerridi come indicatori biologici? Di quale tipo di inquinamento? Perché?

Rispondi alla domanda in base all'estensione richiesta

16. Spiega, avvalendoti dei contenuti appresi in questa unità, in che modo può essere valutata la stabilità di un ecosistema. (**massimo 10 righe**)

In English Competenza trasversale Usare la lingua inglese in un contesto scientifico

Complete the following sentences

1. .... are areas that Unesco has chosen to create a network of protected places that represent the main biomes in the world.
2. .... is when bioaccumulation of toxic or polluting substances occurs through abiotic components; when it occurs through biotic components, the phenomenon is called ....

Choose the right answer for the following questions

3. Eutrophication is a process by which...
   - A aquatic organisms evolve.
   - B the biomass in food chains increases.
   - C aquatic environments evolve towards a state of biomass imbalance.
   - D the distribution of trophic levels in a food chain improves.
4. Which are the main types of biomes?
   - A Trophic.
   - B Climax.
   - C Terrestrial and aquatic.
   - D Ecological.

Answer in a few words

5. When and why did the impact of humans on the planet start to increase?
....

IL MIO ESAME DI STATO

Esercizi di simulazione della **Terza Prova**

1. **Tipologia A della Terza Prova**
Lo scienziato E. O. Wilson nel suo saggio *La Creazione* scrive: «Il grande meteorite della nostra epoca siamo noi». A che cosa si riferisce? Wilson paragona la grande estinzione dei dinosauri con la sesta estinzione di massa che potrebbe essere causata dall'uomo. A tuo parere lo scienziato ha ragione? Motiva le tue affermazioni. (**massimo 15 righe**)

2. **Tipologia B della Terza Prova**
Spiega per che cosa si utilizzano in ecologia gli *indici di diversità*. Scrivi la formula matematica usata per calcolare in particolare l'indice di Simpson. Tale indice tiene conto solo del numero di specie o anche dell'abbondanza? Sapresti indicare un punto debole dell'indice di Simpson?

3. **Tipologia C della Terza Prova**
Scegli la risposta corretta.
Gli indici biotici valutano se...
   - A la comunità di un certo ambiente ha raggiunto il climax.
   - B la comunità di un certo ambiente corrisponde a quella attesa in condizioni di qualità ambientale ottimale.
   - C le popolazioni di un certo ambiente hanno raggiunto la capacità portante.
   - D le popolazioni di un certo ambiente interagiscono tra loro in modo ottimale.

4. **Tipologia C della Terza Prova**
Scegli la risposta corretta.
Qual è il principale fattore di stabilità di un ecosistema?
   - A Il numero di organismi.
   - B La biodiversità.
   - C La latitudine.
   - D La presenza di acqua.

Proposte per l'incremento dei crediti scolastici (cumulabili nel voto d'esame)

5. Abbiamo studiato in che modo l'agricoltura moderna può porsi l'obiettivo ambizioso di un futuro di tipo sostenibile. Molte sono le forme alternative di agricoltura rispettose dell'ambiente e che rispondono a nuove esigenze alimentari maggiormente indirizzate a scelte consapevoli. Fai una ricerca utilizzando varie fonti e scrivi una tesina su questo tema tenendo conto dei seguenti argomenti:
   - approfondisci che cosa si intende per «lotta guidata» e in che modo possono essere usate le trappole a feromoni per diminuire l'impatto degli insetticidi anche in un'agricoltura di tipo tradizionale. Che cos'è la *soglia economica d'intervento* e come può aiutarci a diminuire l'uso degli insetticidi?
   - approfondisci la filosofia della *permacoltura*, la sua applicazione pratica in agricoltura e i benefici ambientali che si potrebbero trarre da un suo utilizzo su larga scala;
   - approfondisci che cosa si intende per «agricoltura biodinamica» e in che modo questa pratica sia collegata con la filosofia steineriana.

OSSERVAZIONE E ANALISI

Competenza disciplinare ▶ Riconoscere e descrivere strutture e fenomeni
Formulare ipotesi in base ai dati forniti

Osserva e analizza

1. Osserva l'istogramma, che descrive la variazione della superficie boschiva nei vari continenti nell'arco di 10 anni, e rispondi alle domande.
   a. In quali aree geografiche si è assistito a un incremento della percentuale di foreste? Sai ipotizzarne una ragione?
   b. In quale continente sono stati più gravi gli effetti della deforestazione?
   c. A livello globale le superfici boschive sono aumentate o diminuite nel lasso di tempo preso in considerazione dall'istogramma?

Variazione delle aree forestali 1990-2000

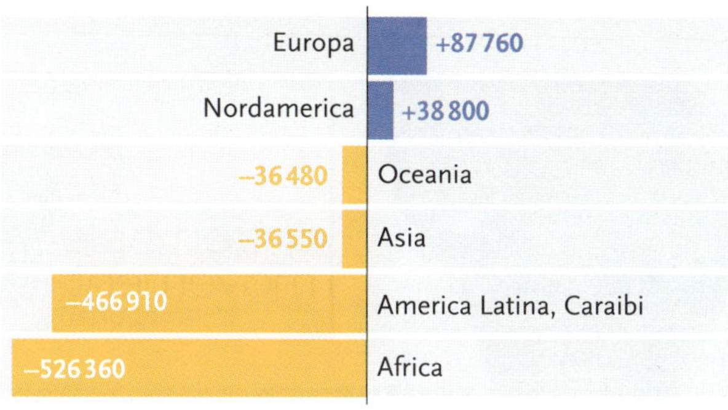

2. Osserva la fotografia. Di quale fenomeno si tratta? Descrivilo brevemente, specificando cause e conseguenze.

Analizza e interpreta

3. I grafici mostrano la variazione nelle caratteristiche delle acque di un fiume in relazione alla distanza da uno scarico urbano. Sono presi in considerazione sia parametri biotici sia parametri abiotici. Osserva con attenzione i quattro diagrammi e rispondi alle domande.
   a. In quali grafici è descritta la variazione di parametri biotici? E in quali la variazione di parametri abiotici?
   b. Come varia la quantità di ossigeno disciolta nell'acqua allontanandosi dalla fonte di inquinamento delle acque?
   c. Quale molecola inorganica è particolarmente abbondante in prossimità dello scarico?
   d. Come varia la quantità di protozoi e batteri?
   e. Quali tra gli invertebrati presi in considerazione tollerano peggio le acque inquinate dallo scarico?

La tua analisi

Nel grafico D sono presi in esame tre tipi di invertebrati: un anellide tubificide, un dittero chironomide e un crostaceo asellide. Il grafico mostra che l'abbondanza delle popolazioni di queste specie varia in relazione alla qualità delle acque.

a. La variazione rende questi organismi idonei per quale tipo di monitoraggio?
b. Come vengono definite in generale le specie in grado di dare informazioni sullo stato di salute di un ecosistema?

La fucina delle idee

Competenza trasversale ▶ Porsi in modo critico e consapevole di fronte ai problemi scientifici

WANGARI MAATHAI

Dall'originale

Solo il vento mi piegherà

Il brano sotto riportato, tratto dal libro Solo il vento mi piegherà, *mostra la chiarezza e la semplicità del pensiero di Wangari Maathai, una donna coraggiosa che ha lottato tutta la vita per le sue idee e per il suo continente.*

«Un albero spinge le radici nel profondo del terreno e tuttavia svetta alto nel cielo. Ci dice che per poter ambire a qualcosa dobbiamo essere ben piantati per terra e che, indipendentemente da quanto in alto arriviamo, è sempre dalle radici che attingiamo il nostro sostentamento».

[W. Maathai, *Solo il vento mi piegherà*, Milano, Sperling & Kupfer, 2007]

La vita

Wangari Maathai nasce il 1° aprile del 1940 in una comunità poligamica di etnia kikuyu, stanziata in una zona rurale del Kenya. Vive un'infanzia spensierata e ben presto si sposa e diviene madre di tre figli. Consegue nel Kansas una laurea in biologia grazie a una borsa di studio promossa da John Fitzgerald Kennedy, svolge un dottorato in veterinaria tra l'università di Nairobi e quella di Monaco, effettua esperienze di docenza universitaria in Kenya e affronta un periodo di impegno politico presso il ministero dell'Ambiente del proprio paese. Ben presto però Wangari lascia la carriera universitaria per dedicarsi a un sogno. Nel 1977, fonda così il *Green Belt Movement* (letteralmente, «movimento della cintura verde»), incoraggiando gli agricoltori (il 70% dei quali sono donne) a piantare alberi in modo da arrestare l'erosione del suolo e ottenere legna da ardere. Il Green Belt Movement inizialmente coinvolge le donne delle zone rurali del Kenya invitandole a semplici mansioni di giardinaggio e alla creazione di piccoli vivai per le abitazioni delle famiglie abbienti. In realtà, il progetto comincia a decollare e la Maathai investe tutte le energie per trasformare il piccolo proposito originario in un'azione concreta, applicando le proprie competenze biologiche sul territorio keniota per obiettivi ecologisti: piantare alberi per combattere la desertificazione, stimolare la biodiversità alternando specie diverse di piante, valorizzare le zone verdi già esistenti. Il Green Belt Movement conquista rapidamente consensi in tutto il paese, anche se il governo in carica negli anni Novanta del XX secolo lo ostacola deliberatamente. La Maathai continua a lottare con forza e determinazione per tutta la vita, fino a quando si spegne, a causa di un tumore, nel settembre del 2011.

Wangari Maathai ha vinto l'Africa Prize per il suo lavoro di prevenzione della fame, ed è stata proclamata «cittadina esemplare» dal governo keniota e dalla stampa ufficiale. Nel 2004 è stata la prima donna africana a essere insignita del **premio Nobel per la pace**.

Il pensiero di Wangari Maathai attraverso le sue frasi

Le riflessioni di Wangari Maathai sulla vita, sui grandi temi dell'ecologia e sull'Africa, esprimono sempre con estrema sintesi una grande coscienza e consapevolezza. Ecco alcune frasi che illustrano il pensiero del premio Nobel per la pace Wangari Maathai su vari temi personali e sociali.

Sulla sua infanzia: Ora so di essere stata cresciuta in un ambiente che non creava paure o incertezze. C'erano invece molte ragioni per sognare, per essere creativi e usare l'immaginazione.

Sugli alberi e sulla natura: Gli alberi sono cosa viva, di fronte alla quale scopriamo di avere reazioni molto diverse. Spesso ci affezioniamo a un albero perché ci dà il cibo e ci dà legna per il fuoco. È così amichevole. Quando pianti un albero e lo

the green belt movement international

vedi crescere, ti succede qualcosa. Lo vuoi proteggere, e gli dai valore. Ho visto gente cambiare atteggiamento e guardare agli alberi in modo ben diverso da prima. L'altro aspetto è che molti non si accorgono nemmeno della mancanza degli alberi e poi all'improvviso aprono gli occhi e vedono che la terra è spoglia. Cominciano a capire che la pioggia può essere una benedizione, ma può anche essere una maledizione se prima non hai salvaguardato il terreno, perché la pioggia se lo porta via! E stiamo parlando del ricco terreno su cui dovrebbe crescere il tuo sostentamento. È qui che la gente si rende conto della stretta relazione che ha con l'ambiente.

Sul processo di desertificazione in Africa: I deserti avanzano da nord a sud e la foresta del Congo è l'unico baluardo alla desertificazione del continente. Senza quel polmone verde avremo un cambio climatico radicale e pericoloso in tutto il pianeta.

Sugli africani: In tutte le analisi dei problemi dell'Africa, c'è una risorsa naturale che spesso non viene apprezzata: gli africani stessi.

Sulla coscienza sociale: Bisogna agire. Informarsi. Adesso voi volete chiedere; volete imparare. Avete tutto il diritto di prendere in pugno la direzione della vostra vita.

Sulla fiducia nelle proprie idee e nelle proprie azioni: Tutti quelli che sono riusciti a ottenere dei risultati sono stati buttati giù tante volte. Ma ogni volta si sono rialzati e hanno continuato per la loro strada, e questo è quello che ho sempre cercato di fare.

Sull'impegno per la conservazione: Noi esseri umani abbiamo una responsabilità particolare, superiore a quella degli elefanti e delle farfalle. Garantendo la loro sopravvivenza e quella delle loro generazioni future, garantiremo anche la sopravvivenza della nostra specie.

L'impegno sociale e politico

Wangari Maathai è la più importante ambientalista del Kenya. All'inizio della sua carriera, la Maathai ha denunciato la proposta del presidente Daniel Arap Moi di erigere un grattacielo di sessantadue piani al centro del più grande parco di Nairobi. Ha promosso una campagna pubblica e le forze di sicurezza l'hanno arrestata e interrogata senza un'accusa valida. Alla fine Moi è stato costretto a rinunciare al progetto, in gran parte a causa della pressione che la Maathai era riuscita a generare. Fino a ora, il Green Belt Movement ha piantato oltre 40 milioni di acacie, contribuendo così a realizzare il più grande argine alla deforestazione e all'erosione del suolo che sia mai stato realizzato. Il movimento ha prodotto guadagni per ottomila persone nel solo Kenya, e si è esteso in oltre trenta paesi africani, negli Stati Uniti e a Haiti. Per tutta la sua vita la Maathai ha continuato a lavorare per la salvaguardia dell'ambiente, per i diritti delle donne e per le riforme democratiche.

Il progetto della Maathai non ha avuto solo un oggettivo impatto economico ma ha rappresentato anche un'azione coraggiosa e simbolica nel contesto africano. La semplice idea di «piantare alberi» ha ricollocato le donne africane in primo piano in una società in cui la componente femminile era piegata dal patriarcato secolare e dal lavoro nei campi. Una società in cui le colture intensive e l'abbattimento degli alberi per far posto alle piantagioni di caffè costringevano i poveri alla fame e alla sete per via dell'inquinamento da fertilizzanti e le donne a camminare per ore in cerca di legna per il fuoco. Una società in cui lavorare nelle piantagioni di caffè significava racimolare solo le briciole che i potenti industriali lasciavano ai contadini.

LA RICERCA È APERTA

▶ **Collegamenti con: filosofia, religione, letteratura, educazione civica, economia**

Negli argomenti esposti puoi individuare molti temi interessanti da approfondire. Eccone alcuni.

- Le conseguenze della deforestazione nel continente africano.
- Il ruolo della donna nella società africana.
- La presenza della natura nella religione e nei riti africani.
- Il ruolo degli europei nello sfruttamento economico dell'Africa.
- Le figure di spicco della rinascita culturale e politica africana.
- La filosofia di Wangari Maathai sulla vita.

IL DIBATTITO È APERTO

Nelle precedenti riflessioni puoi trovare molti spunti per un dibattito. Eccone alcuni.

- Considerata la massiccia presenza femminile all'interno della sua organizzazione, Wangari Maathai ha collaborato con il *National Council of Women of Kenya*, attraverso il quale ha cercato di difendere i diritti delle donne, specie delle donne sole, vedove o divorziate. Che cosa sai a proposito del trattamento riservato a queste «categorie» di donne in molti paesi poveri del mondo?
- Questa donna keniota ha dedicato la sua vita al miglioramento delle condizioni dei suoi simili e dell'ambiente e per questo ha spesso subito persecuzioni, violenze, arresti senza però mai tirarsi indietro. Ritieni che una convinzione personale sia sufficiente a motivare un comportamento di questo tipo? Pensi che nella società attuale italiana i giovani siano ancora disposti a sacrifici per il bene comune? Motiva la tua risposta.
- Uno dei primi motivi per cui la Maathai ha avuto noie con la giustizia è stato perché ha ostacolano la costruzione di un complesso edilizio che avrebbe alterato la fisionomia di un grande parco pubblico. Questo tipo di abuso edilizio è purtroppo tristemente comune anche nel nostro paese. Chi e che cosa c'è dietro a questo genere di attività? Hai informazioni al riguardo?

Sitografia consigliata

www.google.it
Parole chiave per la ricerca ➲ biografia/bibliografia Wangari Maathai

it.wikipedia.org
Parole chiave per la ricerca ➲ Wangari Maathai

www.nobelprize.org
Parole chiave per la ricerca ➲ Wangari Maathai
Sito ufficiale dei premi Nobel.

Bibliografia consigliata

W. Maathai, *Solo il vento mi piegherà*, Milano, Sperling & Kupfer, 2007
W. Maathai, *La sfida dell'Africa*, Modena, Nuovi Mondi, 2010
W. Maathai, *La religione della terra. Amare la natura per salvare noi stessi*, Milano, Sperling & Kupfer, 2011
W. Maathai, *The Green Belt Movement: Sharing the Approach and the Experience*, Lantern Books, 2003
W. Maathai, *Unbowed: A Memoir*, Anchor, 2007
Donna Jo Napoli, *Mama Miti: Wangari Maathai and the Trees of Kenya*, Simon & Schuster / Paula Wiseman Books, 2010
N. Mandela, *Lungo cammino verso la libertà*, Milano, Feltrinelli, 1995
M. Yunus, *Il banchiere dei poveri*, Milano, Feltrinelli, 2003
M. Yunus, *Un mondo senza povertà*, Milano, Feltrinelli, 2008

Professore per un giorno!

Be a teacher!

Competenza trasversale Presentare argomenti scientifici con l'utilizzo di strumenti multimediali

Prepara la presentazione di una lezione in **PowerPoint** sul tema indicato nella diapositiva ▶ 1. Usa la diapositiva ▶ 2 come modello per realizzarne altre sui temi indicati.

- **diapositiva 3**: *Il sovrappopolamento*
- **diapositiva 4**: *I disastri ambientali*
- **diapositiva 5**: *La distruzione delle barriere coralline*
- **diapositiva 6**: *Conclusioni*

Puoi progettare altre diapositive se lo ritieni necessario. Puoi utilizzare anche le immagini presenti nel volume, selezionandole dalle pagine del **libro digitale**. Una volta preparate le diapositive, allenati a **esporre la tua lezione in 10 minuti**.

Prepare a **PowerPoint** presentation using the topic in slide ▶ 1. Study slide ▶ 2 carefully. Use it as a framework for your own slides on the following topics.

- **slide 3**: *Biological monitoring of water quality*
- **slide 4**: *Biological monitoring of air quality*
- **slide 5**: *Biotic indices*
- **slide 6**: *Your conclusions*

You can add as many slides as you think appropriate. In your last slide, come to your own **conclusions**. From your **digital book** you can select all the images you may need to prepare your own presentation. Once everything is ready, train yourself to **present your lesson in 10 minutes**.

1

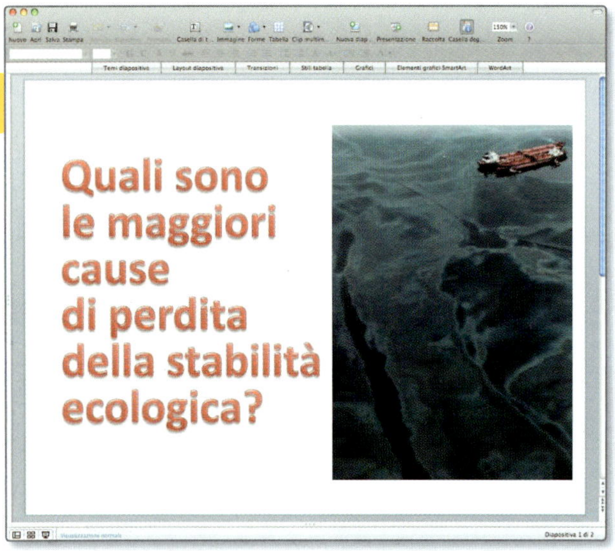

1

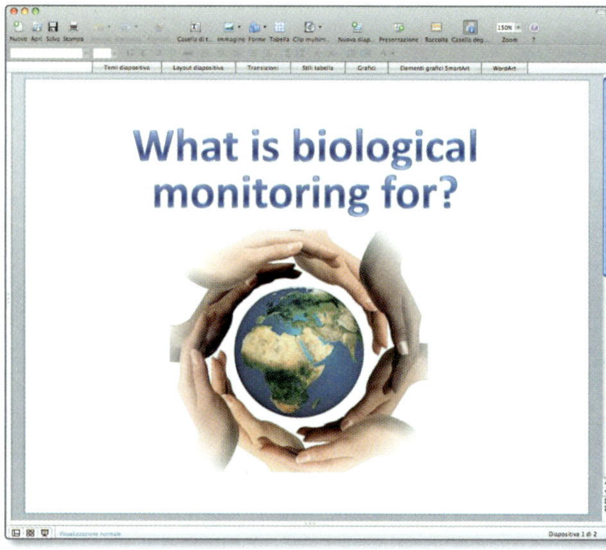

2

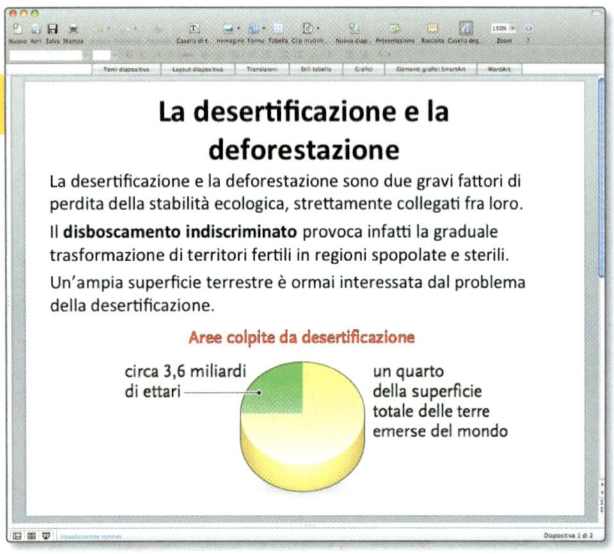

2

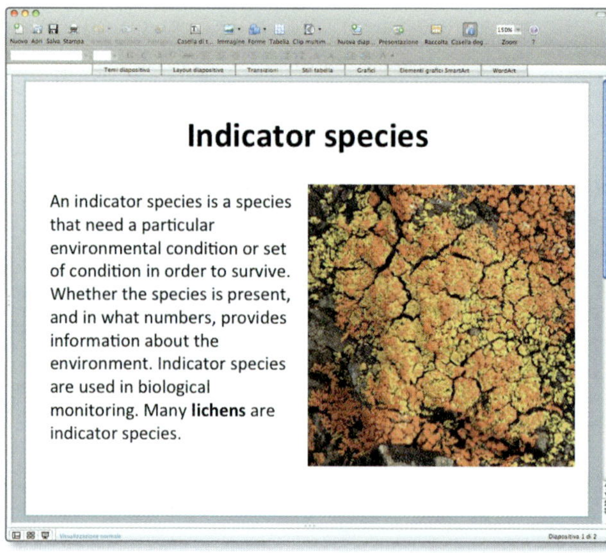

Le mie lezioni

Prepara altre presentazioni sui seguenti temi:

- il biomonitoraggio;
- l'ecotossicologia;
- la lotta biologica.

My presentations

Prepare other presentations on these topics:

- ecological agriculture;
- conservation biology;
- key concepts in ecology.

Il biologo sul campo

Competenza disciplinare Saper organizzare ed eseguire attività sperimentali sul campo

IL METODO DEL CAMPIONAMENTO CASUALE (*RANDOM SAMPLING*) PER LO STUDIO DELLA BIODIVERSITÀ VEGETALE DI UN HABITAT

Una domanda che un ecologo si pone comunemente quando si trova in un ambiente naturale è la seguente: quali sono i tipi di pianta più comuni in questo habitat? Un modo per rispondere alla domanda è analizzare tutti gli esemplari vegetali presenti, ma – come è facile intuire – ciò è possibile solo per habitat molto piccoli. Un sistema più semplice è il cosiddetto **campionamento casuale** (*random sampling*). Per far ciò si usa una struttura quadrata, chiamata semplicemente «quadrato», e si analizzano piccole aree (campioni) dell'habitat scelti casualmente.

In quanto tempo?

3-4 ore

Che cosa mi serve?

- un filo di ferro lungo circa 1 m
- un tubo di gomma lungo circa 20 cm
- blocco e matita
- manuale per il riconoscimento delle piante
- provette per il raccoglimento dei campioni

Che cosa devo fare?

Costruisci il quadrato. Per semplicità lo si può costruire con un filo di ferro piegato in modo da ottenere un quadrato di circa 25 cm di lato. Si chiude il quadrato con il tubo di gomma ▶ A. Per non operare una scelta attiva sul campione da analizzare, si getta il quadrato alle proprie spalle. Lo spazio di terreno delimitato casualmente dal quadrato sarà il primo campione di habitat. Relativamente a questo campione, possiamo calcolare la densità di ogni specie come numero di piante di quella specie in una fissata unità di area. Nel nostro caso sceglieremo come unità di area proprio un'area di 25 cm^2. Concentrandosi sulla porzione di habitat delimitata dal quadrato, occorrerà quindi come prima cosa identificare le specie presenti avvalendosi del manuale di riconoscimento, quindi contare il numero di organismi di ogni specie presenti nel quadrato. Per l'identificazione esatta di una specie, può essere necessaria l'osservazione al microscopio. In questo caso un campione della specie deve essere raccolto nella provetta e identificato provvisoriamente solo con la lettera (ad esempio, specie A). Va comunque registrato sul campo il numero di individui di quella specie. Il lancio del quadrato va ripetuto in differenti punti dell'habitat fino a raccogliere un sufficiente numero di dati. Completato il campionamento, si valuta il numero medio di individui di ogni specie sul totale dei lanci e lo si riporta nell'ultima riga della ▶ Tabella A.

Che cosa osservo?

Applicando l'indice di Simpson ai valori medi calcolati per ogni specie, è possibile valutare la biodiversità vegetale dell'habitat analizzato. Ricordiamo che tale indice è dato da:

$$D = \frac{N(N-1)}{\sum n(n-1)}$$

dove N è il numero totale di individui di tutte le specie; n è il numero totale di individui di una certa specie e $\sum$ indica la sommatoria dei termini che seguono.

Ripetendo l'intero esperimento in habitat con differente livello di antropizzazione, è possibile fare confronti e analizzare i risultati cercando di capire l'effetto della presenza umana sulla frequenza e sull'abbondanza di alcune specie.

A

Tabella A

	Numero di individui					
	Specie A	Specie B	Specie C	Specie D	Specie E	Specie F
1° lancio						
2° lancio						
3° lancio						
4° lancio						
5° lancio						
6° lancio						
7° lancio						
9° lancio						
valore medio						

Laurea in Medicina

1. In quale dei seguenti ambiti *non* trova applicazione la tecnica della reazione a catena della polimerasi (PCR)?
   - A Individuazione di organismi geneticamente modificati.
   - B Diagnosi di malattie genetiche.
   - C Dosaggi ormonali.
   - D Indagini di paternità o parentela.
   - E Indagini medico-legali.

2. Quale delle seguenti affermazioni che si riferiscono alla reazione a catena della polimerasi (PCR) è corretta?
   - A Può essere definita una clonazione genica.
   - B È una reazione che non richiede enzimi.
   - C Richiede elevate quantità di DNA di partenza.
   - D La reazione può avvenire solo all'interno di una cellula batterica.
   - E Può essere utilizzata solo su molecole di DNA sintetico.

3. La ricombinazione tra due geni è minima quando i geni sono localizzati…
   - A sullo stesso cromosoma a piccola distanza tra loro.
   - B sullo stesso cromosoma a grande distanza tra loro.
   - C su cromosomi diversi.
   - D sui cromatidi di cromosomi diversi.
   - E uno sul cromosoma X e l'altro su un autosoma.

4. Gli introni presenti nel DNA…
   - A impediscono la corretta trascrizione dell'mRNA.
   - B inducono malattie genetiche.
   - C possono determinare un aumento della diversità genetica.
   - D bloccano la duplicazione della cellula.
   - E possono determinare malattie virali.

5. Per organismi «transgenici» si intendono organismi…
   - A derivati dall'incrocio di specie diverse.
   - B in cui è stato inserito un gene estraneo.
   - C geneticamente identici.
   - D derivati dall'incrocio di genitori con genoma diverso.
   - E con cellule somatiche di diverso patrimonio genetico.

6. Il codone di mRNA dell'amminoacido serina è UCA. La corrispondente sequenza del DNA è…
   - A AGT.
   - B TGA.
   - C AGU.
   - D ACU.
   - E UCT.

7. La sintesi di DNA a partire da RNA è…
   - A operata dalla trascrittasi inversa.
   - B operata dalla RNA polimerasi.
   - C operata dalla DNA polimerasi.
   - D operata da enzimi di restrizione.
   - E impossibile.

8. Molecole di DNA di organismi appartenenti a specie diversi differiscono tra loro in quanto presentano…
   - A una diversa sequenza delle basi azotate.
   - B basi azotate diverse.
   - C una diversa complementarità tra le basi azotate.
   - D zuccheri diversi.
   - E amminoacidi diversi.

9. Per «cloni» di individui si intendono organismi…
   - A con patrimonio genetico identico.
   - B transgenici.
   - C con cellule di diverso patrimonio genetico.
   - D in cui è stato inserito un gene estraneo.
   - E artificiali prodotti in laboratorio.

Laurea in Odontoiatria

10. Per inserire un gene estraneo in un plasmide…
    - A plasmide e gene devono essere tagliati con lo stesso enzima di restrizione.
    - B non occorre l'intervento della DNA ligasi.
    - C occorre l'intervento della DNA polimerasi.
    - D il plasmide deve essere tagliato con un enzima di restrizione, il DNA del gene con la DNA polimerasi.
    - E il DNA del gene e quello del plasmide devono essere identici.

11. Per «DNA ricombinante» si intende…
    - A una molecola di DNA che contiene segmenti di DNA provenienti da una cellula diversa.
    - B una molecola di DNA che ha subito ricombinazione.
    - C una nuova molecola di DNA, di origine sintetica.
    - D la sostituzione di un cromosoma eucariotico alterato con uno sano.
    - E la duplicazione rapida di un cromosoma.

12. È un vero serbatoio di cellule staminali, utilizzabili nella cura delle leucemie…
    - A il cordone ombelicale.
    - B il sangue.
    - C l'epidermide.
    - D il tessuto nervoso.
    - E il midollo spinale.

Laurea in Biotecnologie

13. Le sostanze non biodegradabili alterano i naturali cicli biogeochimici perché…
    - A i microrganismi non possono decomporle.
    - B le piante non possono decomporle.
    - C i loro coloranti sono velenosi.
    - D uccidono l'uomo.

INDICE ANALITICO

Tavole

Legenda (esempio):

Alluminio
13 — 3
2450
Al 660
1,5
26,9814 2,70
[Ne] $3s^{2} 3p^{1}$

- nome (1): Alluminio
- numero atomico: 13
- simbolo (1): Al
- massa atomica (u) (riferita alla massa di $^{12}C = 12$) (2): 26,9814
- configurazione elettronica: [Ne] $3s^{2} 3p^{1}$
- stati di ossidazione stabili: 3
- temperatura di ebollizione (°C): 2450
- temperatura di fusione (°C): 660
- elettronegatività secondo Pauling: 1,5
- densità (3): 2,70

Periodo	Gruppo 1 IA	2 IIA	3 IIIB	4 IVB	5 VB	6 VIB	7 VIIB	8 (VIIIB)	9 (VIIIB)
1	**Idrogeno** 1 — -1,1 -252,7 H -259,2 2,1 1,0079 0,0899 $1s^{1}$								
2	**Litio** 3 — 1 1330 Li 180,5 1,0 6,941 0,53 [He] $2s^{1}$	**Berillio** 4 — 2 2770 Be 1277 1,5 9,01218 1,85 [He] $2s^{2}$							
3	**Sodio** 11 — 1 892 Na 97,5 0,9 22,98977 0,97 [Ne] $3s^{1}$	**Magnesio** 12 — 2 1107 Mg 65 1,2 24,305 1,74 [Ne] $3s^{2}$							
4	**Potassio** 19 — 1 760 K 63,7 0,8 39,0983 0,86 [Ar] $1s^{1}$	**Calcio** 20 — 2 1440 Ca 838 1,0 40,08 1,53 [Ar] $4s^{2}$	**Scandio** 21 — 3 2730 Sc 1539 1,3 44,9559 2,99 [Ar] $3d^{1} 4s^{2}$	**Titanio** 22 — 4,3 3260 Ti 1668 1,5 47,88 4,55 [Ar] $3d^{2} 4s^{2}$	**Vanadio** 23 — 5,4,3,2 3450 V 1900 1,6 50,9415 6,11 [Ar] $3d^{3} 4s^{2}$	**Cromo** 24 — 6,3,2 2665 Cr 1875 1,6 51,996 7,19 [Ar] $3d^{5} 4s^{1}$	**Manganese** 25 — 7,6,4,3,2 2150 Mn 1245 1,5 54,9380 7,43 [Ar] $3d^{5} 4s^{2}$	**Ferro** 26 — 2,3 3000 Fe 1536 1,8 55,847 7,86 [Ar] $3d^{6} 4s^{2}$	**Cobalto** 27 — 2,3 2900 Co 1495 1,8 58,9332 8,80 [Ar] $3d^{7} 4s^{2}$
5	**Rubidio** 37 — 1 688 Rb 38,9 0,8 85,4678 1,53 [Kr] $5s^{1}$	**Stronzio** 38 — 2 1380 Sr 768 1,0 87,62 2,60 [Kr] $5s^{2}$	**Ittrio** 39 — 3 2927 Y 1509 1,2 88,9059 4,47 [Kr] $4d^{1} 5s^{2}$	**Zirconio** 40 — 4 3580 Zr 1852 1,4 91,22 6,49 [Kr] $4d^{2} 5s^{2}$	**Niobio** 41 — 5,3 3300 Nb 2415 1,6 92,9054 8,57 [Kr] $4d^{4} 5s^{1}$	**Molibdeno** 42 — 6,5,4,3,2 5560 Mo 2610 1,8 95,94 10,20 [Kr] $4d^{5} 5s^{1}$	**Tecnezio** 43 — 7 – Tc 2140 1,9 97,9072 11,5 [Kr] $4d^{6} 5s^{1}$	**Rutenio** 44 — 8,6,4,3,2 4900 Ru 2500 2,2 101,07 12,5 [Kr] $4d^{7} 5s^{1}$	**Rodio** 45 — 2,3,4 4500 Rh 1966 2,2 102,9095 12,4 [Kr] $4d^{8} 5s^{1}$
6	**Cesio** 55 — 1 690 Cs 28,7 0,7 132,9054 1,87 [Xe] $6s^{1}$	**Bario** 56 — 2 1640 Ba 714 0,9 137,33 3,59 [Xe] $6s^{2}$	**Lantanio** 57 — 3 3470 La 920 1,1 138,9055 6,17 [Xe] $5d^{1} 6s^{2}$	**Afnio** * 72 — 4 5400 Hf 2222 1,3 178,49 13,3 [Xe] $5f^{14} 5d^{2} 6s^{2}$	**Tantalio** 73 — 5 5425 Ta 2996 1,5 180,9479 16,7 [Xe] $4f^{14} 5d^{3} 6s^{2}$	**Tungsteno** 74 — 6,5,4,3,2 5930 W 3410 1,7 183,85 19,3 [Xe] $4f^{14} 5d^{4} 6s^{2}$	**Renio** 75 — -1,7,6,4,3,2 5900 Re 3180 1,9 186,207 21,0 [Xe] $4f^{14} 5d^{5} 6s^{2}$	**Osmio** 76 — 8,6,4,3,2 5500 Os 2700 2,2 190,2 22,6 [Xe] $4f^{14} 5d^{6} 6s^{2}$	**Iridio** 77 — 6,4,3,2 5300 Ir 2454 2,2 192,22 22,5 [Xe] $4f^{14} 5d^{7} 6s^{2}$
7	**Francio** 87 — 1 – Fr – 0,7 223,0197 1,00 [Rn] $7s^{1}$	**Radio** 88 — 2 1737 Ra 700 0,9 226,0254 5,00 [Rn] $7s^{2}$	**Attinio** 89 — 3 1050 Ac 3300 1,1 227,0277 10,1 [Rn] $6d^{1} 7s^{2}$	**Rutherfordio** ** 104 — – – Rf – – 261,1086 – [Rn] $5f^{14} 6d^{2} 7s^{2}$	**Dubnio** 105 — – – Db – – 262,1137 – [Rn] $5f^{14} 6d^{3} 7s^{2}$	**Seaborgio** 106 — – – Sg – – 263,1182 – [Rn] $5f^{14} 6d^{4} 7s^{2}$	**Bohrio** 107 — – – Bh – – 262,1229 – [Rn] $5f^{14} 6d^{5} 7s^{2}$	**Hassio** 108 — – – Hs – – 265,1301 – [Rn] $5f^{14} 6d^{6} 7s^{2}$	**Meitnerio** 109 — – – Mt – – 266,1376 – [Rn] $5f^{14} 6d^{7} 7s^{2}$

*	**Cerio** 58 — 3,4 3468 Ce 795 1,1 140,12 6,77 [Xe] $4f^{2} 6s^{2}$	**Praseodimio** 59 — 3,4 3127 Pr 935 1,1 140,9077 6,77 [Xe] $4f^{2} 6s^{2}$	**Neodimio** 60 — 3 3027 Nd 1024 1,2 144,24 7,00 [Xe] $4f^{4} 6s^{2}$	**Promezio** 61 — 2 – Pm 1169 1,2 144,9127 7,22 [Xe] $4f^{5} 6s^{2}$	**Samario** 62 — 3,2 1900 Sm 1072 1,2 150,36 7,54 [Xe] $4f^{5} 6s^{2}$
**	**Torio** 90 — 4 3850 Th 1750 1,3 232,0381 11,7 [Rn] $6d^{2} 7s^{2}$	**Protoattinio** 91 — 5,4 – Pa 1560 1,5 231,0359 15,4 [Rn] $5f^{2} 6d^{1} 7s^{2}$	**Uranio** 92 — 6,5,4,3 3818 U 1132 1,7 238,0289 19,0 [Rn] $5f^{3} 6d^{1} 7s^{2}$	**Nettunio** 93 — 6,5,4,3 – Np 637 1,3 237,0432 20,4 [Rn] $5f^{4} 6d^{1} 7s^{2}$	**Plutonio** 94 — 6,5,4,3 – Pu – 1,3 244,0642 20,4 [Rn] $5f^{6} 7s^{2}$

(1) elemento solido (blu); elemento aeriforme (verde); elemento liquido (rosa); elemento preparato artificialmente (oro)

(2) per gli elementi radioattivi viene indicata la massa dell'isotopo più stabile

(3) per i solidi e i liquidi la densità è espressa in g/ml a 20 °C; per i gas in g/l a 0 °C e a 1 atm

10	11 IB	12 IIB	13 IIIA	14 IVA	15 VA	16 VIA	17 VIIA	18 VIIIA
								Elio 2 **He** – / –268,9 / –269,7 / – 4,00260 0,18 $1s^2$
			Boro 5 **B** 3 / – / 2030 / 2,04 10,81 2,47 [He] $2s^2 2p^1$	**Carbonio** 6 **C** ±4,2 / 4830 / 3652 / 2,55 12,011 2,26 [He] $2s^2 2p^2$	**Azoto** 7 **N** ±3,5,4,2,1 / –195,8 / –210 / 3,04 14,0067 1,25 [He] $2s^2 2p^3$	**Ossigeno** 8 **O** –2 / –183 / –218,2 / 3,44 15,9994 1,43 [He] $2s^2 2p^4$	**Fluoro** 9 **F** –1 / –188,2 / –219,6 / 3,98 18,99840 1,70 [He] $2s^2 2p^5$	**Neon** 10 **Ne** – / –246 / –248,6 / – 20,179 0,90 [He] $2s^2 2p^6$
			Alluminio 13 **Al** 3 / 2450 / 660 / 1,61 24,305 2,70 [Ne] $3s^2 3p^1$	**Silicio** 14 **Si** 4 / 2680 / 1410 / 1,90 28,0855 2,33 [Ne] $3s^2 3p^2$	**Fosforo** 15 **P** ±3,5 / 280b / 44,2b / 2,19 30,97376 1,82 [Ne] $3s^2 3p^3$	**Zolfo** 16 **S** –2,6,4 / 444,6 / 119,0 / 2,58 32,06 2,09 [Ne] $3s^2 3p^4$	**Cloro** 17 **Cl** ±1,7,5,3 / –34,7 / –101,0 / 3,16 35,453 3,21 [Ne] $3s^2 3p^5$	**Argo** 18 **Ar** – / –185,8 / –189,4 / – 39,948 1,78 [Ne] $3s^2 3p^6$
Nichel 28 **Ni** 2,3 / 2730 / 1453 / 1,8 58,69 8,90 [Ar] $3d^8 4s^2$	**Rame** 29 **Cu** 2,1 / 2595 / 1083 / 1,9 63,546 8,96 [Ar] $3d^8 4s^2$	**Zinco** 30 **Zn** 2 / 906 / 419,5 / 1,6 65,38 7,14 [Ar] $3d^{10} 4s^2$	**Gallio** 31 **Ga** 3 / 2237 / 29,8 / 1,6 200,59 5,91 [Ar] $3d^{10} 4s^2 4p^1$	**Germanio** 32 **Ge** 4 / 2830 / 937,4 / 1,8 72,59 5,32 [Ar] $3d^{10} 4s^2 4p^2$	**Arsenico** 33 **As** ±3,5 / 613 (subl.) / 817 / 2,0 74,9216 5,73 [Ar] $3d^{10} 4s^2 4p^3$	**Selenio** 34 **Se** –2,6,4 / 685 / 217 / 2,4 78,96 4,81 [Ar] $3d^{10} 4s^2 4p^4$	**Bromo** 35 **Br** ±1,5,7 / 58 / –7,2 / 2,8 79,906 3,12 [Ar] $3d^{10} 4s^2 4p^5$	**Kripton** 36 **Kr** – / –152 / –157,3 / – 83,80 3,75 [Ar] $3d^{10} 4s^2 4p^6$
Palladio 46 **Pd** 2,4 / 3980 / 1552 / 2,2 106,42 12,0 [Kr] $4d^9 5s^1$	**Argento** 47 **Ag** 1 / 2210 / 960,8 / 1,9 107,868 10,5 [Kr] $4d^9 5s^1$	**Cadmio** 48 **Cd** 2 / 765 / 320,9 / 1,7 112,41 8,65 [Kr] $4d^{10} 5s^2$	**Indio** 49 **In** 3 / 2000 / 156,2 / 1,7 87,62 7,31 [Kr] $4d^{10} 5s^2 5p^1$	**Stagno** 50 **Sn** 4,2 / 2270 / 231,9 / 1,8 118,69 7,29 [Kr] $4d^{10} 5s^2 5p^2$	**Antimonio** 51 **Sb** ±3,5 / 1380 / 630,5 / 1,9 121,75 6,68 [Kr] $4d^{10} 5s^2 5p^3$	**Tellurio** 52 **Te** –2,6,4 / 989,8 / 449,5 / 2,1 127,60 6,24 [Kr] $4d^{10} 5s^2 5p^4$	**Iodio** 53 **I** ±1,7,5 / 183 / 113,7 / 2,5 126,9045 4,93 [Kr] $4d^{10} 5s^2 5p^5$	**Xeno** 54 **Xe** – / –108,0 / –111,9 / – 131,29 5,90 [Kr] $4d^{10} 5s^2 5p^6$
Platino 78 **Pt** 2,4 / 4530 / 1769 / 2,2 195,08 21,4 [Xe] $4f^{14} 5d^9 6s^1$	**Oro** 79 **Au** 3,1 / 2970 / 1063 / 2,4 196,9665 19,3 [Xe] $4f^{14} 5d^{10} 6s^1$	**Mercurio** 80 **Hg** 2,1 / 357 / –38,4 / 1,9 200,59 13,6 [Xe] $4f^{14} 5d^{10} 6s^2$	**Tallio** 81 **Tl** 3,1 / 1457 / 303 / 1,8 137,33 11,8 [Hg] $6p^1$	**Piombo** 82 **Pb** 4,2 / 1725 / 327,4 / 1,8 207,2 11,4 [Hg] $6p^2$	**Bismuto** 83 **Bi** 3,5 / 1560 / 271,3 / 1,9 208,9804 9,8 [Hg] $6p^3$	**Polonio** 84 **Po** 4,2 / 962 / 254 / 2,0 208,9824 9,2 [Hg] $6p^4$	**Astato** 85 **At** ±1,7,5,3 / – / (302) / 2,2 209,9871 – [Hg] $6p^5$	**Radon** 86 **Rn** – / –71 / –61,8 / – 222,0175 9,72 [Hg] $6p^6$
Darmstadio 110 **Ds** – / – / – / – 271 –	**Roentgenio** 111 **Rg** – / – / – / – 272 –	**Ununbio** 112 **Uub** – / – / – / – 277 –		**Ununquadio** 114 **Uuq** – / – / – / – 285 –		**Ununbaxio** 116 **Uuh** – / – / – / – 289 –		

Europio 63 **Eu** 3,2 / 1432 / 826 / 1,0 151,96 5,24 [Xe] $4f^7 6s^2$	**Gadolinio** 64 **Gd** 3 / 3000 / 1312 / 1,1 157,25 7,89 [Xe] $4f^7 5d^1 6s^2$	**Terbio** 65 **Tb** 4,3 / 2800 / 1356 / 1,2 158,9254 8,27 [Xe] $4f^9 6s^2$	**Disprosio** 66 **Dy** 3 / 2600 / 1407 / 1,2 162,50 8,53 [Xe] $4f^{10} 6s^2$	**Olmio** 67 **Ho** 3 / 2600 / 1461 / 1,2 164,9304 8,80 [Xe] $4f^{11} 6s^2$	**Erbio** 68 **Er** 3 / 2900 / 1497 / 1,2 167,26 9,05 [Xe] $4f^{12} 6s^2$	**Tulio** 69 **Tm** 3,2 / 1727 / 1545 / 1,2 168,9342 9,33 [Xe] $4f^{13} 6s^2$	**Itterbio** 70 **Yb** 3,2 / 1427 / 824 / 1,1 173,04 6,98 [Xe] $4f^{14} 6s^2$	**Lutezio** 71 **Lu** 3 / 3327 / 1652 / 1,2 174,967 9,84 [Xe] $4f^{14} 5d^1 6s^2$
Americio 95 **Am** 6,5,4,3 / – / – / 1,3 243,0613 13,7 [Rn] $5f^7 7s^2$	**Curio** 96 **Cm** 3 / – / – / 1,3 247,0703 13,5 [Rn] $5f^7 6d^1 7s^2$	**Berchelio** 97 **Bk** 3 / – / – / 1,3 247,0703 14,8 [Rn] $5f^9 7s^2$	**Californio** 98 **Cf** 3 / – / – / 1,3 251,0796 – [Rn] $5f^{10} 7s^2$	**Einstenio** 99 **Es** – / – / – / 1,3 252,0829 15,1 [Rn] $5f^{11} 7s^2$	**Fermio** 100 **Fm** – / – / – / 1,3 257,0951 – [Rn] $5f^{12} 7s^2$	**Mendelevio** 101 **Md** – / – / – / 1,3 258,0986 – [Rn] $5f^{13} 7s^2$	**Nobelio** 102 **No** – / – / – / 1,3 259,1009 – [Rn] $5f^{14} 7s^2$	**Laurenzio** 103 **Lr** – / – / – / – 260,1053 – [Rn] $5f^{14} 6d^1 7s^2$

NOMI, SIMBOLI, NUMERI ATOMICI E MASSE ATOMICHE DEGLI ELEMENTI

Le masse atomiche sono riferite al carbonio-12. Nei casi in cui compare un numero tra parentesi, esso indica il numero di massa dell'isotopo radioattivo più stabile di un elemento di cui non esistono isotopi stabili.

Nome	Simbolo	Numero atomico	Massa atomica
afnio	Hf	72	178,5
alluminio	Al	13	26,98
americio	Am	95	(243)
antimonio	Sb	51	121,75
argento	Ag	47	107,87
argo	Ar	18	39,95
arsenico	As	33	74,92
astato	At	85	(210)
attinio	Ac	89	(227)
azoto	N	7	14,01
bario	Ba	56	137,33
berillio	Be	4	9,01
berkelio	Bk	97	(247)
bismuto	Bi	83	208,98
bohrio	Bh	107	(262)
boro	B	5	10,81
bromo	Br	35	79,90
cadmio	Cd	48	112,41
calcio	Ca	20	40,08
californio	Cf	98	(251)
carbonio	C	6	12,01
cerio	Ce	58	140,12
cesio	Cs	55	132,91
cloro	Cl	17	35,45
cobalto	Co	27	58,93
cromo	Cr	24	52,00
curio	Cm	96	(247)
darmstadtio	Ds	110	(269)
disprosio	Dy	66	162,50
dubnio	Db	105	(262)
einstenio	Es	99	(252)
elio	He	2	4,00
erbio	Er	68	167,26
europio	Eu	63	151,96
fermio	Fm	100	(257)
ferro	Fe	26	55,85
fluoro	F	9	19,00
fosforo	P	15	30,97
francio	Fr	87	(223)
gadolinio	Gd	64	157,25
gallio	Ga	31	69,72
germanio	Ge	32	72,61
hassio	Hs	108	(265)
idrogeno	H	1	1,01
indio	In	49	114,82
iodio	I	53	126,90
iridio	Ir	77	192,22
itterbio	Yb	70	173,04
ittrio	Y	39	88,91
kripton	Kr	36	83,80
lantanio	La	57	138,91
laurenzio	Lr	103	(260)
litio	Li	3	6,94
lutezio	Lu	71	174,97
magnesio	Mg	12	24,31
manganese	Mn	25	54,94

Nome	Simbolo	Numero atomico	Massa atomica
meitnerio	Mt	109	(266)
mendelevio	Md	101	(258)
mercurio	Hg	80	200,59
molibdeno	Mo	42	95,94
neodimio	Nd	60	144,24
neon	Ne	10	20,18
nettunio	Np	93	(237)
nichel	Ni	28	58,69
niobio	Nb	41	92,91
nobelio	No	102	(259)
olmio	Ho	67	164,93
oro	Au	79	196,97
osmio	Os	76	190,23
ossigeno	O	8	16,00
palladio	Pd	46	106,42
piombo	Pb	82	207,2
platino	Pt	78	195,08
plutonio	Pu	94	(244)
polonio	Po	84	(209)
potassio	K	19	39,10
praseodimio	Pr	59	140,91
promezio	Pm	61	(147)
protoattinio	Pa	91	(231)
radio	Ra	88	(226)
radon	Rn	86	(222)
rame	Cu	29	63,55
renio	Re	75	186,21
rodio	Rh	45	102,91
roentgenio	Rg	111	(272)
rubidio	Rb	37	85,47
rutenio	Ru	44	101,07
rutherfordio	Rf	104	(261)
samario	Sm	62	150,36
scandio	Sc	21	44,96
seaborgio	Sb	106	(263)
selenio	Se	34	78,96
silicio	Si	14	28,09
sodio	Na	11	22,99
stagno	Sn	50	118,71
stronzio	Sr	38	87,62
tallio	Tl	81	204,38
tantalio	Ta	73	180,95
tecnezio	Tc	43	(99)
tellurio	Te	52	127,60
terbio	Tb	65	158,93
titanio	Ti	22	47,88
torio	Th	90	(232)
tulio	Tm	69	168,93
tungsteno	W	74	183,85
uranio	U	92	(238)
vanadio	V	23	50,94
xeno	Xe	54	131,29
zinco	Zn	30	65,39
zirconio	Zr	40	91,22
zolfo	S	16	32,07

AMMINOACIDI CON CATENE LATERALI APOLARI

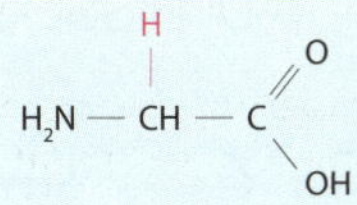
glicina - Gly - **G**

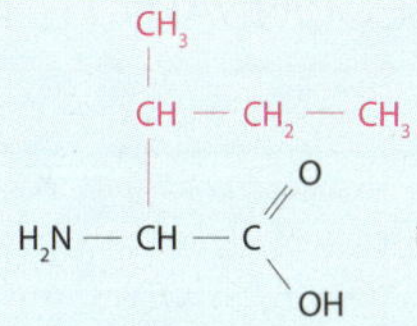
isoleucina - Ile - **I**

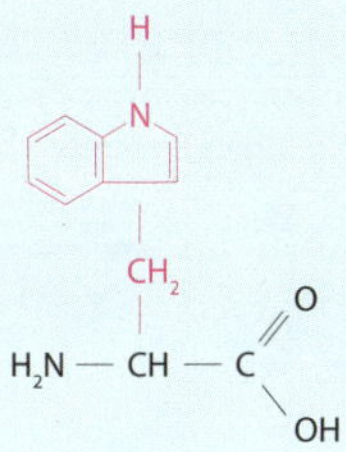
triptofano - Trp - **W**

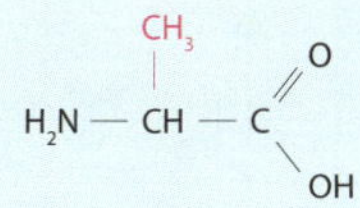
alanina - Ala - **A**

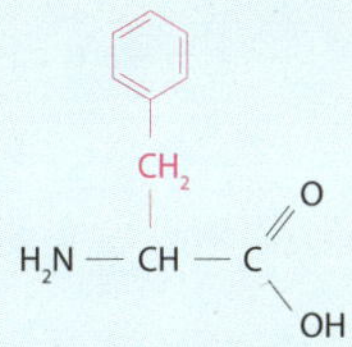
fenilalanina - Phe - **F**

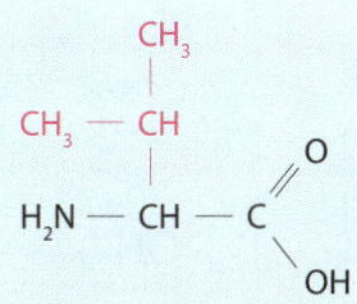
valina - Val - **V**

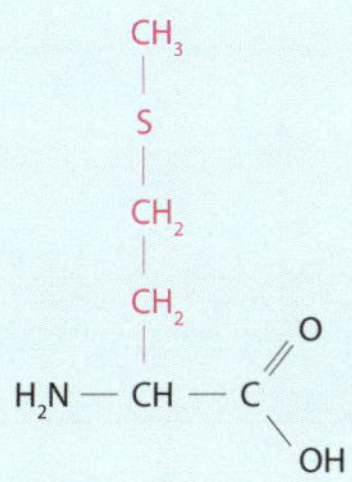
metionina - Met - **M**

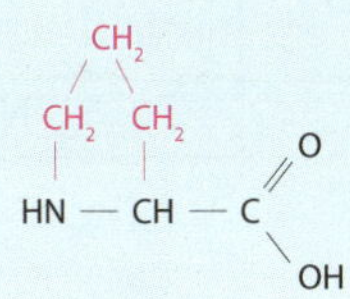
prolina - Pro - **P**

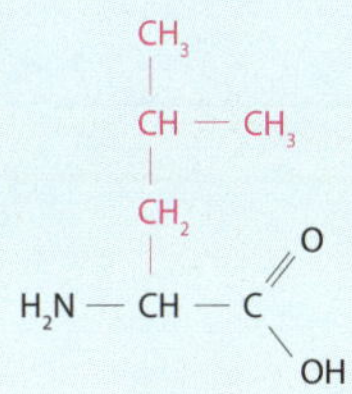
leucina - Leu - **L**

AMMINOACIDI CON CATENE LATERALI NEUTRE POLARI

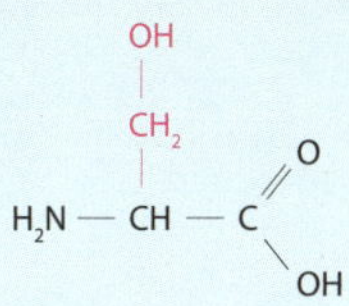
serina - Ser - **S**

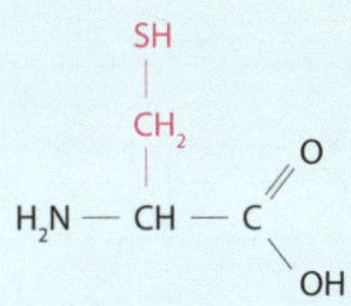
cisteina - Cys - **C**

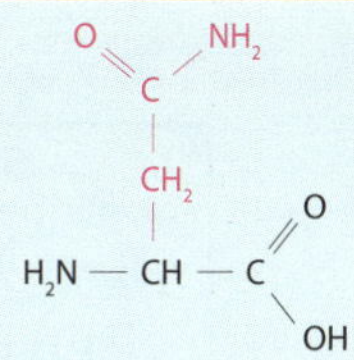
asparagina - Asn - **N**

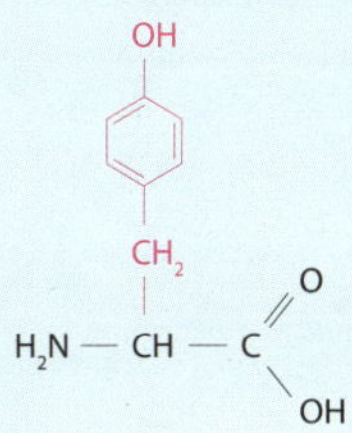
tirosina - Tyr - **Y**

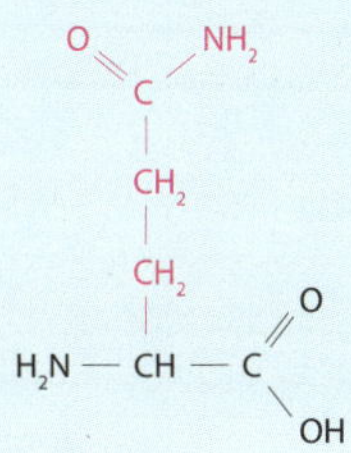
glutammina - Gln - **Q**

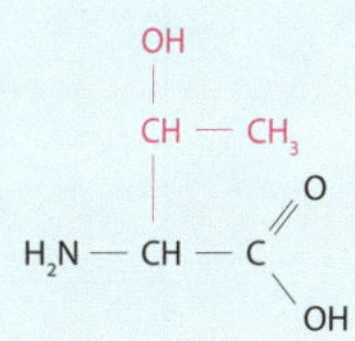
treonina - Thr - **T**

AMMINOACIDI CON CATENE LATERALI ACIDE

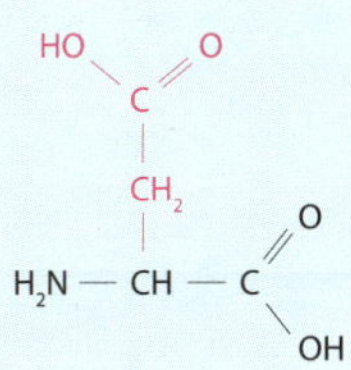
acido aspartico - Asp - **D**

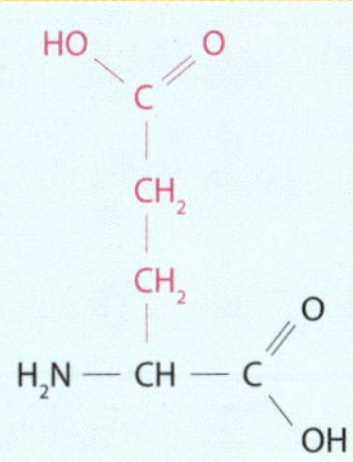
acido glutammico - Glu - **E**

AMMINOACIDI CON CATENE LATERALI BASICHE

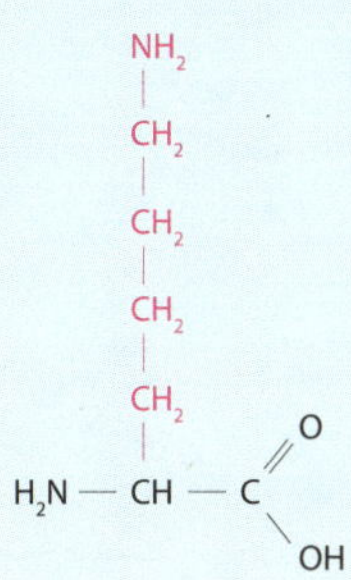
lisina - Lys - **K**

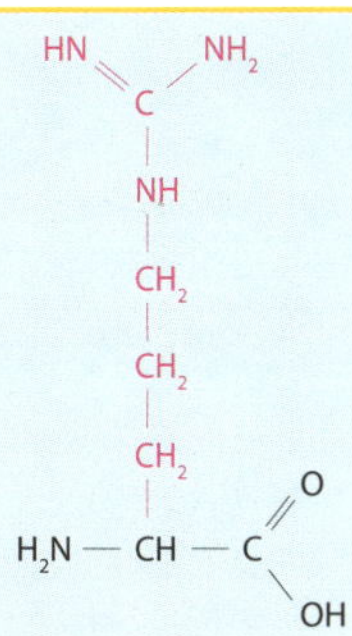
arginina - Arg - **R**

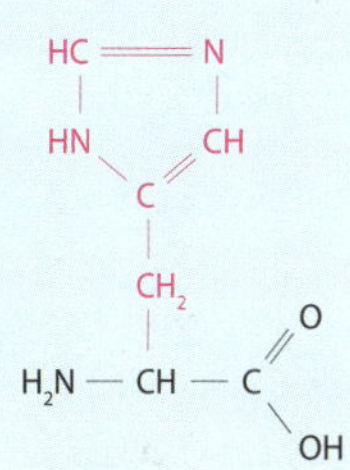
istidina - His - **H**

VALORI DELLE COSTANTI DI DISSOCIAZIONE ACIDA DI UN ALCOL PRIMARIO, SECONDARIO E TERZIARIO

Struttura e nome	K_a
CH_3CH_2OH etanolo	$1{,}0 \cdot 10^{-16}$
$CH_3—CH(OH)—CH_3$ 2-propanolo	$1{,}0 \cdot 10^{-17}$
$CH_3—C(CH_3)(OH)—CH_3$ 2-metil-2-propanolo	$1{,}0 \cdot 10^{-18}$

VALORI DELLE DOSTANTI DI DISSOCIAZIONE ACIDA DI ALCUNI FENOLI

Struttura e nome	K_a
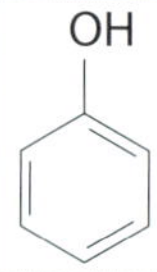 fenolo	$1{,}3 \cdot 10^{-10}$
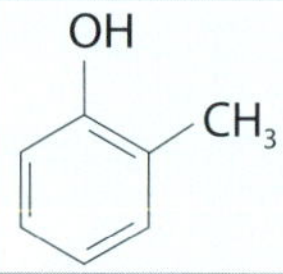 *orto*-cresolo	$0{,}63 \cdot 10^{-10}$
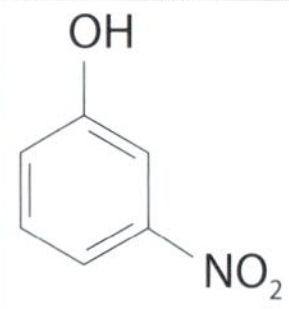 *meta*-nitrofenolo	$53 \cdot 10^{-10}$

VALORI DELLE COSTANTI DI DISSOCIAZIONE BASICA DELL'AMMONIACA E DI UN'AMMINA PRIMARIA, SECONDARIA, TERZIARIA E AROMATICA

Struttura e nome	K_b
NH_3 ammoniaca	$1{,}8 \cdot 10^{-5}$
$CH_3CH_2NH_2$ etilammina	$5{,}6 \cdot 10^{-4}$
$HN(CH_2CH_3)_2$ dietilammina	$9{,}5 \cdot 10^{-4}$
$H_3CH_2C—N(CH_2CH_3)_2$ trietilammina	$5{,}7 \cdot 10^{-4}$
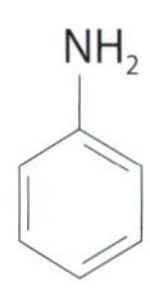 anilina	$3{,}8 \cdot 10^{-10}$

LA SERIE D DEGLI ALDOSI

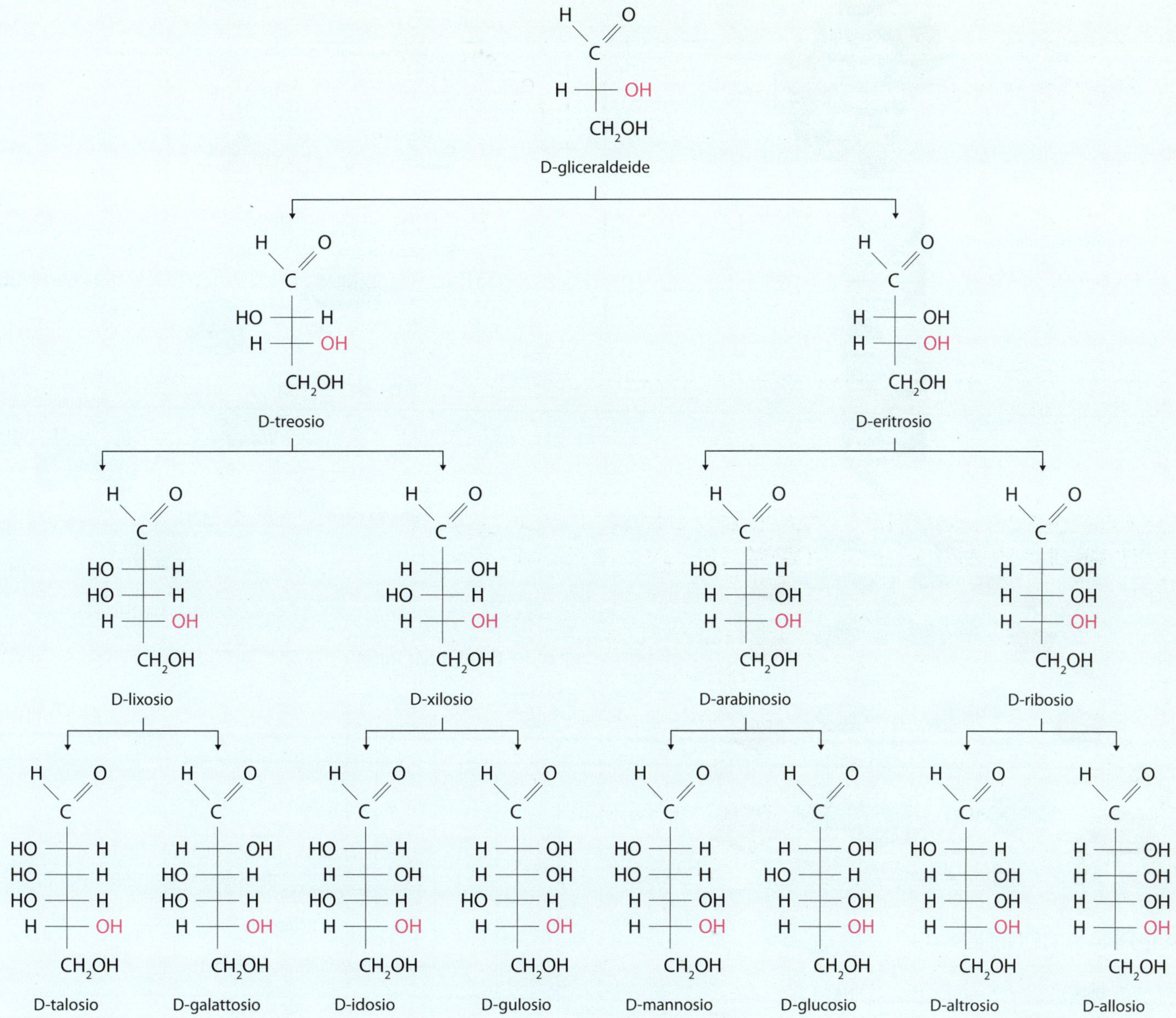

STRUTTURE DEL D-GLUCOSIO E DEL D-FRUTTOSIO

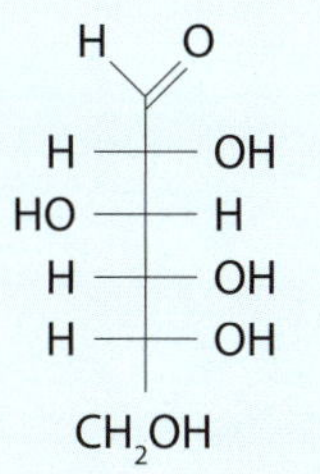

D-glucosio

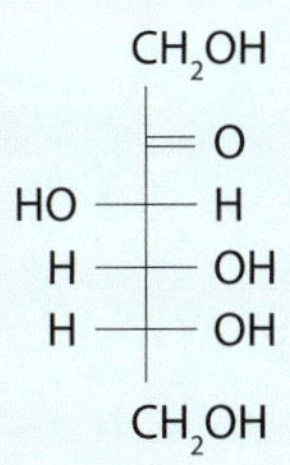

D-fruttosio

STRUTTURA CICLICA DEL GLUCOSIO

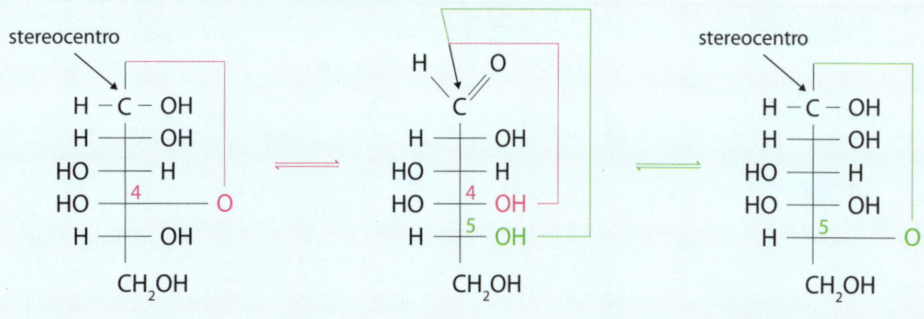

emiacetale pentatomico

D-glucosio

emiacetale esatomico

IL MODELLO A DOPPIA ELICA DEL DNA

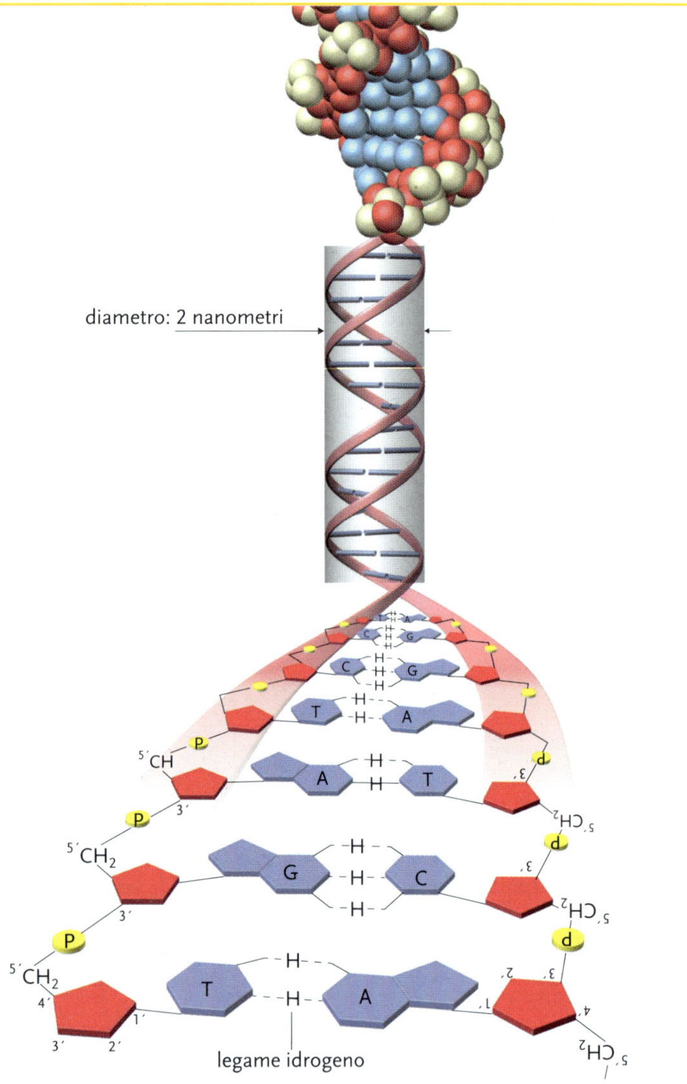

I NUCLEOTIDI DEL DNA

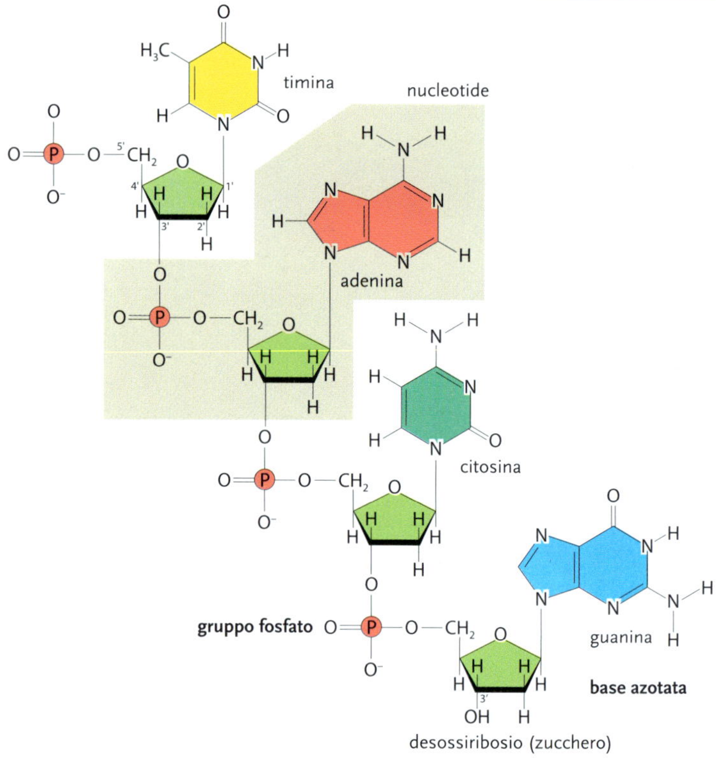

NUCLEOSIDI MONOFOSFATI, DIFOSFATI E TRIFOSFATI

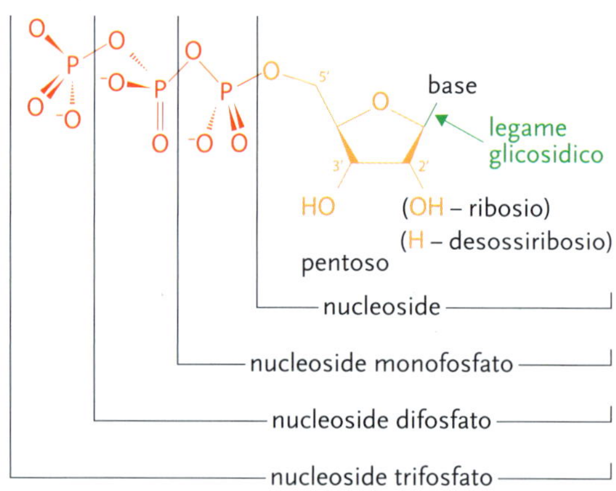

DNA E RNA A CONFRONTO

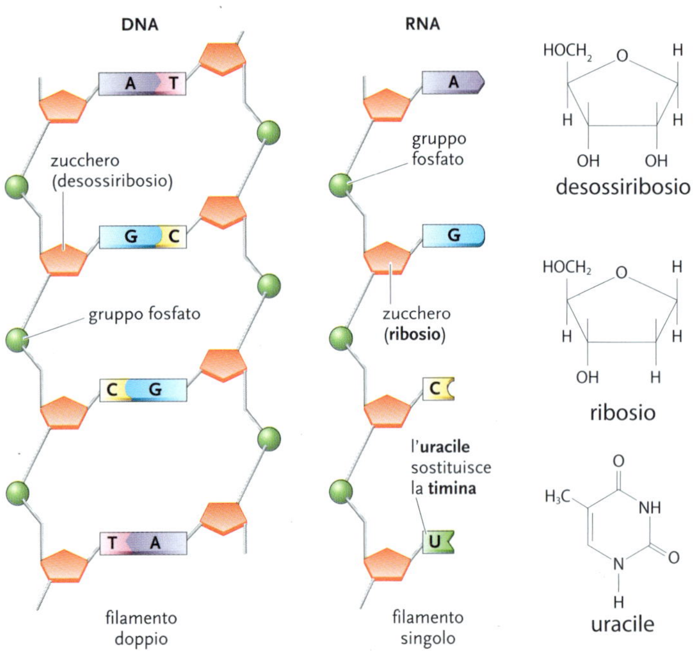

LE PURINE E LE PIRIMIDINE

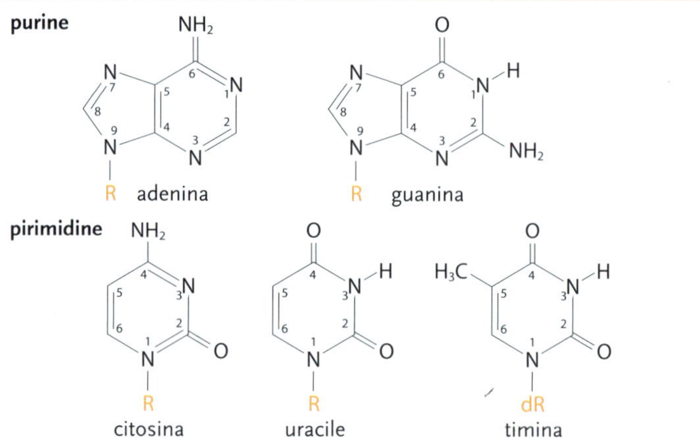